"十二五"普通高等教育本科国家级规划教材配套教辅

《大学物理(第五版)》学习指导与题解

康 颖 主编

陈 聪　张景卓　侯云甫
杨海彬　姚陆锋　蒋治国　等 编

科学出版社

北 京

内 容 简 介

本书是与康颖教授主编的"十二五"普通高等教育本科国家级规划教材《大学物理(第五版)》配套的学习辅导书,包括力学、热学、电磁学、振动、波动、光学、相对论、量子物理基础等内容.为了便于学习,各章按基本要求、主要内容、典型例题、习题分析与解答四部分编写.其中,例题具有一定的代表性和示范性,注重分析和启发;习题难易层次分明,涵盖知识点全面.本书给出了教材中全部习题的解答,解题过程思路清晰,方法简捷,语言流畅,易读易懂.最后还提供综合测试题,供读者训练和自测.

本书适用于高等院校工科各专业、理科非物理类专业、军队院校本科学历教育各专业的学生,也可供自学者使用.

图书在版编目(CIP)数据

《大学物理(第五版)》学习指导与题解 / 康颖主编. — 北京:科学出版社,2025.2. — ISBN 978-7-03-080237-8

Ⅰ.O4

中国国家版本馆 CIP 数据核字第 2024TE7329 号

责任编辑:罗 吉 龙嫚嫚 / 责任校对:杨聪敏
责任印制:赵 博 / 封面设计:有道文化

科学出版社 出版

北京东黄城根北街 16 号
邮政编码:100717
http://www.sciencep.com

三河市春园印刷有限公司印刷
科学出版社发行 各地新华书店经销

*

2025 年 2 月第 一 版 开本:787×1092 1/16
2025 年 9 月第二次印刷 印张:19 1/4
字数:456 000
定价:59.00 元
(如有印装质量问题,我社负责调换)

前言

大学物理是一门重要的基础课．大学物理课程所讲授的基本概念、基本理论和基本方法是构成学生科学素养的重要组成部分，是一个科学工作者和工程技术人员所必备的．要学好大学物理，除了课堂内的学习和训练外，还要结合教学要求，思考和求解一定数量的习题，这是学习过程中不可缺少的重要环节．这样做对理解基本规律、掌握科学方法、拓宽知识面、增强分析问题和解决问题的能力等都是十分有益的．

本书是与康颖教授主编的"十二五"普通高等教育本科国家级规划教材《大学物理（第五版）》配套的学习辅导书．为了便于学习，各章按基本要求、主要内容、典型例题、习题分析与解答四部分编写．其中典型例题73道，具有一定的代表性和示范性，求解过程注重分析和启发，部分例题还给出了多种解法；习题536道，含选择、填空、问答、计算等多种类型，具有一定的典型性和综合性，并且难易层次分明，涵盖知识点全面．本书给出了教材中全部习题的解答，解题过程思路清晰，方法简捷，语言流畅，易读易懂．为了突出思路，有些习题略去了中间具体数值的计算过程．为了引起读者对矢量的关注，书中矢量一律采用箭头标记．建议读者在使用本书时，先自己解题，再和参考解答比较，进行对比分析，这样做收获会更大．本书最后特别增加了综合测试题，供读者训练和自测．希望本书对读者学习大学物理有较大的帮助．

本书是在康颖教授主编的《〈大学物理（第四版）〉学习指导与题解》的基础上进行修订的．原书由康颖、李定国、陈聪、史祥蓉、姚陆锋、樊洋、蒋治国等编写，本书由陈聪、张景卓、侯云甫、杨海彬、姚琨、何明睿、王哲、程华杰、王文龙、姚陆峰、蒋治国修订，最后由陈聪统稿和定稿．

在本书的编写和修订过程中，得到许多老师的支持和帮助，在此一并表示感谢！

由于编者水平所限和编写时间仓促，书中疏漏之处在所难免，恳请读者不吝指正．

编　者
2024年12月

目录

前言
第1章 质点运动的描述 …………………………………………………… 1
第2章 牛顿运动定律 ……………………………………………………… 14
第3章 功和能 ……………………………………………………………… 27
第4章 冲量和动量 ………………………………………………………… 40
第5章 刚体的定轴转动 …………………………………………………… 53
第6章 气体动理论 ………………………………………………………… 68
第7章 热力学基础 ………………………………………………………… 79
第8章 真空中的静电场 …………………………………………………… 95
第9章 静电场中的导体与电介质 ………………………………………… 113
第10章 恒定电流 …………………………………………………………… 129
第11章 真空中的恒定磁场 ………………………………………………… 139
第12章 磁介质 ……………………………………………………………… 155
第13章 变化的电场和磁场 ………………………………………………… 160
第14章 振动 ………………………………………………………………… 174
第15章 波动 ………………………………………………………………… 192
第16章 光的干涉 …………………………………………………………… 208
第17章 光的衍射 …………………………………………………………… 221
第18章 光的偏振 …………………………………………………………… 234
第19章 相对论基础 ………………………………………………………… 245
第20章 量子物理基础 ……………………………………………………… 257
综合测试和参考答案 ………………………………………………………… 273

第 1 章　质点运动的描述

基本要求

1. 掌握用位置、速度、加速度等物理量描述质点运动的方法,理解这些物理量的矢量性、瞬时性和相对性;能借助直角坐标系,熟练运用微积分知识求解简单的运动学问题.
2. 理解自然坐标描述法,以及切向加速度和法向加速度的概念.掌握圆周运动的角量描述法,以及与线量描述之间的关系.
3. 理解伽利略速度变换式,并会用其求解简单的相对运动问题.

一、主要内容

1. 质点运动的描述

描述运动首先要确定参考系,要定量描述运动,还要在参考系上建立坐标系.

1) 直角坐标描述(见图 1.1)

位置矢量：　$\vec{r} = x\vec{i} + y\vec{j} + z\vec{k}$.

运动方程：　$\vec{r}(t) = x(t)\vec{i} + y(t)\vec{j} + z(t)\vec{k}$.

分量式：　$x = x(t), y = y(t), z = z(t)$.

轨道方程：　分量式消去 t 即得.

位移矢量：　$\Delta \vec{r} = \vec{r}(t+\Delta t) - \vec{r}(t) = \Delta x\vec{i} + \Delta y\vec{j} + \Delta z\vec{k}$.

速度矢量：　$\vec{v} = \dfrac{\mathrm{d}\vec{r}}{\mathrm{d}t} = \dfrac{\mathrm{d}x}{\mathrm{d}t}\vec{i} + \dfrac{\mathrm{d}y}{\mathrm{d}t}\vec{j} + \dfrac{\mathrm{d}z}{\mathrm{d}t}\vec{k}$.

加速度矢量：　$\vec{a} = \dfrac{\mathrm{d}\vec{v}}{\mathrm{d}t} = \dfrac{\mathrm{d}^2\vec{r}}{\mathrm{d}t^2} = \dfrac{\mathrm{d}^2 x}{\mathrm{d}t^2}\vec{i} + \dfrac{\mathrm{d}^2 y}{\mathrm{d}t^2}\vec{j} + \dfrac{\mathrm{d}^2 z}{\mathrm{d}t^2}\vec{k}$.

图 1.1

$\vec{a}$ 的方向总是指向曲线的凹侧. $\vec{a}$ 与 $\vec{v}$ 成锐角时,速率增大; $\vec{a}$ 与 $\vec{v}$ 成钝角时,速率减小; $\vec{a}$ 与 $\vec{v}$ 垂直时,速率不变. $\vec{a}$ 等于恒矢量的运动称为匀变速运动.

2) 自然坐标描述(见图 1.2)

运动方程：　$s = s(t)$.

速度：　$v = \dfrac{\mathrm{d}s}{\mathrm{d}t}$.

加速度：　$\vec{a} = \vec{a_\tau} + \vec{a_n} = a_\tau \vec{\tau} + a_n \vec{n}$.

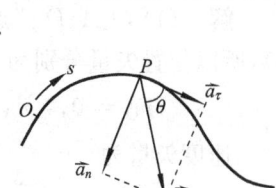

图 1.2

$$a_\tau = \frac{dv}{dt}, \quad a_n = \frac{v^2}{\rho}.$$

切向加速度 a_τ 反映速度大小变化；法向加速度 a_n 反映速度方向变化.

3）角量描述（圆周运动，见图 1.3）

运动方程： $\theta = \theta(t)$.

角速度： $\omega = \dfrac{d\theta}{dt}$.

角加速度： $\beta = \dfrac{d\omega}{dt} = \dfrac{d^2\theta}{dt^2}$.

角量描述与线量描述的关系：

$$s(t) = R\theta(t), \quad v = R\omega, \quad a_\tau = R\beta, \quad a_n = \frac{v^2}{R} = R\omega^2$$

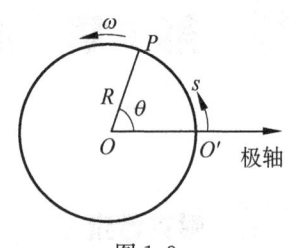

图 1.3

2. 相对运动

伽利略速度变换： $\vec{v}_{AS} = \vec{v}_{AS'} + \vec{v}_{S'S}$.

3. 两类问题及基本方法

已知质点的运动方程，求任意时刻的速度和加速度，用微分法.

已知质点运动的加速度（或速度）及初始状态，求运动方程，用积分法.

典型运动公式对比表

匀变速直线运动 （a ＝常量）	匀变速圆周运动 （β ＝常量）	抛体运动 （$\vec{a} = \vec{g}$ ＝常矢量）
$v = v_0 + at$	$\omega = \omega_0 + \beta t$	$\vec{v} = \vec{v}_0 + \vec{g}t$
$x - x_0 = v_0 t + \dfrac{1}{2}at^2$	$\theta - \theta_0 = \omega_0 t + \dfrac{1}{2}\beta t^2$	$\vec{r} - \vec{r}_0 = \vec{v}_0 t + \dfrac{1}{2}\vec{g}t^2$
$v^2 = v_0^2 + 2a(x - x_0)$	$\omega^2 = \omega_0^2 + 2\beta(\theta - \theta_0)$	常分解为两个直线运动求解

二、典 型 例 题

例 1.1 一质点沿半径为 R 的两个半圆弧轨道从 O 点经 A、B、C 点运动到 D 点，并保持速率 v 不变，如图所示. 试求质点：(1) 在 O、A、D 点的位置矢量和速度矢量；(2) 从 O 点到 D 点的路程和位移；(3) 从 O 点到 A 点的平均速度和平均加速度；(4) 在 A 点和 D 点的加速度.

解 (1) O、A、D 三点的坐标分别为 $(0,0)$、$(R,-R)$、$(4R,0)$，所以位置矢量分别为

$$\vec{r}_O = 0, \quad \vec{r}_A = R\vec{i} - R\vec{j}, \quad \vec{r}_D = 4R\vec{i}$$

速度矢量为

$$\vec{v}_O = -v\vec{j}, \quad \vec{v}_A = v\vec{i}, \quad \vec{v}_D = -v\vec{j}$$

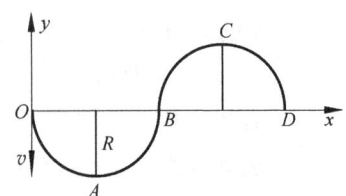

例 1.1 图

(2) 从 O 到 D 的路程 $S_{OD} = 2\pi R$, 位移为

$$\Delta \vec{r}_{OD} = \vec{r}_D - \vec{r}_O = 4R\vec{i}$$

(3) 从 O 到 A 的平均速度和平均加速度为

$$\overline{\vec{v}}_{OA} = \frac{\vec{r}_A - \vec{r}_O}{t_A - t_O} = \frac{R\vec{i} - R\vec{j}}{\pi R/(2v)} = \frac{2v}{\pi}(\vec{i} - \vec{j})$$

$$\overline{\vec{a}}_{OA} = \frac{\vec{v}_A - \vec{v}_O}{t_A - t_O} = \frac{v\vec{i} - (-v\vec{j})}{\pi R/(2v)} = \frac{2v^2}{\pi R}(\vec{i} + \vec{j})$$

(4) 因为速率不变,只有法向加速度,所以在 A 点和 D 点的加速度为

$$\vec{a}_A = \frac{v^2}{R}\vec{j}, \quad \vec{a}_D = -\frac{v^2}{R}\vec{i}$$

说明

从 O 到 D 的位移大小 $4R$ 显然与路程 $2\pi R$ 不相等,这是因为位移的大小等于始末位置间的直线距离,而路程则是实际路径的长度. 平均速度和平均加速度都与所取的时间段有关,一般与速度和加速度不等.

例 1.2 一艘正在沿直线行驶的小艇,在发动机关闭后,其加速度大小与速度平方成正比(比例系数为 k)而方向相反. 设发动机关闭时小艇的速度为 v_0, 试求在关闭发动机后小艇又行驶 x 距离时的速度.

解 依题意,$a = -kv^2$, 按速度和加速度的定义,并做变量替换有

$$a = \frac{\mathrm{d}v}{\mathrm{d}t} = \frac{\mathrm{d}v}{\mathrm{d}x} \cdot \frac{\mathrm{d}x}{\mathrm{d}t} = v\frac{\mathrm{d}v}{\mathrm{d}x} = -kv^2$$

$$\frac{\mathrm{d}v}{v} = -k\mathrm{d}x$$

将上式两边对同一过程积分可得小艇行驶 x 距离时的速度

$$\int_{v_0}^{v} \frac{1}{v}\mathrm{d}v = -\int_0^x k\mathrm{d}x$$

$$\ln\frac{v}{v_0} = -kx, \quad v = v_0 \mathrm{e}^{-kx}$$

例 1.3 在水平飞行的飞机上向前发射一颗炮弹,炮弹相对飞机的出口速度大小为 v_1, 飞机速度大小为 u. 如图所示,以地面为参考系(发射点为坐标原点,x 轴沿速度方向向前,y 轴竖直向下),略去空气阻力,试求:(1)炮弹运动的轨道方程;(2)t 时刻加速度的切向分量、法向分量和曲率半径.

解 (1) 依题意,炮弹相对地面的初速度为

$$\vec{v}_0 = \vec{v}_{弹对机} + \vec{v}_{机对地} = (v_1 + u)\vec{i}$$

所以,炮弹的运动是平抛运动,可分解为水平方向的匀速运动和竖直方向的自由落体运动. 任意时刻炮弹的位置为

$$x = (v_1 + u)t, \quad y = \frac{1}{2}gt^2$$

将以上两式消去 t 即得轨道方程

$$y = \frac{g}{2(v_1+u)^2}x^2$$

(2) t 时刻的速度为

$$v_x = \frac{dx}{dt} = (v_1+u), \quad v_y = \frac{dy}{dt} = gt$$

$$v = \sqrt{v_x^2 + v_y^2} = \sqrt{(v_1+u)^2 + g^2t^2}$$

炮弹运动的加速度为 $\vec{g}$，其切向分量和法向分量分别为

$$a_\tau = \frac{dv}{dt} = \frac{g^2 t}{\sqrt{(v_1+u)^2 + g^2 t^2}}$$

$$a_n = \sqrt{g^2 - a_\tau^2} = \frac{g(v_1+u)}{\sqrt{(v_1+u)^2 + g^2 t^2}}$$

由 $a_n = v^2/\rho$ 可得曲率半径

$$\rho = \frac{v^2}{a_n} = \frac{[(v_1+u)^2 + g^2 t^2]^{3/2}}{g(v_1+u)}$$

例1.4 号　一质点沿圆周运动，半径 $R=1$ m，速率按 $v=(3t^2+1)$（SI）变化. 试求从 $t=0$ 到 $v=4$ m·s^{-1} 时间段内质点对圆心转过的角度和通过的路程.

解 当 $v=(3t^2+1)=4$ m·s^{-1} 时，$t=1$ s.

利用角速度的定义 $\omega = d\theta/dt$ 及线速度与角速度的关系 $v=R\omega$，有

$$d\theta = \omega dt = \frac{v}{R}dt$$

将上式等号两边对同一过程积分，可得质点在 0～1 s 时间内转过的角度

$$\Delta\theta = \int_0^\theta d\theta = \int_0^t \frac{v}{R}dt = \int_0^1(3t^2+1)dt = 2 \text{ rad} = 114°35'$$

该时间内质点通过的路程为

$$\Delta s = R\Delta\theta = 1 \times 2 = 2 \text{(m)}$$

说 明

由 $v=(3t^2+1)>0$ 可知，质点沿圆周运动时只进不退. 若取 $t=0$ 时质点的自然坐标为 0，则 t 时刻自然坐标 s 的量值等于 0～t 时间内质点通过的路程，所以路程 s 也可由 vdt 积分求得.

三、习题分析与解答

(一) 选择题和填空题

1.1 以下说法哪些是正确的? [　　]

(A) 质点沿直线前进时，若减小向前的加速度，则前进的速度也随之减小.

(B) 质点的加速度值很大，而速度的值可以不变，这是不可能的.

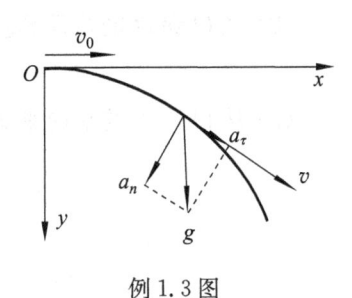

(C) 质点的速度方向恒定,其加速度的方向可能不断变化.

(D) 质点运动的速率恒定,其速度可能变化.

1.2 一质点在平面上的运动方程为 $\vec{r}=at^2\vec{i}+bt^2\vec{j}$ (a、b 为常量),则该质点做 [ ]

(A) 匀速直线运动.　　(B) 变速直线运动.

(C) 抛物线运动.　　(D) 一般曲线运动.

1.3 一质点沿 x 轴运动,其 v-t 曲线如图所示. 若 $t=0$ 时,质点位于坐标原点,则 $t=4.5\mathrm{s}$ 时,质点的位置坐标为 [ ]

(A) 5 m.　(B) 2 m.　(C) -5 m.　(D) -2 m.

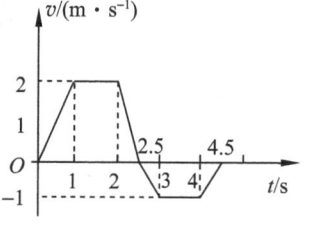

题1.3图

1.4 某人骑自行车以速率 v 向西行驶,今有风以相同速率从北偏东 30° 方向吹来,试问:人感到风从哪个方向吹来？[ ]

(A) 北偏东 30°.　(B) 南偏东 30°.　(C) 北偏西 30°.　(D) 西偏南 30°.

1.5 一质点沿直线运动,其运动方程为 $x=(6t-t^2)$(SI),在 t 由 0 至 4 s 的时间间隔内,质点的位移大小为_____,该时间间隔内质点走过的路程为_____.

1.6 一质点沿 x 方向运动,其加速度随时间变化关系为 $a=(3+2t)$(SI). 如果初始时质点的速度 $v_0=5\ \mathrm{m\cdot s^{-1}}$,则当 $t=3\ \mathrm{s}$ 时,质点的速度 $v=$_____.

1.7 一物体做如图所示的斜抛运动,测得在轨道 A 点处速度大小为 v,其方向与水平方向夹角为 30°,则物体在 A 点的切向加速度 $a_\tau=$_____,轨道的曲率半径 $\rho=$_____.

题1.7图

1.8 一质点沿半径为 R 的圆周运动,在 $t=0$ 时经过 P 点,此后其速率按 $v=A+Bt$ 变化(A、B 为正的已知常量),则质点沿圆周运动一周再经过 P 点时的切向加速度 $a_\tau=$_____,法向加速度 $a_n=$_____.

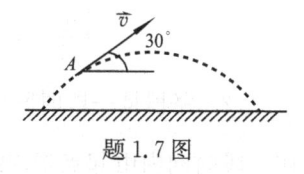

答案　**1.1** (C)、(D)；　**1.2** (B)；　**1.3** (B)；　**1.4** (C).　**1.5** 8 m, 10 m；　**1.6** 23 $\mathrm{m\cdot s^{-1}}$；　**1.7** $-g/2$, $2\sqrt{3}v^2/(3g)$；　**1.8** B, $A^2/R+4\pi B$.

参考解答

1.4　根据伽利略速度变换 $\vec{v}_{风对地}=\vec{v}_{风对人}+\vec{v}_{人对地}$ 速度合成如图所示,可见 $\vec{v}_{风对人}$ 方向为北偏西 30°,也就是人感到风从北偏西 30° 方向吹来. 所以答案选(C).

题1.4解图

1.7　该物体做抛体运动,加速度为 $\vec{g}$. 如图所示,采用自然坐标系,在 A 点处

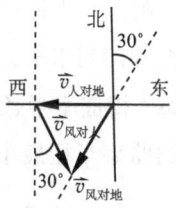

$$a_\tau = -g\sin 30° = -\frac{1}{2}g$$

$$a_n = g\cos 30° = \frac{\sqrt{3}}{2}g = \frac{v^2}{\rho}$$

所以

$$\rho = \frac{v^2}{a_n} = \frac{2\sqrt{3}}{3g}v^2$$

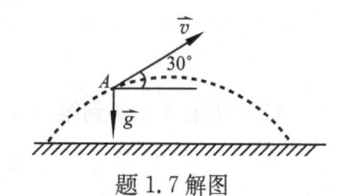

题1.7解图

1.8 因 $v = \dfrac{ds}{dt} = A + Bt$，所以

$$a_\tau = \dfrac{dv}{dt} = B, \quad a_n = \dfrac{v^2}{R} = \dfrac{(A+Bt)^2}{R} = \dfrac{A^2 + 2ABt + B^2 t^2}{R}$$

质点沿圆周运动一周，$s = \int_0^t v\,dt = At + \dfrac{1}{2}Bt^2 = 2\pi R$，所以

$$a_n = \dfrac{A^2}{R} + \dfrac{2B\left(At + \dfrac{Bt^2}{2}\right)}{R} = \dfrac{A^2}{R} + 4\pi B$$

(二) 问答题和计算题

1.9 下列各量有何区别？

(1) $\Delta \vec{r}$ 和 Δr；$\dfrac{d\vec{v}}{dt}$ 和 $\dfrac{dv}{dt}$.

(2) 路程和位移；速度和速率.

答 (1) $\Delta \vec{r}$ 是 Δt 时间内位矢 $\vec{r}$ 的增量，即位移；Δr 则是 Δt 时间内位矢 $\vec{r}$ 大小的增量. 题 1.9 解图中 $\Delta \vec{r} = \overrightarrow{P_1 P_2}$，而 $\Delta r = \overrightarrow{P' P_2}$.

$\dfrac{d\vec{v}}{dt}$ 是加速度，而 $\dfrac{dv}{dt}$ 是加速度的切向分量，两者关系为

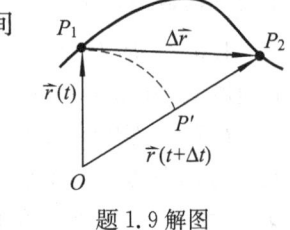

$$\left|\dfrac{d\vec{v}}{dt}\right| = \sqrt{\left(\dfrac{dv}{dt}\right)^2 + \left(\dfrac{v^2}{\rho}\right)^2} \geqslant \left|\dfrac{dv}{dt}\right|$$

题 1.9 解图

(2) 路程是一段时间内质点在运动轨道上实际路径的长度，是标量，不取负值；位移是质点在一段时间内由起点指向终点的有向线段，是矢量. 图中路程 $\Delta s = \overparen{P_1 P_2}$，而位移 $\Delta \vec{r} = \overrightarrow{P_1 P_2}$.

速率是速度的大小. 速度是矢量，速率是标量，且不取负值.

1.10 斜上抛物体在轨道上哪一点法向加速度最大？哪一点曲率半径最小？

解 斜上抛物体在轨道上任一点的法向加速度大小为 $a_n = g\cos\theta$，θ 是物体运动到该点时速度方向与水平方向的夹角. 在轨道最高点处 $\theta = 0$，此处法向加速度为最大. 由 $a_n = v^2/\rho = g\cos\theta$，得曲率半径 $\rho = v^2/(g\cos\theta)$. 斜抛体在最高点处速率最小而 $\cos\theta$ 最大，所以轨道最高点处的曲率半径最小.

1.11 一质点在 Oxy 平面内，依照 $x = t^2$ 的规律沿曲线 $y = \dfrac{1}{4}x^2$ 运动. 式中 x、y 以米计，t 以秒计. 试求：(1) 该质点的运动方程；(2) 从第 2 s 末到第 4 s 末，质点的平均速度和平均加速度的大小和方向.

解 (1) 由 $x = t^2$，$y = \dfrac{1}{4}x^2 = \dfrac{1}{4}t^4$，可得质点的运动方程

$$\vec{r} = \left(t^2 \vec{i} + \dfrac{1}{4}t^4 \vec{j}\right) \text{ m}$$

(2) 从第 2 s 末到第 4 s 末，质点运动的平均速度

$$\overline{\vec{v}} = \dfrac{\Delta \vec{r}}{\Delta t} = \dfrac{\vec{r}_4 - \vec{r}_2}{\Delta t} = (6\vec{i} + 30\vec{j}) \text{ m·s}^{-1}$$

平均速度的大小为
$$|\vec{v}| = \sqrt{6^2 + 30^2} = 30.6 \text{ (m·s}^{-1})$$
平均速度的方向与 x 轴正向的夹角为第一象限的角，其值为
$$\alpha = \arctan\left(\frac{30}{6}\right) = \arctan 5 = 78°41'$$

质点在任意时刻的速度
$$\vec{v} = \frac{\mathrm{d}\vec{r}}{\mathrm{d}t} = (2t\vec{i} + t^3\vec{j}) \text{ m·s}^{-1}$$

从第 2 s 末到第 4 s 末，质点运动的平均加速度
$$\bar{\vec{a}} = \frac{\Delta \vec{v}}{\Delta t} = \frac{\vec{v}_4 - \vec{v}_2}{\Delta t} = (2\vec{i} + 28\vec{j}) \text{ m·s}^{-2}$$

平均加速度的大小为
$$|\bar{\vec{a}}| = \sqrt{2^2 + 28^2} = 28.1 \text{ (m·s}^{-2})$$

平均加速度的方向与 x 轴正向的夹角为第一象限的角，其值为
$$\beta = \arctan\left(\frac{28}{2}\right) = \arctan 14 = 85°54'$$

1.12 质点在 Oxy 平面内运动，其运动方程为 $\vec{r} = a\cos\omega t\vec{i} + b\sin\omega t\vec{j}$，其中 a、b、ω 均为大于零的常量.（1）试求质点在任意时刻的速度；（2）证明质点运动的轨道为椭圆；（3）证明质点的加速度恒指向椭圆中心.

解 （1）速度为
$$\vec{v} = \frac{\mathrm{d}\vec{r}}{\mathrm{d}t} = -a\omega\sin\omega t\vec{i} + b\omega\cos\omega t\vec{j}$$

（2）由 $x = a\cos\omega t$ 和 $y = b\sin\omega t$ 消去 t 得轨道方程
$$\frac{x^2}{a^2} + \frac{y^2}{b^2} = 1$$

此为椭圆方程，表明质点做椭圆运动.

（3）加速度为
$$\vec{a} = \frac{\mathrm{d}\vec{v}}{\mathrm{d}t} = -\omega^2(a\cos\omega t\vec{i} + b\sin\omega t\vec{j}) = -\omega^2 \vec{r}$$

因 $\omega^2 > 0$，所以 $\vec{a}$ 的方向恒与 $\vec{r}$ 相反，即 $\vec{a}$ 恒指向椭圆中心.

1.13 质点的运动方程为 $x = -10t + 30t^2$ 和 $y = 15t - 20t^2$，式中 x、y 以米计，t 以秒计. 试求：（1）初速度的大小和方向；（2）加速度的大小和方向.

解 （1）速度为
$$v_x = \frac{\mathrm{d}x}{\mathrm{d}t} = -10 + 60t, \quad v_y = \frac{\mathrm{d}y}{\mathrm{d}t} = 15 - 40t$$

由 $t = 0$ 得初速度 $v_{0x} = -10 \text{ m·s}^{-1}$，$v_{0y} = 15 \text{ m·s}^{-1}$. 初速度大小为
$$v_0 = \sqrt{v_{0x}^2 + v_{0y}^2} = 18.0 \text{ m·s}^{-1}$$

由 v_{0x} 和 v_{0y} 的正负可知，$\vec{v}_0$ 与 x 轴正向夹角为第二象限的角，其值为
$$\alpha = \pi - \arctan\left(\frac{15}{10}\right) = 123°42'$$

（2）加速度为

$$a_x = \frac{dv_x}{dt} = 60 \text{ m·s}^{-2}, \quad a_y = \frac{dv_y}{dt} = -40 \text{ m·s}^{-2}$$

$$a = |\vec{a}| = \sqrt{a_x^2 + a_y^2} = 72.1 \text{ m·s}^{-2}$$

由 a_{0x} 和 a_{0y} 的正负可知,$\vec{a}$ 与 x 轴正向夹角为第四象限的角,其值为

$$\beta = \arctan\frac{a_y}{a_x} = \arctan\left(-\frac{2}{3}\right) = -33°41'$$

1.14 由静止从原点出发的质点的加速度在 Ox 轴和 Oy 轴上的分量分别为 $a_x = 10t$ 和 $a_y = 5t^2$,式中各量均采用 SI 单位. 求 $t = 5$ s 时质点的速度矢量和位置矢量.

解 初始条件为 $v_{0x} = v_{0y} = 0, x_0 = y_0 = 0$. 由于 $a_x = dv_x/dt = 10t$,有

$$\int_0^{v_x} dv_x = \int_0^t 10t dt, \quad v_x = 5t^2$$

由于 $a_y = dv_y/dt = 5t^2$,有

$$\int_0^{v_y} dv_y = \int_0^t 5t^2 dt, \quad v_y = \frac{5}{3}t^3$$

所以

$$\vec{v} = \left(5t^2 \vec{i} + \frac{5}{3}t^3 \vec{j}\right)$$

$t = 5$ s 时,由上式得

$$\vec{v}_5 = \left(125\vec{i} + \frac{625}{3}\vec{j}\right) \text{ m·s}^{-1}$$

据 $v_x = \frac{dx}{dt} = 5t^2$ 和 $v_y = \frac{dy}{dt} = \frac{5}{3}t^3$,经积分后可得位矢为

$$\vec{r} = \left(\frac{5}{3}t^3 \vec{i} + \frac{5}{12}t^4 \vec{j}\right)$$

$t = 5$ s 时,位矢为

$$\vec{r}_5 = \left(\frac{625}{3}\vec{i} + \frac{3125}{12}\vec{j}\right) \text{ m}$$

1.15 一质点沿 Ox 轴运动,其加速度与速度成正比,比例系数为 k,加速度的方向与运动方向相反. 设初始坐标为 x_0,初始速度为 v_0,试求质点的速度表达式和运动方程.

解 依题意 $a = dv/dt = -kv$,分离变量,并根据初始条件,将等式两边对同一运动过程积分

$$\int_{v_0}^v \frac{dv}{v} = -k\int_0^t dt$$

可得速度表达式为

$$v = v_0 e^{-kt}$$

由速度定义 $v = dx/dt$,并根据初始条件,将等式两边对同一运动过程积分可得

$$\int_{x_0}^x dx = \int_0^t v dt = v_0 \int_0^t e^{-kt} dt$$

可得运动方程为

$$x = x_0 + \frac{v_0}{k}(1 - e^{-kt})$$

1.16 有一开始静止于 x_0 处的质点,以加速度 $a = -k/x^2$ 沿 Ox 轴负方向运动,k 为正值常量. 求质点的速度与其位置坐标间的关系.

解 由 $a = \frac{dv}{dt} = \frac{dv}{dx} \cdot \frac{dx}{dt} = v\frac{dv}{dx} = -\frac{k}{x^2}$,得

$$\int_0^v v\mathrm{d}v = -k\int_{x_0}^x \frac{\mathrm{d}x}{x^2}, \quad v^2 = 2k\left(\frac{1}{x}-\frac{1}{x_0}\right)$$

因质点向 x 轴负方向运动,所以有

$$v = -\sqrt{2k\left(\frac{1}{x}-\frac{1}{x_0}\right)}$$

讨论

本题中若 $x_0 > 0$,则在由 x 轴正的一侧向原点($x=0$)运动时,加速度和速度都将趋于负无穷大,但又不能通过原点,因为一旦通过原点后,$x<0$,上式根号中为负数而无解,这种情况是不合理的. 所以,本题只存在 $x_0 < 0$,即质点从 x 轴负的一侧由静止开始向负方向运动才是合理的.

1.17 由长为 l 的刚性细杆相连的两个物体 A、B 可以在光滑轨道上滑行,如图所示. 如物体 A 以恒定的速率 v 向左滑行,当 $\alpha = 60°$ 时,求物体 B 的速度.

解 坐标系如图所示. 设 t 时刻,A、B 的位置坐标分别为 $(x,0)$、$(0,y)$,则物体 A 的速度为

$$\vec{v}_A = \frac{\mathrm{d}x}{\mathrm{d}t}\vec{i} = -v\vec{i}$$

物体 B 的速度为

$$\vec{v}_B = \frac{\mathrm{d}y}{\mathrm{d}t}\vec{j}$$

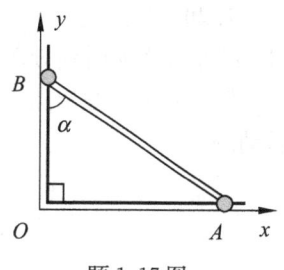

由 $x^2 + y^2 = l^2$,得

$$2x\frac{\mathrm{d}x}{\mathrm{d}t} + 2y\frac{\mathrm{d}y}{\mathrm{d}t} = 0, \quad \frac{\mathrm{d}y}{\mathrm{d}t} = -\frac{x}{y}\frac{\mathrm{d}x}{\mathrm{d}t}$$

将 $\frac{\mathrm{d}x}{\mathrm{d}t} = -v$,$\tan\alpha = \frac{x}{y}$ 代入上式,即得

$$\vec{v}_B = v\tan\alpha \vec{j}$$

题 1.17 图

当 $\alpha = 60°$ 时,物体 B 的速度大小 $v_B = \sqrt{3}v$,方向向上.

1.18 一小球沿斜面向上运动,其运动方程为 $s = 5+4t-t^2$,式中 s 以米计,t 以秒计. 试求:(1) 小球运动到最高点的时刻;(2) 从 $t=0$ 到小球运动到最高点这段时间内的位移大小.

解 (1) 小球速度为

$$v = \frac{\mathrm{d}s}{\mathrm{d}t} = 4-2t$$

到达最高点时 $v=0$,代入得 $t=2$ s.

(2) 因为前 2 s 内 $v \geqslant 0$,表明前 2 s 内小球沿斜面向上做单方向运动. $t=0$ 时 $s_0 = 5$ m,$t=2$ s 时,$s=9$ m,所以位移大小为

$$\Delta s = s - s_0 = 4 \text{ m}$$

1.19 在竖直平面内以初速 $\vec{v}_0$ 抛出一个小球,抛射角为 θ. 忽略空气阻力,试求:(1) 小球运动的轨道方程;(2) 小球所能达到的最大高度(射高);(3) 小球落地点与抛出点之间的距离(射程);θ 为何值时射程最大?

解 (1) 以抛出点为原点建立如图所示的坐标系,则 x 方向为匀速运动,y 方向为匀变速运动. 速度分量式为

$$\begin{cases} v_x = v_0\cos\theta \\ v_y = v_0\sin\theta - gt \end{cases} \quad ① \\ ②$$

运动方程分量式为

$$\begin{cases} x = (v_0\cos\theta)t \\ y = (v_0\sin\theta)t - \dfrac{1}{2}gt^2 \end{cases} \quad ③ \\ ④$$

消去 t，得小球运动的轨道方程

$$y = x\tan\theta - \frac{g}{2v_0^2\cos^2\theta}x^2$$

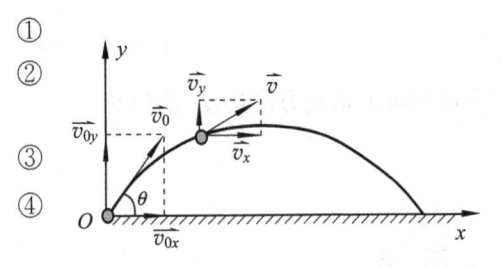

题 1.19 解图

上式表明，在忽略空气阻力的情况下，抛体运动的轨迹是一条抛物线.

(2) 在最高点，$v_y=0$，由式②，有 $t=v_0\sin\theta/g$，代入式④，得到射高

$$H = \frac{v_0^2\sin^2\theta}{2g}$$

(3) 在落地点，$y=0$，由式④，有 $t=2v_0\sin\theta/g$，代入式③，可得射程

$$R = \frac{v_0^2\sin 2\theta}{g}$$

可见，当 $\theta=45°$ 时射程最大，其值为 $R_m = v_0^2/g$.

1.20 从离地 $h=8.0$ m 的高地，以抛射角 $\theta=30°$、初速 $v_0=10$ m·s^{-1} 抛出一个小球，(1) 问小球在何时何处落地？(2) 求小球落地时速度的大小和方向（取 $g=10$ m·s^{-2}）.

解 (1) 以抛出点为原点建立如图所示的坐标系，则 x 方向为匀速运动，y 方向为匀变速运动. 有

$$\begin{cases} x = (v_0\cos\theta)t \\ y = (v_0\sin\theta)t - \dfrac{1}{2}gt^2 \end{cases} \quad ① \\ ②$$

以上两式消去 t 得轨道方程

$$y = x\tan\theta - \frac{g}{2v_0^2\cos^2\theta}x^2$$

在落地点，$y=-8.0$ m，又 $\theta=30°$，$v_0=10$ m·s^{-1}，$g=10$ m·s^{-2}，代入式②，解得

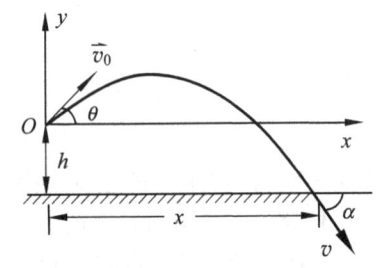

题 1.20 解图

$$x = 16.1 \text{ m（负值已舍去）}$$

由式①得到小球落地时刻为

$$t = \frac{x}{v_0\cos\theta} = \frac{16.1}{10\times\cos 30°} = 1.86 \text{ (s)}$$

所以，小球在抛出后 1.86 s 落在距抛出点水平距离 16.1 m 处.

(2) 在小球落地时刻，由速度分量式可得

$$v_x = v_0\cos\theta = 10\times\cos 30° = 8.66 \text{ (m·s}^{-1}\text{)}$$

$$v_y = v_0\sin\theta - gt = 10\times\sin 30° - 10\times 1.86 = -13.6 \text{ (m·s}^{-1}\text{)}$$

所以，小球落地速度 $\vec{v}$ 的大小为

$$v = \sqrt{v_x^2 + v_y^2} = 16.1 \text{ m·s}^{-1}$$

$\vec{v}$ 与水平方向的夹角为第四象限的角，其值为

$$\alpha = \arctan\frac{v_y}{v_x} = \arctan\left(\frac{-13.6}{8.66}\right) = -57°30'$$

1.21 升降机以加速度 a 上升时，一螺钉从它的天花板上脱落．如升降机的天花板与其底面的距离为 H，求：(1) 螺钉从天花板落到底面所需的时间；(2) 螺钉相对升降机外固定柱子的下落距离（设螺钉离开天花板时的速率为 v_0）．

解 如图所示，图(a)、(b)分别表示螺钉开始脱落和落至底面时的情况，y 轴的原点取在螺钉开始脱落时升降机的底面处．

(1) 螺钉脱落后对地的运动方程为

$$y_1 = H + v_0 t - \frac{1}{2}gt^2$$

升降机底面对地的运动方程为

$$y_2 = v_0 t + \frac{1}{2}at^2$$

当螺钉落至底面时，有 $y_1 = y_2$，代入上两式得螺钉下落时间为

$$t = \sqrt{\frac{2H}{g+a}}$$

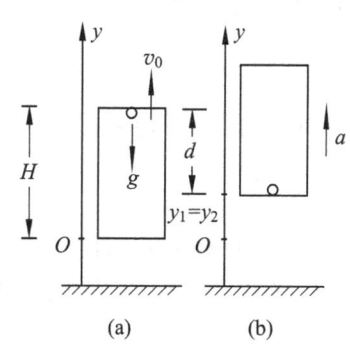

(2) 由图(b)知螺钉相对于 Oy 轴或升降机外固定柱子的下落距离为

$$d = H - y_1 = -v_0 t + \frac{1}{2}gt^2$$

将 t 值代入得

$$d = \frac{Hg}{g+a} - v_0\sqrt{\frac{2H}{g+a}}$$

题 1.21 解图

1.22 一个半径 $R = 1.0$ m 的圆盘，可绕水平轴 O 自由转动．一根轻绳绕在盘子的边缘，其自由端拴一物体 A，如图所示．在重力作用下，物体 A 从静止开始匀加速地下降，在 $\Delta t = 2.0$ s 内下降的距离 $h = 0.4$ m．求物体开始下降后 3.0 s，边缘上任一点的切向加速度与法向加速度．

解 设 A 下降的加速度为 a_A，有 $h = \frac{1}{2}a_A(\Delta t)^2$，则在 3 s 末圆盘边缘任一点的切向加速度为

$$a_\tau = a_A = \frac{2h}{(\Delta t)^2} = \frac{2 \times 0.4}{2.0^2} = 0.2 \text{ (m·s}^{-2}\text{)}$$

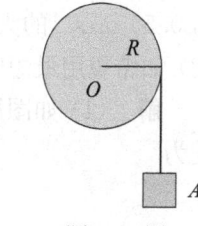

该时刻边缘上任一点的速率为

$$v = a_A t = 0.2 \times 3.0 = 0.6 \text{ (m·s}^{-1}\text{)}$$

法向加速度为

$$a_n = \frac{v^2}{R} = \frac{0.6^2}{1.0} = 0.36 \text{ (m·s}^{-2}\text{)}$$

题 1.22 图

1.23 一质点沿半径为 R 的圆周按规律 $s = v_0 t - \frac{1}{2}bt^2$ 运动，v_0、b 是正值常量．求：(1) 在时刻 t 质点的总加速度；(2) t 为何值时，总加速度的大小等于 b；(3) 当总加速度的大小为 b 时，质点沿圆周运行的圈数．

解 (1) 由运动方程得速度为

$$v = \frac{ds}{dt} = v_0 - bt \qquad ①$$

切向加速度为

$$a_\tau = \frac{dv}{dt} = -b$$

法向加速度为

$$a_n = \frac{v^2}{R} = \frac{(v_0 - bt)^2}{R}$$

所以总加速度为

$$\vec{a} = -b\vec{\tau} + \frac{(v_0 - bt)^2}{R}\vec{n} \qquad ②$$

(2) 由 $a = \sqrt{a_\tau^2 + a_n^2} = \sqrt{b^2 + \frac{(v_0-bt)^4}{R^2}} = b$ 得

$$t = \frac{v_0}{b}$$

(3) 此时 $t = v_0/b$，代入式①知此时 $v = 0$. 当 $t > v_0/b$ 时，$v < 0$，质点将往回运动，而 $t < v_0/b$ 时，$v > 0$. 所以在 $t = v_0/b$ 前，质点做单方向圆周运动，走过的路程为

$$\Delta s = \frac{v_0^2}{b} - \frac{v_0^2}{2b} = \frac{v_0^2}{2b}$$

转过的圈数为

$$n = \frac{\Delta s}{2\pi R} = \frac{v_0^2}{4\pi R b}$$

1.24 距河岸(看成直线)500 m 处有一艘静止的船，船上的探照灯以每分钟 1 转的转速转动．当光束与岸边成 60°角时，求光束沿岸边移动的速率．

解 沿岸边取坐标如图所示．设某时刻探照灯光照射在岸边的 P 点，其坐标为 x，则有 $x = a\tan\theta$，其中 $a = 500$ m．光束沿岸边移动的速度为

$$v = \frac{dx}{dt} = a\sec^2\theta \frac{d\theta}{dt} = a\omega\sec^2\theta$$

代入 $\omega = \frac{2\pi}{60}$ rad·s^{-1}，$\theta = 30°$，得

$$v = 69.8 \text{ m·s}^{-1}$$

题 1.24 解图

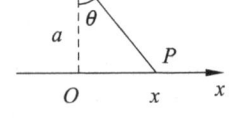

1.25 一人能在静水中以 1.1 m·s^{-1} 的速度划船前进，今欲横渡一宽为 4000 m、水流速度为 0.55 m·s^{-1} 的大河．(1) 若要到达河正对岸的一点，应如何确定划行方向？需要多少时间？(2) 如希望用最短时间过河，应如何确定划行方向？船到达对岸的位置在何处？

解 (1) 如图所示，设河宽为 l，水对岸的速度为 $\vec{v}_1$，船对水的速度为 $\vec{v}_2$，则船对岸的速度为

$$\vec{v} = \vec{v}_1 + \vec{v}_2 \qquad ①$$

船要能到达正对岸，其对地速度 $\vec{v}$ 应直指对岸，因而由图(a)可知，$\vec{v}_2$ 应指向上游方向，偏向上游的角度为

$$\theta = \arcsin\frac{v_1}{v_2} = \arcsin\frac{0.55}{1.1} = 30°$$

到达对岸所需时间为

$$\Delta t = \frac{l}{v} = \frac{l}{v_2\cos\theta} = 4199 \text{ s} \approx 70 \text{ min} \qquad ②$$

(2) 由图(b)可知，$\vec{v}_1$ 与岸平行，而 $\vec{v}_2$ 与岸的夹角为 β，可将后者分解为平行于岸和垂直于

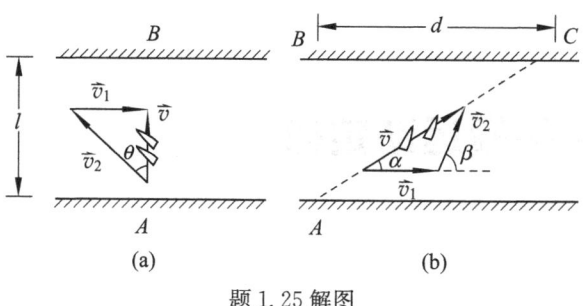

题 1.25 解图 (a) (b)

岸两部分

则由式①有
$$v_{2/\!/} = v_2\cos\beta, \quad v_{2\perp} = v_2\sin\beta$$
$$v_{/\!/} = v_1 + v_{2/\!/} = v_1 + v_2\cos\beta$$
$$v_\perp = v_{2\perp} = v_2\sin\beta$$

因此船航行到对岸所需时间为 $\Delta t = \dfrac{l}{v_\perp} = \dfrac{l}{v_2\sin\beta}$. 可见,要使船以最短时间到达对岸,应尽可能增大 $v_\perp$. 当 $\beta = 90°$ 时,$v_\perp$ 最大.

这表明 $\vec{v}_2$ 的指向即船头的指向应垂直于河岸,才能以最短时间到达对岸. 由式②可得最短时间
$$t_{\min} = \dfrac{l}{v_2} = \dfrac{4000}{1.1} = 3636 \text{ (s)} = 60.6 \text{ (min)}$$

到达对岸时,偏向下游的距离为
$$d = v_1 t_{\min} = 0.55 \times 3636 \approx 2000 \text{ (m)}$$

1.26 飞机 A 以 $v_A = 1000 \text{ km}\cdot\text{h}^{-1}$ 的速率(相对地面)向南飞行,同时另一架飞机 B 以 $v_B = 800 \text{ km}\cdot\text{h}^{-1}$ 的速率(相对地面)向东偏南 $30°$ 角方向飞行. 求 A 机相对于 B 机的速度.

解 如图所示,设 A 机相对于 B 机的速度为 $\vec{v}_{AB}$,则 $\vec{v}_A = \vec{v}_{AB} + \vec{v}_B$,分量式为
$$v_A = v_B\sin 30° + v_{AB}\sin\alpha$$
$$0 = v_B\cos 30° - v_{AB}\cos\alpha$$

因而有
$$v_{AB}\sin\alpha = v_A - v_B\sin 30°$$
$$v_{AB}\cos\alpha = v_B\cos 30°$$

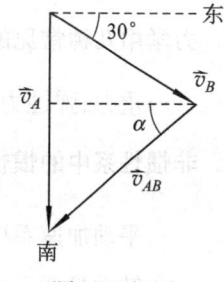

上两式平方后相加,得
$$v_{AB} = \sqrt{(v_A - v_B\sin 30°)^2 + (v_B\cos 30°)^2} = 916.5 \text{ km}\cdot\text{h}^{-1}$$
$$\alpha = \arccos\left(\dfrac{v_B\cos 30°}{v_{AB}}\right) = \arccos 0.7559 = 40°54'$$

所以,$\vec{v}_{AB}$ 的方向为西偏南 $40°54'$.

题 1.26 解图

第 2 章 牛顿运动定律

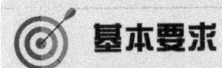

> **基本要求**
> 1. 理解惯性系和非惯性系.
> 2. 掌握重力、弹性力、摩擦力、万有引力等常见力的特点和计算方法;理解惯性力的意义.
> 3. 掌握牛顿运动定律,能熟练运用微积分方法求解一维变力作用下的质点动力学问题;能熟练运用矢量的正交分解和合成方法求解质点在平面内运动时的简单力学问题.

一、主要内容

1. 牛顿第二定律——力的瞬时作用规律

$$\vec{F} = \frac{\mathrm{d}(m\vec{v})}{\mathrm{d}t}; \quad \vec{F} = m\frac{\mathrm{d}\vec{v}}{\mathrm{d}t} = m\vec{a} \quad (m \text{ 不变})$$

分量式(m 不变):

$$\begin{cases} F_x = ma_x = m\dfrac{\mathrm{d}v_x}{\mathrm{d}t} \\ F_y = ma_y = m\dfrac{\mathrm{d}v_y}{\mathrm{d}t} \\ F_z = ma_z = m\dfrac{\mathrm{d}v_z}{\mathrm{d}t} \end{cases}, \quad \begin{cases} F_\tau = ma_\tau = m\dfrac{\mathrm{d}v}{\mathrm{d}t} \\ F_n = ma_n = m\dfrac{v^2}{\rho} \end{cases}$$

牛顿运动定律的适用范围:宏观低速运动,惯性系.

2. 力学中几种常见的力

重力、弹性力、摩擦力、万有引力等.

3. 非惯性系中的惯性力

平动加速系中的惯性力: $\vec{F}_i = -m\vec{a}_0$.

转动参考系中的惯性离心力: $\vec{F}_i = m\omega^2 \vec{r}$.

非惯性系中牛顿运动定律的形式: $\vec{F} + \vec{F}_i = m\vec{a}'$.

式中,$\vec{a}_0$ 是平动加速系相对惯性系的加速度,$\vec{a}'$ 是物体相对非惯性系的加速度.

4. 应用牛顿运动定律解题的一般思路和方法

隔离物体,分析受力,画受力图;选取坐标系,列方程;求解,必要时讨论.加速度把动力学问题和运动学问题联系起来：

$$\vec{a} = \vec{F}/m \to \vec{v} = \vec{v}_0 + \int \vec{a} dt \to \vec{r} = \vec{r}_0 + \int \vec{v} dt$$

$$\vec{r} = \vec{r}(t) \to \vec{v} = \frac{d\vec{r}}{dt} \to \vec{a} = \frac{d\vec{v}}{dt} \to \vec{F} = m\vec{a}$$

二、典型例题

例 2.1 从地面以速率 v_0 竖直向上抛出一个质量为 m 的小球. 设想小球除受重力外，还受到一个大小为 kmv^2（k 为常量，v 为小球运动的速率）的黏滞阻力的作用. 求小球回到地面时的速率.

解 因为在上升过程中，小球受重力和阻力的方向都向下，在下落过程中，重力向下而阻力向上，所以上升和下落过程的动力学方程不同，需要分别讨论.

以地面为坐标系原点，竖直向上为 y 轴正方向，由于小球做一维运动，可用带"＋、－"号的代数量来表示矢量，因此可设 t 时刻小球的速度为 v. 由牛顿第二定律，有

$$上升过程：\quad -mg - kmv^2 = m\frac{dv}{dt} \qquad ①$$

$$下落过程：\quad -mg + kmv^2 = m\frac{dv}{dt} \qquad ②$$

对式①做变量替换 $\frac{dv}{dt} = \frac{dv}{dy} \cdot \frac{dy}{dt} = v\frac{dv}{dy}$，有 $-mg - kmv^2 = mv\frac{dv}{dy}$，可得

$$dy = -\frac{v}{g + kv^2}dv$$

依题意，$t=0$ 时 $y=0$，$v=v_0$. 小球上升到最大高度 h 处，$v=0$. 将上式等号两边同时对小球的上升过程积分可得

$$\int_0^h dy = -\int_{v_0}^0 \frac{v}{g + kv^2}dv$$

$$h = \frac{1}{2k}\ln\frac{g + kv_0^2}{g} \qquad ③$$

对式②做同样的变量替换. 考虑到小球位于最大高度 h 时，$v=0$，到达地面时 $y=0$，设此时速度为 v_1，将等式两边同时对小球的下落过程积分可得

$$\int_h^0 dy = -\int_0^{v_1} \frac{v}{g - kv^2}dv$$

$$h = \frac{1}{2k}\ln\frac{g}{g - kv_1^2} \qquad ④$$

将式③代入式④，解得小球回到地面时的速度为

$$v_1 = \frac{-v_0\sqrt{g}}{\sqrt{kv_0^2 + g}}$$

其中"－"号表示沿 $-y$ 方向，小球回到地面时的速率则为 $|v_1|$.

例 2.2 如图所示，物体 A、B 被一弹簧相连，物体 B 放在一支撑面上. 已知 $m_A = 20$ kg，

$m_B = 40$ kg,物体 A 的运动方程为 $y = 0.01\sin(8\pi t)$ (SI).若不计弹簧质量,试求物体 B 对支撑面压力的极大值和极小值.

解 隔离物体 A、B,分析受力.如图所示,其中 $\vec{N}$ 为支撑面对 B 的作用力,$\vec{F}$ 和 $\vec{F}'$ 分别为弹簧对 A、B 的作用力.以竖直向上为 y 轴正方向,根据牛顿第二定律,对 A、B 分别有

$$F - m_A g = m_A a_A$$
$$N - F' - m_B g = 0$$

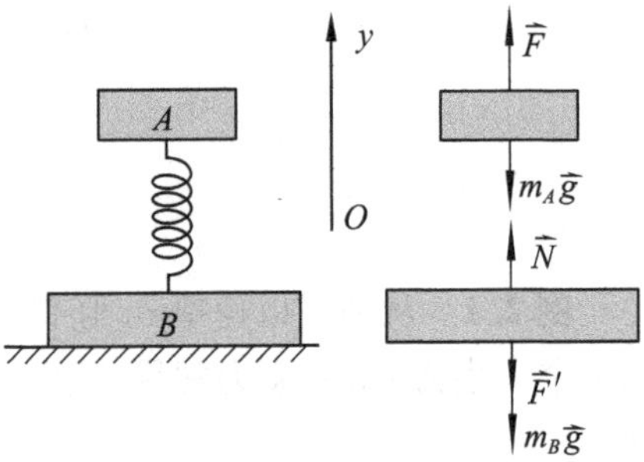

由 A 的运动方程,求出其加速度为

$$a_A = \frac{d^2 y}{dt^2} = -0.64\pi^2 \sin(8\pi t)$$

联立以上三式,并代入 $F = F'$,解得

$$N = m_A [g - 0.64\pi^2 \sin(8\pi t)] + m_B g$$

根据牛顿第三定律,物体 B 对支撑面的压力大小 $N' = N$,方向竖直向下.

例 2.2 图

当 $\sin(8\pi t) = -1$ 时,N' 极大(A 的最低位置),其值为

$$N'_{max} = m_A (g + 0.64\pi^2) + m_B g$$

当 $\sin(8\pi t) = 1$ 时,N' 极小(A 的最高位置),其值为

$$N'_{min} = m_A (g - 0.64\pi^2) + m_B g$$

代入 $m_A = 20$ kg,$m_B = 40$ kg,$g = 9.8$ m·s^{-2},算出 $N'_{max} = 714$ N,$N'_{min} = 462$ N.

例 2.3 如图所示,光滑水平面上固定一个半径为 r 的圆筒形轨道,质量为 m 的物体在筒内以初速 v_0 沿内壁轨道逆时针方向运动,物体与轨道接触处的摩擦系数为 μ.求:(1)作用在物体上的摩擦力;(2)物体的切向加速度;(3)物体的速度从 v_0 减小到 $v_0/3$ 所需的时间和经历的路程.

解 (1)由题意知物体做半径为 r 的圆周运动.物体受力情况如图所示,其中 $\vec{N}$ 和 $\vec{f}$ 分别是环内壁作用于物体的正压力和摩擦力,物体所受重力和水平面的支承力在竖直方向相互平衡,图中未画出.

据牛顿第二定律 $\vec{N} + \vec{f} = m\vec{a}$,其法向和切向分量式为

$$N = ma_n = m\frac{v^2}{r} \qquad ①$$

$$-f = ma_\tau = m\frac{dv}{dt} \qquad ②$$

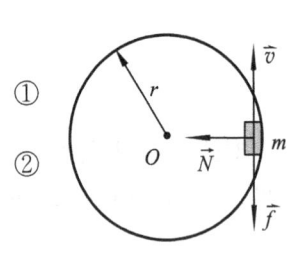

例 2.3 图

联立式①和式②,考虑到 $f = \mu N$,可得

$$-\mu m \frac{v^2}{r} = m \frac{dv}{dt}$$

分离变量,两边同时对 $0 \sim t$ 的运动过程积分得

$$\int_0^t dt = -\frac{r}{\mu} \int_{v_0}^v \frac{dv}{v^2}$$

$$v = \frac{rv_0}{r + \mu v_0 t} \qquad ③$$

将式③代入式①得

$$f = \mu N = \mu m \frac{v^2}{r} = \frac{\mu m r v_0^2}{(r + \mu v_0 t)^2} \qquad ④$$

可见摩擦力随时间 t 的增大而逐渐减小.

(2) 由式②,并代入式④得

$$a_\tau = -\frac{f}{m} = -\frac{\mu r v_0^2}{(r+\mu v_0 t)^2}$$

(3) 当 $v=v_0/3$ 时,由式③,解得 $t=\frac{2r}{\mu v_0}$.

因物体只进不退,故对式 $\mathrm{d}s=v\mathrm{d}t$ 积分,即得物体在该段时间内所经历的路程

$$\Delta s = \int_0^t v\mathrm{d}t = \int_0^{\frac{2r}{\mu v_0}} \frac{rv_0}{r+\mu v_0 t}\mathrm{d}t = \frac{r}{\mu}\ln 3$$

例 2.4 如图所示,一根轻绳跨过轴处摩擦可以忽略的定滑轮,绳的一端悬挂质量为 m_1 的物体,另一端套有质量为 m_2 的圆筒,此圆筒以恒定的加速度 a_2 相对绳向下滑动. 试求:(1)物体 m_2 的加速度;(2)绳与圆筒之间的摩擦力.

解 m_1、m_2 受力如图所示,其中 f 是圆筒与绳之间的摩擦力.

如图,以地为参考系,以向下为正方向建立坐标系. 设 m_1 相对地面的加速度为 a_1,由加速度的相对性,可知 m_2 相对地面的加速度为

$$a_{筒对地} = a_2 - a_1$$

根据牛顿第二定律,对 m_1、m_2 分别有

$$m_1 g - T = m_1 a_1$$
$$m_2 g - f = m_2(a_2 - a_1)$$

注意到 $T=f$,两式联立解得

$$a_1 = \frac{(m_1-m_2)g+m_2 a_2}{m_1+m_2}$$

$$f = \frac{m_1 m_2(2g-a_2)}{m_1+m_2}$$

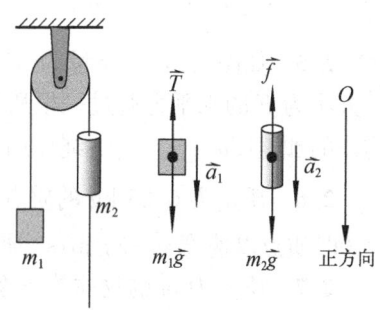

例 2.4 图

说 明

本题也可选取绳作为参考系,但绳是非惯性系,应用牛顿定律时必须考虑惯性力,读者可自行练习.

三、习题分析与解答

(一) 选择题和填空题

2.1 如图所示,质量相同的物体 A 和 B,用轻质弹簧连接后,再用细绳悬挂. 当系统平衡后,突然将细绳剪断,在剪断瞬间有[ ]

(A) A、B 的加速度均为 g.

(B) A、B 的加速度均为零.

(C) A 的加速度为零,B 的加速度为 $2g$.

(D) A 的加速度为 $2g$,B 的加速度为零.

题 2.1 图

2.2 一公路的水平弯道半径为 R，路面的外侧高出内侧，并与水平面的夹角为 θ. 要使汽车通过该段路面时不引起侧向摩擦力，则汽车的速率为 [　　]

(A) $\sqrt{Rg}$. (B) $\sqrt{Rg\tan\theta}$. (C) $\sqrt{Rg\cos\theta/\sin^2\theta}$. (D) $Rg\tan\theta$.

2.3 如图所示，一只质量为 m 的猴子原来抓住悬挂在天花板上质量为 M 的直杆，悬线突然断开，小猴则沿杆竖直向上爬，以保持它离地面的高度不变，此时直杆下落的加速度为 [　　]

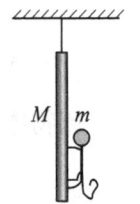

(A) g. (B) $\dfrac{m}{M}g$. (C) $\dfrac{M+m}{M}g$.

(D) $\dfrac{M+m}{M-m}g$. (E) $\dfrac{M-m}{M}g$.

题 2.3 图

2.4 质量分别为 m 和 M 的滑块 A 和 B，叠放在光滑水平桌面上，如图所示. A、B 间静摩擦系数为 μ_s，滑动摩擦系数为 μ_k，系统原处于静止. 今有一水平力 $\vec{F}$ 作用于 A 上，要使 A、B 不发生相对滑动，则应有 [　　]

(A) $F \leqslant \mu_s mg$. (B) $F \leqslant \mu_s(1+m/M)mg$.

(C) $F \leqslant \mu_s(m+M)mg$. (D) $F \leqslant \mu_k mg \dfrac{M+m}{M}$.

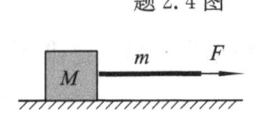

题 2.4 图

2.5 如图所示，一质量为 M 的物体置于光滑的水平地板上. 今用一大小为 F 的水平力通过一根质量为 m 的柔软细绳拉动物体前进，则物体的加速度 $a=$ ＿＿＿，绳作用于物体上的力 $T=$ ＿＿＿.

题 2.5 图

2.6 质量为 0.25 kg 的质点受力 $\vec{F}=t\vec{i}$ (SI) 作用，式中 t 为时间. $t=0$ 时质点以速度 $\vec{v}=2\vec{j}$ m·s^{-1} 通过坐标原点，则该质点任意时刻的位置矢量为＿＿＿(SI).

2.7 质量为 m 的物体静止在水平面上，当它受力 $F_0 e^{-kt}$ 作用后，能够达到的最大速度为＿＿＿；当它受力 $F_0 e^{-kx}$ 作用后，能达到的最大速度为＿＿＿(t 为时刻，x 为位置坐标).

答案 **2.1** (D)；**2.2** (B)；**2.3** (C)；**2.4** (B). **2.5** $\dfrac{F}{M+m}$，$\dfrac{M}{M+m}F$；

2.6 $\vec{r}=\dfrac{2}{3}t^3\vec{i}+2t\vec{j}$；**2.7** $\dfrac{F_0}{mk}$，$\sqrt{\dfrac{2F_0}{mk}}$.

参考解答

2.3 分别以杆和猴子为研究对象，分析受力. 对猴子而言，受到向下的重力 $m\vec{g}$ 和杆的竖直向上的力 $\vec{F}$ 作用，悬绳突然断开时猴子初速度为零，要保持其高度不变，其加速度也应该等于零，所以 $F=mg$；对杆而言，则受重力 $M\vec{g}$ 和 $\vec{F}$ 的反作用力，根据牛顿第二定律有 $Mg+mg=Ma_M$，得 $a_M=(M+m)g/M$，所以答案选 (C).

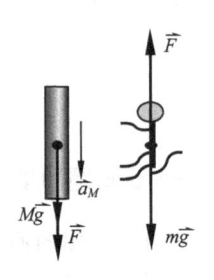

题 2.3 解图

2.4 A、B 不发生相对滑动时，二者之间存在的是静摩擦力 $\mu_s mg$，分别以 A、B 整体以及单独以 A 作为研究对象，分析受力. 根据牛顿第二定律

$$F=(M+m)a, \quad F-\mu_s mg \leqslant ma$$

两式联立，消去 a，得到答案 (B).

2.6 由 $\vec{F}=m\dfrac{\mathrm{d}\vec{v}}{\mathrm{d}t}=t\,\vec{i}$,得

$$\int_{\vec{v}_0}^{\vec{v}}\mathrm{d}\vec{v}=\int_0^t\dfrac{t}{m}\mathrm{d}t\,\vec{i},\quad \vec{v}=2t^2\vec{i}+\vec{v}_0=2t^2\vec{i}+2\vec{j}$$

由 $\vec{v}=\dfrac{\mathrm{d}\vec{r}}{\mathrm{d}t}$ 得 $\mathrm{d}\vec{r}=vdt$,积分可得该质点在任意时刻的位置矢量

$$\vec{r}=\left(\dfrac{2}{3}t^3\,\vec{i}+2t\vec{j}\right)(\mathrm{SI})$$

2.7 由 $F=m\dfrac{\mathrm{d}v}{\mathrm{d}t}=F_0\mathrm{e}^{-kt}$,得 $\int_0^v\mathrm{d}v=\dfrac{F_0}{m}\int_0^t\mathrm{e}^{-kt}\mathrm{d}t$,所以 $v=\dfrac{F_0}{mk}(1-\mathrm{e}^{-kt})$,可见当 $t\to\infty$ 时, $v_{\max}=\dfrac{F_0}{mk}$.

由 $F=m\dfrac{\mathrm{d}v}{\mathrm{d}t}=m\dfrac{\mathrm{d}v}{\mathrm{d}x}\cdot\dfrac{\mathrm{d}x}{\mathrm{d}t}=mv\dfrac{\mathrm{d}v}{\mathrm{d}x}=F_0\mathrm{e}^{-kx}$,得 $\int_0^v v\mathrm{d}v=\dfrac{F_0}{m}\int_0^t\mathrm{e}^{-kx}\mathrm{d}x$,所以 $v=\sqrt{\dfrac{2F_0}{mk}(1-\mathrm{e}^{-kx})}$,可见当 $x\to\infty$ 时, $v_{\max}=\sqrt{\dfrac{2F_0}{mk}}$.

(二) 问答题和计算题

2.8 质量为 m 的小球用轻绳 AB、BC 连接,如图所示. 试求剪断绳子前后的瞬间,绳 BC 中张力之比.

解 剪断前小球受力如图所示. 设此时 BC 绳上张力为 $\vec{T}=\vec{T}_1$,则由物体平衡条件有

$$T_1\cos\theta=mg \qquad ①$$

剪断后, F 消失, m 开始向下摆动. 在剪断后瞬间, m 的速度为零,因而沿 BC 方向的法向加速度为零. 设此瞬间绳上张力 $\vec{T}=\vec{T}_2$,则

$$T_2-mg\cos\theta=ma_n=0 \qquad ②$$

由式①和式②得

$$\dfrac{T_1}{T_2}=\dfrac{1}{\cos^2\theta}$$

题 2.8 图

2.9 如图所示,斜面与水平面的夹角 $\theta=30°$, A 和 B 两物体的质量均为 $m=0.2$ kg,并以轻绳相连. 物体 A 与斜面的滑动摩擦系数 $\mu=0.4$,滑轮的质量及轴的摩擦均忽略不计. 试求物体运动的加速度及绳对物体的拉力.

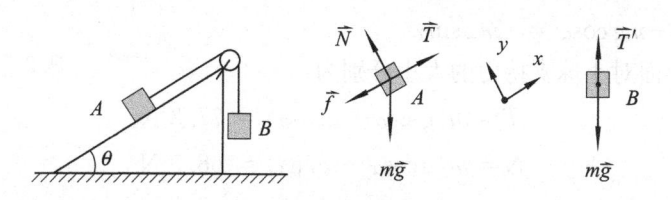

题 2.9 图

解 分别取 A、B 为研究对象,作示力图,其中 $\vec{T}$ 和 $\vec{T}'$ 为绳对物体的拉力, $\vec{N}$ 为斜面对物体的支持力, $\vec{f}$ 为斜面对物体的摩擦力,建立如图所示的直角坐标系.

对物体 A，有
$$T - mg\sin\theta - f = ma$$
$$N - mg\cos\theta = 0$$
$$f = \mu N$$

对物体 B，有
$$mg - T' = ma$$

因不计绳子和滑轮的质量，故有
$$T = T'$$

联立以上五式，可得
$$a = \frac{1}{2}(1 - \sin\theta - \mu\cos\theta)g$$
$$T = m(g - a)$$

代入已知数据，得
$$a = 0.75 \text{ m·s}^{-2}, \quad T = 1.8 \text{ N}$$

2.10 一物体置于水平面上，物体与平面之间的滑动摩擦系数为 μ. 试问作用于物体上的拉力 $\vec{F}$ 与水平面之间的夹角 θ 为多大时，该物体能获得最大加速度？

解 选物体为研究对象，设其质量为 m，加速度为 a. 如图所示，则有
$$F\cos\theta - f = ma$$
$$N + F\sin\theta - mg = 0$$
$$f = \mu N$$

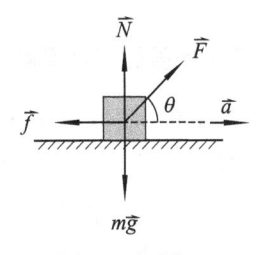

解得
$$a = \frac{F}{m}(\cos\theta + \mu\sin\theta) - \mu g$$

题 2.10 解图

令 $\dfrac{\mathrm{d}a}{\mathrm{d}\theta} = 0$，得 $\mu = \tan\theta$. 即当 $\mu = \tan\theta$ 时，该物体能获得最大加速度.

2.11 如图所示，将质量为 10 kg 的小球挂在倾角为 $\alpha = 30°$ 的光滑斜面上. 问：(1) 当斜面以加速度 $a = g/3$ 沿水平方向向右运动时，绳中的张力及小球对斜面的正压力为多大？(2) 当斜面的加速度至少多大时，小球对斜面的正压力为零（g 为重力加速度）？

解 (1) 根据牛顿第二定律有
$$m\vec{g} + \vec{N} + \vec{T} = m\vec{a}$$

在平行斜面和垂直斜面方向的分量式为
$$T - mg\sin\alpha = ma\cos\alpha$$
$$N - mg\cos\alpha = -ma\sin\alpha$$

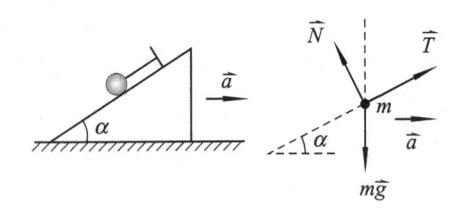

解得绳中张力和斜面对小球支持力的大小分别为
$$T = m(g\sin\alpha + a\cos\alpha) = 77.3 \text{ N}$$
$$N = m(g\cos\alpha - a\sin\alpha) = 68.5 \text{ N}$$

题 2.11 图

小球对斜面的压力 $N' = N = 68.5$ N，方向与 $\vec{N}$ 相反，垂直斜面向下.

(2) 当 $N = 0$ 时，小球离开斜面，由此解得当
$$a \geq g\cot 30° = 17.0 \text{ m·s}^{-2}$$

时，小球对斜面的正压力为零.

2.12 一质量 $m=4$ kg 的物体,用两根长度各为 $l=1.25$ m 的轻绳系在竖直杆上相距为 $b=2.0$ m 的两点.当此系统绕杆的轴线转动时,绳子被拉开,如图所示.问:(1)要使上方绳子有 $T_1=60$ N 的张力,转速 ω 应为多大?(2)这时下方绳子的张力 T_2 又有多大?

解 (1) m 绕杆转动时受力如图所示,按牛顿定律有

$$T_1\cos\alpha + T_2\cos\alpha = m\omega^2 l\cos\alpha$$

$$T_1\sin\alpha - mg - T_2\sin\alpha = 0$$

由式②得

$$T_2 = \frac{T_1\sin\alpha - mg}{\sin\alpha}$$

代入式①得

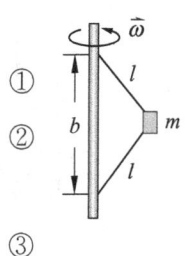

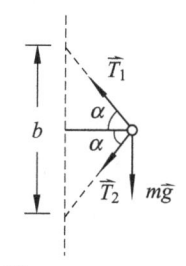

$$\omega = \sqrt{\frac{2T_1\sin\alpha - mg}{ml\sin\alpha}}$$

式中,$\sin\alpha = b/(2l) = 4/5$. 所以当 $T_1 = 60$ N 时解得

$$\omega = 3.77 \text{ rad}\cdot\text{s}^{-1}$$

(2) 将已知值代入式③,可得此时 $T_2 = 11$ N.

2.13 如图所示,物体 A 和 B 的质量分别为 10 kg 和 5 kg,A 与桌面间的摩擦系数为 0.20,绳子、滑轮的质量及摩擦均不计.为防止 A 移动,问:(1) C 的最小质量是多少?(2)如果撤去 C,此时系统的加速度是多少?

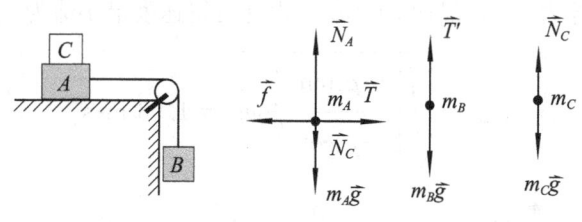

题 2.13 图

解 物体 A、B、C 受力如图所示.当 A 不移动时,对 A、B、C 分别有

$$N_A - N_C - m_A g = 0$$

$$T - f = T - \mu N_A = 0$$

$$T' - m_B g = 0$$

$$N_C - m_C g = 0$$

联立求解,注意到 $T = T'$,可得 C 的最小质量为

$$m_C = \frac{m_B}{\mu} - m_A = 15 \text{ kg}$$

撤去 C 后,A、B 将以相同大小的加速度 a 运动,因而有

$$T - f = T - \mu m_A g = m_A a$$

$$m_B g - T = m_B a$$

解得

$$a = \frac{m_B - \mu m_A}{m_A + m_B} g = 1.96 \text{ m}\cdot\text{s}^{-2}$$

2.14 如图(a)所示,在顶角 $\theta=60°$ 的圆锥形漏斗内有一质量为 m 的小物体,它离尖底的高度 $h=0.2$ m. 如果小物体与锥面间的静摩擦系数 $\mu_s=0.3$,要使它稳定在此高度随锥面一起做匀角速转动,问它的速率应为多大?

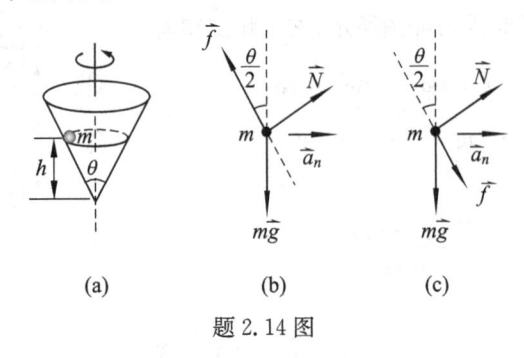

题 2.14 图

解 因小物体做匀速圆周运动,故沿圆周的切向无外力作用,摩擦力只能沿锥面向上或向下,如图(b)、(c)所示.

由图(b)可得

$$N\cos\frac{\theta}{2} - f\sin\frac{\theta}{2} = m\frac{v^2}{r} = m\frac{v^2}{h\tan\frac{\theta}{2}}$$

$$N\sin\frac{\theta}{2} + f\cos\frac{\theta}{2} - mg = 0$$

当摩擦力为最大静摩擦力 $f=\mu_s N$ 时,$v=v_{\min}$. 由此可得速度最小值为

$$v_{\min} = \sqrt{\frac{1-\mu_s\tan\frac{\theta}{2}}{1+\mu_s\cot\frac{\theta}{2}}gh} = 1.03 \text{ m·s}^{-1}$$

由图(c)可得

$$N\cos\frac{\theta}{2} + f\sin\frac{\theta}{2} = m\frac{v^2}{r} = m\frac{v^2}{h\tan\frac{\theta}{2}}$$

$$N\sin\frac{\theta}{2} - f\cos\frac{\theta}{2} - mg = 0$$

当 $f=\mu_s N$ 时,$v=v_{\max}$. 可解得最大速度为

$$v_{\max} = \sqrt{\frac{1+\mu_s\tan\frac{\theta}{2}}{1-\mu_s\cot\frac{\theta}{2}}gh} = 2.19 \text{ m·s}^{-1}$$

所以小球速率应限制在 $1.03 \sim 2.19$ m·s^{-1}.

2.15 质量为 m 的质点沿 Ox 轴正方向运动. 设质点通过坐标为 x 的位置时其速度等于 kx(k 为比例系数). 求:(1)作用于质点的力 F;(2)质点从 x_1 位置出发,运动到 x_2 位置所需要的时间.

解 (1) 由 $v=\dfrac{\mathrm{d}x}{\mathrm{d}t}=kx$ 得

$$a=\frac{\mathrm{d}v}{\mathrm{d}t}=k\frac{\mathrm{d}x}{\mathrm{d}t}=kv=k^2x$$

(2) 已知 $\dfrac{dx}{dt}=kx$,因而有

$$F=ma=mk^2x$$

$$\int_{x_1}^{x_2}\dfrac{dx}{x}=\int_{t_1}^{t_2}kdt$$

$$\ln\dfrac{x_2}{x_1}=k(t_2-t_1)$$

$$\Delta t=t_2-t_1=\dfrac{1}{k}\ln\dfrac{x_2}{x_1}$$

2.16 一根不可伸长的轻绳跨过定滑轮,绳子一端挂一质量 $m=1.0$ kg 的重物,绳的另一端施一力 F,当 $F=9.8$ N 时,此系统处于静止状态. 从某时刻开始,拉力按 $F=9.8-4t+2t^2$ 的规律作用(t 以 s 计,F 以 N 计). 问当拉力重新变为 9.8 N 时,重物的最大速度是多少?

解 依题意有 $mg=9.8$ N. 取向上为正方向,则 m 所受合力为

$$F_\text{合}=F(t)-mg=-4t+2t^2 \qquad ①$$

按牛顿定律,有

$$F_\text{合}=-4t+2t^2=m\dfrac{dv}{dt}$$

两边同时积分,并代入 $m=1$ kg,可得

$$\int_0^v dv=\int_0^t(-4t+2t^2)dt$$

$$v=-2t^2+\dfrac{2}{3}t^3 \qquad ②$$

由式①知 $t=0$ 和 $t=2$ s 时,$F_\text{合}=0$;$t<2$ s 时,$F_\text{合}<0$,合力向下;$t>2$ s 时,$F_\text{合}>0$,合力变为向上. 又由式②知 $t=0$ 和 $t=3$ s 时,$v=0$;$t<3$ s 时,$v<0$,m 向下运动;$t>3$ s 时,$v>0$,m 向上运动. 所以 m 的运动情况是:由静止开始,受向下的变力(量值先增后减)向下做变加速运动,经 2 s 后因合力转为向上而向下做减速运动,经 3 s 时速度减为零,随后向上做变加速运动. 因此,$t=2$ s 即拉力重新变为 9.8 N 时,m 向下的速度值达最大. 将 $t=2$ s 代入式②得 $v=-2.67$ m·s^{-1},负号表示方向向下,所以 $|v_\text{max}|=2.67$ m·s^{-1}.

2.17 如图(a)所示,一辆小车在平直轨道上加速行驶,车内固定一倾角为 θ 的斜面,斜面上放一物块. 已知物块与斜面间的静摩擦系数为 μ_s. 如果小车的加速度小于 a_1,物块就会下滑,大于 a_2 就会上滑. 试求 a_1 和 a_2.

解 物块下滑和上滑时受力如图(b)、(c)所示. 当小车以 a_1 运动时,静摩擦力按题意为最大静摩擦力,即 $f=\mu_s N$.

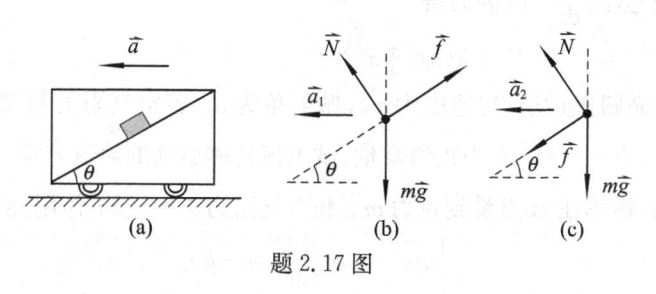

题 2.17 图

按图(b)有

$$N-mg\cos\theta=ma_1\sin\theta$$

$$mg\sin\theta-f=mg\sin\theta-\mu_s N=ma_1\cos\theta$$

解得

$$a_1 = \frac{\sin\theta - \mu_s\cos\theta}{\cos\theta + \mu_s\sin\theta}g$$

按图(c)有
$$N - mg\cos\theta = ma_2\sin\theta$$
$$mg\sin\theta + f = ma_2\cos\theta$$

此时仍有 $f = \mu_s N$,代入后解得
$$a_2 = \frac{\sin\theta + \mu_s\cos\theta}{\cos\theta - \mu_s\sin\theta}g$$

2.18 如图所示,升降机内有两个物体,质量分别为 $m_1 = 0.1$ kg, $m_2 = 0.2$ kg,用细线连接后跨过定滑轮. 设线的长度不变,线与滑轮的质量、桌面和滑轮轴上的摩擦均不计. 当升降机以加速度 $a = g/2 = 4.9$ m·s^{-2} 上升时,求:(1) m_1 和 m_2 相对升降机的加速度;(2)绳中张力.

解 (1)以地面为参考系,m_1 和 m_2 受力如图,其中 $T = T'$,m_1 和 m_2 相对于升降机的加速度大小相同,设为 a',但方向不同,m_1 和 m_2 相对地面的加速度则为它们对升降机的加速度和升降机对地的加速度的矢量和,且有
$$T = m_1 a'$$
$$m_2 g - T' = m_2(a' - a)$$

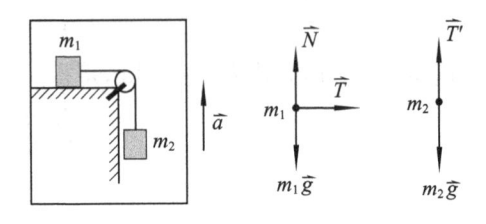

解得
$$a' = \frac{m_2(g+a)}{m_1 + m_2} = 9.8 \text{ m·s}^{-2}$$

(2)张力 $T = m_1 a' = 0.98$ N.

读者也可选升降机为参考系练习求解.

题2.18图

2.19 一长为 l,密度均匀的柔软链条,其单位长度的质量为 λ,将其卷成一堆放在地面上,如图所示. 若用手握住链条的一端,以速度 v 匀速将其上提,当链条端点提离地面的高度为 x 时,求手提力的大小.

解 取 Ox 轴正方向向上. 设 $t = 0$ 时,绳端坐标 $x_0 = 0$,t 时刻,绳端坐标为 x. 以被提起一段链条为研究对象,此时绳子受到上提力 $\vec{F}$ 和重力 $\lambda x \vec{g}$ 作用. 由牛顿第二定律,有
$$F - \lambda x g = \frac{d(\lambda x v)}{dt}$$
$$F = \lambda x g + \lambda v^2 + \lambda x \frac{dv}{dt}$$

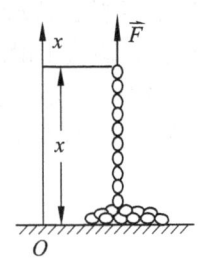

因绳子被匀速地提起,故 $\frac{dv}{dt} = 0$,因而得
$$F = \lambda(xg + v^2)$$

题2.19图

2.20 一物体做斜抛运动,初速度为 $\vec{v}_0$,抛射角为 α. 若空气阻力与抛体的速度成正比,即 $\vec{F} = -k\vec{v}$,k 为正值常量,试求该物体运动的轨道方程.

解 如图所示,物体在 A 点受到重力 $m\vec{g}$ 和空气阻力 $\vec{F} = -k\vec{v}$ 作用,由牛顿第二定律,有
$$\begin{cases} ma_x = m\dfrac{dv_x}{dt} = -kv_x \\ ma_y = m\dfrac{dv_y}{dt} = -kv_y - mg \end{cases}$$

可得

$$\begin{cases} \dfrac{\mathrm{d}v_x}{v_x} = -\dfrac{k}{m}\mathrm{d}t \\ \dfrac{k\mathrm{d}v_y}{mg+kv_y} = -\dfrac{k}{m}\mathrm{d}t \end{cases}$$

对以上两式积分,并代入初始条件:$v_x|_{t=0}=v_0\cos\alpha, v_y|_{t=0}=v_0\sin\alpha$,得

$$\begin{cases} v_x = v_0 \mathrm{e}^{-kt/m}\cos\alpha \\ v_y = \left(v_0\sin\alpha+\dfrac{mg}{k}\right)\mathrm{e}^{-kt/m}-\dfrac{mg}{k} \end{cases}$$

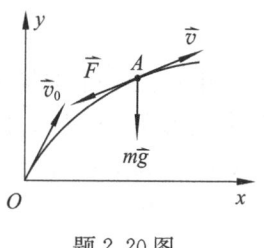

题 2.20 图

将以上两式代入 $\mathrm{d}x = v_x\mathrm{d}t$ 和 $\mathrm{d}y = v_y\mathrm{d}t$ 并积分,得

$$x = \frac{m}{k}(v_0\cos\alpha)(1-\mathrm{e}^{-kt/m}) \qquad ①$$

$$y = \frac{m}{k}\left(v_0\sin\alpha+\frac{mg}{k}\right)(1-\mathrm{e}^{-kt/m}) - \frac{mg}{k}t \qquad ②$$

消去式①②中的 t,即得抛线的轨道方程为

$$y = \left(\tan\alpha + \frac{mg}{kv_0\cos\alpha}\right)x + \frac{m^2g}{k^2}\ln\left(1-\frac{k}{mv_0\cos\alpha}x\right)$$

2.21 如图(a)所示,舰船停靠码头系缆绳时,士兵用缆绳在固定的桩柱上绕上几圈就可把船拴住. 如缆绳与桩柱间的静摩擦系数为 μ_s,缆绳的质量忽略不计,试求缆绳两端张力的关系.

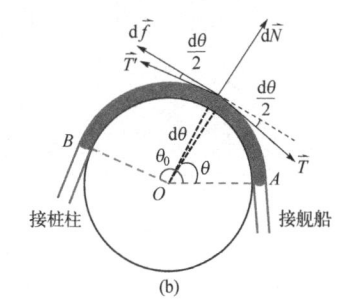

题 2.21 图

解 先考虑包角为 θ_0 的一段缆绳 $\overset{\frown}{AB}$,在其上取 θ 到 $\theta+\mathrm{d}\theta$ 处的一绳元 $\mathrm{d}l$. 受力分析如图(b)所示,作用在绳元上的力有正压力、张力和摩擦力. 其中,两端面处张力的大小满足 $T' = T + \mathrm{d}T$,若考虑最大静摩擦力,则其大小为 $\mathrm{d}f = \mu_s\mathrm{d}N$.

当缆绳将船拴住时,绳元处于静止状态,由牛顿第二定律,有

$$T\cos\frac{\mathrm{d}\theta}{2} - T'\cos\frac{\mathrm{d}\theta}{2} - \mu_s\mathrm{d}N = 0 \qquad ①$$

$$\mathrm{d}N - T\sin\frac{\mathrm{d}\theta}{2} - T'\sin\frac{\mathrm{d}\theta}{2} = 0 \qquad ②$$

因 $\mathrm{d}\theta$ 很小,故有 $\sin\dfrac{\mathrm{d}\theta}{2} \approx \dfrac{\mathrm{d}\theta}{2}$,$\cos\dfrac{\mathrm{d}\theta}{2} \approx 1$,代入式①和式②中,略去高阶小量,得

$$\mathrm{d}T = -\mu_s\mathrm{d}N \qquad ③$$

$$\mathrm{d}N - T\mathrm{d}\theta = 0 \qquad ④$$

联立式③和式④,再对 $\overset{\frown}{AB}$ 段缆绳积分,得

$$\int_{T_A}^{T_B} \frac{\mathrm{d}T}{T} = \int_0^{\theta_0} -\mu_s \mathrm{d}\theta$$

$$T_B = T_A \mathrm{e}^{-\mu_s \theta_0} \qquad ⑤$$

由式⑤可知,当缆绳与滑轮间有摩擦力时,绳中张力随着 θ_0 的增大按指数关系减小,故很容易使得 $T_B \ll T_A$。例如,设缆绳与桩之间的静摩擦系数为 0.25,当缆绳在固定桩上绕 1 圈时,$\theta_0 = 2\pi$,有 $T_B = T_A \mathrm{e}^{-0.25 \times 2\pi} = 0.21 T_A$,当缆绳绕 5 圈时,$\theta_0 = 10\pi$,有 $T_B = T_A \mathrm{e}^{-0.25 \times 10\pi} = 0.00039 T_A$。

第3章 功和能

基本要求

1. 掌握功的定义,能熟练计算一维变力的功.

2. 掌握势能的定义,理解保守力做功的特点,能熟练计算万有引力势能、重力势能和弹簧的弹性势能.

3. 掌握动能定理、功能原理、机械能守恒定律以及用其分析问题的思路和方法,能熟练运用于求解简单系统在平面内运动的力学问题.

一、主要内容

1. 功——力对空间的累积作用

1) 用矢量标积计算恒力的功($a \to b$)

$$A = \vec{F} \cdot \vec{ab} = |\vec{F}| \cdot |\vec{ab}| \cos\theta \quad (\text{直线和曲线路径都适用})$$

2) 用积分计算变力的功($a \to b$)

$$A = \int_a^b \vec{F} \cdot d\vec{r} = \int_a^b |\vec{F}| \cdot |d\vec{r}| \cos\theta$$

$$A = \int_{x_a}^{x_b} F_x dx + \int_{y_a}^{y_b} F_y dy + \int_{z_a}^{z_b} F_z dz$$

$$A = \int_{s_a}^{s_b} F_\tau ds$$

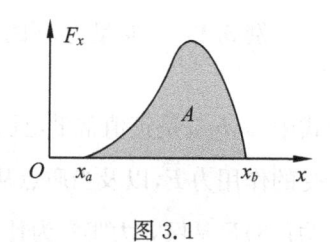

3) 用示功图计算功($a \to b$)

如图3.1所示,力 F_x 做的功 $A = \int_{x_a}^{x_b} F_x dx =$ 曲线和 Ox 轴所围面积.

图3.1

2. 保守力和势能

1) 保守力做功与路径无关

$$\oint_L \vec{F}_{保守力} \cdot d\vec{r} = 0 \quad (L \text{ 为任意闭合路径})$$

2) 势能定义

$$E_{pa} = \int_a^{势能零点} \vec{F}_{保守力} \cdot d\vec{r}$$

重力势能: $E_p = mgh$ (势能零点:某一水平面上任一点).

弹簧的弹性势能： $E_p = \dfrac{1}{2}kx^2$ （势能零点：弹簧形变 $x=0$）.

万有引力势能： $E_p = -G\dfrac{Mm}{r}$ （势能零点：$r=\infty$）.

3）保守力和势能的微分关系

$$\vec{F}_{保守力} = -\left(\dfrac{\partial E_p}{\partial x}\vec{i} + \dfrac{\partial E_p}{\partial y}\vec{j} + \dfrac{\partial E_p}{\partial z}\vec{k}\right)$$

3. 功能关系

1）质点的动能定理

$$A_{合力} = \dfrac{1}{2}mv^2 - \dfrac{1}{2}mv_0^2$$

2）系统的功能原理

$$A_{外力} + A_{非保守内力} = E - E_0 = \Delta E_k + \Delta E_p$$

3）系统的机械能守恒定律

如果在系统运动过程中，只有保守内力做功，则系统的机械能保持不变.

4. 解题的一般思路

确定研究系统，分析受力和各力做功情况；依据定理或定律列方程求解；必要时进行讨论.

二、典 型 例 题

例 3.1 一质量为 m 的质点在 Oxy 平面上运动，其运动方程为

$$\vec{r} = a\cos(\omega t)\vec{i} + b\sin(\omega t)\vec{j}$$

式中，a、b、ω 是正值常量，且 $a > b$. (1)求质点在 P 点 $(a,0)$ 和 Q 点 $(0,b)$ 时的动能；(2)求质点所受的作用力 $\vec{F}$，以及当质点从 P 点运动到 Q 点的过程中分力 F_x 和 F_y 所做的功及合力 $\vec{F}$ 做的功；(3) $\vec{F}$ 是保守力吗？为什么？

解 （1）由运动方程有

$$x = a\cos\omega t, \quad y = b\sin\omega t \qquad ①$$

得到速度的分量式为

$$v_x = \dfrac{dx}{dt} = -a\omega\sin\omega t, \quad v_y = \dfrac{dy}{dt} = b\omega\cos\omega t \qquad ②$$

质点位于 P 点 $(a,0)$ 时，由式①有 $\cos\omega t = 1$，$\sin\omega t = 0$，代入式②得 $v_{Px} = 0$，$v_{Py} = b\omega$，因此 P 点处质点的动能为

$$E_{kP} = \dfrac{1}{2}mv_P^2 = \dfrac{1}{2}m(v_{Px}^2 + v_{Py}^2) = \dfrac{1}{2}mb^2\omega^2$$

同理，质点位于 Q 点 $(0,b)$ 时，$\cos\omega t = 0$，$\sin\omega t = 1$，代入式②得 $v_{Qx} = -a\omega$，$v_{Qy} = 0$，因此 Q 点处质点的动能为

$$E_{kQ} = \frac{1}{2}mv_Q^2 = \frac{1}{2}m(v_{Qx}^2 + v_{Qy}^2) = \frac{1}{2}ma^2\omega^2$$

(2) 质点所受作用力(合力)为

$$\vec{F} = m\frac{d\vec{v}}{dt} = m\frac{d^2\vec{r}}{dt^2} = -ma\omega^2\cos\omega t\vec{i} - mb\omega^2\sin\omega t\vec{j} = -m\omega^2\vec{r}$$

负号表明力与位矢的方向相反，指向原点. $\vec{F}$ 的分力为

$$F_x = -ma\omega^2\cos\omega t = -m\omega^2 x$$

$$F_y = -mb\omega^2\sin\omega t = -m\omega^2 y$$

从 P 到 Q 的过程中，x 由 $a \to 0$，y 由 $0 \to b$，因此分力的功为

$$A_x = \int_a^0 F_x dx = -m\omega^2 \int_a^0 x dx = \frac{1}{2}ma^2\omega^2$$

$$A_y = \int_0^b F_y dy = -m\omega^2 \int_0^b y dy = -\frac{1}{2}mb^2\omega^2$$

$\vec{F}$ 为质点所受合力，应用动能定理可得合力的功为

$$A_F = \int_P^Q \vec{F}\cdot d\vec{r} = E_{kQ} - E_{kP} = \frac{1}{2}ma^2\omega^2 - \frac{1}{2}mb^2\omega^2$$

(3) $\vec{F}$ 是保守力. 由(2)的结果可见，质点从 P 点运动到 Q 点，功的大小与路径无关，只与质点的始末位置有关.

> **说 明**
>
> 将 $A_F = \int_P^Q \vec{F}\cdot d\vec{r} = \int_P^Q F_x dx + F_y dy = A_x + A_y$ 与 $A_F = E_{kQ} - E_{kP}$ 对比可见，用动能定理计算功较为简便，它避免了积分的麻烦.

例 3.2 一质量为 M 的机车，牵引着质量为 m 的车厢在平直的轨道上匀速前进，机车和车厢与轨道的摩擦系数均为 μ. 忽然车厢与机车脱钩，等司机发觉立即关闭油门时，机车已行驶了一段距离 l. 设脱钩前后机车的牵引力不变，试问：机车与车厢停止时距离有多远？

解 因机车和车厢系统做平动，所以可视为质点. 因脱钩前系统匀速前进，所以其所受合外力为零. 设机车牵引力的大小为 F，则在水平方向有

$$F - \mu(m+M)g = 0 \quad \text{①}$$

设脱钩前机车和车厢的速度为 v，车厢脱钩后到停止时走过的距离为 x_1，根据动能定理，对车厢有

$$-\mu mg x_1 = 0 - \frac{1}{2}mv^2 \quad \text{②}$$

设从脱钩到关闭油门后机车滑行停止时止运行距离为 x_2，在此过程中对机车应用动能定理，有

$$Fl - \mu Mg x_2 = 0 - \frac{1}{2}Mv^2 \quad \text{③}$$

由式②解得

$$x_1 = \frac{v^2}{2\mu g}$$

式①和式③联立，可解得

$$x_2 = \frac{m+M}{M}l + \frac{v^2}{2\mu g}$$

所以机车和车厢停止时的距离为

$$\Delta x = x_2 - x_1 = \frac{m+M}{M}l + \frac{v^2}{2\mu g} - \frac{v^2}{2\mu g} = \frac{m+M}{M}l$$

例 3.3 一链条总长度为 L,质量均匀分布,总质量为 m,放在水平桌面上,使其下垂一端的长度为 a. 设链条由静止开始滑落运动,链条与桌面间的摩擦系数为 μ,试求链条恰好离开桌面时的速率.

解法一 应用牛顿定律求解

以链条为研究对象,其质量密度 $\lambda = m/L$. 如图所示,设某一时刻链条下垂长度为 x,则其所受外力有下垂部分的重力 $\lambda x g$、链条与桌面之间的摩擦力 $\mu\lambda(L-x)g$,桌面部分链条所受重力和支持力相互抵消. 根据牛顿第二定律有

$$\lambda g x - \mu\lambda(L-x)g = m\frac{dv}{dt}$$

做变量替换 $\dfrac{dv}{dt} = \dfrac{dv}{dx} \cdot \dfrac{dx}{dt} = v\dfrac{dv}{dx}$,可得

$$v\,dv = [\lambda g x - \mu\lambda(L-x)g]\frac{dx}{m} = \left[\frac{g}{L}x - \mu\frac{g}{L}(L-x)\right]dx$$

例 3.3 图

依题意,$x = a$ 时,$v = 0$,链条恰好离开桌面时,$x = L$,设此时的速率为 v,两边同时对链条的下落过程积分得

$$\int_0^v v\,dv = \frac{g}{L}\int_a^L x\,dx - \mu\frac{g}{L}\int_a^L(L-x)dx$$

$$v = \sqrt{\frac{g}{L}[(L^2 - a^2) - \mu(L-a)^2]}$$

解法二 应用功能原理求解

链条在滑落过程中受到桌面的摩擦力作用,摩擦力所做的功为

$$A_f = -\int f\,dx = -\mu\lambda g\int_a^L(L-x)dx = -\mu\frac{mg}{2L}(L-a)^2$$

根据功能原理 $A_f = E - E_0$,取桌面势能为零,有

$$-\mu\frac{m}{2L}g(L-a)^2 = \left(\frac{1}{2}mv^2 - mg\frac{L}{2}\right) - \left(-\frac{m}{L}ag \cdot \frac{a}{2}\right)$$

解得速率 v 与解法一结果相同.

三、习题分析与解答

(一) 选择题和填空题

3.1 如图所示,一质点在 Oxy 平面内做圆周运动,有一力 $\vec{F} = F_0(x\vec{i} + y\vec{j})$ 作用在质点上. 在该质点从坐标原点运动到 $(0, 2R)$ 位置过程中,力 $\vec{F}$ 对它所做的功为 [   ]

(A) $F_0 R^2$.   (B) $2F_0 R^2$.   (C) $3F_0 R^2$.   (D) $4F_0 R^2$.

3.2 如图所示,木块 m 沿固定的光滑斜面下滑,当下降 h 高度时,重力做功的瞬时功率是 [   ]

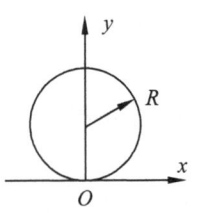

题 3.1 图

(A) $mg\sqrt{2gh}$. (B) $mg\cos\theta\sqrt{2gh}$.
(C) $mg\sin\theta\sqrt{gh/2}$. (D) $mg\sin\theta\sqrt{2gh}$.

3.3 假设一小球沿着光滑的圆弧形轨道下滑,如图所示,在下滑过程中,下面哪种说法是正确的?[ ]
(A) 它的加速度方向永远指向圆心.
(B) 它的合外力大小变化,方向永远指向圆心.
(C) 它的合外力大小不变.
(D) 它的速率均匀增加.
(E) 轨道弹力的大小不断增加.

3.4 一根质量为 m、长为 l 的柔软链条,其 4/5 放在光滑桌面上,1/5 从桌子边缘向下自由悬挂.将此链条悬挂部分拉回桌面至少需做功_____.

3.5 如图所示,刚度系数为 k 的轻弹簧一端固定在 O 点,另一端系一质量为 m 的小球.开始时弹簧在水平位置 A,处于自然状态,原长为 l_0.小球由位置 A 释放,在竖直面内下落到 O 点正下方位置 B 时弹簧长度为 l,则小球到达 B 点时的速率 $v_B=$ _____.

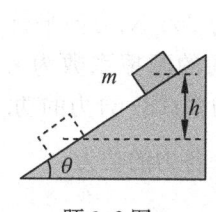

题 3.2 图 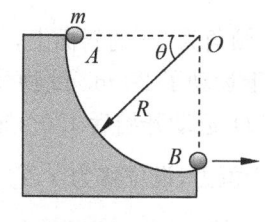   题 3.3 图 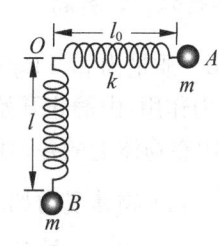   题 3.5 图

3.6 一个沿 x 轴正向以 5 m·s^{-1} 的速率匀速运动的物体,在 $x=0$ 到 $x=10$ m 间受到一个如图所示沿 y 方向的力的作用.物体的质量为 1 kg,它到达 $x=10$ m 处的速率为_____ m·s^{-1}.

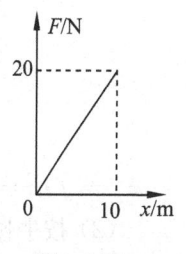

3.7 质量为 m 的人造地球卫星,在地球表面上空 2 倍于地球半径 R 的高度沿圆轨道运行,若用 m、R、引力常量 G 和地球的质量 M 表示,则卫星的动能为_____,引力势能为_____.

题 3.6 图

答案 3.1 (B); 3.2 (D); 3.3 (E). 3.4 $mgl/50$;
3.5 $\sqrt{\dfrac{2mgl-k(l-l_0)^2}{m}}$; 3.6 $5\sqrt{17}$; 3.7 $G\dfrac{Mm}{6R}$, $-G\dfrac{Mm}{3R}$.

参考解答

3.4 解法一 应用功能原理计算.以水平桌面为零势能面,有
$$A=0-\frac{1}{5}mg\left(-\frac{l/5}{2}\right)=\frac{1}{50}mgl$$

解法二 根据变力做功定义计算.如图所示,以桌边缘点为坐标原点,向左为 x 轴正方向,任意时刻桌面上链条长度为 x,缓慢拉回的拉力为 $F=\dfrac{m}{l}\cdot(l-x)g$,则
$$A=\int_{\frac{4l}{5}}^{l}F\mathrm{d}x=\int_{\frac{4l}{5}}^{l}\frac{m}{l}\cdot(l-x)g\mathrm{d}x=\frac{1}{50}mgl$$

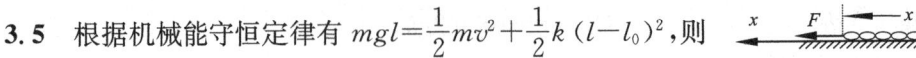

3.5 根据机械能守恒定律有 $mgl = \frac{1}{2}mv^2 + \frac{1}{2}k(l-l_0)^2$，则

$$v = \sqrt{\frac{2mgl - k(l-l_0)^2}{m}}$$

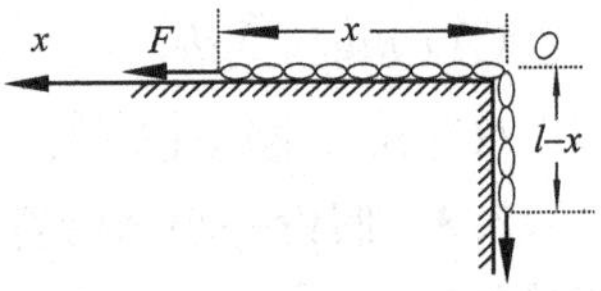

题3.4解图

3.6 由图可知，$F_y = 2x = m\dfrac{dv_y}{dt} = m\dfrac{dv_y}{dx} \cdot \dfrac{dx}{dt} = mv_x \dfrac{dv_y}{dx}$，其中

$$v_x = 5 \text{ m·s}^{-1}$$

$$v_y = \frac{2}{mv_x}\int_0^{10} x\,dx = 20 \text{ m·s}^{-1}$$

可得该物体在 $x=10$ m 处的速率为 $v = \sqrt{v_x^2 + v_y^2} = 5\sqrt{17}$ m·s^{-1}.

3.7 卫星在地球表面上空 $2R$ 处，距地心 $r=3R$，由 $G\dfrac{Mm}{(3R)^2} = m\dfrac{v^2}{3R}$ 可得

$$E_k = \frac{1}{2}mv^2 = G\frac{Mm}{6R}, \quad E_p = -G\frac{Mm}{r} = -G\frac{Mm}{3R}$$

(二) 问答题和计算题

3.8 质量为 2.0 kg 的物体置于倾角为 30° 的斜面上，受到大小为 200 N、方向平行于斜面向上的力作用，由静止开始沿斜面向上运动了 20 m. 设物体与斜面间的摩擦系数为 0.5，求：(1) 作用在物体上的各力所做的功；(2) 运动开始后 1.0 s 末各力的功率；(3) 合力的功.

解 (1) 物体受力如图所示，均为恒力，设位移为 $\vec{s}$，它与 $\vec{F}$ 同向. 各力的功为

$$A_F = \vec{F} \cdot \vec{s} = Fs\cos 0° = Fs = 4.00 \times 10^3 \text{ J}$$

$$A_N = \vec{N} \cdot \vec{s} = Ns\cos 90° = 0$$

$$A_G = m\vec{g} \cdot \vec{s} = mgs\cos(90° + \theta) = -mgs\sin\theta$$

$$= -\frac{mgs}{2} = -1.96 \times 10^2 \text{ J}$$

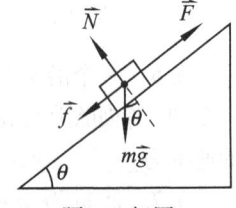

$$A_f = \vec{f} \cdot \vec{s} = \mu Ns\cos 180° = -\mu mgs\cos 30° = -1.70 \times 10^2 \text{ J}$$

题3.8解图

(2) 按牛顿定律有

$$F - mg(\mu\cos\theta + \sin\theta) = m\frac{dv}{dt}$$

积分得

$$v = \frac{F}{m}t - (\mu\cos\theta + \sin\theta)gt$$

当 $t = 1$ s 时

$$v_1 = \frac{F}{m} - (\mu\cos\theta + \sin\theta)g = 90.9 \text{ m·s}^{-1}$$

方向沿斜面向上. 此时各力的功率为

$$P_F = \vec{F} \cdot \vec{v}_1 = Fv_1 = 1.82 \times 10^4 \text{ W}$$

$$P_N = \vec{N} \cdot \vec{v}_1 = 0$$

$$P_G = m\vec{g} \cdot \vec{v}_1 = mgv_1\cos 120° = -8.91 \times 10^2 \text{ W}$$

$$P_f = \vec{f} \cdot \vec{v}_1 = -fv_1 = -\mu mgv_1\cos 30° = -7.71 \times 10^2 \text{ W}$$

(3) 合力的功为
$$A = A_F + A_N + A_G + A_f = 3.63 \times 10^3 \text{ J}$$

3.9 一根刚度系数为 k 的轻弹簧竖直放置,下端悬一质量为 m 的小球.当弹簧为原长时,小球恰好与地接触.今将弹簧上端缓慢提起,直到小球刚好离开地面,求此过程中外力所做的功.

解 小球刚好离开地面时,受重力和弹簧的作用力,此时弹簧伸长量为 $b = mg/k$,在上提过程中弹簧作用于小球的力为 $F = kx$,因弹簧质量可略,故外力与 F 相等,做功为
$$A = \int_0^b F\,dx = \int_0^b kx\,dx = \frac{1}{2}kb^2 = \frac{m^2g^2}{2k}$$

3.10 一根质量为 m、长为 l 的竖直均匀电线杆被风吹倒在地.试用功的定义计算电线杆倒地过程中重力所做的功.

解 如图所示,重力的元功为
$$dA = m\vec{g} \cdot d\vec{s} = mg\sin\theta\,ds$$
因 $ds = l\,d\theta/2$,所以总功为
$$A = \frac{mgl}{2}\int_0^{\frac{\pi}{2}} \sin\theta\,d\theta = \frac{1}{2}mgl$$

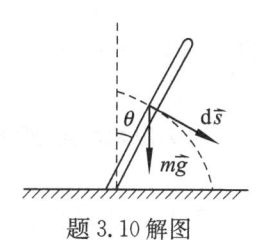

题3.10解图

3.11 有人从 10 m 深的井中提水,开始时桶中装有 10 kg 的水.由于水桶漏水,每升高 1 m 漏水 0.2 kg,求水桶匀速地从井中提到井口时人所做的功.

解 水桶提到离水面 x 米处时,漏去的水为 $0.2x$,水桶中剩余水的质量为 $(10-0.2x)$.因匀速提水,故拉力为
$$F = (10 - 0.2x)g$$
拉力做功为
$$A = \int_0^H F\,dx = \int_0^H (10-0.2x)g\,dx = 10Hg - 0.1gH^2$$
将 $H = 10$ m 代入上式,得 $A = 882$ J.

3.12 已知方向不变、大小按 $F = 4t^2$ (SI)变化的合力,作用在原先静止、质量为 4 kg 的物体上,求:(1) 前 3 s 内力 F 所做的功;(2) $t=3$ s 时物体的动能;(3) $t=3$ s 时力 F 的功率.

解 (1) 由 $\dfrac{dv}{dt} = a = \dfrac{F}{m} = t^2$,可得 $v = \dfrac{1}{3}t^3$,变力 F 的功为
$$A = \int_0^x F\,dx = \int_0^t Fv\,dt = \frac{4}{3}\int_0^t t^5\,dt = \frac{2}{9}t^6$$
将 $t=3$ s 代入上式,得前 3 s 内力 F 所做的功为 $A = 162$ J.

(2) $t=3$ s 时,动能为
$$E_k = A = 162 \text{ J}$$

(3) 力的功率为
$$P = Fv = \frac{4}{3}t^5$$
$t=3$ s 时的功率为 $P = 324$ W.

3.13 质量 $m = 2$ kg 的物体受到力 $\vec{F} = (5t\vec{i} + 3t^2\vec{j})$ SI 的作用而运动,$t=0$ 时物体位于原点并静止.求前 10 s 内力做的功和 $t=10$ s 时物体的动能.

解 (1) 加速度为

速度为

$$\vec{a} = \frac{\vec{F}}{m} = \frac{5}{2}t\vec{i} + \frac{3}{2}t^2\vec{j}$$

$$\vec{v} = \int_0^{\vec{v}} d\vec{v} = \int_0^t \vec{a} dt = \frac{5}{4}t^2\vec{i} + \frac{1}{2}t^3\vec{j}$$

力 $\vec{F}$ 所做的功为

$$A = \int \vec{F} \cdot d\vec{r} = \int \vec{F} \cdot \vec{v} dt = \int (F_x v_x + F_y v_y) dt$$

$$A = \int_0^t \left(\frac{25}{4}t^3 + \frac{3}{2}t^5\right) dt = \frac{25}{16}t^4 + \frac{1}{4}t^6$$

将 $t=10$ s 代入上式,可得前 10 s 内的功为

$$A = 2.66 \times 10^5 \text{ J}$$

(2) 由动能定理得到 $t=10$ s 时的动能为

$$E_k = A = 2.66 \times 10^5 \text{ J}$$

3.14 如图所示,一条位于竖直平面内光滑的 1/4 圆形细弯管,半径为 R,用作与之等长的细铁链的导管. 初始时刻铁链 AB 全部静止在管内,由此状态释放铁链,求 OA 与 Oy 轴夹角为 $\alpha (\alpha < \pi/2)$ 时铁链滑动的速率.

解 如图所示,以 Ox 轴为重力势能零点. 链的线密度 $\lambda = 2m/(\pi R)$. 考虑导管中 θ 处 $dl = Rd\theta$ 这一段链条,其重力势能为

$$dE_p = (\lambda dl) gy = \lambda R^2 g \cos\theta d\theta$$

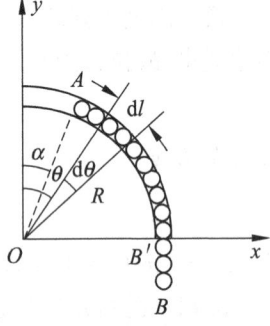

所以当链条全部在导管中时,总势能为

$$E_{p0} = \lambda R^2 g \int_0^{\frac{\pi}{2}} \cos\theta d\theta = \lambda R^2 g = \frac{2mgR}{\pi}$$

当 OA 与 y 轴成 α 角时,导管内 $\overset{\frown}{AB'}$ 这一段链的重力势能为

$$E_{p1} = \lambda R^2 g \int_\alpha^{\frac{\pi}{2}} \cos\theta d\theta = \frac{2mgR}{\pi}(1-\sin\alpha)$$

下垂的 $\overset{\frown}{B'B} = R\alpha$ 这一段的重力势能为

$$E_{p2} = -\lambda R\alpha g \cdot \frac{R\alpha}{2} = -\frac{1}{2}\lambda R^2 \alpha^2 g = -\frac{mgR\alpha^2}{\pi}$$

此时,总势能为

$$E_p = E_{p1} + E_{p2} = \frac{2mgR}{\pi}\left(1 - \sin\alpha - \frac{\alpha^2}{2}\right)$$

根据机械能守恒定律,此时链条的总动能为

$$\frac{1}{2}mv^2 = E_{p0} - E_p = \frac{2mgR}{\pi}\left(\sin\alpha + \frac{\alpha^2}{2}\right)$$

可得铁链滑动的速率为

$$v = \sqrt{\frac{4gR}{\pi}\left(\sin\alpha + \frac{\alpha^2}{2}\right)}$$

3.15 如图所示,在一倾角为 θ 的光滑斜面下端安置一个未被压缩的轻弹簧,其刚度系数为 k. 斜面上有一质量为 m 的木块,它与弹簧上端的距离为 l. 将木块由静止开始释放,求:(1) 木块刚接触弹簧时的速率;

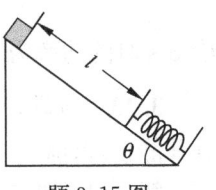

(2) 弹簧的最大压缩量;(3) 木块获得的最大速度.

解 (1) 根据机械能守恒定律有

$$\frac{1}{2}mv^2 = mgl\sin\theta$$

$$v = \sqrt{2gl\sin\theta} \qquad ①$$

(2) 设弹簧的最大压缩量为 x,此时木块速度减为零.按机械能守恒定律有

$$\frac{1}{2}mv^2 = \frac{1}{2}kx^2 - mgx\sin\theta$$

代入式①,解得

$$x = \frac{mg\sin\theta + \sqrt{m^2g^2\sin^2\theta + 2kmgl\sin\theta}}{k}$$

(3) 设木块接触弹簧后运动到平衡位置时,弹簧的压缩量为 x_0,则有

$$mg\sin\theta = kx_0 \qquad ②$$

木块在接触弹簧之前和接触弹簧后向平衡位置运动的过程中,速度都是增大的,过了平衡位置后则减速,所以到达平衡位置时木块的速度最大.根据机械能守恒定律,有

$$\frac{1}{2}mv_{\max}^2 + \frac{1}{2}kx_0^2 = mg(l+x_0)\sin\theta$$

代入式②,解得

$$v_{\max} = \sqrt{2gl\sin\theta + mg^2\sin^2\theta/k}$$

3.16 如图所示,一质量为 2.0 kg 的物体,在竖直平面内由 A 点沿一半径为 1.0 m 的 1/4 圆弧轨道滑到 B 点,又经过一段水平距离 $\overline{BC}=3.0$ m 后停止.设物体滑至 B 点时速率为 4.0 m·s^{-1},摩擦系数处处相同.(1) 物体从 A 点滑到 B 点和从 B 点滑到 C 点过程中,摩擦力各做功多少?(2) 求摩擦系数;(3) 如圆弧轨道光滑,求物体在 D 点的速度、加速度和物体对轨道的压力(已知 $\theta=30°$).

解 (1) 在 $A \to B$ 过程中,重力做功为 mgR,因此由

$$mgR + A_f = \frac{1}{2}mv_B^2$$

得

$$A_{f1} = \frac{1}{2}mv_B^2 - mgR = -3.6 \text{ J}$$

在 $B \to C$ 过程中,摩擦力做功为

$$A_{f2} = 0 - \frac{1}{2}mv_B^2 = -16 \text{ J}$$

(2) 由

$$A_{f2} = -\mu mg\overline{BC}$$

得摩擦系数

$$\mu = -\frac{A_{f2}}{mg\overline{BC}} = 0.27$$

(3) 从 $A \to D$ 过程中,重力做功 $mgR\sin\theta$.因轨道光滑,所以有

$$mgR\sin\theta = \frac{1}{2}mv_D^2$$

$$v_D = \sqrt{2gR\sin\theta} = 3.13 \text{ m·s}^{-1}$$

在 D 点处,法向和切向加速度分别为

$$a_n = \frac{v_D^2}{R} = 2g\sin\theta = 9.80 \text{ m·s}^{-2}$$

$$a_\tau = g\cos\theta = 8.49 \text{ m·s}^{-2}$$

总加速度

$$\vec{a} = (8.49\vec{\tau} + 9.80\vec{n}) \text{ m·s}^{-2}$$

设轨道对物体的支持力为 N,则有

$$N - mg\sin\theta = ma_n$$

$$N = mg\sin\theta + ma_n = 29.4 \text{ N}$$

所以物体对轨道的压力为

$$N' = N = 29.4 \text{ N}$$

3.17 如图所示,摆长为 l,摆锤质量为 m,开始时摆与铅直线间夹角为 θ,在铅直线上距悬点 x 处有一小钉,摆可以绕此小钉运动. 问 x 至少为何值时才能使摆以钉子为中心绕一完整的圆周?

解 从摆锤开始向下摆动,到绕钉子沿圆形轨道上升到 B 点过程中,只有重力做功,所以机械能守恒. 以图中摆锤的最低位置 A 点为重力势能零点,则有

$$mgl(1-\cos\theta) = 2mg(l-x) + \frac{1}{2}mv_B^2 \quad \text{①}$$

摆锤通过 B 点时,按牛顿定律有

$$mg + T = ma_n = m\frac{v_B^2}{l-x}$$

摆锤做完整圆周运动的条件是:在 B 点时绳子拉力 $T \geq 0$,因而有

$$m\frac{v_B^2}{l-x} \geq mg$$

代入式①得

$$mgl(1-\cos\theta) \geq \frac{5}{2}mg(l-x)$$

化简后得

$$x \geq \frac{3+2\cos\theta}{5}l$$

题 3.17 图

3.18 如图所示,摆长 $l = 0.5$ m,摆锤质量 $m = 0.10$ kg,开始时摆与铅直线间夹角 $\angle AOB = 60°$,然后由静止释放.(1) 求摆锤通过铅直位置时的速度和摆线的张力;(2) 求在 $\theta < 60°$ 的任一位置 C 处摆锤速度 v 和 θ 的关系式、摆锤的加速度和摆线的张力;(3) 开始时,摆锤的加速度和摆线的张力各多大?

解 (1) 小球从 A 到 B 过程中机械能守恒,取 B 点为重力势能零点,则有

$$mgl(1-\cos 60°) = \frac{1}{2}mv_B^2$$

$$v_B = \sqrt{2gl(1-\cos 60°)} = \sqrt{gl} = 2.2 \text{ m·s}^{-1}$$

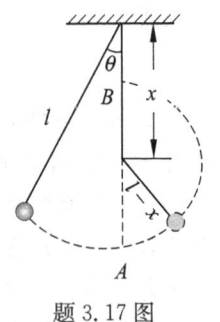

按牛顿定律,有
$$T_B - mg = m\frac{v_B^2}{l}$$
$$T_B = m\left(g + \frac{v_B^2}{l}\right) = 1.96 \text{ N}$$

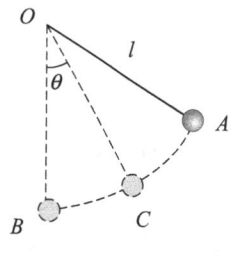

(2) 小球从 B 到 C 过程中,按机械能守恒定律有
$$\frac{1}{2}mv_C^2 + mgl(1-\cos\theta) = \frac{1}{2}mv_B^2$$
得
$$v_C = \sqrt{gl(2\cos\theta - 1)}$$
$$a_n = \frac{v_C^2}{l} = (2\cos\theta - 1)g, \quad a_\tau = g\sin\theta$$

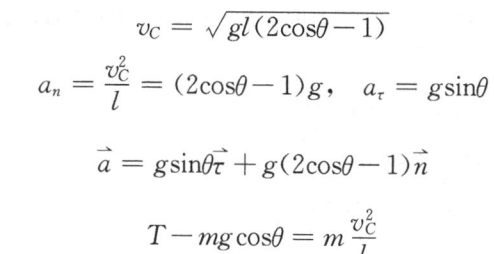

总加速度
$$\vec{a} = g\sin\theta\vec{\tau} + g(2\cos\theta - 1)\vec{n}$$
由
$$T - mg\cos\theta = m\frac{v_C^2}{l}$$
得
$$T = mg\cos\theta + m\frac{v_C^2}{l} = (3\cos\theta - 1)mg$$

(3) 开始时,$a_n = 0$,所以
$$a = a_\tau = g\sin 60° = 8.49 \text{ m·s}^{-2}$$
$$T = mg\cos 60° = \frac{1}{2}mg = 0.49 \text{ N}$$

3.19 如图所示,用一轻弹簧把两块质量分别为 m_1 和 m_2 的板连接起来,放在地面上. 问在板 m_1 上需加多大的正压力,才能在该力突然撤去而使 m_1 跳起来时,m_2 恰被提起?

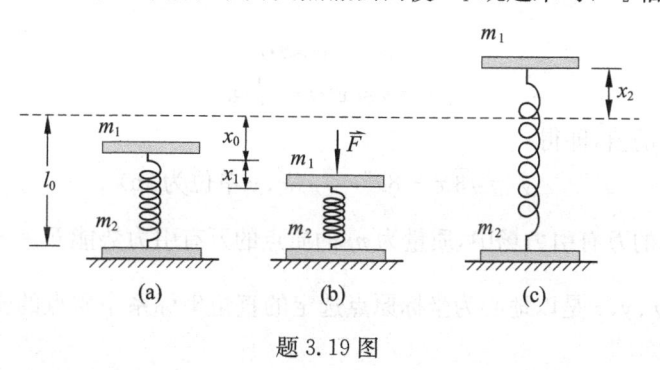

题 3.19 图

解 如图所示,l_0 为弹簧自然长度. 当 m_1 板静止时,弹簧压缩量由 $m_1g = kx_0$ 得 $x_0 = m_1g/k$. 加压力 $\vec{F}$ 后,弹簧又缩短了 x_1,此时对 m_1 有
$$F + m_1g = k(x_0 + x_1) \qquad ①$$
设 $\vec{F}$ 撤去后,m_2 刚被提起时,弹簧伸长量为 x_2,则对 m_2 有
$$kx_2 = m_2g \qquad ②$$
撤去 $\vec{F}$ 后,系统机械能守恒,以未被压缩时弹簧的上端为重力势能零点. 当 m_1 跳起后 m_2 刚被提起时,两板的动能均为零,因而按机械能守恒定律有

$$\frac{1}{2}k(x_0+x_1)^2 - m_1 g(x_0+x_1) = \frac{1}{2}kx_2^2 + m_1 g x_2 \qquad ③$$

联立式①~③,解得
$$F = (m_1 + m_2)g$$

3.20 长 $l=50$ cm 的轻绳,一端固定在 O 点,另一端系一质量 $m=1$ kg 的小球.开始时,小球与铅垂线的夹角为 $60°$,如图所示.在铅垂面内并垂直于轻绳给小球初速度 $v_0=350$ cm·s^{-1}. 试求:(1) 在随后的运动中,绳中张力为零时,小球的位置和速度;(2) 在轻绳再次张紧前,小球的轨道方程.

解 (1) 如图所示,设小球运动到 C 点时,绳子的拉力恰好为零,此时球速为 v. 由牛顿第二定律,有
$$mg\cos\theta = m\frac{v^2}{l} \qquad ①$$

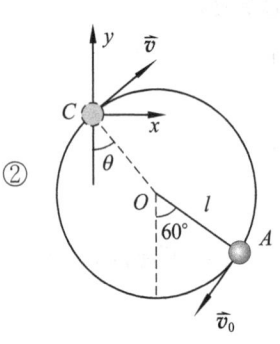

小球从 A 到 C 的过程中,只有重力做功
$$A = -mgl(\cos\theta + \cos 60°)$$

由动能定理,有
$$-mgl(\cos\theta + \cos 60°) = \frac{1}{2}mv^2 - \frac{1}{2}mv_0^2 \qquad ②$$

联立式①、②,得
$$v = \sqrt{\frac{v_0^2 - gl}{3}} = 1.57 \text{ m·s}^{-1}$$
$$\cos\theta = \frac{v^2}{gl} = \frac{1.57^2}{9.8 \times 0.5} = 0.50$$
$$\theta = 60°$$

题 3.20 图

(2) 自 C 点以后到轻绳再次张紧之前,小球只受重力作用,在竖直平面内做无阻力抛体运动,有
$$x = v\cos\theta \cdot t$$
$$y = v\sin\theta \cdot t - \frac{1}{2}gt^2$$

消去 t,并代入 θ、v 的值,即得
$$y = \sqrt{3}x - 8x^2 \qquad (x、y \text{ 单位为 m})$$

3.21 在地球的万有引力场中,质量为 m 的质点的万有引力势能 $E_p = -\dfrac{mgR^2}{\sqrt{x^2+y^2+z^2}}$,其中 R 为地球半径,x、y、z 是以地心为坐标原点选定的直角坐标系中质点的坐标.试问质点所受的万有引力有多大?

解 由引力与势能的关系,有
$$F_x = -\frac{\partial E_p}{\partial x} = -\frac{mgR^2 x}{(x^2+y^2+z^2)^{3/2}}$$
$$F_y = -\frac{\partial E_p}{\partial y} = -\frac{mgR^2 y}{(x^2+y^2+z^2)^{3/2}}$$
$$F_z = -\frac{\partial E_p}{\partial z} = -\frac{mgR^2 z}{(x^2+y^2+z^2)^{3/2}}$$

质点所受万有引力的大小为

$$F = \sqrt{F_x{}^2 + F_y{}^2 + F_z{}^2} = \frac{mgR^2}{x^2+y^2+z^2}$$

3.22 把一个物体从地球表面沿铅直方向以第二宇宙速度$v_0 = \sqrt{2GM/R}$发射出去,式中M、R分别为地球的质量和半径. 不计阻力,试求物体从地面飞行到与地心相距nR处(n为正整数)所经历的时间.

解 如图所示,设物体质量为m,到达x处的速度为v,物体由地面飞到x处的过程中,机械能守恒,有

$$\frac{1}{2}mv_0^2 - G\frac{Mm}{R} = \frac{1}{2}mv^2 - G\frac{Mm}{x}$$

解得

$$v = \sqrt{\frac{2GM}{x}}$$

将上式代入$v = \dfrac{\mathrm{d}x}{\mathrm{d}t}$,整理后积分,有

$$\int_0^t \mathrm{d}t = \int_R^{nR} \frac{1}{\sqrt{2GM}} \sqrt{x}\, \mathrm{d}x$$

可得

$$t = \frac{2}{3\sqrt{2GM}} R^{3/2}(n^{3/2}-1)$$

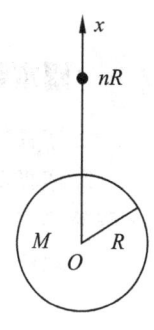

题 3.22 解图

第 4 章　冲量和动量

基本要求

1. 掌握冲量的定义,能熟练计算一维变力的冲量.
2. 掌握动量定理、动量守恒定律以及用其分析问题的思路和方法,能熟练结合功能关系求解简单系统在平面内运动的力学问题.
3. 理解质心概念,理解质心运动定理.

一、主要内容

1. 冲量——力对时间的累积作用

1) 恒力的冲量

$$\vec{I} = \vec{F}(t-t_0) = \vec{F}\Delta t$$

2) 变力的冲量

$$\vec{I} = \int_{t_0}^{t} \vec{F} \mathrm{d}t = \overline{\vec{F}}(t-t_0) = \overline{\vec{F}}\Delta t$$

$$I_x = \int_{t_1}^{t_2} F_x \mathrm{d}t = 图 4.1 中曲线和 Ot 轴所围面积$$

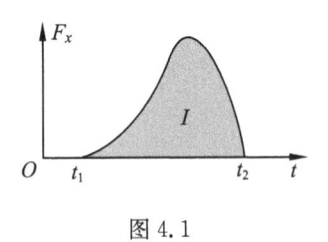

图 4.1

2. 动量定理和动量守恒

1) 动量定理

在某段时间内作用于系统(质点或质点系)的所有外力冲量的矢量和,等于该时间内系统动量的增量,即

$$\vec{I} = \sum_i \int_{t_0}^{t} \vec{F}_i \mathrm{d}t = \sum_i m_i \vec{v}_i - \sum_i m_i \vec{v}_{i0}$$

2) 动量守恒定律

若系统所受合外力为零,则该系统的动量守恒.

系统内力远大于外力时,可近似认为系统动量守恒.

若系统所受合外力在某一方向上的分量为零,则该系统的动量在该方向上的分量保持不变.

3. 质心和质心运动定理

1) 质心位置

$$\vec{r}_c = \frac{\sum_i m_i \vec{r}_i}{m}, \quad \vec{r}_c = \frac{\int \vec{r}\, dm}{m} \quad (m\text{ 为系统总质量})$$

2) 质心运动定理

$$\vec{F} = m\frac{d^2 \vec{r}_c}{dt^2} = m\frac{d\vec{v}_c}{dt} = m\vec{a}_c$$

二、典型例题

例 4.1 质量为 M 的滑块正沿着光滑的水平地面向右以速度 v 滑动. 一质量为 m 的小球水平向右飞行,与滑块斜面相碰,碰后竖直向上弹起,如图所示. 设碰撞前后小球相对地面的速率为 v_1 和 v_2,碰撞时间为 Δt,试计算此过程中滑块对地面的平均作用力及碰撞后滑块的速度.

解 以小球为研究对象,坐标系如图. 设碰撞过程中小球受到斜面的平均冲力 $\overline{\vec{F}} = \overline{F}_x \vec{i} + \overline{F}_y \vec{j}$,忽略小球所受重力,由动量定理有

$$\overline{F}_x \Delta t = 0 - mv_1 \qquad ①$$
$$\overline{F}_y \Delta t = mv_2 - 0 \qquad ②$$

解得

$$\overline{F}_x = -mv_1/\Delta t, \quad \overline{F}_y = mv_2/\Delta t$$

负号表明 $\overline{F}_x$ 方向向左,而 $\overline{F}_y$ 方向向上.

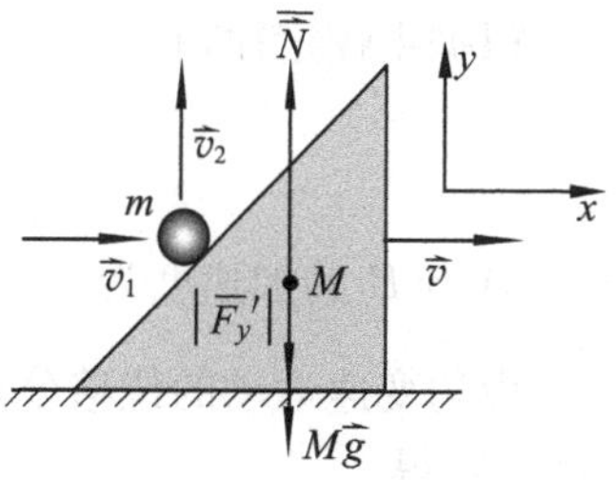

例 4.1 图

以滑块 M 为研究对象,M 受重力 $M\vec{g}$ 和地面的平均作用力 $\overline{\vec{N}}$,还受小球的冲力 $\overline{\vec{F}}' = -\overline{\vec{F}}$. 在 y 方向,$\overline{F}'_y$ 方向向下,由于碰撞后滑块在 y 方向上的运动速度仍然为零,根据牛顿定律有

$$\overline{N} = Mg + |\overline{F}'_y| = Mg + \frac{mv_2}{\Delta t}$$

滑块对地面的平均作用力 $\overline{\vec{N}}' = -\overline{\vec{N}}$,即 $\overline{\vec{N}}'$ 的方向竖直向下,大小为

$$\overline{N}' = \overline{N} = Mg + \frac{mv_2}{\Delta t}$$

设碰撞后滑块的速度为 V,由动量定理有

$$\overline{F}'_x \Delta t = -\overline{F}_x \Delta t = \frac{mv_1}{\Delta t}\Delta t = MV - Mv$$

所以碰撞后滑块的速度为

$$V = v + \frac{mv_1}{M}$$

$V > 0$ 表明滑块向右运动.

例 4.2 如图所示,质量为 m 的物体 A 以速率 v_0 从光滑平台滑到与平台等高且静止的平板车 B 上. 设 B 的质量为 M,可在光滑的水平面上运动, A、B 间的滑动摩擦系数为 μ. 若 A 的体积可忽略,那么要使 A 在 B 上不滑出去,平板车 B 至少有多长?

解 设板车的最小长度为 L,物体到达板车最前端的边缘时没有滑出,这意味着两者有相同的速度而相对静止,设此时速度为 v.

解法一 应用牛顿定律求解

以地面为参考系,坐标系如图. 分别以 A、B 为研究对象,受力一一标在图中.

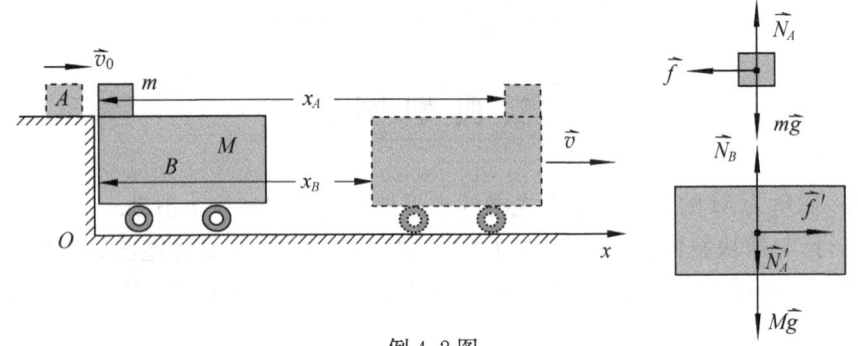

例 4.2 图

根据牛顿定律,有
$$-f = -\mu mg = ma_A$$
$$f' = \mu mg = Ma_B$$

解得 A 与 B 的加速度为 $a_A = -\mu g$ 和 $a_B = \dfrac{m}{M}\mu g$.

由匀变速运动的位移公式和速度公式,并考虑初始条件($t=0$ 时,$x_A=0$,$x_B=0$,$v_A=v_0$,$v_B=0$),得

$$x_A = v_0 t + \frac{1}{2}a_A t^2 = v_0 t - \frac{1}{2}\mu g t^2 \qquad ①$$

$$x_B = \frac{1}{2}a_B t^2 = \frac{m}{2M}\mu g t^2 \qquad ②$$

$$v_A = v_0 + a_A t = v_0 - \mu g t \qquad ③$$

$$v_B = a_B t = \frac{m}{M}\mu g t \qquad ④$$

当物体到达板车最前端的边缘时,$v_A = v_B$,由式③和式④,算出
$$t = \frac{v_0}{\mu g(1 + m/M)}$$

由式①和式②,可得板车的最小长度为
$$L = x_A - x_B = v_0 t - \frac{1}{2}\mu g\left(1 + \frac{m}{M}\right)t^2 = \frac{Mv_0^2}{2\mu g(m+M)}$$

解法二 用动量守恒和功能原理求解

选物体 A 和板车 B 组成的系统为研究对象. 考虑从 A 刚滑上 B(初态)到停在 B 的前端(末态)这段过程,因系统所受合外力为零,故动量守恒,即
$$mv_0 = (m+M)v$$

$$v = \frac{mv_0}{m+M}$$

在此过程中,只有摩擦力对系统做功,其他力都不做功,由功能原理,有

$$-fL = -\mu mgL = \frac{1}{2}(m+M)v^2 - \frac{1}{2}mv_0^2$$

可得板车的最小长度为

$$L = \frac{mv_0^2 - (m+M)v^2}{2\mu mg} = \frac{Mv_0^2}{2\mu g(m+M)}$$

说明

因 A 相对 B 的位移为 L,所以一对摩擦力总功等于 $-fL$. 此题也可应用动量守恒以及分别对 A、B 应用动能定理联立求解,读者不妨一试.

例 4.3 如图所示,速率为 v 的水流沿两平面间流去,遇到一平面挡板后分为左右两路支流,支流速率仍为 v. 设挡板表面光滑,水从两平面间流出的总流量(单位时间流过横截面水的质量) $q = \mathrm{d}m/\mathrm{d}t$,水流速度与挡板法线的夹角为 θ. 试求水流对挡板的作用力及左右两支流各自的流量.

解 坐标系如图所示. 设 Δt 内有 Δm 的水冲击在挡板上,挡板对 Δm 的作用力为 $\vec{F}$. 由于挡板表面光滑,因此作用力方向竖直向上. 由动量定理有

$$-F\Delta t = 0 - \Delta mv_y = 0 - \Delta mv\cos\theta$$

$$F = \frac{\Delta m}{\Delta t}v\cos\theta = qv\cos\theta$$

水流对挡板的作用力 $F' = F$,方向垂直挡板向下.

设 Δt 内左右两分支流过横截面的水的质量分别为 Δm_L 和 Δm_R,因水流在水平方向不受外力作用,故动量的水平分量守恒,有

$$-\Delta m_\mathrm{L}v + \Delta m_\mathrm{R}v = \Delta mv\sin\theta$$

因 $\Delta m_\mathrm{R} + \Delta m_\mathrm{L} = \Delta m = q\Delta t$,故与上式联立可解得左右两支流各自的流量为

$$q_\mathrm{L} = \frac{\Delta m_\mathrm{L}}{\Delta t} = \frac{1}{2}q(1 - \sin\theta)$$

$$q_\mathrm{R} = \frac{\Delta m_\mathrm{R}}{\Delta t} = \frac{1}{2}q(1 + \sin\theta)$$

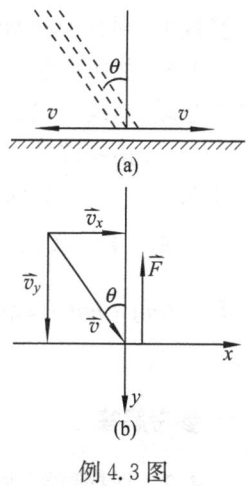

例 4.3 图

三、习题分析与解答

(一) 选择题和填空题

4.1 关于动量守恒条件和机械能守恒条件有以下几种说法,其中正确的是 [ ]
(A) 不受外力作用的系统,其动量和机械能必然同时守恒.
(B) 所受合外力为零,内力都是保守力的系统,其机械能必然守恒.
(C) 不受外力,而内力都是保守力的系统,其动量和机械能必然同时守恒.
(D) 外力对系统做功为零,则该系统动量和机械能必然同时守恒.

4.2 静止在光滑水平面上的质量为 M 的车上,悬挂一长度为 L、质量为 m 的单摆. 开始时

摆线处于水平位置,然后突然释放.那么,当摆线处于铅直位置的瞬时,摆球相对地面的速度大小为[ ]

(A) 0.　(B) $\sqrt{2gL/(1+m/M)}$.　(C) $\sqrt{2gL}$.

(D) $\sqrt{2gL/(1+M/m)}$.　(E) $\sqrt{2gL/M}$.

4.3 如图所示,砂子从 $h=0.8$ m 高处下落到以 $v=3$ m·s^{-1} 的速率水平向右运动的传送带上.取重力加速度 $g=10$ m·s^{-2}.传送带给予刚落到传送带上的砂子的作用力的方向为[ ]

(A) 与水平夹角 53°向下.

(B) 与水平夹角 53°向上.

(C) 与水平夹角 37°向上.

(D) 与水平夹角 37°向下.

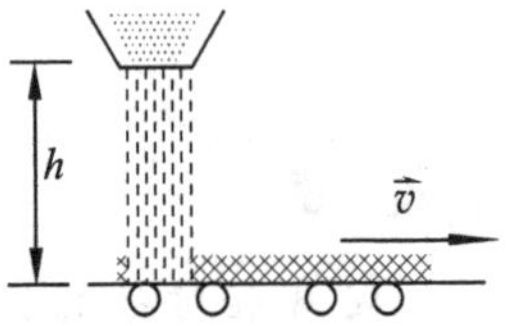

题 4.3 图

4.4 质量为 m 的小球自高出地面 y_0 处沿水平方向以速率 v_0 抛出,与地面碰撞后跳起的最大高度为 $y_0/2$,水平速率为 $v_0/2$,则碰撞过程中,地面对小球的垂直冲量的大小为_____,水平冲量的大小为_____.

4.5 一个读数为零的台秤.从距离秤盘面上方高 h 处将石子以每秒 n 个的速率注入秤盘内,每个石子的质量为 m.假设石子与盘的碰撞是完全非弹性的,则石子开始装入盘后 t 秒时台秤的读数为_____.

4.6 如图所示,一圆锥摆摆长为 l,摆锤质量为 m,在水平面上做匀速圆周运动,摆线与铅直线夹角 θ,则摆线张力 $T=$_____,摆锤的速率 $v=$_____.摆锤转动一周,其动量增量的大小为_____;所受重力的冲量大小为_____,方向_____;摆线对摆锤拉力的冲量大小为_____,方向_____.

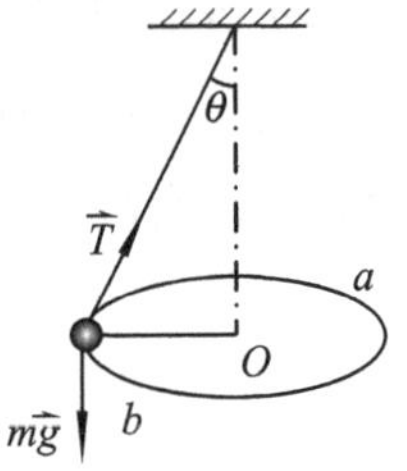

题 4.6 图

答案 4.1 (C);　4.2 (B);　4.3 (B).　4.4 $(1+\sqrt{2})m\sqrt{gy_0}$, $mv_0/2$;

4.5 $ntmg+nm\sqrt{2gh}$;　4.6 $\dfrac{mg}{\cos\theta}$, $\sin\theta\sqrt{\dfrac{gl}{\cos\theta}}$, 0; $2\pi mg\sqrt{\dfrac{l\cos\theta}{g}}$,竖直向下; $2\pi mg\sqrt{\dfrac{l\cos\theta}{g}}$,竖直向上.

参考解答

4.2 设摆球到达铅直位置瞬间小车和摆球相对地面的速率分别为 V 和 v,根据机械能守恒定律和动量守恒定律,有

$$mgL=\frac{1}{2}mv^2+\frac{1}{2}MV^2, \quad 0=mv-MV$$

联立求解,得到摆球相对地面的速度大小为 $v=\sqrt{2gL/(1+m/M)}$.

4.4 如图所示,以抛出速度方向为 x 轴正方向,竖直向上为 y 轴正方向.依题意,在地面碰撞处,碰前 $v_{1x}=v_0$, $v_{1y}=-\sqrt{2gy_0}$,碰后 $v_{2x}=v_0/2$, $v_{2y}=\sqrt{gy_0}$.

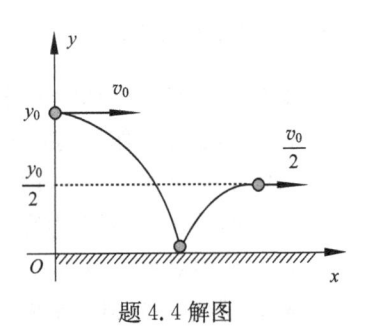

假定碰撞时间极短,不计重力冲量,根据动量定理,地面对小球的水平冲量和竖直冲量为

$$I_x=mv_{2x}-mv_{1x}=m\dfrac{v_0}{2}-mv_0=-m\dfrac{v_0}{2}$$

题 4.4 解图

负号表示冲量方向与抛出速度方向相反.

$$I_y = mv_{2y} - mv_{1y} = m\sqrt{gy_0} - (-m\sqrt{2gy_0}) = (1+\sqrt{2})m\sqrt{gy_0}$$

方向竖直向上. 即竖直冲量大小为 $(1+\sqrt{2})m\sqrt{gy_0}$,水平冲量的大小为 $m\dfrac{v_0}{2}$.

4.5 台秤读数应等于 t 时刻台盘上已有石子的重量和 $t\sim t+\mathrm{d}t$ 时间段内下落石子对台盘的冲力之和,即

$$G = nmgt + \frac{\mathrm{d}p}{\mathrm{d}t} = nmgt + \frac{nm\mathrm{d}t \cdot \sqrt{2gh}}{\mathrm{d}t} = nmgt + nm\sqrt{2gh}$$

4.6 摆锤受重力和摆线拉力,在水平面上做匀速圆周运动. 根据牛顿定律有

$$T\cos\theta = mg, \quad T\sin\theta = \frac{mv^2}{l\sin\theta}$$

解得摆线张力 $T = \dfrac{mg}{\cos\theta}$,摆锤速率 $v = \sin\theta\sqrt{\dfrac{gl}{\cos\theta}}$.

摆锤转动一周,动量增量 $\Delta\vec{p} = 0$,所受重力的冲量大小为

$$I_G = mg\Delta t = mg\frac{2\pi l\sin\theta}{v} = 2\pi mg\sqrt{\frac{l\cos\theta}{g}}, \quad \text{方向竖直向下}$$

由于 $\vec{I} = \vec{I}_G + \vec{I}_T = \Delta\vec{p} = 0$,得 $\vec{I}_T = -\vec{I}_G$,所以摆线对摆锤拉力的冲量大小为

$$I_T = 2\pi mg\sqrt{\frac{l\cos\theta}{g}}, \quad \text{方向竖直向上}$$

(二) 问答题和计算题

4.7 质量为 m 的小球在水平面内以速率 v 做匀速圆周运动.试求下列运动过程中的动量变化:(1) 1/4 圆周;(2) 1/2 圆周;(3) 3/4 圆周;(4) 整个圆周.

解 如图所示,设质点由 A 点出发沿圆周运动.

(1) 运动 1/4 圆周时动量增量为

$$\Delta\vec{p} = m\vec{v}_B - m\vec{v}_A = mv\vec{i} - (-mv\vec{j})$$
$$= mv(\vec{i} + \vec{j})$$

(2) 运动 1/2 圆周时

$$\Delta\vec{p} = m\vec{v}_C - m\vec{v}_A$$
$$= mv\vec{j} - (-mv\vec{j}) = 2mv\vec{j}$$

题 4.7 解图

(3) 运动 3/4 圆周时

$$\Delta\vec{p} = m\vec{v}_D - m\vec{v}_A = -mv\vec{i} - (-mv)\vec{j} = mv(\vec{j} - \vec{i})$$

(4) 运动整个圆周时

$$\Delta\vec{p} = m\vec{v}_A - m\vec{v}_A = 0$$

4.8 一质量为 2.5 g 的乒乓球以 $v_1 = 10\ \mathrm{m\cdot s^{-1}}$ 的速率飞来,用板推挡后又以 $v_2 = 20\ \mathrm{m\cdot s^{-1}}$ 的速率飞出.设推挡前后球的运动方向与板的夹角为 45°和 60°,如图所示.(1) 求球受到外力的冲量;(2) 如碰撞时间为 0.01 s,求球受到的平均冲力.

解 (1) 取 x、y 轴如图所示.根据动量定理,乒乓球所受冲量为

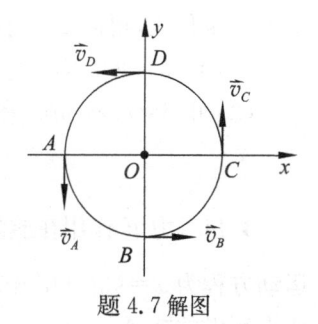

$$\vec{I} = m\vec{v}_2 - m\vec{v}_1$$
$$= mv_2(\cos60°\vec{i} + \sin60°\vec{j})$$
$$- mv_1(\cos45°\vec{i} - \sin45°\vec{j})$$
$$= (7.33 \times 10^{-3}\vec{i} + 61.0 \times 10^{-3}\vec{j}) \text{ N·s}$$

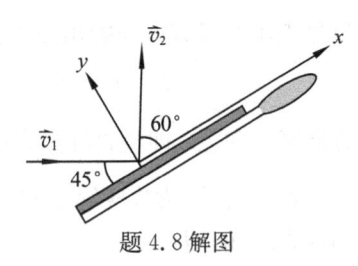

(2) 球所受平均冲力为

$$\overline{\vec{F}} = \frac{\vec{I}}{\Delta t} = \frac{I_x}{\Delta t}\vec{i} + \frac{I_y}{\Delta t}\vec{j} = (0.733\vec{i} + 6.10\vec{j}) \text{ N}$$

题 4.8 解图

4.9 某物体受到一变力作用，它随时间变化的情况如下：从 0～0.1 s，力均匀地从 0 增加到 20 N；从 0.1～0.3 s，力保持不变；再经 0.1 s，力从 20 N 均匀地减到 0。(1) 画出 F-t 曲线；(2) 求这段时间内力的冲量及力的平均值；(3) 若物体的质量为 3 kg，$t=0$ 时，$v_0=1$ m·s^{-1}，方向与力的方向一致，问力刚变到零时，物体的速度为多大？

解 (1) F-t 曲线如图所示。

(2) 图中窄条面积代表元冲量 $dI=Fdt$，所以这段时间内的总冲量等于梯形面积，由此可得 $I=6$ N·s。力的平均值 $\overline{F}=I/\Delta t=15$ N。

(3) 根据动量定理，$I=mv-mv_0$，所以有
$$v = v_0 + \frac{I}{m} = 3 \text{ m·s}^{-1}$$

题 4.9 解图

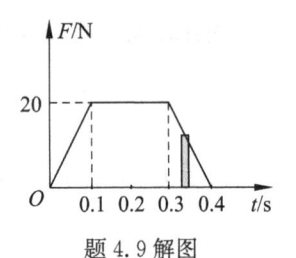

4.10 力 $F=(30+4t)$(SI) 作用于质量 $m=10$ kg 的物体上。(1) 在开始 2 s 内，求此力的冲量；(2) 要使冲量等于 300 N·s，问此力的作用时间是多少？(3) 若物体的初速为 10 m·s^{-1}，运动方向与 $\vec{F}$ 的方向相同，在第(2)问的末时刻，物体的速度是多大？

解 (1) 力的冲量为

$$I = \int_0^t F dt = \int_0^t (30+4t)dt = (30t+2t^2)(\text{SI}) \qquad ①$$

将 $t=2$ s 代入，得前 2 s 内冲量大小为 $I=68$ N·s。

(2) 将 $I=300$ N·s 代入式①得 $t=6.86$ s。

(3) 由 $I=mv-mv_0$ 和 $I=300$ N·s 得

$$v = v_0 + \frac{I}{m} = 40 \text{ m·s}^{-1}$$

4.11 力 $\vec{F}$ 作用在质量 $m=1$ kg 的质点上，使之沿 Ox 轴运动。已知在此力作用下质点的运动方程为 $x=(3t-4t^2+t^3)$(SI)。在 0～4 s 的时间间隔内，求：(1) 力 $\vec{F}$ 的冲量 $\vec{I}$；(2) 力 $\vec{F}$ 对质点所做的功 A。

解 质点运动的速度和加速度分别为

$$v = \frac{dx}{dt} = (3-8t+3t^2)(\text{SI}), \quad a = \frac{dv}{dt} = (-8+6t)(\text{SI})$$

(1) $I = \int_{t_1}^{t_2} F dt = \int_{t_1}^{t_2} ma\, dt = \int_0^{4.0} 1.0 \times (-8+6t)dt = 16$ N·s

方向沿 x 轴正向。

(2) $A = \int_{x_1}^{x_2} F dx = \int_{t_1}^{t_2} mav\, dt$

$$= \int_0^{4.0} 1.0 \times (-8+6t)(3-8t+3t^2)\mathrm{d}t = 176 \text{ J}$$

4.12 刚度系数为 k 的轻弹簧下端挂一质量为 M 的圆盘,有一质量为 m 的物体从离圆盘 h 高处自由下落,并与圆盘做完全非弹性碰撞,此后盘与物体一起下降. 试求下降的最大距离 l.

解 设 l_0(弹簧原长)、l_1、l 如图所示. 分以下三个过程讨论.

(1) 物体自由下落过程.

物体自由下落,在与盘碰前的速度大小为

$$v = \sqrt{2gh} \quad \text{①}$$

(2) 物体与盘的碰撞过程.

由于碰撞时间极短,重力和弹簧拉力的冲量可忽略不计,故物体和盘组成的系统动量守恒. 设碰后系统共同向下的速度大小为 V,则有

$$mv = (m+M)V \quad \text{②}$$

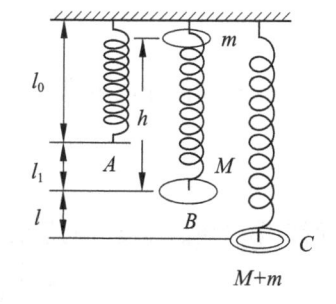

题 4.12 解图

(3) 物体和盘一起下降过程.

从 $B \to C$ 的下降过程,系统机械能守恒. 取 A 点为弹性势能零点,C 点为重力势能零点,则有

$$\frac{1}{2}(m+M)V^2 + (m+M)gl + \frac{1}{2}kl_1^2 = \frac{1}{2}k(l_1+l)^2 \quad \text{③}$$

另外,由 B 位置的平衡条件,有

$$Mg = kl_1 \quad \text{④}$$

联立式①~④,可得

$$l = \frac{mg}{k} + \sqrt{\frac{m^2g^2}{k^2} + \frac{2m^2gh}{k(m+M)}}$$

4.13 向北发射一枚质量 $m=50$ kg 的炮弹,达最高点时速率为 200 m·s^{-1},爆炸成三块弹片. 第一块质量 $m_1=25$ kg,以 400 m·s^{-1} 的水平速度向北飞行;第二块质量 $m_2=15$ kg,以 200 m·s^{-1} 的水平速率向东飞行. 求第三块的速度.

解 爆炸力为内力,外力只有竖直方向的重力,所以炮弹在最高点爆炸前后,系统在水平方向上的动量守恒. 取 x 轴向东,y 轴向北,则爆炸前的动量为

$$\vec{p}_0 = m\vec{v} = mv\vec{j} = (1.0 \times 10^4 \vec{j}) \text{ kg·m·s}^{-1}$$

爆炸后的总动量为

$$\vec{p} = m_1 v_1 \vec{j} + m_2 v_2 \vec{i} + m_3 \vec{v}_3$$
$$= 1.0 \times 10^4 \vec{j} + 3.0 \times 10^3 \vec{i} + (50-25-15)\vec{v}_3$$

由 $\vec{p}_0 = \vec{p}$ 得

$$\vec{v}_3 = (-3.0 \times 10^2 \vec{i}) \text{ m·s}^{-1}$$

表明第三块弹片向西飞行,速率为 $3.0 \times 10^2 \text{ m·s}^{-1}$.

4.14 质量为 m 的炮弹水平飞行时其动能为 E_k,突然炸裂为质量相等的两块,其中一块向后飞去,动能为 $E_k/2$,另一块的动能是否也是 $E_k/2$? 飞向何方?

解 爆炸过程中内力远大于重力,故爆炸前后系统的动量守恒. 取炮弹飞行方向为 x 轴正

向,则爆炸前的炮弹速度为 $v_0\vec{i}$,动能 $E_k=\frac{1}{2}mv_0^2$,得 $v_0=\sqrt{2E_k/m}$.

爆炸后,第一块的速度为 $-v_1\vec{i}$,动能为

$$E_{k1}=\frac{1}{2}\left(\frac{m}{2}\right)v_1^2=\frac{1}{2}E_k$$

得

$$v_1=\sqrt{2E_k/m}$$

根据动量守恒定律有

$$mv_0\vec{i}=-\frac{m}{2}v_1\vec{i}+\frac{m}{2}\vec{v}_2$$

$$\vec{v}_2=(2v_0+v_1)\vec{i}$$

所以第二块的速度方向沿着炮弹爆炸前的飞行方向,其动能不等于 $E_k/2$,而是

$$E_{k2}=\frac{1}{2}\left(\frac{m}{2}\right)v_2^2=\frac{m}{4}(4v_0^2+4v_0v_1+v_1^2)$$

$$=mv_0^2+mv_0v_1+\frac{m}{4}v_1^2=2E_k+2E_k+\frac{1}{2}E_k=\frac{9}{2}E_k$$

4.15 光滑路面上前后停有质量均为 M 的小车,质量为 m 的小孩原静止在前车上. 试证明当小孩从前车跳到后车又从后车跳回前车时,前后车的速率之比为 $M/(M+m)$.

证 以前、后车和小孩为系统,小孩与车的作用力为系统内力,所以系统在两车运动方向上动量守恒. 设小孩从前车跳到后车又从后车跳回前车后,前、后车的速率分别为 v_1 和 v_2,取向前方向为正方向,则按动量守恒有

$$0=-Mv_2+(M+m)v_1$$

得

$$\frac{v_1}{v_2}=\frac{M}{M+m}$$

4.16 质量为 m 的子弹水平飞来,射穿用长为 l 的轻绳悬挂着的质量为 M 的摆锤,其速率变为原来的一半. 如果要使摆锤恰好能在竖直面内做圆周运动,子弹入射时的速率应为多大?

解 设子弹入射时速率为 v_0,射穿后摆锤速率为 v_1,则由水平方向动量守恒得

$$mv_0=m\frac{v_0}{2}+Mv_1$$

若摆锤运动到最高点时速率为 v_2,则它在竖直面内恰好能做圆周运动的条件是

$$Mg=M\frac{v_2^2}{l}$$

摆锤做圆周运动过程中机械能守恒,因而又有

$$\frac{1}{2}Mv_1^2=\frac{1}{2}Mv_2^2+2Mgl$$

以上三式联立解得

$$v_0=\frac{2M}{m}\sqrt{5gl}$$

4.17 如图所示,一单摆摆锤的质量为 m,用不可伸长的轻绳挂在质量为 M 的物体之下,物体 M 可沿光滑的水平轨道滑动. 如果 m 突然受到力的打击,获得一个在水平方向运动的初始速度 $\vec{v}_0$,试求它上升到最大高度时的速度 $\vec{V}$.

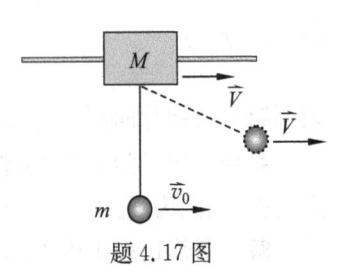

题 4.17 图

解 如图所示,对 m 和 M 所组成的系统,在摆锤摆动过程中,由于轨道光滑,系统在水平方向不受外力,因此在该方向上系统的动量守恒. 当摆锤上升到最大高度时,m 和 M 以相同速度 $\vec{V}$ 在水平方向向右运动,且有

$$mv_0 = (m+M)V$$

可得

$$V = \frac{m}{m+M}v_0$$

4.18 一质量为 M,倾角为 θ 的劈形斜面 A,放在粗糙的水平面上,斜面上有一质量为 m 的物体 B,沿斜面下滑,如图(a)所示. 若 A、B 之间的摩擦系数为 μ,且 B 下滑时 A 保持不动,求斜面对地面的压力和摩擦力.

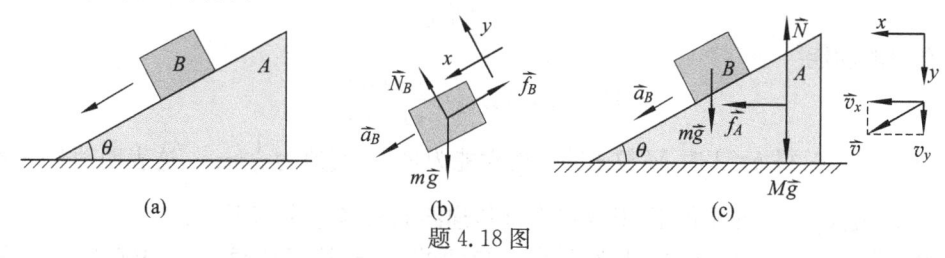

题 4.18 图

解 以 B 为研究对象,分析力如图(b)所示,物体 B 受到重力、支持力和摩擦力作用,建立图示坐标系,由牛顿第二定律有

$$mg\sin\theta - f_B = ma_B \qquad ①$$
$$N_B - mg\cos\theta = 0 \qquad ②$$

而

$$f_B = \mu N_B \qquad ③$$

联立式①~③,得到物体下滑的加速度为

$$a_B = g\sin\theta - \mu g\cos\theta \qquad ④$$

以 A 和 B 组成的系统为研究对象,分析受力,所受外力为重力 $M\vec{g}$、$m\vec{g}$;地面支持力 $\vec{N}$,以及地面对 A 的摩擦力 $\vec{f}_A$,如图(c)所示. 在运动过程中斜面 A 静止,设 B 的速度为 $\vec{v}$,根据动量定理的微分形式,有

$$M\vec{g} + m\vec{g} + \vec{N} + \vec{f}_A = \frac{\mathrm{d}}{\mathrm{d}t}(m\vec{v})$$

若以水平向左为 x 轴正向,竖直向下为 y 轴正向,其分量式为

$$f_A = \frac{\mathrm{d}}{\mathrm{d}t}(mv_x) = ma_{Bx} = mg(\sin\theta - \mu\cos\theta)\cos\theta$$
$$-N + (M+m)g = \frac{\mathrm{d}}{\mathrm{d}t}(mv_y) = ma_{By} = mg(\sin\theta - \mu\cos\theta)\sin\theta$$

解得斜面对地面的摩擦力大小为

$$f'_A = f_A = mg(\sin\theta\cos\theta - \mu\cos^2\theta)$$

斜面对地面的压力大小为

$$N' = N = (M+m)g - mg(\sin\theta - \mu\cos\theta)\sin\theta$$
$$= (M + m\cos^2\theta + \mu m\sin\theta\cos\theta)g$$

根据牛顿第三定律可知,斜面对地面压力 $\vec{N'}$ 的方向竖直向下,摩擦力 $\vec{f'_A}$ 的方向水平向右.

有兴趣的读者也可用隔离体法求解本题.

4.19 质量为 m、速率为 v_0 的粒子(称为 m 粒子),与质量为 $M=km$ 的静止粒子(称为 M 粒子)发生弹性正碰.当 k 为何值时,M 粒子获得的动能最大？

解 设碰撞后 m 粒子和 M 粒子的速率分别为 v_1 和 v_2,方向与 $\vec{v}_0$ 同向,则按动量守恒定律有

$$mv_0 = mv_1 + Mv_2 = mv_1 + kmv_2$$

弹性碰撞时无动能损失,所以有

$$\frac{1}{2}mv_0^2 = \frac{1}{2}mv_1^2 + \frac{1}{2}Mv_2^2 = \frac{1}{2}mv_1^2 + \frac{1}{2}kmv_2^2$$

两式联立解得

$$v_2 = \frac{2v_0}{1+k}$$

M 粒子获得的动能

$$E_k = \frac{1}{2}(km)v_2^2 = \frac{2kmv_0^2}{(1+k)^2}$$

令 $dE_k/dk = 0$,得 $k=1$ 时 M 粒子获得的动能为最大,其值为 $\frac{1}{2}mv_0^2$.这表明两粒子质量相等时,经弹性碰撞后,m 粒子停下,其动能全部传递给原来静止的 M 粒子.

4.20 质量 $m_1 = 200$ kg 的小车上有一装沙的箱子,箱子质量 $m_2 = 100$ kg.小车现以 $v_0 = 1$ m·s^{-1} 的速率在光滑水平轨道上前进时,一质量为 $m_3 = 50$ kg 的物体自由落入沙箱中.求:(1) m_3 落入沙箱后小车的速率;(2) m_3 落入沙箱后,沙箱相对于小车滑动经 0.2 s 停在车面上,求车面与沙箱底的平均摩擦力.

解 (1) 以 m_1、m_2、m_3 为系统,摩擦力为系统内力,水平方向因不受外力而动量守恒.设 m_3 落入沙箱后,三者的共同速度为 v,则

$$(m_1 + m_2)v_0 = (m_1 + m_2 + m_3)v$$

$$v = \frac{m_1 + m_2}{m_1 + m_2 + m_3}v_0 = \frac{6}{7} \approx 0.857 \text{ (m·s}^{-1})$$

(2) 以 m_2、m_3 为系统,车面对该系统的摩擦力为外力,根据动量定理有

$$\overline{f}\Delta t = (m_2 + m_3)v - m_2 v_0$$

得平均摩擦力为

$$\overline{f} = \frac{(m_2 + m_3)v - m_2 v_0}{\Delta t} = 143 \text{ N}$$

4.21 两个质量分别为 m_1 和 m_2 的木块 A 和 B,用一根刚度系数为 k 的轻弹簧连接起来,放在光滑的水平面上,使 A 紧靠墙壁,如图所示.用力推 B 使弹簧压缩 x_0,然后释放.已知 $m_1 = m$,$m_2 = 3m$,试求:(1) 释放后,A、B 两木块速度相等时的速度大小;(2) 释放后弹簧的最大伸长量.

解 (1) 释放后,当弹簧恢复原长时,A 将离开墙壁,但速度 $v_{A0} = 0$,此时 B 的速度设为 v_{B0}.按系统机械能守恒有

$$\frac{1}{2}kx_0^2 = \frac{1}{2}m_2 v_{B0}^2 = \frac{3}{2}mv_{B0}^2$$

$$v_{B0} = x_0\sqrt{\frac{k}{3m}}$$

① 题 4.21 图

A 离开墙壁后,系统在光滑水平面上运动时,系统的动量和机械能都守恒,即

$$m_1 v_A + m_2 v_B = m_2 v_{B0} \qquad ②$$

$$\frac{1}{2}m_1 v_A^2 + \frac{1}{2}m_2 v_B^2 + \frac{1}{2}kx^2 = \frac{1}{2}m_2 v_{B0}^2 \qquad ③$$

将 $m_1 = m, m_2 = 3m$ 代入式②、式③得

$$v_A + 3v_B = 3v_{B0} \qquad ④$$

$$v_A^2 + 3v_B^2 + \frac{k}{m}x^2 = 3v_{B0}^2 \qquad ⑤$$

当 $v_A = v_B$ 时,由式④得

$$v_A = v_B = \frac{3}{4}v_{B0} = \frac{x_0}{4}\sqrt{\frac{3k}{m}} \qquad ⑥$$

(2) 弹簧的伸长量为最大值 $x_{\max}$ 时,A 和 B 的速度相等,将式⑥代入式⑤即得

$$x_{\max} = \frac{1}{2}x_0$$

4.22 如图所示,两个长方形的物体 A 和 B 紧靠着放在光滑水平桌面上. 已知 $m_A = 2$ kg, $m_B = 3$ kg. 有一质量为 $m = 100$ g 的子弹以 $v_0 = 800$ m·s^{-1} 的速率水平射入长方体 A,经 0.01 s 后又射入长方体 B,最后停在 B 内. 设子弹射入 A 时所受摩擦力为 3×10^3 N,求:(1) 子弹在射入 A 的过程中,B 受到 A 的作用力的大小;(2) 当子弹留在 B 中时,A 和 B 的速度大小.

解 (1) 子弹在射入 A 而未进入 B 之前,A、B 一起做加速运动,所受推力是子弹给予 A 的摩擦力 f. 有

$$f = (m_A + m_B)a$$

$$a = \frac{f}{m_A + m_B} = 600 \text{ m·s}^{-2}$$

此时 B 受到 A 的作用力大小为

$$F = m_B a = 1.8 \times 10^3 \text{ N}$$

题 4.22 图

(2) 当子弹射穿 A 后,A 的末速率为 $v_A = at = 6$ m·s^{-1}. 子弹进入 B 后,A 即以 $v_A = 6$ m·s^{-1} 速率继续向前做匀速直线运动,B 则在子弹给予的摩擦力作用下加速运动,因而 A、B 将脱离接触,各自做独立运动. 当子弹停留在 B 中时,B 也做匀速直线运动. 以 A、B 以及子弹为系统,该系统在运动方向上动量守恒,因而有

$$mv_0 = m_A v_A + (m_B + m)v_B$$

解得

$$v_B = \frac{mv_0 - m_A v_A}{m_B + m} = 22 \text{ m·s}^{-1}$$

4.23 质量为 m 的匀质柔软链条,长为 L,上端悬挂,下端刚和地面接触. 现因悬挂点松脱使链条自由下落,试求链条落到地面上长度为 l 时对地面的作用力.

解 选地面为参考系,取竖直向下为 Ox 轴正方向,如图所示. 以链条整体为研究对象,链条受重力 $m\vec{g}$ 及地面的作用力 $\vec{N}$.

当链条落到地面部分长度为 x 时,地面部分链条速度为零,未下落到地面部分的速度为 $v = \sqrt{2gx}$,故系统的总动量为 $p = \frac{m}{L}(L-x)v$. 根据动量定理,有

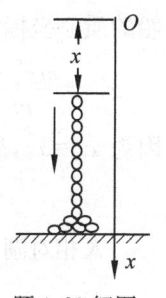

题 4.23 解图

$$-N+mg=\frac{\mathrm{d}p}{\mathrm{d}t}=\frac{\mathrm{d}}{\mathrm{d}t}\left[\frac{m}{L}(L-x)v\right]$$

因 $\dfrac{\mathrm{d}v}{\mathrm{d}t}=g, \dfrac{\mathrm{d}x}{\mathrm{d}t}=v$,可得

$$N=mg-\frac{\mathrm{d}}{\mathrm{d}t}\left[\frac{m}{L}(L-x)v\right]$$
$$=mg-\frac{m}{L}(L-x)g+\frac{m}{L}v^2=3\frac{m}{L}gx$$

故链条落到地面上长度为 l 时对地面的作用力方向向下,大小为

$$N'=N=3\,mgl/L$$

显见,下落过程中链条对地面作用力的大小等于落到地面部分链条重力的3倍.

4.24 长 $l=4$ m、质量 $M=150$ kg 的船静止在湖面上. 今有一质量 $m=50$ kg 的人从船头走到船尾. 若不计水对船的阻力,试分别用动量守恒定律和质心运动定理求人和船相对于湖岸移动的距离.

解 (1)应用动量守恒定律.

设人从船头走到船尾时,船和人相对湖岸移动的距离分别为 S 和 s,在此过程中任一时刻,船和人相对湖岸的速度大小分别为 V 和 v. 以人和船为系统,依题意,在水平方向系统动量守恒,有即

$$mv-MV=0$$
$$mv=MV$$

将上式等号两边同时积分,得

$$m\int_0^t v\mathrm{d}t=M\int_0^t V\mathrm{d}t$$
$$ms=MS \qquad ①$$

又根据位移的相对性 $\Delta \vec{r}_{人对地}=\Delta \vec{r}_{人对船}+\Delta \vec{r}_{船对地}$,有

$$s=l-S \qquad ②$$

由式①、式②可得

$$S=\frac{m}{M+m}l=1\text{ m}, \quad s=l-S=3\text{ m}$$

(2) 应用质心运动定理求解.

以人和船为系统. 依题意,系统质心的速度不变. 因为开始时质心静止,所以在人走动过程中,质心始终保持静止,即系统质心的位置不变. 建立坐标系如图所示(C_0 为船的质心),当人站在船头(左端时),系统的质心坐标为

$$x_c=\frac{mx_1+Mx_2}{m+M}$$

当人走到船尾时,船相对湖岸向左移动 S,这时,相对湖岸,人的位置坐标为 $x_1'=x_1+l-S$,船的质心坐标为 $x_2'=x_2-S$,系统的质心坐标为

$$x_c'=\frac{mx_1'+Mx_2'}{m+M}=\frac{m(x_1+l-S)+M(x_2-S)}{m+M}$$

因为 $x_c=x_c'$,故有

$$S=\frac{ml}{m+M}=1\text{ m}$$

人相对湖岸移动的距离为

$$s=l-S=\frac{Ml}{m+M}=3\text{ m}$$

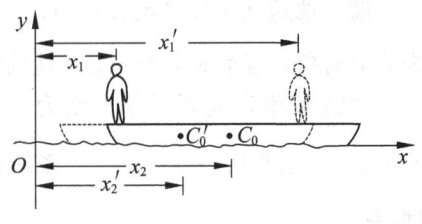

题 4.24 解图

第5章 刚体的定轴转动

> **基本要求**
>
> 1. 理解刚体模型；掌握用角坐标、角速度、角加速度等物理量描述刚体定轴转动的方法，掌握角量描述与线量描述的关系.
>
> 2. 理解力矩、转动惯量的概念；掌握刚体定轴转动定律，并能熟练用其求解刚体的定轴转动以及与质点的简单联动问题.
>
> 3. 理解角动量（动量矩）概念；掌握角动量定理和角动量守恒定律，能熟练求解质点在平面内运动、刚体绕定轴转动情况下的角动量守恒问题；能结合定轴转动定律、功能关系等分析求解包括质点和刚体的简单系统的力学问题.

一、主要内容

1. 基本概念

1) 描述刚体定轴转动的角坐标、角速度和角加速度

$$\theta = \theta(t), \quad \omega = \frac{d\theta}{dt}, \quad \beta = \frac{d\omega}{dt} = \frac{d^2\theta}{dt^2}$$

角量描述与线量描述的关系：

$$s(t) = R\theta(t), \quad v = R\omega, \quad a_\tau = R\beta, \quad a_n = \frac{v^2}{R} = R\omega^2$$

2) 转动惯量

$$J = \sum_i m_i r_i^2, \quad J = \int_m r^2 dm$$

平行轴定理：

$$J = J_c + md^2$$

薄板刚体的正交轴定理：

$$J_z = J_x + J_y$$

影响转动惯量大小的因素：刚体的总质量、质量分布、转轴位置.

3) 角动量（动量矩）

质点对定点的角动量：$\vec{L} = \vec{r} \times \vec{p} = \vec{r} \times (m\vec{v})$.

刚体对定轴的角动量：$L = J\omega$.

4) 刚体的重力势能和定轴转动动能

$$E_p = mgh_c, \quad E_k = \frac{1}{2}J\omega^2$$

2. 基本规律

1) 刚体定轴转动定律(力矩的瞬时作用规律)

$$M_{外} = \frac{dL}{dt}, \quad M_{外} = J\frac{d\omega}{dt} = J\beta \quad (J 不变)$$

2) 刚体定轴转动动能定理(力矩的空间累积作用规律)

$$A_{外} = \int_{\theta_0}^{\theta} M_{外} d\theta = \frac{1}{2}J\omega^2 - \frac{1}{2}J\omega_0^2$$

3) 角动量定理和角动量守恒定律(力矩的时间累积作用规律)

对质点： $\vec{M}_{外} dt = d\vec{L}, \quad \int_{t_0}^{t} \vec{M}_{外} dt = \vec{L} - \vec{L}_0$ （对定点）.

对刚体： $M_{外} dt = dL, \quad \int_{t_0}^{t} M_{外} dt = L - L_0$ （对定轴）.

若系统所受合外力矩恒为零,则该系统的总角动量保持不变.

质点的直线运动和刚体的定轴转动规律对照表

质点的直线运动		刚体的定轴转动	
速度 $v = \frac{dx}{dt}$	加速度 $a = \frac{dv}{dt} = \frac{d^2x}{dt^2}$	角速度 $\omega = \frac{d\theta}{dt}$	角加速度 $\beta = \frac{d\omega}{dt} = \frac{d^2\theta}{dt^2}$
动量 $p = mv$	动能 $E_k = \frac{1}{2}mv^2$	角动量 $L = J\omega$	动能 $E_k = \frac{1}{2}J\omega^2$
力 F	质量 m	力矩 M	转动惯量 J
功 $A = \int F dx$	冲量 $\int F dt$	功 $A = \int M d\theta$	冲量矩 $\int M dt$
牛顿定律： $F = ma$ （m 不变）		转动定律： $M = J\beta$ （J 不变）	
动量定理： $F dt = dp, \quad \int_{t_0}^{t} F dt = p - p_0$		角动量定理： $M dt = dL, \quad \int_{t_0}^{t} M dt = L - L_0$	
动能定理： $A = \frac{1}{2}mv^2 - \frac{1}{2}mv_0^2$		动能定理： $A = \frac{1}{2}J\omega^2 - \frac{1}{2}J\omega_0^2$	

注意:刚体定轴转动时的 ω、β、L 以及 M 均为矢量,但可用带 $+$、$-$ 的代数量来表示,与质点的直线运动类似.

二、典型例题

例 5.1 如图所示,一根长为 l、质量为 m 的匀质细杆竖直放置,下端与一光滑水平轴 O 连接,杆可绕该轴自由转动.若杆受一微小扰动,从静止开始转动,试求杆转到与铅垂线成 θ 角时的角加速度和角速度.

解法一 用转动定律求解

杆在绕轴 O 转动的过程中,仅受重力矩作用,其值为 $M = mgl\sin\theta/2$. 根据转动定律有

$$\frac{1}{2}mgl\sin\theta = J\beta$$

式中，$J = ml^2/3$. 可得杆在 θ 角位置的角加速度为

$$\beta = \frac{1}{2J} mgl\sin\theta = \frac{3g}{2l}\sin\theta$$

根据角速度定义，并做变量替换，可得

$$\beta = \frac{d\omega}{dt} = \frac{d\omega}{d\theta} \cdot \frac{d\theta}{dt} = \omega \frac{d\omega}{d\theta} = \frac{3g}{2l}\sin\theta$$

$$\omega d\omega = \frac{3g}{2l}\sin\theta d\theta$$

由初始条件 $t=0$ 时，$\theta_0=0$，$\omega_0=0$，将上式等号两边同时积分，有

$$\int_0^\omega \omega d\omega = \int_0^\theta \frac{3g}{2l}\sin\theta d\theta$$

因此，杆转到 θ 角位置时的角速度为

$$\omega = \sqrt{\frac{3g}{l}(1-\cos\theta)}$$

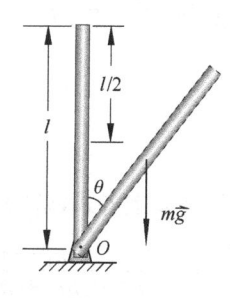

例5.1图

解法二 用机械能守恒定律求解

考虑杆和地球所成系统，在杆的转动过程中仅有重力做功，所以系统机械能守恒. 设杆在初始位置时系统的重力势能为零，则有

$$\frac{1}{2}J\omega^2 - \frac{1}{2}mgl(1-\cos\theta) = 0$$

将转动惯量 $J = ml^2/3$ 代入上式并化简，可得

$$\omega^2 = \frac{3g}{l}(1-\cos\theta) \qquad ①$$

因此杆转到 θ 角位置时的角速度为

$$\omega = \sqrt{\frac{3g}{l}(1-\cos\theta)}$$

对式①两边求导，有

$$2\omega \frac{d\omega}{dt} = \frac{3g}{l}\sin\theta \frac{d\theta}{dt} \qquad ②$$

因 $d\omega/dt = \beta$，$d\theta/dt = \omega$，代入式②即得杆在 θ 角位置时的角加速度

$$\beta = \frac{3g}{2l}\sin\theta$$

例5.2 质量为 m_0 的匀质圆盘可绕通过盘中心且垂直于盘面的固定光滑轴转动，绕过盘边缘挂有质量为 m、长度为 l 的匀质柔软绳索，如图(a)所示. 设绳与圆盘无相对滑动，试求当圆盘两侧绳长之差为 s 时绳的加速度.

解法一 用转动定律求解

如图(b)，把绳索分为三部分，其中 m_1、m_3 做平动(可视为质点)，m_2 和圆盘一起转动. 以各自所设加速度的方向为正方向，根据牛顿运动定律和刚体转动定律，有

$$m_1 g - T_1' = m_1 a$$
$$T_2' - m_3 g = m_3 a$$
$$T_1 R - T_2 R = J\beta$$

式中，$T_1 = T_1'$，$T_2 = T_2'$，并且有

$$J = \frac{1}{2}m_0 R^2 + m_2 R^2$$

$$a = R\beta$$

联立以上各式，解得

$$a = \frac{(m_1 - m_3)g}{m_1 + m_2 + m_3 + m_0/2} = \frac{(m/l)sg}{m + m_0/2} = \frac{2mgs}{(2m + m_0)l}$$

解法二　用角动量定理求解

以绳索和圆盘为系统，其受合外力矩为

$$M = m_1 gR - m_3 gR$$

设某时刻绳索平动的速率为 v，则系统对转轴的角动量为

$$L = m_1 vR + m_3 vR + J\omega$$

$$= m_1 vR + m_3 vR + \left(\frac{1}{2}m_0 R^2 + m_2 R^2\right)\frac{v}{R} = \left(m + \frac{1}{2}m_0\right)vR$$

由角动量定理 $M = \mathrm{d}L/\mathrm{d}t$，有

$$m_1 gR - m_3 gR = \frac{\mathrm{d}}{\mathrm{d}t}\left[\left(m + \frac{1}{2}m_0\right)vR\right]$$

可得绳索的加速度为

$$a = \frac{\mathrm{d}v}{\mathrm{d}t} = \frac{(m_1 - m_3)g}{m + m_0/2} = \frac{2mgs}{(2m + m_0)l}$$

例 5.3　如图(a)所示，长为 L、质量为 m 的均匀细杆静止在水平桌面上，可绕通过左端 O 点的竖直光滑轴转动。一质量为 $m_0 = m/3$ 的小球以速度 v_0 垂直击杆于 P 点，并以速度 $v = v_0/3$ 弹回。设 $OP = 3L/4$，杆与水平面间的摩擦系数为 μ。求：(1)杆开始转动时的角速度；(2)杆所受摩擦力矩的大小；(3)杆从开始转动到静止所转过的角度和经历的时间。

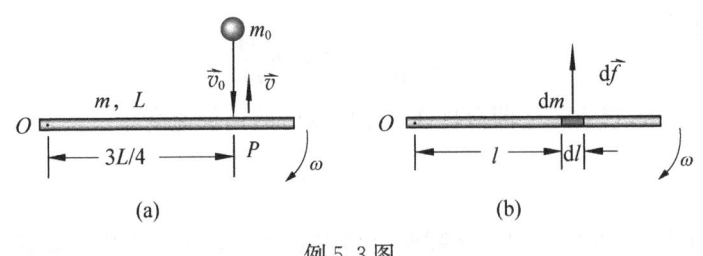

例 5.3 图

解　(1)忽略碰撞过程细杆所受的摩擦力矩，小球和细杆所成系统对 O 轴的角动量守恒。设杆开始转动时的角速度为 ω，沿 O 轴向下为正方向，则有

$$\frac{3L}{4}m_0 v_0 = -\frac{3L}{4}m_0 v + J\omega$$

将 $v = v_0/3$，$m_0 = m/3$，$J = mL^2/3$ 代入上式，可得

$$\omega = \frac{3L}{4J}m_0(v + v_0) = \frac{3L}{4mL^2/3} \cdot \frac{m}{3}\left(\frac{v_0}{3} + v_0\right) = \frac{v_0}{L}$$

(2) 如图(b)所示,在杆上距 O 轴 l 处取长为 $\mathrm{d}l$ 的质元,质元 $\mathrm{d}m=(m/L)\mathrm{d}l$,其所受摩擦力 $\mathrm{d}f=\mu g\mathrm{d}m$,相应的力矩大小为 $\mathrm{d}M=l\mathrm{d}f$,故细杆所受摩擦力矩的大小为

$$M=\frac{\mu mg}{L}\int_0^L l\mathrm{d}l=\frac{1}{2}\mu mgL$$

(3) 设杆从开始转动到静止转过的角度为 θ,经历的时间为 Δt. 分别对杆应用动能定理和角动量定理,考虑到摩擦力矩的方向与选定的正方向相反,所以有

$$-\int_0^\theta M\mathrm{d}\theta=-M\theta=0-\frac{1}{2}J\omega^2$$

$$-\int_0^t M\mathrm{d}t=-M\Delta t=0-J\omega$$

将 $M=\mu mgL/2$,$J=mL^2/3$,$\omega=v_0/L$ 代入以上两式,可得

$$\theta=\frac{J\omega^2}{2M}=\frac{v_0^2}{3\mu gL},\quad \Delta t=\frac{J\omega}{M}=\frac{2v_0}{3\mu g}$$

例 5.4 如图所示,质量为 m、长为 l 的均匀细棒可绕过其一端的水平轴 O 转动. 现将棒拉到水平位置 OA 后放手,棒下摆到竖直位置 B 时,与静止在水平面上质量为 M 的物块做完全弹性碰撞,碰撞后物块在摩擦系数为 μ 的水平面上运动,直至停止. 试求碰撞前后棒的角速度及物块停止前在水平面上通过的距离.

解 分以下三个过程考虑:

(1) 棒从水平位置下摆到竖直位置,与物块碰撞前的过程.

以棒和地球为系统. 此过程只有重力做功,所以系统机械能守恒. 设棒在竖直位置时质心所在处重力势能为零,棒与物块碰撞前的角速度为 ω_0,则有

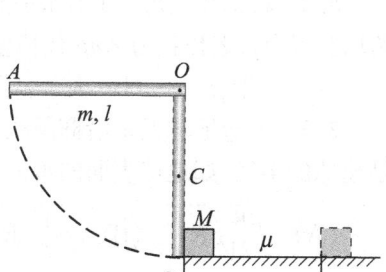

$$mg\frac{l}{2}=\frac{1}{2}J\omega_0^2 \quad\text{①}$$

例 5.4 图

代入 $J=ml^2/3$,可得细棒与物块碰撞前的角速度为

$$\omega_0=\sqrt{\frac{3g}{l}}$$

(2) 棒与物块做完全弹性碰撞的过程.

以棒和物块为系统. 此过程中系统所受合外力矩为零(重力的作用线通过轴),故角动量守恒. 又因碰撞是完全弹性的,故机械能守恒. 设碰撞后棒的角速度为 ω,物块的速度为 v,则有

$$J\omega_0=J\omega+Mvl \quad\text{②}$$

$$\frac{1}{2}J\omega_0^2=\frac{1}{2}J\omega^2+\frac{1}{2}Mv^2 \quad\text{③}$$

联立式②和式③,解得细棒与物块碰撞后的角速度为

$$\omega=\frac{m-3M}{m+3M}\omega_0=\frac{m-3M}{m+3M}\sqrt{\frac{3g}{l}}$$

碰后物块获得的速度为

$$v=\frac{2ml}{m+3M}\omega_0=\frac{2ml}{m+3M}\sqrt{\frac{3g}{l}}$$

(3) 碰撞后物块在水平面上滑行的过程.

此过程只有摩擦力对物块做功.对物块应用动能定理,有

$$-\mu Mgs = 0 - \frac{1}{2}Mv^2 \qquad ④$$

所以,物块在水平面上通过的距离为

$$s = \frac{v^2}{2\mu g} = \frac{6m^2 l}{\mu(m+3M)^2}$$

三、习题分析与解答

(一) 选择题和填空题

5.1 下面说法正确的是[ ]

(A) 作用在定轴转动刚体上的力越大,刚体转动的角加速度越大.
(B) 作用在定轴转动刚体上的合力矩越大,刚体转动的角速度越大.
(C) 作用在定轴转动刚体上的合力矩越大,刚体转动的角加速度越大.
(D) 作用在定轴转动刚体上的合力矩为零,刚体转动的角速度为零.

5.2 将细绳绕在一个有水平光滑轴的飞轮边缘上,在绳端挂一质量为 m 的重物时,飞轮的角加速度为 β. 若以拉力 $2mg$ 代替重物拉绳,飞轮的角加速度将[ ]

(A) 小于 β.　　(B) 大于 β 且小于 2β.　　(C) 大于 2β.　　(D) 等于 2β.

5.3 人造地球卫星沿椭圆轨道绕地球运行,距离地心的最远距离为 $4R$,最近距离为 $3R$,R 是地球的半径. 如地球表面的重力加速度为 g,则人造地球卫星的最大速度为[ ]

(A) $\sqrt{\frac{8}{21}gR}$.　　(B) $\sqrt{\frac{4}{7}gR}$.　　(C) $\sqrt{\frac{3}{4}gR}$.　　(D) $\sqrt{gR}$.

提示 最大速度位于近地点处,此位置速度垂直于径矢(远地点也如此). 可应用角动量守恒、机械能守恒定律建立方程,再联立求解.

5.4 地面上甲、乙两个相同质量的小孩分别抓紧跨过定滑轮绳子的两端,甲用力往上爬,乙不动. 若滑轮和绳子的质量可忽略,则下列说法正确的是[ ]

(A) 甲先到达滑轮处.　　　　　　(B) 乙先到达滑轮处.
(C) 同时到达滑轮处.　　　　　　(D) 无法判断.

提示 两小孩和绳子组成系统所受合外力矩(两人的重力对轴的力矩之和)为零,故爬行过程中该系统角动量守恒. 由此,两人相对地面向上的速度相等.

5.5 半径为 30 cm 的飞轮,从静止开始以 0.5 rad·s^{-2} 的匀角加速度转动,则当飞轮转过 240°时,其边缘上一点的切向加速度 a_τ = _____ m·s^{-2},法向加速度 a_n = _____ m·s^{-2}.

5.6 如图所示,长为 L、质量为 m 的匀质细杆,可绕通过杆的端点 O 且与杆垂直的水平固定轴转动. 杆的另一端连接一质量为 m 的小球. 杆从水平位置由静止开始自由下摆,忽略轴处的摩擦,当杆转至与竖直方向成 θ 角时,小球与杆的角速度 ω = _____.

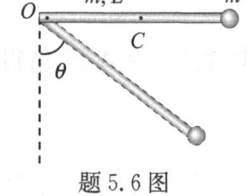

题 5.6 图

5.7 如图所示,x 轴沿水平方向,y 轴竖直向下. 在 t = 0 时刻将质量为 m 的质点由原点 O 以初速度 $\vec{v}_0$ 水平抛出,则在任意时刻 t,质点所受的对原点 O 的力矩 $\vec{M}$ = _____,质点对原点 O

的角动量 $\vec{L} =$ _____.

答案　5.1 (C); 　5.2 (C); 　5.3 (A); 　5.4 (C). 　5.5　0.15, 1.26; 　5.6　$\dfrac{3}{2}\sqrt{\dfrac{g\cos\theta}{L}}$; 　5.7　$mgv_0 t\vec{k}$, $\dfrac{1}{2}mgv_0 t^2\vec{k}$.

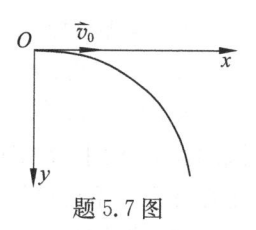

题 5.7 图

参考解答

5.2　隔离飞轮和重物，受力分析，根据转动定律和牛顿第二定律建立方程，联立求解，得到 $\beta=\dfrac{mgR}{J+mR^2}$. 若以拉力 $2mg$ 代替重物，对飞轮应用转动定律，则有 $\beta'=\dfrac{2mgR}{J}$. 因为 $\dfrac{\beta'}{\beta}=2\left(1+\dfrac{mR^2}{J}\right)>2$，即 $\beta'>2\beta$. 所以答案选 (C).

5.3　卫星绕地球沿椭圆轨道运行，对地心角动量守恒．因近地点径矢最短，故速率最大．设卫星在近地点和远地点的速率分别为 v_1 和 v_2，根据角动量守恒和机械能守恒定律，有

$$3R\cdot mv_1 = 4R\cdot mv_2$$

$$-G\dfrac{Mm}{3R}+\dfrac{1}{2}mv_1^2 = -G\dfrac{Mm}{4R}+\dfrac{1}{2}mv_2^2$$

联立求解，注意到 $G\dfrac{M}{R^2}=g$，可得最大速率为 $v_1=\sqrt{\dfrac{8}{21}gR}$. 所以答案选 (A).

5.5　$a_\tau = r\beta = 0.3\times 0.5 = 0.15\ (\text{m}\cdot\text{s}^{-2})$，$a_n = r\omega^2 = r\cdot 2\beta\Delta\theta = 1.26\ \text{m}\cdot\text{s}^{-2}$.

5.6　设杆在水平位置的势能为 0，根据机械能守恒定律，在图示位置有

$$-mg\dfrac{L}{2}\cos\theta - mgL\cos\theta + \dfrac{1}{2}\left(\dfrac{1}{3}mL^2 + mL^2\right)\omega^2 = 0$$

$$\omega = \dfrac{3}{2}\sqrt{\dfrac{g\cos\theta}{L}}$$

5.7　由题知，$\vec{F} = mg\vec{j}$，$\vec{r} = v_0 t\vec{i} + \dfrac{1}{2}gt^2\vec{j}$，$\vec{v} = v_0\vec{i} + gt\vec{j}$，所以

$$\vec{M} = \vec{r}\times\vec{F} = mgv_0 t\vec{k}$$

$$\vec{L} = \vec{r}\times m\vec{v} = \dfrac{1}{2}mgv_0 t^2\vec{k}$$

(二) 问答题和计算题

5.8　用手指顶一根竖直竹竿，为什么长的比短的容易顶？这和一般常识所说的"长的重心高，不稳"是否矛盾？试解释之.

答　所谓倾倒即为绕端点轴转动．均匀直杆绕端点轴的转动惯量为 $J=\dfrac{1}{3}ml^2$. 当杆稍有倾斜（偏离铅直线 θ 角）时，所受重力矩为 $M=\dfrac{1}{2}mgl\sin\theta$，其倾倒的角加速度为 $\beta=\dfrac{M}{J}=\dfrac{3g}{2l}\sin\theta$. 可见 β 与杆长 l 成反比，长杆倾倒的角加速度小，易于调整，而短杆倾倒的角加速度大，往往来不及调整便已倾倒．这与"重心高，不稳定"是不矛盾的.

5.9　有人握着哑铃两手伸开，坐在以一定角速度转动的凳子上（摩擦力可忽略不计）．若此人把手缩回使转动惯量减为原来的一半，则角速度怎样变化？转动动能增加还是减少？为什么？

答 当转动惯量减为原来的一半时,根据角动量守恒定律,$\omega J_0/2 = \omega_0 J_0$,即 $\omega = 2\omega_0$,角速度变成原角速度的2倍,转动动能也增加为原动能的2倍,因为两手缩回时对系统做了功.

5.10 一圆形平台可绕中心轴无摩擦地转动.有一辆玩具汽车相对台面由静止启动绕轴做圆周运动,问平台如何运动?若小汽车突然刹车,则又如何?此过程中机械能是否守恒?动量是否守恒?角动量是否守恒?

答 当玩具汽车相对台面由静止启动绕轴做圆周运动时,平台将沿相反方向转动起来.当玩具汽车刹车在台面静止时,平台也同时停止转动.这些过程中机械能不守恒,动量也不守恒,而角动量是守恒的.

5.11 在边长为 a 的正六边形的顶点上,分别固定质量均为 m 的6个质点.设该六边形位于 Oxy 平面内,如图所示.求:(1) 对 Ox、Oy、Oz 轴的转动惯量;(2) 对 Os 轴的转动惯量;(3) 对通过中心 C 且与 Oy 轴平行的 Cy' 轴的转动惯量.

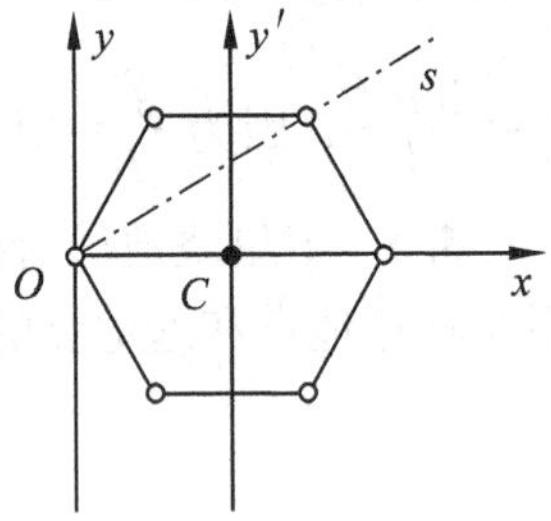

解 (1) $J_x = \sum_{i=1}^{6} m_i y_i^2 = 4m\left(\dfrac{\sqrt{3}a}{2}\right)^2 = 3ma^2$

$J_y = \sum_{i=1}^{6} m_i x_i^2 = 2m\left(\dfrac{a}{2}\right)^2 + 2m\left(\dfrac{3a}{2}\right)^2 + m(2a)^2 = 9ma^2$

$J_z = \sum_{i=1}^{6} m_i r_i^2 = 2ma^2 + 2m(\sqrt{3}a)^2 + m(2a)^2 = 12ma^2 = J_x + J_y$

(2) $J_s = \sum_{i=1}^{6} m_i r_i^2 = m\left(\dfrac{a}{2}\right)^2 + 2ma^2 + m\left(\dfrac{3a}{2}\right)^2 = \dfrac{9}{2}ma^2$.

(3) 由图知 $\overline{OC} = a$,根据平行轴定理有

$$J_{y'} = J_y - M\overline{OC}^2 = 9ma^2 - 6ma^2 = 3ma^2$$

其中 M 为6个质点的总质量.

5.12 图中一块匀质长方形薄板的边长分别为 a、b,质量为 M.若以板中心 O 为原点,建立直角坐标系,求:(1) 薄板对 Ox 轴和 Oy 轴的转动惯量;(2) 薄板对 Oz 轴的转动惯量.

解 (1) 如图所示,取积分元 $x \sim x+dx$、$y \sim y+dy$,薄板面密度为

$$\sigma = \dfrac{M}{ab}$$

$$J_x = 2\int_0^{\frac{b}{2}} \sigma a y^2 dy = \dfrac{1}{12}Mb^2$$

$$J_y = 2\int_0^{\frac{a}{2}} \sigma b x^2 dx = \dfrac{1}{12}Ma^2$$

(2) $J_z = 4\int_0^{\frac{b}{2}}\int_0^{\frac{a}{2}} (x^2 + y^2)\sigma dx dy$

$\qquad = \dfrac{1}{12}M(a^2 + b^2) = J_x + J_y$

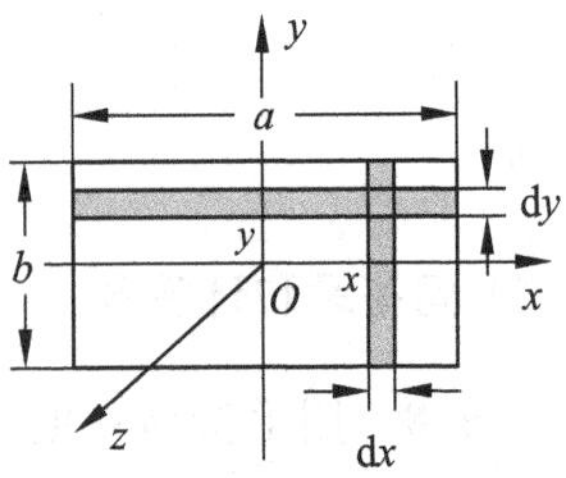

题 5.12 图

5.13 一滑轮的半径为 0.1 m,转动惯量为 1.0×10^{-3} kg·m²,变力 $F = (0.5t + 0.3t^2)$(SI),沿着切线方向作用在滑轮的边缘上.若滑轮最初处于静止状态,求它在 3 s 末的角速度.

解 根据转动定律有 $FR = J\beta$,可得

$$\beta = \dfrac{FR}{J} = \dfrac{(0.5 + 0.3t^2) \times 0.1}{1.0 \times 10^{-3}} = (0.5t + 0.3t^2) \times 10^2 \text{(SI)}$$

因为 $\beta = \dfrac{d\omega}{dt}$，积分后即得

$$\omega = \int_0^3 \beta dt = \left(\dfrac{0.5}{2}t^2 + \dfrac{0.3}{3}t^3\right) \times 10^2 \bigg|_{t=0}^{t=3} = 4.95 \times 10^2 \text{ rad·s}^{-1}$$

5.14 如图(a)所示，质量 $m_1 = 16$ kg 的实心圆柱体，半径 $R = 0.15$ m，可绕其固定的水平中心轴转动，阻力忽略不计. 一条轻软绳绕在圆柱上，其另一端系着一个质量 $m_2 = 8$ kg 的物体. 求：(1) 由静止开始计时到 1 s 末，物体 m_2 下降的距离；(2) 绳子的张力.

解 (1) 分别取 m_1、m_2 为隔离体，受力情况如图(b)所示，根据转动定律和牛顿第二定律，考虑到 $T = T'$，有

$$TR = J\beta$$
$$m_2 g - T = m_2 a$$
$$a = R\beta$$

其中

$$J = \dfrac{1}{2} m_1 R^2$$

将以上 4 式联立求解，得

$$a = \dfrac{m_2 g}{m_2 + m_1/2} \quad \text{①}$$

$$T = \dfrac{m_1 m_2}{2m_2 + m_1} g \quad \text{②}$$

1 s 内物体下降的距离为

$$h = \dfrac{1}{2} a t^2 = 2.45 \text{ m}$$

(2) 将 m_1、m_2、g 的值代入式②，得 $T = 39.2$ N.

题 5.14 图

5.15 如图(a)所示，一个质量为 m_1 的物体放在倾角为 θ 的斜面上，斜面顶端安装一滑轮，跨过滑轮的轻绳，一端系在物体 m_1 上，另一端悬挂一个质量为 m_2 的物体. 若滑轮质量为 m，半径为 R，物体与斜面间的滑动摩擦系数为 μ. 试求：(1) 物体运动的加速度；(2) 绳中张力.

解 分别对 m_1、m_2、m 进行受力分析，如图(b)所示. 根据转动定律和牛顿第二定律，注意到 $T_1 = T_1'$，$T_2 = T_2'$，有

$$\begin{cases} T_2 R - T_1 R = \dfrac{1}{2} m R^2 \beta \\ T_1 - \mu m_1 g\cos\theta - m_1 g\sin\theta = m_1 a \\ m_2 g - T_2 = m_2 a \\ a = R\beta \end{cases}$$

联立求解，可得

$$a = \dfrac{m_2 - \mu m_1 \cos\theta - m_1 \sin\theta}{m_1 + m_2 + m/2} g$$

$$T_1 = \dfrac{(m_2 + m/2)(\mu\cos\theta + \sin\theta) + m_2}{m_1 + m_2 + m/2} m_1 g$$

$$T_2 = \dfrac{m_1(1 + \mu\cos\theta + \sin\theta) + m/2}{m_1 + m_2 + m/2} m_2 g$$

5.16 固定在一起的两个同轴圆柱体，其半径分别为 R 和 r，转动惯量分别为 J_1 和 J_2（绕其光滑的水平对称轴 OO' 转动）.

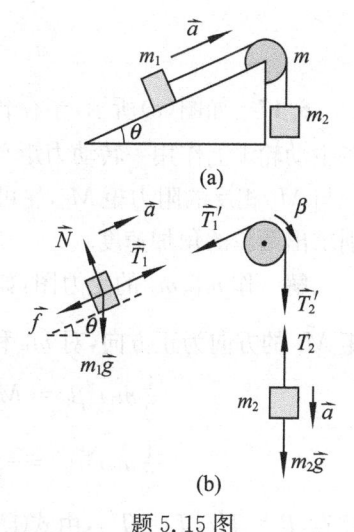

题 5.15 图

绕在两柱体上的轻软绳分别与 m_1 和 m_2 相连,如图所示,求 m_1、m_2 的加速度和绳的张力.

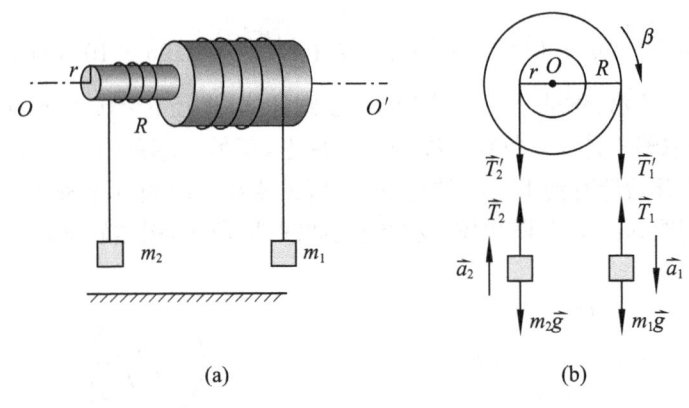

题 5.16 图

解 分别取同轴圆柱体和两物体为隔离体,受力情况如图(b)所示.设 β 的正方向为顺时针方向,相应地 m_1 以向下运动加速度为正,m_2 以向上运动加速度为正.根据转动定律和牛顿第二定律,考虑 $T_1 = T_1'$,$T_2 = T_2'$,有

$$T_1 R - T_2 r = (J_1 + J_2)\beta$$

$$m_1 g - T_1 = m_1 a_1 = m_1 R\beta$$

$$T_2 - m_2 g = m_2 a_2 = m_2 r\beta$$

将以上三式联立求解,得

$$\beta = \frac{m_1 R - m_2 r}{J_1 + J_2 + m_1 R^2 + m_2 r^2} g$$

$$T_1 = \frac{J_1 + J_2 + m_2 r^2 + m_2 rR}{J_1 + J_2 + m_1 R^2 + m_2 r^2} m_1 g$$

$$T_2 = \frac{J_1 + J_2 + m_1 R^2 + m_1 rR}{J_1 + J_2 + m_1 R^2 + m_2 r^2} m_2 g$$

$$a_1 = R\beta = \frac{m_1 R - m_2 r}{J_1 + J_2 + m_1 R^2 + m_2 r^2} Rg$$

$$a_2 = r\beta = \frac{m_1 R - m_2 r}{J_1 + J_2 + m_1 R^2 + m_2 r^2} rg$$

5.17 如图(a)所示,半径各为 r_1 和 r_2、质量各为 m_1 和 m_2 的两个轮子,用皮带连接起来,在主动轮1上作用一转动力矩 M_1(垂直纸面向外),在从动轮2上有一与 M_1 相反的阻力矩 M_2,轮可视为匀质圆盘.若皮带不打滑,试分别求出两轮的角加速度.

解 作 m_1、m_2 的受力图,如图(b)所示.根据转动定律,选取力矩 $\vec{M}_1$ 的方向为正方向,对 m_1 和 m_2 有

$$\frac{1}{2} m_1 r_1^2 \beta_1 = M_1 + (T_1 - T_2) r_1 \qquad ①$$

$$\frac{1}{2} m_2 r_2^2 \beta_2 = -M_2 + (T_2' - T_1') r_2 \qquad ②$$

注意 $T_1 = T_1'$,$T_2 = T_2'$,由式①×r_2+式②×r_1,得

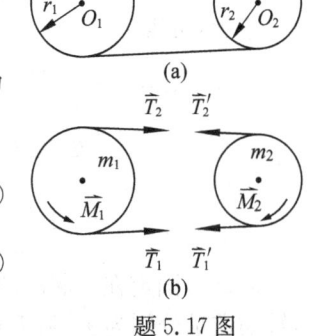

题 5.17 图

$$\frac{1}{2}m_1r_1^2\beta_1 r_2 + \frac{1}{2}m_2r_2^2\beta_2 r_1 = M_1r_2 - M_2r_1 \qquad ③$$

因皮带不打滑,故 $r_1\beta_1 = r_2\beta_2$,代入式③,得

$$\frac{1}{2}m_1r_1^2 r_2\beta_1 + \frac{1}{2}m_2r_2^2 r_1\beta_1\frac{r_1}{r_2} = M_1r_2 - M_2r_1$$

$$\beta_1 = \frac{2(M_1r_2 - M_2r_1)}{(m_1+m_2)r_1^2 r_2}$$

同理,可得

$$\beta_2 = \frac{2(M_1r_2 - M_2r_1)}{(m_1+m_2)r_2^2 r_1}$$

5.18 转动飞轮的转动惯量为 J,$t=0$ 时角速度为 ω_0. 此后飞轮经历制动过程,阻力矩 M 的大小与角速度 ω 的平方成正比,比例系数为 k(k 是正值常量). 求当 $\omega=\omega_0/3$ 时飞轮的角加速度及从开始制动到 $\omega=\omega_0/3$ 所需要的时间.

解 依题意 $M=-k\omega^2$. 据转动定律 $M=J\beta$,有

$$-k\omega^2 = J\beta = J\frac{\mathrm{d}\omega}{\mathrm{d}t} \qquad ①$$

当 $\omega=\omega_0/3$ 时,飞轮的角加速度为

$$\beta = -\frac{k\omega^2}{J} = -\frac{k}{J}\left(\frac{\omega_0}{3}\right)^2 = \frac{-k\omega_0^2}{9J}$$

对式①等号两边统一积分变量并对同一过程积分,可得从开始制动到 $\omega=\omega_0/3$ 所需要的时间,即

$$\int_{\omega_0}^{\omega_0/3}\frac{\mathrm{d}\omega}{\omega^2} = -\frac{k}{J}\int_0^t \mathrm{d}t$$

$$t = \frac{J}{k}\left(\frac{1}{\omega_0/3}-\frac{1}{\omega_0}\right) = \frac{2J}{k\omega_0}$$

5.19 如图所示,一长为 l、质量为 m 的匀质细杆的一端悬于 O 点,可绕通过该点的水平轴自由转动. 在 O 点又有一轻绳,悬一质量也为 m 的小球. 当小球偏离竖直方向某一角度时,由静止释放,小球在 O 点正下方与静止的细杆发生完全弹性碰撞. 问绳多长时,碰后小球恰好静止?

解 设摆长为 x 时,碰后小球恰好静止,$v=0$. 设碰前瞬间小球速度大小为 v_0. 碰撞过程系统角动量守恒、机械能守恒,即

$$mv_0 x = J\omega$$

$$\frac{1}{2}mv_0^2 = \frac{1}{2}J\omega^2$$

式中,$J=\frac{1}{3}ml^2$. 两式联立,消去 v_0,可得

$$x = \sqrt{\frac{J}{m}} = \frac{\sqrt{3}}{3}l$$

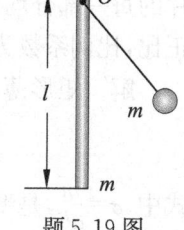

题 5.19 图

5.20 一均匀细棒的质量 $M=1.0$ kg,长 $l=0.4$ m,垂直悬挂,能绕端点 O 在竖直面内转动,如图所示. 今有质量 $m=8.0$ g 的子弹,以 $v=200$ m·s^{-1} 的速度沿水平方向射入细棒,入射点离转轴 O 的距离为 $3l/4$,求细棒摆向另一侧的最大偏转角.

解 设子弹射入细棒瞬间,细棒尚未偏转时,细棒获得的角速度为 ω_0. 以子弹和细棒为系统,因碰撞过程中对转轴 O,系统不受外力矩,所以系统对该轴的角动量守恒. 即

$$mv\frac{3}{4}l = J\omega_0$$

式中
$$J = \frac{1}{3}Ml^2 + m\left(\frac{3}{4}l\right)^2$$

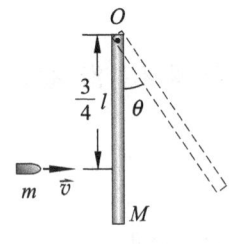

解得
$$\omega_0 = \frac{3mvl}{4\left(\frac{M}{3} + \frac{9}{16}m\right)l^2} = 8.88 \text{ rad·s}^{-1}$$

在之后的摆动过程中，取子弹、细棒和地球为系统，在此过程中仅重力矩做功，故系统的机械能守恒. 即

$$\frac{1}{2}\left[\frac{1}{3}Ml^2 + m\left(\frac{3}{4}l\right)^2\right]\omega_0^2 = mg\frac{3}{4}l(1-\cos\theta) + Mg\frac{l}{2}(1-\cos\theta)$$

解得
$$\cos\theta = 1 - \frac{\left(\frac{M}{3} + \frac{9}{16}m\right)l\omega_0^2}{\left(M + \frac{3}{2}m\right)g} = -0.0744$$

$$\theta = 94°16'$$

题 5.20 图

5.21 如图所示，已知滑轮的质量为 M，半径为 R，物体的质量为 m，弹簧的刚度系数为 k，斜面的倾角为 θ，物体与斜面间无摩擦. 若物体由静止释放，释放时弹簧为原长. 求物体沿斜面滑下 x m 时的速率.

解 选取物体、弹簧、滑轮和地球为系统，则重力、弹性力均为保守内力，因无非保守内力和外力做功，故系统的机械能守恒，即

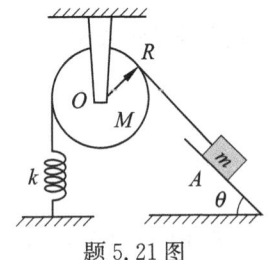

$$\left(\frac{1}{2}mv^2 + \frac{1}{2}J_0\omega^2\right) + \frac{1}{2}kx^2 = mgx\sin\theta$$

因为
$$J_0 = \frac{1}{2}MR^2, \quad v = R\omega$$

所以
$$v = \sqrt{\frac{4mgx\sin\theta - 2kx^2}{2m + M}}$$

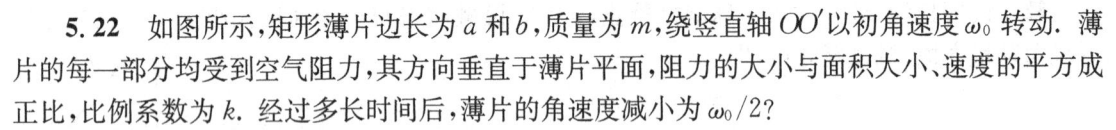

题 5.21 图

5.22 如图所示，矩形薄片边长为 a 和 b，质量为 m，绕竖直轴 OO' 以初角速度 ω_0 转动. 薄片的每一部分均受到空气阻力，其方向垂直于薄片平面，阻力的大小与面积大小、速度的平方成正比，比例系数为 k. 经过多长时间后，薄片的角速度减小为 $\omega_0/2$？

解 矩形薄片绕 OO' 轴转动的转动惯量为
$$J = \frac{1}{3}ma^2 = \frac{1}{3}\sigma ba^3$$

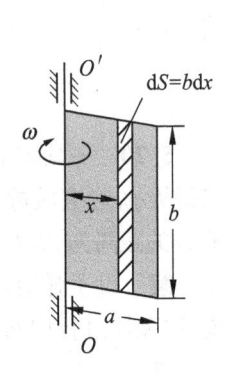

式中，$\sigma = \frac{m}{ab}$，是薄片的面质量密度. 在薄片上距竖直轴 x 处取长为 b，宽为 dx 的面元 $dS = bdx$，当薄片以角速度 ω 绕 OO' 轴旋转时，面元 dS 的速率为 $x\omega$，所以面元 dS 受的阻力为 $dF = -kv^2 dS = -kx^2\omega^2 b dx$，其对 OO' 轴的力矩为 $dM = dF \cdot x = -kb\omega^2 x^3 dx$，故薄片所受总阻力矩为

$$M = \int dM = -\int_0^a kb\omega^2 x^3 dx = -\frac{1}{4}kb\omega^2 a^4$$

由转动定律 $M = J\beta$，得

$$-\frac{1}{4}kb\omega^2 a^4 = J\frac{d\omega}{dt}$$

题 5.22 图

两边统一积分变量并积分

$$-\int_{\omega_0}^{\omega_0/2} \frac{d\omega}{\omega^2} = \int_0^t \frac{kba^4}{4J} dt$$

得

$$t = \frac{4J}{kba^4\omega_0} = \frac{4m}{3ka^2b\omega_0}$$

5.23 如图所示，一长为 l、质量为 m_1 的匀质细杆，可绕通过其一端的水平轴 O 在竖直平面内自由转动. 杆从水平位置由静止释放后，与 O 点正下方静止在光滑水平面上的物体 m_2 发生碰撞，$m_2 = m_1/3$. 求：(1) 杆在转动过程中的角加速度 β 的表达式；(2) 杆转到竖直位置时的角动量和动能；(3) 若碰撞是完全弹性的，碰撞后 m_2 的速度；(4) 弹簧被压缩的最大长度.

解 (1) 根据转动定律 $M = J\beta$，式中

$$M = m_1 g \frac{l}{2} \cos\theta, \quad J = \frac{1}{3} m_1 l^2$$

得杆的角加速度

$$\beta = \frac{3g\cos\theta}{2l}$$

(2) 设 O 点为势能零点，杆转到竖直位置时的角速度为 ω. 根据机械能守恒定律有

$$0 = -m_1 g \frac{l}{2} + \frac{1}{2} J\omega^2$$

解得

$$\omega = \sqrt{\frac{3g}{l}}$$

所以转动动能和角动量为

$$E_k = \frac{1}{2} J\omega^2 = \frac{1}{2} m_1 g l$$

$$L = J\omega = \frac{m_1 l}{3} \sqrt{3gl}$$

题5.23图

(3) 碰撞过程机械能和角动量均守恒. 碰撞后 m_2 向右运动，设其速度大小为 v，方向向右. 杆的角速度为 ω'，则有

$$\frac{1}{2} J\omega^2 = \frac{1}{2} J\omega'^2 + \frac{1}{2} m_2 v^2$$

$$J\omega = J\omega' + m_2 v l$$

两式联立解得

$$v = \omega l = \sqrt{3gl}$$

(4) 弹簧压缩过程机械能守恒，即

$$\frac{1}{2} m_2 v^2 = \frac{1}{2} k x^2$$

解得

$$x = \sqrt{\frac{m_2 v^2}{k}} = \sqrt{\frac{m_1 g l}{k}}$$

5.24 如图所示，一质量为 m 的小球被系于轻绳的一端，以角速度 ω_0 在光滑水平面上做半径为 r_0 的圆周运动. 若绳的另一端穿过中心小孔后受一铅直向下的拉力，使小球做圆周运动的半径变为 $r_0/2$，试求：(1) 小球此时的速率；(2) 拉力在此过程中所做的功.

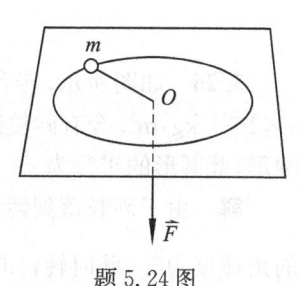

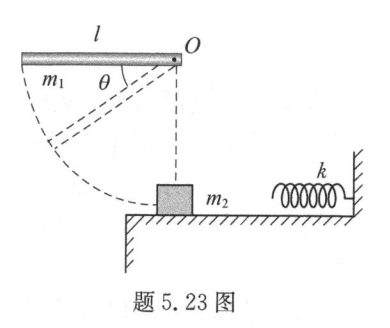

题5.24图

解 （1）小球所受重力、支持力及绳子拉力对通过中心 O 且与平面垂直的轴的力矩均为零，故小球对该轴的角动量守恒．设半径为 $r_0/2$ 时小球的角速度为 ω，则有

$$m\left(\frac{r_0}{2}\right)^2 \omega = m r_0^2 \omega_0$$

得 $\omega = 4\omega_0$，因而此时小球的速率为

$$v = \frac{r_0}{2}\omega = 2 r_0 \omega_0$$

（2）由 $v_0 = \omega_0 r_0$ 可得小球的动能增量为

$$\Delta E_k = \frac{1}{2} m v^2 - \frac{1}{2} m v_0^2 = \frac{3}{2} m v_0^2$$

根据动能定理，拉力对小球所做的功为

$$A = \Delta E_k = \frac{3}{2} m v_0^2 = \frac{3}{2} m r_0^2 \omega_0^2$$

5.25 在光滑的水平桌面上，有一质量为 M 的木块与刚度系数为 k 的弹簧相连，弹簧的另一端固定在 O 点．质量为 m 的子弹以初速 $\vec{v}_0$ 沿着与 OA 垂直的方向射向 M，并嵌在木块内，如图（俯视图）所示．弹簧原长为 L_0，子弹撞击木块后，木块运动到达 B 点时刻，弹簧的长度为 L，此时 $OB \perp OA$．求在 B 点时，木块速度 $\vec{v}$ 的大小和方向．

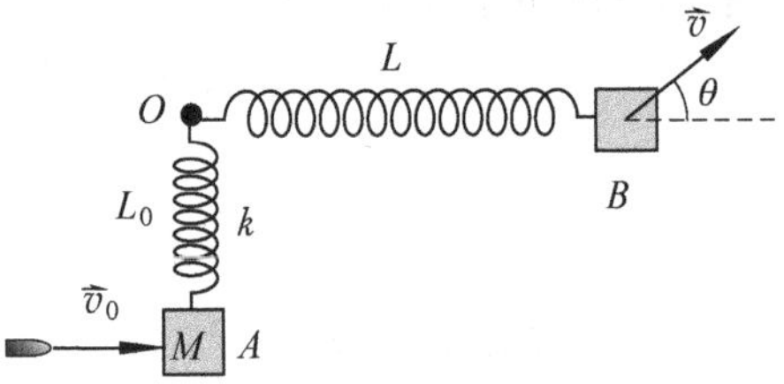

解 子弹撞击木块时，子弹和木块系统的动量守恒，因而有

$$m v_0 = (M+m) v_1$$

可得碰撞后嵌有子弹的木块获得的速度为

$$v_1 = \frac{m}{M+m} v_0 \qquad ①$$

题 5.25 图

在木块牵着弹簧向 B 点运动的过程中，弹簧和嵌有子弹的木块系统的机械能和角动量均守恒，因而有

$$\frac{1}{2}(M+m) v_1^2 = \frac{1}{2}(M+m) v^2 + \frac{1}{2} k (L-L_0)^2 \qquad ②$$

$$(M+m) v_1 L_0 = (M+m) v L \sin\theta \qquad ③$$

由式①、式②解得

$$v = \sqrt{v_0^2 \left(\frac{m}{M+m}\right)^2 - \frac{k(L-L_0)^2}{M+m}}$$

代入式③，可得 $\vec{v}$ 与 $\overrightarrow{OL}$ 方向的夹角为

$$\theta = \arcsin \frac{v_1 L_0}{v L} = \arcsin \frac{\dfrac{m}{M+m} L_0 v_0}{L \sqrt{v_0^2 \left(\dfrac{m}{M+m}\right)^2 - \dfrac{k(L-L_0)^2}{M+m}}}$$

5.26 如图所示，转台绕中心竖直轴以角速度 ω_0 匀速转动，转台对轴的转动惯量 $J_0 = 5 \times 10^{-5}$ kg·m²．今有砂粒以 $dm/dt = 1$ g·s⁻¹ 的速率垂直落入转台，砂粒黏附在转台上并形成一圆形，此圆形的半径为 $r = 0.1$ m．求砂粒落到转台上使转台角速度减为 $\omega_0/2$ 时所需要的时间．

解 由于砂粒落到转台上并不对转轴产生力矩，所以角动量守恒．设经过 Δt 时间后，转台的角速度为 $\dfrac{\omega_0}{2}$，此时转台的转动惯量为

$$J = J_0 + \frac{dm}{dt}\Delta t r^2$$

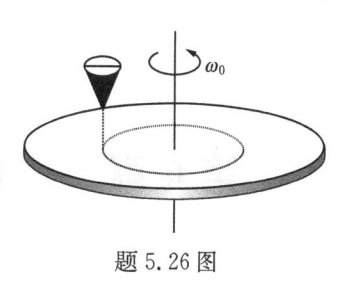

根据角动量守恒定律,有

$$J_0 \omega_0 = J\frac{\omega_0}{2} = \left(J_0 + \frac{dm}{dt}\Delta t r^2\right)\frac{\omega_0}{2}$$

解得

$$\Delta t = \frac{J_0}{\frac{dm}{dt}r^2} = \frac{5\times 10^{-5}}{1\times 10^{-3}\times (0.1)^2} = 5 \text{ (s)}$$

题 5.26 图

5.27 如图所示,空心圆环可绕竖直轴 AC 自由转动,其转动惯量为 J_0,环的半径为 R,初始角速度为 ω_0. 质量为 m 的小球,原来静止在 A 点,由于微小的扰动,小球向下滑动. 设圆环内壁是光滑的,问小球滑到 B 点与 C 点时,环的角速度与小球相对于环的速率各为多大?

解 将空心圆环和小球看成一个转动系统,由于对 AC 轴的外力矩为零,所以系统对 AC 轴的角动量保持不变. 当小球滑到 B 点时,设空心环的角速度为 ω_1. 这时小球对地的速度有两个相互垂直的分量,一个是与环一起做圆周运动的速度,大小为 $\omega_1 R$,另一个是相对空心环竖直向下的速度,大小为 v_B. 据角动量守恒,有

$$J_0 \omega_0 = (J_0 + mR^2)\omega_1 \quad ①$$

另一方面,因小球滑动没有摩擦,故系统机械能守恒,令 A 点为势能零点,有

$$\frac{1}{2}J_0\omega_0^2 = \frac{1}{2}J_0\omega_1^2 + \frac{1}{2}m(R\omega_1)^2 + \frac{1}{2}mv_B^2 - mgR \quad ②$$

由式①可得

$$\omega_1 = \frac{J_0\omega_0}{J_0 + mR^2}$$

代入式②得

$$v_B = \sqrt{2gR + \frac{J_0\omega_0^2 R^2}{J_0 + mR^2}}$$

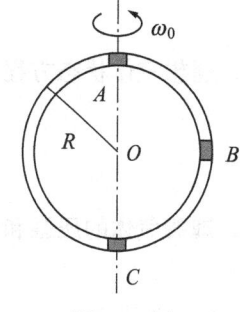

当小球滑到 C 点时,设空心环的角速度为 ω_2,小球相对空心环也即相对地球的速率为 v_C,则由角动量守恒和机械能守恒定律有

$$J_0\omega_0 = J_0\omega_2 \quad ③$$

$$\frac{1}{2}J_0\omega_0^2 = \frac{1}{2}J_0\omega_2^2 + \frac{1}{2}mv_C^2 - 2mgR \quad ④$$

题 5.27 图

联式③和式④,解得

$$\omega_2 = \omega_0, \quad v_C = \sqrt{4gR}$$

第6章 气体动理论

基本要求

1. 了解气体分子热运动的图像,通过推导理想气体的压强公式理解大量粒子组成系统的统计研究方法和统计规律,理解宏观量与微观量之间的区别和联系,理解压强和温度的统计意义.
2. 理解能量均分定理,并会用其计算理想气体的定容摩尔热容、定压摩尔热容和内能.
3. 理解麦克斯韦速率分布律及速率分布函数和速率分布曲线的物理意义;会计算气体分子热运动的三种统计速率.了解玻尔兹曼能量分布律.
4. 了解气体分子的平均碰撞频率和平均自由程概念,并会做简单计算.

一、主要内容

1. 理想气体状态方程

$$pV = \frac{M}{\mu}RT, \quad \frac{p_1 V_1}{T_1} = \frac{p_2 V_2}{T_2}$$

2. 理想气体的压强和温度

$$p = \frac{1}{3}nm\overline{v^2} = \frac{2}{3}n\overline{\varepsilon}_k = nkT, \quad \overline{\varepsilon}_k = \frac{3}{2}kT$$

3. 能量均分定理

在温度为 T 的平衡态,物质分子的每一个自由度都具有相同的平均动能 $kT/2$.

4. 麦克斯韦速率分布律

1) 速率分布函数

$$f(v) = \frac{\mathrm{d}N}{N\mathrm{d}v}, \quad \int_0^\infty f(v)\mathrm{d}v = 1$$

$f(v)$ 表示气体在平衡态下,速率在 v 附近的单位速率区间内的分子数与总分子数的比.也可表述为分子速率分布在 v 附近的单位速率区间内的概率,所以 $f(v)$ 也称为概率密度.

2) 麦克斯韦速率分布律

$$\frac{\mathrm{d}N}{N} = 4\pi \left(\frac{m}{2\pi kT}\right)^{\frac{3}{2}} \mathrm{e}^{-\frac{mv^2}{2kT}} v^2 \mathrm{d}v$$

3) 三种统计速率

$$v_{\text{p}} = \sqrt{\frac{2kT}{m}} = \sqrt{\frac{2RT}{\mu}}, \quad \bar{v} = \sqrt{\frac{8kT}{\pi m}} = \sqrt{\frac{8RT}{\pi \mu}}, \quad \sqrt{\overline{v^2}} = \sqrt{\frac{3kT}{m}} = \sqrt{\frac{3RT}{\mu}}$$

5. 玻尔兹曼能量分布律

$$dN = n_0 \left(\frac{m}{2\pi kT}\right)^{\frac{3}{2}} e^{-\frac{\varepsilon_k + \varepsilon_p}{kT}} dv_x dv_y dv_z dx dy dz$$

分子数密度公式： $n = n_0 e^{-\frac{mgh}{kT}} = n_0 e^{-\frac{\mu gh}{RT}}$.

等温气压公式： $p = p_0 e^{-\frac{mgh}{kT}} = p_0 e^{-\frac{\mu gh}{RT}}$.

6. 分子碰撞

平均自由程： $\bar{\lambda} = \dfrac{1}{\sqrt{2}\pi d^2 n} = \dfrac{kT}{\sqrt{2}\pi d^2 p}$.

碰撞频率： $\bar{Z} = \dfrac{\bar{v}}{\bar{\lambda}} = \sqrt{2}\pi d^2 \bar{v} n$.

二、典型例题

例 6.1 一容器内储有某理想气体，其压强 $p = 1.013 \times 10^5$ Pa，温度 $t = 27$ ℃，质量密度 $\rho = 1.30$ kg·m^{-3}．(1) 求单位体积内的分子数；(2) 求该气体的摩尔质量及分子的质量，并说明是何种气体；(3) 求分子的方均根速率、平均速率及最概然速率；(4) 求分子的平均平动动能和转动动能；(5) 设该气体有 0.4 mol，气体有多少内能？

解 (1) 由 $p = nkT$ 可得单位体积内的分子数 n 为

$$n = \frac{p}{kT} = \frac{1.013 \times 10^5 \text{ Pa}}{1.38 \times 10^{-23} \text{ J·K}^{-1} \times (273 + 27) \text{ K}} = 2.45 \times 10^{25} \text{ m}^{-3}$$

(2) 由理想气体的状态方程及质量密度的定义，即

$$pV = \frac{M}{\mu}RT, \quad \rho = \frac{M}{V}$$

可得气体的摩尔质量为

$$\mu = \frac{\rho RT}{p} = \frac{1.30 \text{ kg·m}^{-3} \times 8.31 \text{ J·mol}^{-1}\text{·K}^{-1} \times (273 + 27) \text{ K}}{1.013 \times 10^5 \text{ Pa}}$$

$$= 0.032 \text{ kg·mol}^{-1}$$

分子的质量为

$$m = \frac{\mu}{N_0} = \frac{32 \times 10^{-3} \text{ kg·mol}^{-1}}{6.02 \times 10^{23} \text{ mol}^{-1}} = 5.31 \times 10^{-26} \text{ kg}$$

或由 $\rho = nm$ 得

$$m = \frac{\rho}{n} = \frac{1.30 \text{ kg·m}^{-1}}{2.45 \times 10^{25} \text{ m}^{-1}} = 5.31 \times 10^{-26} \text{ kg}$$

由气体的摩尔质量可知，该气体是氧气．

(3) 分子的方均根速率、平均速率、最概然速率分别为

$$\sqrt{\overline{v^2}} = \sqrt{\frac{3RT}{\mu}} = \sqrt{\frac{3 \times 8.31 \text{ J·mol}^{-1} \text{·K}^{-1} \times 300 \text{ K}}{32.0 \times 10^{-3} \text{ kg·mol}^{-1}}} = 4.83 \times 10^2 \text{ m·s}^{-1}$$

$$\overline{v} = \sqrt{\frac{8RT}{\pi\mu}} = \sqrt{\frac{8 \times 8.31 \text{ J·mol}^{-1} \text{·K}^{-1} \times 300 \text{ K}}{3.14 \times 32.0 \times 10^{-3} \text{ kg·mol}^{-1}}} = 4.45 \times 10^2 \text{ m·s}^{-1}$$

$$v_p = \sqrt{\frac{2RT}{\mu}} = \sqrt{\frac{2 \times 8.31 \text{ J·mol}^{-1} \text{·K}^{-1} \times 300 \text{ K}}{32.0 \times 10^{-3} \text{ kg·mol}^{-1}}} = 3.94 \times 10^2 \text{ m·s}^{-1}$$

(4) 因氧气是双原子分子,故有三个平动自由度,两个转动自由度.根据能量均分定理,分子的平均平动动能 $\overline{\varepsilon}_t$ 和平均转动动能 $\overline{\varepsilon}_r$ 分别为

$$\overline{\varepsilon}_t = \frac{3}{2}kT = \frac{3}{2} \times 1.38 \times 10^{-23} \text{ J·K}^{-1} \times 300 \text{ K} = 6.21 \times 10^{-21} \text{ J}$$

$$\overline{\varepsilon}_r = kT = 1.38 \times 10^{-23} \text{ J·K}^{-1} \times 300 \text{ K} = 4.14 \times 10^{-21} \text{ J}$$

(5) 在室温条件下,可将氧气分子视为刚性双原子分子.由理想气体内能公式,可得气体的内能为

$$E = \frac{M}{\mu} \frac{i}{2} RT = 0.4 \text{ mol} \times \frac{5}{2} \times 8.31 \text{ J·mol}^{-1} \text{·K}^{-1} \times 300 \text{ K} = 2.49 \times 10^3 \text{ J}$$

▶ 说明

本题是气体动理论中一些常用公式的直接应用,读者应熟记这些公式.

例 6.2 有 N 个粒子,其速率分布函数为

$$f(v) = \frac{dN}{Ndv} = \begin{cases} av/v_0, & v_0 \geqslant v \geqslant 0 \\ a, & 2v_0 \geqslant v \geqslant v_0 \\ 0, & v > 2v_0 \end{cases}$$

(1) 作速率分布曲线;(2) 求常数 a;(3) 求粒子的平均速率 $\overline{v}$;
(4) 分别求速率大于 v_0 和小于 v_0 的粒子数.

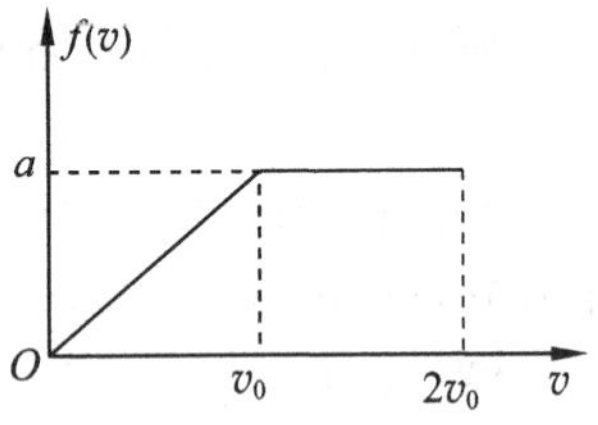

例 6.2 图

解 (1) 速率分布曲线如图所示.

(2) 速率分布函数满足归一化条件,即

$$\int_0^\infty f(v)dv = \int_0^{v_0} \frac{av}{v_0}dv + \int_{v_0}^{2v_0} a\,dv = \frac{3}{2}av_0 = 1$$

可得

$$a = \frac{2}{3v_0}$$

此结果也可以由图中速率分布曲线面积为 1 求得.

(3) 由平均速率定义,有

$$\overline{v} = \int_0^\infty vf(v)dv = \int_0^{v_0} va\frac{v}{v_0}dv + \int_{v_0}^{2v_0} va\,dv = \frac{11}{9}v_0$$

(4) 速率小于 v_0 粒子数为

$$N_1 = \int_0^{v_0} Nf(v)dv = \int_0^{v_0} N\frac{av}{v_0}dv = \frac{N}{3}$$

速率大于 v_0 的粒子数为

$$N_2 = \int_{v_0}^{\infty} Nf(v)\,\mathrm{d}v = \int_{v_0}^{2v_0} Na\,\mathrm{d}v = \frac{2N}{3}$$

> **说 明**
>
> 本题第(3)问不能用 $\bar{v}=\sqrt{\dfrac{8RT}{\pi\mu}}$ 公式求解,因为题设粒子系统的速率分布律不是麦克斯韦速率分布律.

例 6.3 一边长为 10 cm 的正方体容器内充有直径为 10^{-10} m 的空气. 在 $T=300$ K 时,求:(1)当抽空到容器里面的压强为 10^{-1} mmHg 时,分子的平均碰撞频率和平均自由程;(2)当抽空到容器里面的压强为 10^{-5} mmHg 时,分子的平均碰撞频率和平均自由程及分子间的平均距离.

解 分子的平均碰撞频率、平均自由程为

$$\bar{Z} = \sqrt{2}\pi d^2 \bar{v} n = \sqrt{2}\pi d^2 \cdot \sqrt{\frac{8RT}{\pi\mu}} \cdot \frac{p}{kT}$$

$$\bar{\lambda} = \frac{1}{\sqrt{2}\pi d^2 n} = \frac{kT}{\sqrt{2}\pi d^2 p}$$

(1)当压强为 10^{-1} mmHg 时,代入 $d=10^{-10}$ m,$\mu=2.9\times10^{-2}$ kg·mol^{-1},$R=8.31$ J·mol^{-1}·K^{-1},$p=\dfrac{10^{-1}\text{ mmHg}}{760\text{ mmHg}}\times1.013\times10^5$ Pa$=13.33$ Pa,$T=300$ K,$k=1.38\times10^{-23}$ J·K^{-1},算出

$$\bar{Z} \approx 6.71\times10^{-4} \text{ Hz}, \quad \bar{\lambda} = 6.99\times10^{-3} \text{ m}$$

(2)当压强为 10^{-5} mmHg$=1.33\times10^{-3}$ Pa 时,可算出

$$\bar{Z} \approx 6.71 \text{ Hz}, \quad \bar{\lambda} = 6.99\times10^{-3} \text{ m} = 69.9 \text{ cm}$$

容器边长只有 10 cm,可见此时分子的平均自由程大于容器的尺寸. 在这种情形下,分子的平均自由程为容器的尺寸,即

$$\bar{\lambda} = 10 \text{ cm}$$

分子的平均碰撞频率不受容器尺寸的影响,仍为 $\bar{z}=6.71$ Hz.

分子间的平均距离 $\bar{l}$ 是指两个分子中心间的平均距离. 计算分子间的平均距离 $\bar{l}$,可假设分子静止不动,n 个分子均匀摆放在 1 m^3 体积内,单位长度上摆放的分子数为 $\sqrt[3]{n}$,则分子间的平均距离为

$$\bar{l} = \frac{1}{\sqrt[3]{n}} = \sqrt[3]{\frac{kT}{p}}$$

代入 $T=300$ K,$k=1.38\times10^{-23}$ J·K^{-1},$p=1.33\times10^{-3}$ Pa,算出

$$\bar{l} = 1.46\times10^{-6} \text{ m}$$

可见分子间的平均距离和分子的平均自由程是两个不同的概念.

三、习题分析与解答

(一) 选择题和填空题

6.1 若室内生起炉子后温度从 15℃升高到 27℃,而室内气压不变,则此时室内的分子数

减少了[ ]

(A) 0.5%. (B) 4%. (C) 9%. (D) 21%.

6.2 设某种气体的分子速率分布函数为 $f(v)$，则速率在 $v_1 \sim v_2$ 区间内的分子的平均速率为[ ]

(A) $\int_{v_1}^{v_2} vf(v)dv$. (B) $v\int_{v_1}^{v_2} f(v)dv$.

(C) $\int_{v_1}^{v_2} vf(v)dv / \int_{v_1}^{v_2} f(v)dv$. (D) $\int_{v_1}^{v_2} f(v)dv / \int_{0}^{\infty} f(v)dv$.

6.3 气缸内盛有一定量的氢气（可视作理想气体），当温度不变而压强增大一倍时，氢气分子的平均碰撞频率 $\bar{Z}$ 和平均自由程 $\bar{\lambda}$ 的变化情况是[ ]

(A) $\bar{Z}$ 和 $\bar{\lambda}$ 都增大一倍. (B) $\bar{Z}$ 和 $\bar{\lambda}$ 都减为原来的一半.
(C) $\bar{Z}$ 增大一倍而 $\bar{\lambda}$ 减为原来的一半. (D) $\bar{Z}$ 减为原来的一半而 $\bar{\lambda}$ 增大一倍.

6.4 若某种理想气体分子的方均根速率为 $450 \text{ m} \cdot \text{s}^{-1}$，气体压强为 7×10^4 Pa，则该气体的密度为_____.

6.5 一气体分子的质量可以根据该气体的定容比热（等容过程中气体的比热）来计算. 氩气的定容比热 $c_V = 0.314 \text{ kJ} \cdot \text{kg}^{-1} \cdot \text{K}^{-1}$，则氩原子的质量 $m=$_____.

6.6 如图所示的曲线分别表示氢气和氦气在同一温度下的分子速率的分布情况. 由图可知，氦气分子的最概然速率为_____，氢气分子的最概然速率为_____.

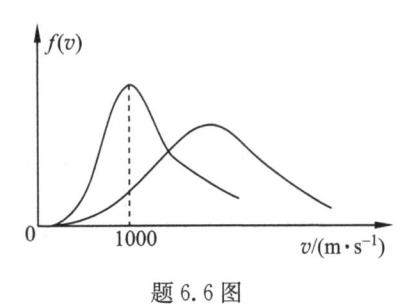

题6.6图

答案 **6.1** (B)； **6.2** (C)； **6.3** (C). **6.4** $1.04 \text{ kg} \cdot \text{m}^{-3}$； **6.5** 6.59×10^{-26} kg； **6.6** $1000 \text{ m} \cdot \text{s}^{-1}$； $\sqrt{2} \times 1000 \text{ m} \cdot \text{s}^{-1}$.

参考解答

6.1 根据 $p=nkT$，在气压不变条件下，$\dfrac{n_2}{n_1}=\dfrac{T_1}{T_2}$，所以气体分子数减少百分比

$$\dfrac{|n_2-n_1|}{n_1}=\dfrac{|T_1-T_2|}{T_2}=\dfrac{12}{300}=4\%$$

6.4 根据理想气体的状态方程 $pV=\dfrac{M}{\mu}RT$，得 $\rho=\dfrac{M}{V}=\dfrac{P\mu}{RT}$.

因方均根速率 $\sqrt{\overline{v^2}}=\sqrt{\dfrac{3RT}{\mu}}$，两式联立可得 $\rho=\dfrac{3P}{\overline{v^2}}=1.04 \text{ kg} \cdot \text{m}^{-3}$.

6.5 理想气体定容摩尔热容 $C_V=\dfrac{i}{2}R$，氩气是单原子分子，$i=3$，故 $C_V=\dfrac{3}{2}R$. 由题意，氩气的定容比热为 $0.314 \text{ kJ} \cdot \text{kg}^{-1} \cdot \text{K}^{-1}$，而 1 mol 氩气的质量为 $m \times N_0$，所以氩气的定容摩尔热容等于其 1 mol 质量与定容比热的乘积，即有

$$C_V = m \times 6.02 \times 10^{23} \times 0.314 \times 10^3 = \dfrac{3}{2} \times 8.31 \text{ J} \cdot \text{mol}^{-1} \cdot \text{K}^{-1}$$

$$m = 6.59 \times 10^{-26} \text{ kg}$$

（二）问答题和计算题

6.7 取一金属杆，使其一端与沸水接触，另一端与冰接触. 当沸水与冰的温度维持不变

时,杆内各部分的温度虽然不同,但将不随时间改变. 这时金属杆是否处于平衡态? 为什么?

答 金属杆不处于平衡态,因为要保持这种状态,系统必须不断与外界交换能量,不满足平衡态的条件.

6.8 容积为 32×10^{-3} m³ 的氧气瓶装有压强为 1.3×10^7 Pa 的氧气,按规定当压强降到 1.00×10^6 Pa 时,就应重新充气. 若每天平均使用 1.013×10^5 Pa 的氧气 0.4 m³,问一瓶氧气能用多少天? 设使用过程中温度保持不变.

解 氧气未使用时,压强 $p_1=1.30\times10^7$ Pa,体积 $V_1=V=32\times10^{-3}$ m³. 设温度 T 不变,气体质量为 M_1,由理想气体状态方程有

$$p_1V=\frac{M_1}{\mu}RT, \quad M_1=\frac{\mu p_1 V}{RT} \qquad ①$$

在需重新充气时,压强为 $p_2=1.00\times10^6$ Pa,$V_2=V=32\times10^{-3}$ m³,T 不变,设此时质量为 M_2,同理有

$$p_2V=\frac{M_2}{\mu}RT, \quad M_2=\frac{\mu p_2 V}{RT} \qquad ②$$

每日用去 $p'=1.013\times10^5$ Pa,$V'=0.4$ m³ 的氧气,由理想气体状态方程,可求得每次用去的氧气质量为

$$M'=\frac{\mu p'V'}{RT} \qquad ③$$

由式①~③得氧气使用的天数为

$$n=\frac{M_1-M_2}{M'}=\frac{(p_1-p_2)V}{p'V'}=\frac{(13-1)\times10^6\times32\times10^{-3}}{1.013\times10^5\times0.4}=9.5\,(天)$$

6.9 设想每秒有 10^{23} 个氧分子以 500 m·s^{-1} 的速度沿着与器壁法线成 $45°$ 角的方向撞在面积为 2×10^{-4} m² 的器壁上. 求这群分子作用在器壁上的压强.

解 设氧分子与器壁做弹性碰撞,这群氧分子作用在器壁上的平均力的大小 $\overline{F}$ 应等于单位时间内这群分子与该器壁碰撞时所作用的冲量的总和,即

$$\overline{F}=2mv\cos45°\times10^{23}$$

式中,m 和 v 分别为氧气分子的质量和速度,$m=32\times1.66\times10^{-27}$ kg. 由压强定义知

$$p=\frac{\overline{F}}{S}=\frac{2\times32\times1.66\times10^{-27}\times500\times\cos45°\times10^{23}}{2\times10^{-4}}$$

$$=1.88\times10^4\,(Pa)$$

6.10 一个具有活塞的容器中盛有一定量的气体. 如果压缩气体并对它加热,使它的温度从 27 ℃升到 177 ℃,体积减小一半,问:(1)气体压强变化了多少?(2)这时气体分子的平均平动动能变化了多少?

解 (1)把这一定量气体视为理想气体,在状态变化过程中,压强和体积的乘积与温度之比为一常量,即有

$$\frac{p_1V_1}{T_1}=\frac{p_2V_2}{T_2} \qquad ①$$

式中,$T_1=300$ K,$T_2=450$ K,$V_2=\frac{V_1}{2}$. 由式①得

$$\frac{p_2}{p_1}=\frac{2T_2}{T_1}, \quad p_2=3p_1$$

所以,压强变化为
$$\Delta p = p_2 - p_1 = 2p_1$$

(2) 平均平动动能为 $\bar{\varepsilon}_k = \frac{3}{2}kT$,因此平均平动动能变化为
$$\Delta \bar{\varepsilon}_k = \bar{\varepsilon}_{k2} - \bar{\varepsilon}_{k1} = \frac{3}{2}k(T_2 - T_1) \qquad ②$$

这里 $k = 1.38 \times 10^{-23}$ J·K^{-1}. 将 T_2 及 T_1 之数值代入式②得
$$\Delta \bar{\varepsilon}_k = 3.11 \times 10^{-21} \text{ J}$$

6.11 用气体动理论的观点说明:

(1) 当气体的温度升高时,只要适当地增大容器的容积,就可使气体的压强保持不变.

(2) 一定量理想气体在平衡态 (p_1, V_1, T_1) 时的热动平衡状况与它在另一平衡态 (p_2, V_2, T_2) 时相比有哪些不同? 设气体总分子数为 $N, p_2 < p_1, V_2 < V_1$.

(3) 气体为什么容易被压缩,但又不能无限地被压缩?

(4) 气体在平衡态下,有 $\overline{v_x^2} = \overline{v_y^2} = \overline{v_z^2} = \overline{v^2}/3$,又有 $\overline{v_x} = \overline{v_y} = \overline{v_z} = 0$,式中,$v_x$、$v_y$、$v_z$ 是气体分子速度的三个分量.

答 (1) 由公式 $\bar{\varepsilon}_k = \frac{1}{2}m\overline{v^2} = \frac{3}{2}kT$ 和 $p = nkT$ 知,当温度 T 升高时,意味着气体分子的平均平动动能增大,单位时间内分子与器壁间的碰撞次数增多,同时每次碰撞给予器壁的冲量增大,因而压强增大. 但若增大体积,使分子数密度 n 减小,则单位时间内与器壁发生碰撞的分子数减少,导致压强减小. 不难发现,将温度 T 提高 2 倍,同时把体积扩大 2 倍,其压强不变. 因此,当温度升高时,只要适当增大其体积,即可保持压强不变.

(2) 由状态方程 $p_1V_1/T_1 = p_2V_2/T_2$ 知,当 $p_2 < p_1, V_2 < V_1$ 时,则 $T_2 < T_1$. 因此,状态 1 的分子平均平动动能 $\bar{\varepsilon}_{k1}$ 大于状态 2 时的分子平均平动动能 $\bar{\varepsilon}_{k2}$,内能 $E_1 > E_2$. 由于分子总数 N 不变,因此分子数密度 $n_1 < n_2$.

(3) 与液体和固体比较,气体分子间的平均距离较分子本身的线度要大得多,分子间的作用力可以忽略,因而气体容易被压缩. 但分子间的距离随气体的被压缩而减小后,分子间出现了斥力,且斥力又随分子间距离减小而增大,因而气体又不能无限地被压缩.

(4) 在平衡态下,对某一个分子而言,在某一时刻它究竟沿哪个方向运动,完全是偶然的,但就大量气体分子的整体而言,在任一时刻,平均看来,沿各个方向运动的分子数都相等,或者说气体分子沿各个方向运动的机会均等,没有哪一个方向的运动比其他方向更占有优势. 因而分子速度在各个方向的分量的平方的平均值相等,即
$$\overline{v_x^2} = \overline{v_y^2} = \overline{v_z^2}$$

又因
$$\overline{v_x^2} + \overline{v_y^2} + \overline{v_z^2} = \overline{v^2}$$

所以
$$\overline{v_x^2} = \overline{v_y^2} = \overline{v_z^2} = \frac{1}{3}\overline{v^2}$$

由于沿 x 正方向和负方向运动的分子的平均速率相等,所以有 $\overline{v_x} = 0$,同理有 $\overline{v_y} = 0, \overline{v_z} = 0$.

6.12 1 mol 氦气,其分子热运动动能的总和为 3.75×10^3 J,求氦气的温度.

解 理想气体的内能公式为 $E = \frac{M}{\mu} \frac{i}{2} RT$. 把氦气视为理想气体,且摩尔数 $\nu = M/\mu = 1, i = 3$,

故由内能公式得氦的温度

$$T = \frac{2E}{3R} = \frac{2 \times 3.75 \times 10^3}{3 \times 8.31} = 300 \text{ (K)}$$

6.13 一容器内储有某种气体,如果容器漏气,则容器内气体分子的平均动能是否会变化?

答 分子的平均动能 $\overline{\varepsilon}_k = \frac{i}{2}kT$. 在给定气体的情况下,$\overline{\varepsilon}_k$ 只与 T 有关. 因此,漏气时,若过程是等温的,则 $\overline{\varepsilon}_k$ 不变,若漏气过程中,温度发生变化,则 $\overline{\varepsilon}_k$ 发生变化.

6.14 在温度为 127 ℃时,1 mol 氧气分子总的平动动能和总的转动动能各为多少?

解 氧分子有 3 个平动自由度,2 个转动自由度,故 1 mol 氧气分子总的平均平动动能和总的平均转动动能分别为

$$E_1 = \frac{M}{\mu} \cdot \frac{3}{2}RT = 1 \times \frac{3}{2} \times 8.31 \times 400 = 4.99 \times 10^3 \text{(J)}$$

$$E_2 = \frac{M}{\mu} \cdot \frac{2}{2}RT = 1 \times 1 \times 8.31 \times 400 = 3.32 \times 10^3 \text{(J)}$$

6.15 在描述理想气体的内能时,下列各量的物理意义是什么?(1) $\frac{1}{2}kT$;(2) $\frac{i}{2}kT$;(3) $\frac{3}{2}kT$;(4) $\frac{i}{2}RT$;(5) $\frac{M}{\mu}\frac{i}{2}RT$. 式中 i 为自由度.

答 (1) 分子每个运动自由度具有的平均动能;(2) 具有 i 个自由度的分子的平均动能;(3) 分子的平均平动动能;(4) 1 mol 理想气体(刚性分子)的内能;(5) 质量为 M、摩尔质量为 μ 的理想气体(刚性分子)的内能.

6.16 容积为 20 L 的瓶子以速率 200 m·s^{-1} 做匀速运动,瓶中充有 100 g 氦气. 若瓶子突然停止运动,全部定向运动动能都变为气体分子热运动动能,且瓶子与外界无热量交换,则热平衡后氦气的:(1) 温度升高多少?(2) 压强增加多少?(3) 内能增加多少?(4) 分子平均动能增加多少?

解 (1) 设定向动能为 $E_k = \frac{1}{2}Mv^2$,氦气增加的热运动动能为 $\Delta E = \frac{M}{\mu}\frac{i}{2}R\Delta T$,由题意有 $\Delta E = E_k$,即

$$\frac{M}{\mu}\frac{i}{2}R\Delta T = \frac{1}{2}Mv^2$$

所以

$$\Delta T = \frac{\mu v^2}{iR} = \frac{4 \times 10^{-3} \times 200^2}{3 \times 8.31} = 6.4 \text{ (K)}$$

(2) 设瓶子停止定向运动前后气体的压强分别为 p_1 和 p_2,温度分别为 T_1 和 T_2,由理想气体状态方程有

$$p_1 V = \frac{M}{\mu}RT_1, \quad p_2 V = \frac{M}{\mu}RT_2$$

两式相减得

$$\Delta p V = \frac{M}{\mu}R\Delta T$$

所以

$$\Delta p = \frac{MR}{\mu V}\Delta T = \frac{0.1 \times 8.31}{4 \times 10^{-3} \times 20 \times 10^{-3}} \times 6.4 = 6.64 \times 10^4 \text{(Pa)}$$

(3) 增加的内能为

$$\Delta E = E_k = \frac{1}{2}Mv^2 = \frac{1}{2} \times 0.1 \times 200^2 = 2.0 \times 10^3 \text{(J)}$$

(4) 增加的分子平均动能为

$$\Delta \bar{\varepsilon}_k = \frac{3}{2}k\Delta T = \frac{3}{2} \times 1.38 \times 10^{-23} \times 6.4 = 1.32 \times 10^{-22} (\text{J})$$

6.17 已知 $f(v)$ 是速率分布函数,说明以下各式的物理意义:(1) $f(v)\mathrm{d}v$;(2) $nf(v)\mathrm{d}v$,其中 n 是分子数密度;(3) $\int_{v_1}^{v_2} vf(v)\mathrm{d}v$;(4) $\int_0^{v_p} f(v)\mathrm{d}v$($v_p$ 是最概然速率).

解 (1) $f(v)\mathrm{d}v = \mathrm{d}N/N$ 表示分子速率分布在 $v \sim v+\mathrm{d}v$ 区间内的分子数占总分子数的百分比.

(2) 将 $\mathrm{d}N = Nf(v)\mathrm{d}v$ 除以体积 V 即得

$$\frac{\mathrm{d}N}{V} = nf(v)\mathrm{d}v$$

表示单位体积中速率分布在区间 $v \sim v+\mathrm{d}v$ 内的分子数.

(3) $\int_{v_1}^{v_2} vf(v)\mathrm{d}v$ 表示速率在 $v_1 \sim v_2$ 区间内的分子对平均速率的贡献,亦即速率分布在 $v_1 \sim v_2$ 区间的分子速率之和与总分子数之比.

(4) $\int_0^{v_p} f(v)\mathrm{d}v$ 表示速率在 $0 \sim v_p$ 区间内的分子数占总分子数的百分比.

6.18 两容器分别储有气体 A 和 B,温度和体积都相同.试说明在下列各种情况下它们的分子的速率分布是否相同:(1) A 为氮,B 为氢,而且氮和氢的总质量相等,即 $M_A = M_B$;(2) A 和 B 均为氢,但 $M_A \neq M_B$;(3) A 和 B 均为氢,且 $M_A = M_B$,但使 A 的体积等温地膨胀到原体积的两倍.

答 (1) 由速率分布函数 $f(v) = 4\pi \left(\frac{m}{2\pi kT}\right)^{3/2} e^{-\frac{mv^2}{2kT}} v^2$ 可以看出,在相同温度下,对于不同的气体,因分子质量不同,分布函数并不相等,故其速率分布是不同的.在相同温度下,分子质量较小的气体,其速率分布曲线要较平坦些,最概然速率也较大.

(2) 由于速率分布与气体总质量无关,故在此情况下,速率分布相同.

(3) 由分布函数可知,速率分布与体积也无关,因此,两容器内的速率分布相同.

6.19 计算在 300 K 时氧分子的最概然速率、平均速率和方均根速率.

解 最概然速率为 $v_p = \sqrt{\frac{2kT}{m}} = \sqrt{\frac{2RT}{\mu}}$.将 $\mu = 32 \times 10^{-3}$ kg,$R = 8.31$ J·mol^{-1}·K^{-1},$T = 300$ K 代入得 $v_p = 395$ m·s^{-1}.

平均速率为

$$\bar{v} = \sqrt{\frac{8RT}{\pi\mu}} = 446 \text{ m·s}^{-1}$$

方均根速率为

$$\sqrt{\overline{v^2}} = \sqrt{\frac{3RT}{\mu}} = 483 \text{ m·s}^{-1}$$

6.20 在 3.0×10^{-2} m^3 的容器中有 20 g 气体,容器内压强为 5.065×10^4 Pa,求气体分子的最概然速率.

解 视气体为理想气体,其分子的最概然速率为 $v_p = \sqrt{\frac{2RT}{\mu}}$.因为 $pV = \frac{M}{\mu}RT$,故有 $\frac{RT}{\mu} = \frac{pV}{M}$,因此

$$v_p = \sqrt{\frac{2RT}{\mu}} = \sqrt{\frac{2pV}{M}} = \sqrt{\frac{2\times 5.065\times 10^4 \times 3.0\times 10^{-2}}{20\times 10^{-3}}} = 390 \;(\text{m}\cdot\text{s}^{-1})$$

6.21 设氢气的温度是 300 K，求速率在 3000～3010 m·s^{-1} 之间的分子数 ΔN_1 与速率在 1500～1510 m·s^{-1} 之间的分子数 ΔN_2 之比.

解 采用相对速率的概念，可把麦克斯韦速率分布函数写成不显含气体性质和温度的如下形式：

$$\frac{\Delta N}{N} = \frac{4}{\sqrt{\pi}} e^{-u^2} u^2 \Delta u$$

式中，$u = \dfrac{v}{v_p}$，称为相对速率，它是分子速率 v 和同温度下最概然速率 v_p 之比；$\Delta u = \dfrac{\Delta v}{v_p}$. 于是，由题意可得如下两式：

$$\frac{\Delta N_1}{N} = \frac{4}{\sqrt{\pi}} \left(\frac{v_1}{v_p}\right)^2 e^{-\left(\frac{v_1}{v_p}\right)^2} \cdot \frac{\Delta v_1}{v_p} \quad \text{①}$$

$$\frac{\Delta N_2}{N} = \frac{4}{\sqrt{\pi}} \left(\frac{v_2}{v_p}\right)^2 e^{-\left(\frac{v_2}{v_p}\right)^2} \cdot \frac{\Delta v_2}{v_p} \quad \text{②}$$

式①比式②即得

$$\frac{\Delta N_1}{\Delta N_2} = \left(\frac{v_1}{v_2}\right)^2 \exp\left[\frac{v_2^2 - v_1^2}{v_p^2}\right] \frac{\Delta v_1}{\Delta v_2}$$

由于 $v_1 = 3000$ m·s^{-1}，$v_2 = 1500$ m·s^{-1}，$\Delta v_1 = \Delta v_2 = 10$ m·s^{-1}，$v_p = \sqrt{\dfrac{2RT}{\mu}} = 1579$ m·s^{-1}. 故二者之比值为

$$\frac{\Delta N_1}{\Delta N_2} = \left(\frac{3000}{1500}\right)^2 \exp\left(\frac{1500^2 - 3000^2}{1579^2}\right) \approx 0.27$$

6.22 一飞机在地面时机舱中压力计的读数为 1.013×10^5 Pa，到高空后，压强降为 8.104×10^4 Pa，设大气的温度为 27 ℃. 问此时飞机距地面的高度是多少(已知空气的摩尔质量为 29×10^{-3} kg·mol^{-1})？

解 令 $p_0 = 1.013\times 10^5$ Pa，$p_H = 8.104\times 10^4$ Pa，$T = 300$ K，并设所求高度为 H. 由气压随高度减小的公式

$$p_H = p_0 e^{-\frac{mgH}{kT}} = p_0 e^{-\frac{\mu g}{RT}H}$$

可得

$$H = \frac{RT}{\mu g} \ln \frac{p_0}{p_H} = 1956 \text{ m}$$

式中，R 为普适气体常量，$\mu = 29\times 10^{-3}$ kg·mol^{-1}.

6.23 在 1.013×10^5 Pa 的压强下，氮气分子的平均自由程为 6×10^{-8} m. 当温度不变时，在多大压强下，其平均自由程为 1 mm？

解 平均自由程公式为 $\bar{\lambda} = \dfrac{kT}{\sqrt{2}\pi d^2 p}$. 令 $\bar{\lambda}_1 = 6\times 10^{-8}$ m，$p_1 = 1.013\times 10^5$ Pa；$\bar{\lambda}_2 = 1$ mm $= 10^{-3}$ m，相应的压强为 p_2，待求. 由于温度不变，所以有

$$\bar{\lambda}_1 p_1 = \bar{\lambda}_2 p_2$$

$$p_2 = \frac{\bar{\lambda}_1}{\bar{\lambda}_2} p_1 = \frac{6\times 10^{-8} \times 1.013\times 10^5}{10^{-3}} = 6.08 \;(\text{Pa})$$

6.24 收音机所用电子管的真空度约为 1.333×10^{-3} Pa. 试求在 27 ℃ 时单位体积内的分

子数及分子的平均自由程(设分子的有效直径 $d=3.0\times 10^{-8}$ cm).

解 由 $p=nkT$,得分子数密度

$$n=\frac{p}{kT}=\frac{1.333\times 10^{-3}}{1.38\times 10^{-23}\times 300}=3.22\times 10^{17}(\text{m}^{-3})$$

分子的平均自由程

$$\bar{\lambda}=\frac{kT}{\sqrt{2}\pi d^2 p}=\frac{1.38\times 10^{-23}\times 300}{1.41\times 3.14\times (3\times 10^{-10})^2\times 1.33\times 10^{-3}}=7.8\text{ (m)}$$

实际上,由于电子管线度的限制,$\bar{\lambda}$ 最大只能取电子管的线度.

6.25 在标准状态下氮分子的平均碰撞频率为多少(设氮分子的有效直径 $d=3.28\times 10^{-8}$ cm)?

解 分子平均碰撞频率为 $\bar{Z}=\frac{\bar{v}}{\bar{\lambda}}$,其中 $\bar{v}=\sqrt{8RT/\pi\mu}$,$\bar{\lambda}=1/(\sqrt{2}\pi d^2 n)$. 在标准状态下 $p=1.013\times 10^5$ Pa,$T=273$ K. 由此可算出

$$\bar{Z}=\sqrt{\frac{8RT}{\pi\mu}}\cdot\sqrt{2}\pi d^2 n=\sqrt{\frac{8RT}{\pi\mu}}\cdot\sqrt{2}\pi d^2\cdot\frac{p}{kT}$$

$$=\sqrt{\frac{8\times 8.31\times 273}{3.14\times 28\times 10^{-3}}}\times 1.41\times 3.14\times (3.28\times 10^{-10})^2\times \frac{1.013\times 10^5}{1.38\times 10^{-23}\times 273}$$

$$=5.84\times 10^9 (\text{s}^{-1})$$

6.26 立方体容器的容积为 V,在恒温下,气体缓慢地通过器壁上面积为 S 的小孔向外漏出. 由于容器外部的压强足够小,以致外部气体不可能通过 S 进入容器. 设容器内气体分子的平均速率为 $\bar{v}$,问经过多长时间后,容器内的压强减为最初时的 $1/e$ (e 为自然对数的底)?

解 设在某时刻容器内的压强为 p,在 dt 时间内泄出容器的分子数为 dN. 只有在 dt 时间内与器壁相碰的分子才可能从小孔漏出. 与器壁垂直取 x 轴,在 $v_x\sim v_x+dv_x$ 分子中,与 dS 面相碰的分子位于以 dS 为底、$v_x dt$ 为高的柱体内,其数目为 $nf(v_x)dv_x\cdot v_x dt dS$,且 $v_x>0$,因此单位时间碰撞到单位面积的分子总数为

$$\int_0^\infty nv_x f(v_x)dv_x=n\left(\frac{m}{2\pi kT}\right)^{1/2}\int_0^\infty e^{-\frac{mv_x^2}{2kT}}v_x dv_x$$

$$=n\left(\frac{kT}{2\pi m}\right)^{1/2}=\frac{1}{4}n\bar{v}$$

则在 dt 时间内对面积为 S 的小孔有

$$dN=\frac{1}{4}n\bar{v}Sdt=\frac{1}{4}\frac{p}{kT}\bar{v}Sdt$$

压强减小量为

$$dp=-\frac{dN}{V}kT=-\frac{p}{4V}\bar{v}Sdt$$

$$\frac{dp}{p}=-\frac{\bar{v}S}{4V}dt$$

积分得

$$p=p_0 e^{-\frac{\bar{v}S}{4V}t}$$

p_0 为 $t=0$ 时刻的压强,所以压强降到 $\frac{p_0}{e}$ 所经历的时间为 $\frac{4V}{\bar{v}S}$.

第7章 热力学基础

> **基本要求**
>
> 1. 掌握内能、功和热量等概念。理解准静态过程。
> 2. 掌握热力学第一定律,能熟练分析和计算理想气体在等容、等压、等温和绝热过程中的功、热量和内能的改变量。
> 3. 理解循环过程的能量转换特征。能熟练计算卡诺循环和其他简单循环的效率;了解制冷机的一般原理,会计算简单循环的制冷系数。
> 4. 了解可逆过程和不可逆过程;理解热力学第二定律及其统计意义;了解熵增加原理。

一、主要内容

1. 功、热量和内能

1) 准静态过程的功

$$dA = pdV, \quad A = \int_{V_1}^{V_2} pdV$$

2) 热量、摩尔热容（x 表示某一过程）

$$dQ_x = \frac{M}{\mu}C_x dT, \quad Q_x = \frac{M}{\mu}\int_{T_1}^{T_2} C_x dT$$

$$C_V = \frac{i}{2}R, \quad C_p = C_V + R = \frac{i+2}{2}R, \quad \gamma = \frac{C_p}{C_V} = \frac{i+2}{i}$$

3) 理想气体的内能（刚性分子）

$$E = \frac{M}{\mu} \cdot \frac{i}{2}RT = \frac{i}{2}pV$$

2. 热力学第一定律

1) 定律内容

微小变化过程： $dQ = dE + pdV$.

有限过程： $Q = \Delta E + A$.

符号规定:系统吸热为正,放热为负;系统对外界做功为正,外界对系统做功为负.

2) 热力学第一定律在理想气体典型过程中的应用

等容过程：

$$A = 0, \quad Q_V = \Delta E = \frac{M}{\mu}C_V \Delta T$$

等压过程：
$$A = p\Delta V, \quad Q_p = \Delta E + A = \frac{M}{\mu}C_p\Delta T = \frac{M}{\mu}(C_V + R)\Delta T$$

等温过程：
$$\Delta E = 0, \quad Q_T = A = \frac{M}{\mu}RT_1\ln\frac{V_2}{V_1} = \frac{M}{\mu}RT_1\ln\frac{p_1}{p_2}$$

绝热过程：
$$pV^\gamma = 常量, \quad Q = 0, \quad A = -\Delta E = \frac{p_2V_2 - p_1V_1}{1-\gamma} = -\frac{M}{\mu}C_V\Delta T$$

3. 循环过程　卡诺循环

1) 正循环过程的效率与逆循环过程的制冷系数

$$\eta = \frac{A}{Q_1} = 1 - \frac{|Q_2|}{Q_1}$$ （A 为系统对外界做功，Q_1 为总吸热，$|Q_2|$ 为总放热的绝对值）

$$w = \frac{Q_2}{|A|}$$ （Q_2 为工质从冷库吸热，$|A|$ 为外界对系统所做净功的绝对值）

2) 卡诺循环——两个等温过程和两个绝热过程组成的循环

$$\eta_卡 = 1 - \frac{T_2}{T_1}, \quad w_卡 = \frac{T_2}{T_1 - T_2}$$

4. 热力学第二定律

1) 开尔文表述

不可能从单一热源吸取热量，使之完全变为有用的功而不引起其他变化．

2) 克劳修斯表述

不可能使热量从低温物体传向高温物体而不引起其他变化．

3) 统计意义

孤立系统内部发生的过程，总是由包含微观状态数目少的宏观状态向包含微观状态数目多的宏观状态进行．

5. 熵增加原理

当系统从一平衡态经绝热过程到达另一平衡态时，它的熵永不减少；在可逆绝热过程中熵不变；在不可逆绝热过程中熵增加．

一个孤立系统的熵永不减少．

二、典型例题

例 7.1 1 mol 单原子理想气体，置于汽缸内，被一可移动的活塞所封闭．开始时压强为 1 atm，体积为 1.0×10^{-3} m³．今将此气体在等压下加热，至其体积加大 1 倍，然后再等容下加热，至其压强加大 1 倍，最后做绝热膨胀，使其温度降为开始时的温度．(1) 在 p-V 图上表示上述过程；(2) 求在整个过程中气体内能的改变；(3) 求在整个过程中气体所做的功．

解 (1) 如图所示，在 p-V 图上先作等压线 ab 和等容线 bc，再过 c 点作绝热线，与过 a 点

的等温线相交于 d 点. $a \to b \to c \to d$ 即表示整个过程.

(2)由于理想气体的内能是温度的单值函数,因初态与终态的温度相同,所以整个过程中气体内能的改变 $\Delta E = 0$.

(3)计算整个过程中气体所做的功.

解法一 $A = A_{ab} + A_{bc} + A_{cd}$

$a \to b$ 等压过程,气体所做的功为
$$A_{ab} = p_a(V_b - V_a) = p_a V_a$$

$b \to c$ 等容过程,气体所做的功为
$$A_{bc} = 0$$

$c \to d$ 绝热过程,气体所做的功为
$$A_{cd} = -\Delta E = -\frac{M}{\mu}C_V(T_d - T_c) = -\frac{3}{2}R(T_a - T_c)$$
$$= -\frac{3}{2}(p_a V_a - p_c V_c) = -\frac{3}{2}(p_a V_a - 2p_a \cdot 2V_a)$$
$$= \frac{9}{2}p_a V_a$$

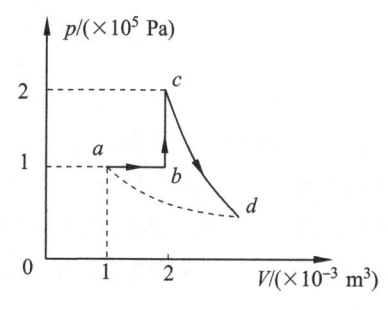

例 7.1 图

故气体在整个过程中所做的功为
$$A = A_{ab} + A_{bc} + A_{cd} = p_a V_a + 0 + \frac{9}{2}p_a V_a = \frac{11}{2}p_a V_a$$
$$= \frac{11}{2} \times 1.013 \times 10^5 \text{ Pa} \times 10^{-3} \text{ m}^{-3} = 5.57 \times 10^2 \text{ J}$$

$A > 0$,表明气体对外做功.

解法二 根据热力学第一定律,因 $\Delta E = E_d - E_a = 0$,所以有
$$A = Q = Q_{ab} + Q_{bc} + Q_{cd}$$

$a \to b$ 等压过程,气体吸收的热量为
$$Q_{ab} = \frac{M}{\mu}C_p(T_b - T_a) = \frac{5}{2}R(T_b - T_a) = \frac{5}{2}(p_b V_b - p_a V_a) = \frac{5}{2}p_a V_a$$

$b \to c$ 等容过程,气体吸收的热量为
$$Q_{bc} = \frac{M}{\mu}C_V(T_c - T_b) = \frac{3}{2}R(T_c - T_b) = \frac{3}{2}(p_c V_c - p_b V_b) = 3p_a V_a$$

$c \to d$ 绝热过程气体吸收的热量为
$$Q_{cd} = 0$$

则气体在整个过程中所做的功为
$$A = Q = Q_{ab} + Q_{bc} + Q_{cd} = \frac{5}{2}p_a V_a + 3p_a V_a + 0 = \frac{11}{2}p_a V_a$$
$$= \frac{11}{2} \times 1.013 \times 10^5 \text{ Pa} \times 10^{-3} \text{ m}^{-3} = 5.57 \times 10^2 \text{ J}$$

例 7.2 1 mol 理想气体,其等容摩尔热容 $C_V = 3R$,经历如图所示的循环过程,其中 $p_2 = 2p_1$, $V_2 = 2V_1$. 求此循环的效率.

解 循环过程的效率为
$$\eta = \frac{A}{Q_1}$$

①

式①中 A 为系统在循环过程中对外做的功,其量值等于 p-V 图上 $\triangle DBC$ 的面积,即

$$A = \frac{1}{2}(p_2 - p_1)(V_2 - V_1) = \frac{1}{2}p_1V_1$$

式①中 Q_1 是系统在整个循环过程中从外界吸收的热量. $B\to C$ 过程等压降温,是放热过程;$C\to D$ 过程等容升温,系统必定吸热(设为 Q'_1);而在 $D\to B$ 过程中,始末态有关系式 $p_DV_D = p_BV_B$,故 $T_D = T_B$,因过程中系统的温度不是单调变化,所以系统可能在某一范围内吸热(设为 Q''_1),在另一范围内放热. 因此总吸热 $Q_1 = Q'_1 + Q''_1$. $C\to D$ 过程:

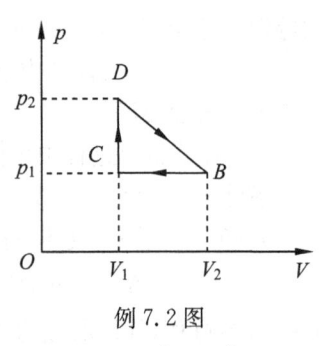

$$Q'_1 = C_V(T_D - T_C) = 3R\left(\frac{p_2V_1}{R} - \frac{p_1V_1}{R}\right) = 3p_1V_1$$

$D\to B$ 过程:过程方程为

$$p = -p_1V/V_1 + 3p_1 \qquad ②$$

由热力学第一定律,有

$$dQ = C_V dT + p dV = 3R dT + p dV \qquad ③$$

由状态方程 $pV = RT$,有

$$p dV + V dp = R dT \qquad ④$$

式②~④联立求解,得

$$dQ = \left(12p_1 - 7\frac{p_1}{V_1}V\right)dV$$

可见,当 $12p_1 - 7p_1V/V_1 > 0$,即 $V < 12V_1/7$ 时,$dQ > 0$,过程吸热;当 $V > 12V_1/7$ 时,$dQ < 0$,过程放热. 于是,系统在 DB 过程中吸收的热量为

$$Q''_1 = \int_{V_1}^{12V_1/7}\left(12p_1 - 7\frac{p_1}{V_1}V\right)dV = \frac{25}{14}p_1V_1$$

此循环过程的效率为

$$\eta = \frac{A}{Q_1} = \frac{A}{Q'_1 + Q''_1} = \frac{p_1V_1/2}{\left(3 + \frac{25}{14}\right)p_1V_1} = \frac{7}{67} = 10.4\%$$

例 7.3 一热机每秒从高温热源($T_1 = 600$ K)吸收热量 $Q_1 = 3.34\times 10^4$ J,做功后向低温热源($T_2 = 300$ K)放出热量 $Q_2 = 2.09\times 10^4$ J. (1)问该热机的效率是多少?它是不是可逆机?(2)如果尽可能地提高热机效率,问每秒从高温热源吸热 3.34×10^4 J,则每秒最多能做多少功?

解 (1)由热机效率的定义,可求得该热机的效率为

$$\eta = 1 - \frac{Q_2}{Q_1} = 1 - \frac{2.09\times 10^4 \text{ J}}{3.34\times 10^4 \text{ J}} = 37\%$$

若是卡诺机,则有

$$\eta' = 1 - \frac{T_2}{T_1} = 1 - \frac{300 \text{ K}}{600 \text{ K}} = 50\%$$

故该热机不是可逆机.

(2)因热机的最高效率是对应两热源的卡诺机的效率,所以当 $\eta = 50\%$ 时,有

$$\frac{Q'_2}{Q'_1} = \frac{T_2}{T_1}$$

若每秒从高温热源吸热 $Q'_1 = 3.34\times 10^4$ J,则每秒最多能做的功是

$$A = Q'_1 - Q'_2 = \left(1 - \frac{T_2}{T_1}\right)Q'_1 = 50\% \times 3.34 \times 10^4 \text{ J} = 1.67 \times 10^4 \text{ J}$$

例 7.4 混合的理想气体由 ν_1 摩尔的氦气和 ν_2 摩尔的氮气组成. 试求该混合理想气体的状态方程、定容摩尔热容和定压摩尔热容.

解 用状态参量 p、V、T 描述混合理想气体所处的平衡态. 设此时氦气和氮气的压强分别为 p_1 和 p_2,则有

$$p_1 V = \nu_1 RT, \quad p_2 V = \nu_2 RT$$
$$(p_1 + p_2)V = (\nu_1 + \nu_2)RT$$

由道尔顿分压定律,混合气体的压强 $p = p_1 + p_2$,又因总摩尔数 $\nu = \nu_1 + \nu_2$,因此状态方程为

$$pV = \nu RT$$

设在等容过程中混合气体的温度升高为 ΔT,系统吸收的热量为 Q,则

$$Q = \nu C_V \Delta T = \nu_1 C_{V1} \Delta T + \nu_2 C_{V2} \Delta T$$

式中,C_V、C_{V1} 和 C_{V2} 分别为混合气体、氦气和氮气的定容摩尔热容,可得

$$C_V = \frac{(\nu_1 C_{V1} + \nu_2 C_{V2})\Delta T}{\nu \Delta T} = \frac{\nu_1 C_{V1} + \nu_2 C_{V2}}{\nu_1 + \nu_2}$$

同理,对定压摩尔热容有

$$C_p = \frac{\nu_1 C_{p1} + \nu_2 C_{p2}}{\nu_1 + \nu_2}$$

三、习题分析与解答

(一) 选择题和填空题

7.1 一定量的理想气体向真空做绝热自由膨胀,体积由 V_1 增至 V_2,在此过程中气体的 [   ]

(A) 内能不变,熵增加.　　(B) 内能不变,熵减少.
(C) 内能不变,熵不变.　　(D) 内能增加,熵增加.

7.2 根据热力学第二定律可知 [   ]

(A) 功可以全部转换为热,但热不能全部转换为功.
(B) 热量可以从高温物体传到低温物体,但不能从低温物体传到高温物体.
(C) 不可逆过程就是不能向相反方向进行的过程.
(D) 一切自发宏观过程都是不可逆的.

7.3 在温度分别为 327 ℃ 和 27 ℃ 的高温热源和低温热源之间工作的热机,理论上的最大效率为 [   ]

(A) 25%.　(B) 50%.　(C) 75%.　(D) 91.74%.

7.4 2 mol 单原子分子理想气体,从平衡态 1 经一等容过程后达到平衡态 2,温度从 200 K 上升到 500 K. 若该过程为准静态过程,气体吸收的热量为＿＿＿＿；若不是准静态过程,气体吸收的热量为＿＿＿＿.

7.5 一定量理想气体,从同一状态开始使其体积由 V_1 膨胀到 $2V_1$,分别经历以下三种过程:(A) 等压过程;(B) 等温过程;(C)绝热过程. 其中＿＿＿＿过程气体对外做功最多;＿＿＿＿过程

气体内能增加最多；_____过程气体吸收的热量最多．

7.6 一个做可逆卡诺循环的热机，其效率为 η，它逆向运转时便成为一台制冷机，该制冷机的制冷系数 $w=\dfrac{T_2}{T_1-T_2}$，则 η 与 w 的关系为_____．

答案 7.1 (A)； 7.2 (D)； 7.3 (B)． 7.4 7.48×10^3 J，7.48×10^3 J； 7.5 等压，等压，等压； 7.6 $w=\dfrac{1}{\eta}-1$．

参考解答

7.4 根据热力学第一定律 $Q=\Delta E+A$，因等容过程 $A=0$，故 $Q=\Delta E$．由内能公式可得

$$\Delta E=\dfrac{M}{\mu}\cdot\dfrac{i}{2}R\Delta T=2\times\dfrac{3}{2}\times 8.31\times 300=7.48\times 10^3\,(\text{J})$$

故气体吸热

$$Q=\Delta E=7.48\times 10^3 \text{ J}$$

热力学第一定律是包括热现象在内的能量守恒定律，是自然界的普遍规律，适用于任何热力学系统所进行的任意过程，只要求系统的始末状态是平衡态，所以即使不是准静态过程，气体吸热仍然可由热力学第一定律求得

$$Q=7.48\times 10^3 \text{ J}$$

7.5 (1) 气体做功．

在 p-V 图上分别作出等压、等温、绝热过程曲线．因为曲线下图形面积大小表示做功的多少，可以看出，从 $V\to 2V$，等压过程气体对外做功最多．

(2) 内能增加．

从 $V\to 2V$，内能增量 $\Delta E=\dfrac{M}{\mu}\cdot\dfrac{i}{2}R\Delta T$．

等温过程 $\Delta T=0$，所以 $\Delta E_T=0$；
等压过程 $\Delta T>0$，所以 $\Delta E_V>0$；
绝热过程 $\Delta T<0$，所以 $\Delta E_\gamma<0$；
故等压过程内能增加最多．

(3) 吸收热量．

根据热力学第一定律 $Q=\Delta E+A$；

绝热过程 $Q_\gamma=0$；
等温过程 $\Delta T=0,\Delta E=0$，所以 $Q_T=A_T$；
等压过程 $Q_p=\Delta E_p+A_p$，因为 $\Delta E_p>0$，$A_p>A_T$，所以等压过程吸热最多．

7.6 根据卡诺循环效率 $\eta=1-\dfrac{T_2}{T_1}$，得 $T_2=(1-\eta)T_1$，故制冷系数

$$w=\dfrac{T_2}{T_1-T_2}=\dfrac{(1-\eta)T_1}{T_1-(1-\eta)T_1}=\dfrac{1}{\eta}-1$$

题 7.5 解图

(二) 问答题和计算题

7.7 摩尔数相同的三种气体 He、N_2、CH_4，均视为理想气体，它们从相同的初态出发，都经过等容吸热过程，如吸收的热量相等，试问：(1) 温度的升高是否相等？(2) 压强的增加是否相等？

答 对等容过程，有

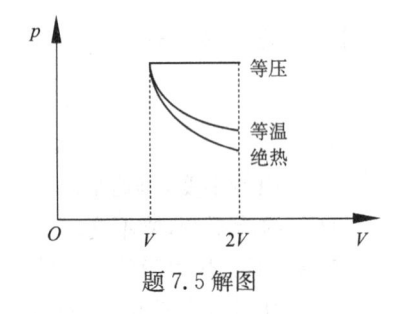

$$Q_V = \frac{M}{\mu}C_V(T_2-T_1) = \frac{M}{\mu}C_V\left(\frac{p_2}{p_1}-1\right)T_1$$

而 $C_V = \frac{i}{2}R$,对 He、N_2、CH_4,其自由度 i 分别为 3、5、6. 所以(1)三种气体的温升是不相等的;(2)压强的增加也是不相等的.

7.8 如果一定量的理想气体,其体积和压强依照 $V = a/\sqrt{P}$ 的规律变化,其中 a 为已知常量. 试求:(1)从体积 V_1 膨胀到 V_2 气体所做的功;(2)气体体积为 V_1 时的温度 T_1 与体积为 V_2 时的温度 T_2 之比.

解 (1)
$$dA = pdV = (a^2/V^2)dV$$
$$A = \int_{V_1}^{V_2}\frac{a^2}{V^2}dV = a^2\left(\frac{1}{V_1}-\frac{1}{V_2}\right)$$

(2) 由 $p_1V_1/T_1 = p_2V_2/T_2$,所以
$$T_1/T_2 = (p_1/V_1)/(p_2V_2)$$

又
$$V_1 = a/\sqrt{p_1}, \quad V_2 = a/\sqrt{p_2}$$

得
$$p_1/p_2 = (V_2/V_1)^2$$

所以
$$T_1/T_2 = (V_2/V_1)^2 \cdot (V_1/V_2) = V_2/V_1$$

7.9 20 g 的理想气体氦气初始温度为 17 ℃,分别通过等容过程和等压过程升温至 27 ℃,求这两个过程中,气体内能的增量、吸收的热量和气体对外所做的功.

解 (1)等容过程,V 不变,$A=0$.
$$\Delta E = \frac{M}{\mu}\frac{i}{2}R\Delta T = \frac{20}{4}\times\frac{3}{2}\times 8.31\times(27-17) = 623 \text{ (J)}$$
$$Q_V = \Delta E = 623 \text{ J}$$

(2)等压过程,p 不变.
$$\Delta E = \frac{M}{\mu}\frac{i}{2}R\Delta T = 623 \text{ J}$$
$$A = p\Delta V = \frac{M}{\mu}R\Delta T = \frac{20}{4}\times 8.31\times 10 = 416 \text{ (J)}$$
$$Q_p = A + \Delta E = 416 + 623 = 1039 \text{ (J)}$$

7.10 一系统由图中的 a 态沿 abc 过程到达 c 态时,吸收了 350 J 的热量,同时对外做了 126 J 的功.(1)如果沿 adc 进行,则系统对外做功 42 J,问这时系统吸收了多少热量?(2)当系统由 c 态沿 ca 过程返回 a 态时,如果外界对系统做功 84 J,问这时系统是吸热还是放热?热量传递是多少?

解 (1)根据热力学第一定律 $Q = \Delta E + A$,在 abc 过程中,可得到 c、a 两状态的内能变化量为
$$\Delta E_{ac} = Q_{abc} - A_{abc} = 350 - 126 = 224 \text{ (J)}$$

因为 c、a 两状态内能的变化量与过程无关,所以在 adc 过程中,传入的热量为
$$Q_{adc} = \Delta E_{ac} + A_{adc} = 224 + 42 = 266 \text{ (J)}$$

(2)在从 c 沿曲线回到 a 的过程中

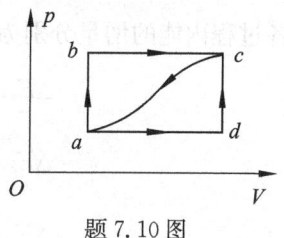

题 7.10 图

$$Q_{ca} = \Delta E_{ca} + A_{ca} = -\Delta E_{ac} + A_{ca} = -224 + (-84) = -308 \text{ (J)}$$

负号表示系统放热.

7.11 已知 1 mol 物质的状态方程为 $V=V_0+aT+bp$,内能 $E=cT+apT$,式中,V_0、a、b、c 均为常量. 试求其定容和定压摩尔热容.

解 由热力学第一定律 $dQ=dE+dA$ 可知,等压过程系统吸热为

$$dQ_p = dE_p + dA_p = (c+ap)(dT)_p + pa(dT)_p = (c+2ap)(dT)_p$$

定压摩尔热容

$$C_p = \left(\frac{\partial Q}{\partial T}\right)_p = c + 2ap$$

对等容过程 $dA_V=0$,$dQ_V=dE$,则有

$$dQ_V = (c+ap)(dT)_V + aT(dp)_V$$

由 $V=V_0+aT+bp$ 得

$$p = (V-V_0-aT)/b$$

$$(dp)_V = -\frac{a}{b}(dT)_V$$

于是有

$$dQ_V = \left(c + ap - \frac{a^2}{b}T\right)(dT)_V$$

$$C_V = \left(\frac{\partial Q}{\partial T}\right)_V = c + ap - \frac{a^2}{b}T$$

7.12 一理想气体由状态 $1(p_1, V_1, T_1)$ 绝热膨胀到状态 $2(p_2, V_2, T_2)$,再由状态 2 等容升压到状态 $3(p_3, V_3, T_3)$. 如果系统在 2 至 3 过程中所吸收的热量恰好等于在 1 至 2 过程中所做的功,试证明系统在状态 3 的温度 T_3 与在状态 1 的温度 T_1 相等.

证 1→2 为绝热过程,气体对外做功等于内能的减少量,即

$$A_{12} = -\Delta E = -\frac{M}{\mu}C_V(T_2 - T_1) = \frac{M}{\mu}C_V(T_1 - T_2)$$

2→3 为等容过程,气体所吸收的热量全部用来增加内能,即

$$Q_{23} = \Delta E = \frac{M}{\mu}C_V(T_3 - T_2)$$

据题意 $Q_{23}=A_{12}$,则有

$$T_3 = T_1$$

7.13 一定量的理想气体,自状态 a 分别沿不同过程膨胀到体积为 V_2 的状态,如图所示,其中 $a \to c$ 是绝热过程. 试证明 $a \to b$ 是吸热过程,$a \to d$ 是放热过程.

证 $a \to b$ 过程曲线下的面积,即为系统在此过程对外所做的功 $A_{a \to b}$,由图可知

$$A_{a \to b} > A_{a \to c} > A_{a \to d}$$

各过程内能的增量分别为

$$\Delta E_{a \to b} = \frac{M}{\mu}\frac{i}{2}R(T_b - T_a)$$

$$\Delta E_{a \to c} = \frac{M}{\mu}\frac{i}{2}R(T_c - T_a)$$

$$\Delta E_{a \to d} = \frac{M}{\mu}\frac{i}{2}R(T_d - T_a)$$

因为 b、c、d 三点均在同一等容线上,根据理想气体状态方程 pV

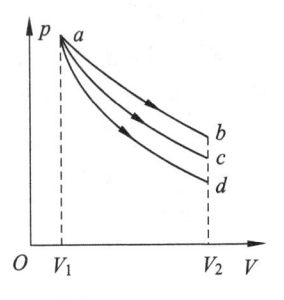

题 7.13 图

$=\dfrac{M}{\mu}RT$ 可知 $p_b > p_c > p_d$，必须有 $T_b > T_c > T_d$．因此有 $\Delta E_{a \to b} > \Delta E_{a \to c} > \Delta E_{a \to d}$．

结合 $Q = \Delta E + A$ 可知，$Q_{a \to b} > Q_{a \to c} > Q_{a \to d}$，但 $Q_{a \to c} = 0$，所以 $Q_{a \to b} > 0$，为吸热过程；$Q_{a \to d} < 0$，为放热过程．

7.14 如图所示，使 1 mol 氧气(1)由 a 等温地变到 b；(2) 由 a 等容地变到 c，再由 c 等压地变到 b．试分别计算系统所做的功和吸收的热量($\ln 2 = 0.693$)．

解 a、b、c 三状态的状态参量分别为

a 点：$p_a = 2$ atm，$V_a = 22.4$ L，$T_a = p_a V_a / R = 546$ K

b 点：$p_b = 1$ atm，$V_b = 44.8$ L，$T_b = T_a$

c 点：$p_c = 1$ atm，$V_c = 22.4$ L，$T_c = 273$ K

(1) $a \to b$ 为等温过程，$\Delta E = 0$，系统做功和吸热为
$$A = RT_a \ln(V_b / V_a) = 3.14 \times 10^3 \text{ J}$$
$$Q = \Delta E + A = A = 3.14 \times 10^3 \text{ J}$$

(2) $a \to c$ 等容过程
$$A_{ac} = 0$$
$$Q_{ac} = \Delta E_{ac} = C_V(T_c - T_a) = -5.67 \times 10^3 \text{ J}$$

$c \to b$ 为等压过程
$$A_{cb} = p_b(V_b - V_c) = 2.27 \times 10^3 \text{ J}$$
$$A_{acb} = A_{ac} + A_{cb} = 2.27 \times 10^3 \text{ J}$$
$$Q_{cb} = C_p(T_b - T_c) = 7.94 \times 10^3 \text{ J}$$
$$Q_{acb} = Q_{ac} + Q_{cb} = 2.27 \times 10^3 \text{ J}$$

7.15 汽缸内有一种刚性双原子分子的理想气体，经绝热膨胀后压强减少了一半，求变化前后气体的内能之比．

解 理想气体内能表达式为 $E = \dfrac{M}{\mu}\dfrac{i}{2}RT$，刚性双原子 $i = 5$，绝热膨胀 $p_2 = \dfrac{1}{2}p_1$，由绝热过程方程 $p^{\gamma-1}T^{-\gamma} = $ 常量得
$$p_1^{\gamma-1}T_1^{-\gamma} = p_2^{\gamma-1}T_2^{-\gamma}$$

式中，$\gamma = \dfrac{C_p}{C_V} = \dfrac{i+2}{i} = \dfrac{7}{5}$，所以

$$\dfrac{T_1}{T_2} = \left(\dfrac{p_1}{p_2}\right)^{\frac{\gamma-1}{\gamma}} = 2^{\frac{2}{7}} = 1.22$$

$$\dfrac{E_1}{E_2} = \dfrac{\dfrac{M}{\mu}\dfrac{i}{2}RT_1}{\dfrac{M}{\mu}\dfrac{i}{2}RT_2} = \dfrac{T_1}{T_2} = 1.22$$

另外，也可以由绝热过程方程 $p_1 V_1^\gamma = p_2 V_2^\gamma$ 得
$$\dfrac{V_1}{V_2} = \left(\dfrac{p_2}{p_1}\right)^{1/\gamma}$$

因为 $pV = \dfrac{M}{\mu}RT$，所以

$$\frac{E_1}{E_2} = \frac{\frac{M}{\mu}\frac{i}{2}RT_1}{\frac{M}{\mu}\frac{i}{2}RT_2} = \frac{\frac{i}{2}p_1V_1}{\frac{i}{2}p_2V_2} = \frac{p_1}{p_2}\left(\frac{V_1}{V_2}\right)$$

$$= \frac{p_1}{p_2}\left(\frac{p_2}{p_1}\right)^{1/\gamma} = \left(\frac{p_1}{p_2}\right)^{1-1/\gamma} = 2^{2/7} = 1.22$$

7.16 1 mol 刚性双原子分子的理想气体,初始状态为 $p_1 = 1.01 \times 10^5$ Pa, $V_1 = 10^{-3}$ m³,然后经图示直线过程 I 变化到 $p_2 = 4.04 \times 10^5$ Pa, $V_2 = 2 \times 10^{-3}$ m³ 的状态,后又经过程方程 $pV^{1/2} = c$(常量)的过程 II 变化到压强 $p_3 = p_1$ 的状态. 求:(1) 在过程 I 中气体吸收的热量;(2) 整个过程中气体吸收的热量.

解 (1) 在过程 I 中气体对外做的功等于 p-V 图过程 I 直线下的面积,即
$$A_1 = (p_1 + p_2)(V_2 - V_1)/2 = 253 \text{ J}$$

刚性双原子分子 $C_V = \frac{5}{2}R$,气体经历过程 I,内能的增量为

$$\Delta E_1 = C_V(T_2 - T_1) = \frac{5}{2}R(T_2 - T_1)$$
$$= \frac{5}{2}(p_2V_2 - p_1V_1)$$
$$= 1.77 \times 10^3 \text{ J}$$

吸收的热量为
$$Q_1 = \Delta E_1 + A_1 = 2.02 \times 10^3 \text{ J}$$

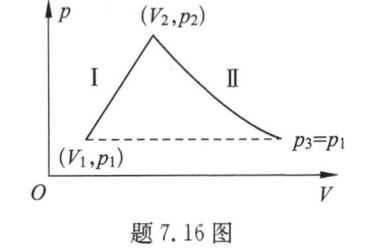

(2) 在过程 II 中气体对外做的功为
$$A_2 = \int_{V_2}^{V_3} p dV = p_2\sqrt{V_2}\int_{V_2}^{V_3} dV/\sqrt{V} = 2(p_3V_3 - p_2V_2)$$

根据 $pV^{1/2} = C$,得 $V_3 = V_2(p_2/p_3)^2 = 32 \times 10^{-3}$ m³,所以 $A_2 = 4.85 \times 10^3$ J. 整个过程气体对外做的功为
$$A = A_1 + A_2 = 5.10 \times 10^3 \text{ J}$$

整个过程中有
$$\Delta E = C_V(T_3 - T_1) = \frac{5}{2}R(T_3 - T_1)$$
$$= \frac{5}{2}(p_3V_3 - p_1V_1) = 7.83 \times 10^3 \text{ J}$$
$$Q = \Delta E + A = 1.29 \times 10^4 \text{ J}$$

题 7.16 图

7.17 如图所示,1 mol 理想气体完成了由两个等容过程和两个等压过程构成的循环. 已知状态 1 的温度为 T_1,状态 3 的温度为 T_3,且状态 2 和 4 在同一条等温线上. 试求气体在这一循环过程中所做的功.

解 设状态 2 和状态 4 的温度为 T. 因为 $p_1 = p_4, p_2 = p_3, V_1 = V_2, V_3 = V_4$,则由 $pV = RT$ 得
$$A = A_{23} + A_{41} = p_2(V_3 - V_2) + p_1(V_1 - V_4)$$
$$= R(T_3 - T) + R(T_1 - T)$$
$$= R(T_1 + T_3) - 2RT$$

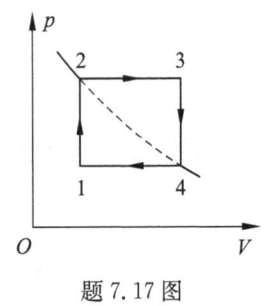

题 7.17 图

由等容过程 1→2 及 3→4 有

$$p_1/T_1 = p_2/T, \quad p_1/T = p_2/T_3$$

得

$$T^2 = T_1 T_3 \quad 即 \quad T = (T_1 T_3)^{1/2}$$

故

$$A = R[T_1 + T_3 - 2(T_1 T_3)^{1/2}]$$

7.18 如图(a)所示,一定量理想气体的一循环过程由 T-V 图给出,其中 C→A 为绝热过程,状态 $A(T_1,V_1)$、状态 $B(T_2,V_2)$ 为已知。(1) 在 A→B 和 B→C 两过程中,工质是吸热还是放热？(2) 求状态 C 的 p、V、T 值(设气体的 γ 和摩尔数已知);(3) 这个循环是不是卡诺循环？在 T-V 图上卡诺循环应如何表示？(4) 求这个循环的效率。

解 (1) A→B 是等温膨胀过程,工质吸热;B→C 为等容降温过程,工质放热。

(2) 设 C 的状态参量为 p_3、V_3 和 T_3。由题意得 $T_1 = T_2$, $V_2 = V_3$。C→A 为绝热过程,有

$$T_1 V_1^{\gamma-1} = T_3 V_3^{\gamma-1}$$

$$T_3 = \left(\frac{V_1}{V_2}\right)^{\gamma-1} T_1$$

B→C 为等容过程,有 $p_2/T_2 = p_3/T_3$,所以

$$p_3 = p_2 \frac{T_3}{T_2} = \frac{M}{\mu} R T_3/V_2$$

$$= \frac{M}{\mu} R T_1 V_1^{\gamma-1}/V_2^{\gamma}$$

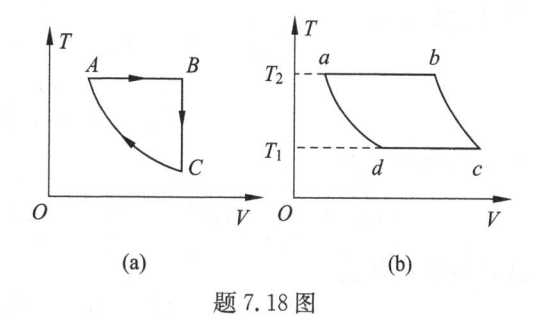

题 7.18 图

(3) 这个循环不是卡诺循环。卡诺循环是两个等温过程(状态 a 和 b 之间以及状态 c 和 d 之间)和两个绝热过程(状态 b 和 c 之间及状态 a 和 d 之间)所构成的循环,在 T-V 图上表示见图(b)。

(4) 这个循环过程,只有 A→B 是吸热过程,吸收的热量为

$$Q_1 = A_{AB} = \frac{M}{\mu} R T_1 \ln \frac{V_2}{V_1}$$

只有 B→C 是放热过程,放出的热量为

$$|Q_2| = |\Delta E_{BC}| = \frac{M}{\mu} C_V (T_1 - T_3) = \frac{M}{\mu} \left[1 - \left(\frac{V_1}{V_2}\right)^{\gamma-1}\right] T_1 C_V$$

此循环效率为

$$\eta = 1 - \frac{|Q_2|}{Q_1} = 1 - \frac{C_V}{R} \frac{1 - \left(\frac{V_1}{V_2}\right)^{\gamma-1}}{\ln \frac{V_2}{V_1}}$$

$$= 1 - \left[1 - \left(\frac{V_1}{V_2}\right)^{\gamma-1}\right] / \left[(\gamma-1) \ln \frac{V_2}{V_1}\right]$$

式中

$$\frac{C_V}{R} = \frac{C_V}{(C_V + R) - C_V} = \frac{1}{\gamma - 1}$$

7.19 如图所示为一汽缸,除底部导热外,其余部分都是绝热的。其容积被一位置固定的

轻导热板隔成相等的两部分 A 和 B,其中各盛有 1 mol 的理想氮气. 今将 335 J 的热量缓缓地由底部传给气体,设活塞上的压强始终保持为 1 atm,(1) 求 A、B 两部分温度的改变及吸收的热量(导热板的吸热、活塞的重量及摩擦均不计);(2) 若将位置固定的导热板换成可自由滑动的绝热隔板,上述温度改变和热量又如何?

解 (1) A、B 中的气体初态温度相同 $T_A=T_B$,末态温度也相同,$T'_A=T'_B$,所以二者温度变化是一样的,$\Delta T=T'_A-T_A=T'_B-T_B$.

A 中气体经历等容过程,系统吸热 Q,向 B 部分放热 $|Q_1|$,因而净吸热为

$$Q-|Q_1|=C_V\Delta T=\frac{i}{2}R\Delta T$$

B 中气体经历等压过程,系统吸热为

$$|Q_1|=C_p\Delta T=\frac{i+2}{2}R\Delta T$$

将两式联立有

$$Q=(C_V+C_p)\Delta T$$

$$\Delta T=\frac{Q}{C_V+C_p}=\frac{Q}{(i+1)R}=6.72\ \text{K}$$

B 中气体吸热为

$$|Q_1|=\frac{i+2}{2}R\Delta T=\frac{5+2}{2}\times 8.31\times 6.72=196\ (\text{J})$$

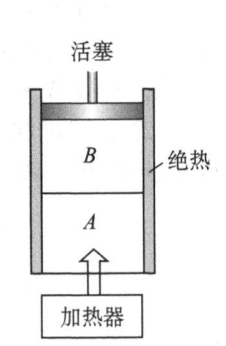

A 中气体吸热为

$$Q-|Q_1|=335-196=139\ (\text{J})$$

(2) A 中气体经历等压过程,压强为 1 atm,系统只吸热不放热,由 $Q=C_p\Delta T$ 得

$$\Delta T=\frac{Q}{C_p}=\frac{335}{7/2\times 8.31}=11.5\ (\text{K})$$

B 中气体未吸收热量,$Q_B=0$ 且 $Q_B=C_p\Delta T$,$\Delta T=0$,系统温度不变.

7.20 设有一以理想气体为工质的热机,其循环过程如图所示. 试证明其效率为

$$\eta=1-\gamma\frac{(V_1/V_2)-1}{(p_1/p_2)-1}$$

证 在绝热过程中系统与外界不发生热交换,故 $Q_{ab}=0$,该热机的效率为

$$\eta=\frac{A}{Q_1}=1-\frac{|Q_2|}{Q_1}=1-\frac{|Q_{bc}|}{Q_{ca}}$$

$$=1-\frac{\frac{M}{\mu}C_p(T_b-T_c)}{\frac{M}{\mu}C_V(T_a-T_c)}$$

$$=1-\gamma\frac{(T_b/T_c-1)}{(T_a/T_c-1)}$$

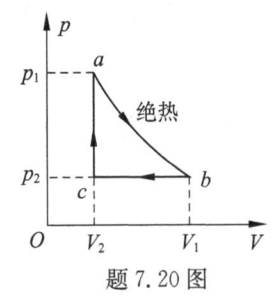

又由于 ca 为等容过程,有 $T_a/T_c=p_1/p_2$;bc 为等压过程,有 $T_b/T_c=V_1/V_2$. 代入上式后即有

$$\eta=1-\gamma\frac{(V_1/V_2-1)}{(p_1/p_2-1)}$$

7.21 一卡诺热机的低温热源温度为 7 ℃,效率为 40%. 若要将其效率提高到 50%,问高温热源的温度需提高多少?

解 卡诺热机的循环效率为 $\eta = 1 - \dfrac{T_2}{T_1}$. 则设效率由 $\eta_1 = 40\%$ 提到 $\eta_2 = 50\%$ 时,温度提高 ΔT,则有

$$40\% = 1 - \frac{280}{T_1}$$

$$50\% = 1 - \frac{280}{T_1 + \Delta T}$$

可得

$$T_1 = \frac{5}{3} \times 280 \text{ K}, \quad T_1 + \Delta T = 2 \times 280 \text{ K}, \quad \Delta T = \frac{1}{3} \times 280 \text{ K} = 93.3 \text{ K}$$

即高温热源温度需提高 93.3 ℃.

7.22 一卡诺循环的热机,高温热源的温度是 400 K,每一循环从此热源吸进 100 J 热量,并向一低温热源放出 80 J 热量. 求:(1) 低温热源温度;(2) 这个循环的效率.

解 (1) 对卡诺循环有 $T_1/T_2 = Q_1/|Q_2|$,则低温热源温度为

$$T_2 = \frac{|Q_2|}{Q_1} T_1 = \frac{80}{100} \times 400 = 320 \text{ (K)}$$

(2) 热机效率为

$$\eta = 1 - \frac{|Q_2|}{Q_1} = 1 - \frac{80}{100} = 20\%$$

7.23 以氢(视为刚性分子的理想气体)为工质进行卡诺循环,如果在绝热膨胀时末态的压强 p_2 是初态压强 p_1 的一半,求此循环的效率.

解 由绝热方程

$$\frac{p_1^{\gamma-1}}{T_1^\gamma} = \frac{p_2^{\gamma-1}}{T_2^\gamma}$$

得

$$\frac{T_2}{T_1} = \left(\frac{p_2}{p_1}\right)^{\frac{\gamma-1}{\gamma}}$$

氢为双原子分子,$\gamma = 1.40$,又有 $p_1 = 2p_2$,代入上式得 $T_2/T_1 = 0.82$,所以

$$\eta = 1 - \frac{T_2}{T_1} = 18\%$$

7.24 制冷机工作时,其冷藏室中的温度为 −10 ℃,其放出的冷却水的温度为 11 ℃,若按理想卡诺制冷循环计算,此制冷机每消耗掉 10^3 J 的功,可以从冷藏室中吸出多少热量?

解 卡诺制冷循环制冷系数

$$w = \frac{Q_2}{|A|} = \frac{T_2}{T_1 - T_2}$$

$$Q_2 = \frac{T_2}{T_1 - T_2}|A| = \frac{263}{284 - 263} \times 10^3 = 1.25 \times 10^4 \text{ (J)}$$

7.25 证明一条等温线与一条绝热线不能有两个交点.

证 用反证法. 设一条等温线 1→4→2 与一条绝热线 1→3→2 相交于 1、2 两点,则构成一循环过程 14231,如图所示. 而这一循环只有一个热源 T,并能对外做功. 这种单一热源的热机是违背热力学第二定律的,因此假设不成立,即一条等温线与一条绝热线不可能有两个交点.

7.26 在下列理想气体各过程中,哪些过程可能发生?哪些

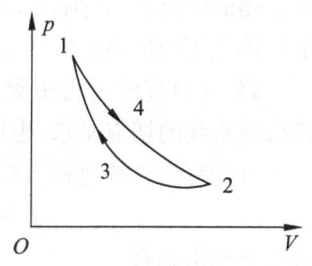

题 7.25 解图

过程不可能发生? 为什么?(1)等容加热时,内能减少,同时压强升高;(2)等温压缩时,压强升高,同时吸热;(3)等压压缩时,内能增加,同时吸热;(4)绝热压缩时,压强升高,同时内能增加.

答 由热力学第一定律和过程方程可知,(1)、(2)、(3)都不可能发生,(4)可能发生.

7.27 某物质在定压下从温度 T_1 加热到温度 T_2,设此过程可逆,证明该物质的熵变为 $\Delta S = C_p \ln\left(\dfrac{T_2}{T_1}\right)$($C_p$ 为该物质的定压热容),并求出 1 kg 的水从 0 ℃ 加热到 100 ℃ 的熵变.

证 当某物质在定压下吸收微量热量 dQ 后,其温度改变是 dT,由

$$dQ = C_p dT$$

熵的改变量为

$$dS = \frac{dQ}{T} = C_p \frac{dT}{T}$$

从 T_1 到 T_2 积分,得到熵的总改变量为

$$\Delta S = C_p \int_{T_1}^{T_2} \frac{dT}{T} = C_p \ln \frac{T_2}{T_1}$$

对于 1 kg 的水,定压热容是 $C_p = 4.184 \times 10^3$ J·K^{-1},故当水从 0 ℃ 加热到 100 ℃ 时,其熵的改变量为

$$\Delta S = (4.184 \times 10^3) \ln \frac{373}{273} = 1.31 \times 10^3 \text{ (J·K}^{-1})$$

7.28 1.0 kg、0 ℃ 的冰,在 0 ℃ 时完全熔化成水.已知冰在 0 ℃ 时的熔化热 $\lambda = 334$ J·g^{-1}.求冰熔化过程的熵变.

解 在一个标准大气压下,冰水共存的平衡态其温度 $T = 273.15$ K,设想有一恒温热源,其温度比 273.15 K 大一无穷小量,令冰水系统和它理想地进行热接触,不断从热源吸取热量以使冰逐渐熔化.由于温差为无穷小,状态变化的过程进行得无限缓慢,过程的每一步,系统都近似处于平衡态,温度不变,这样的过程是可逆的,由 $\lambda = 3.34 \times 10^5$ J·kg^{-1},因此有

$$S_2 - S_1 = \int_1^2 \frac{dQ}{T} = \frac{1}{T} \int_1^2 dQ = \frac{Q}{T} = \frac{M\lambda}{T}$$

$$= \frac{1.0 \times 3.34 \times 10^5}{273.15} = 1.22 \times 10^3 \text{ (J·K}^{-1})$$

该系统的熵增加为 1.22×10^3 J·K^{-1}.在任何可逆等温过程中,熵的变化等于吸收的热量除以绝对温度.

7.29 如图所示,0.1 mol 单原子理想气体从初态($p_1 = 32.0$ Pa,$V_1 = 8.0$ m^3)经 p-V 图上所示的直线段过程到达末态($p_2 = 1.0$ Pa,$V_2 = 64.0$ m^3).试求:(1)该过程中气体吸热和放热的转折点 $A(p_A, V_A)$ 及吸收和放出的热量;(2)该过程中气体经历的最高温度 $T_{\max}$.

解 (1)直线过程中吸热和放热的转折点 A,可以由绝热线与直线的切点来求,也可以由 $dQ = 0$ 来确定.

首先写出直线过程方程.设直线过程方程为

$$p = \alpha - \beta V$$

对初态和末态有

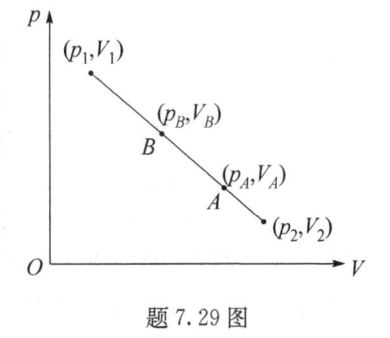

题 7.29 图

$$p_1 = \alpha - \beta V_1, \quad p_2 = \alpha - \beta V_2$$

联立解得

$$\alpha = \frac{p_1 V_2 - p_2 V_1}{V_2 - V_1} = \frac{32.0 \times 64.0 - 8.0 \times 0.1}{64.0 - 8.0} = \frac{255}{7} \text{ (Pa)}$$

$$\beta = \frac{p_1 - p_2}{V_2 - V_1} = \frac{32.0 - 1.0}{64.0 - 8.0} = \frac{31}{56} \text{ (Pa/m}^3\text{)}$$

解法一

确定吸热与放热的转折点 $A(p_A, V_A)$ 的位置,由热力学第一定律、状态方程及直线过程方程有

$$dQ = dE + pdV = \nu C_V dT + pdV$$

$$pV = \nu RT, \quad p = \alpha - \beta V$$

式中 $C_V = \frac{R}{\gamma - 1} = \frac{R}{(5/3) - 1} = \frac{3}{2}R$,摩尔数 $\nu = 0.1$,消去 p、T 得

$$dQ = \left[\frac{C_V}{R}(\alpha - 2\beta V) + (\alpha - \beta V)\right]dV = \left[\frac{1}{\gamma - 1}(\alpha - 2\beta V) + (\alpha - \beta V)\right]dV$$

吸热和放热转折点应满足 $dQ = 0$,故由上式并代入 α、β 的值,可得

$$V_A = \frac{\gamma \alpha}{(\gamma + 1)\beta} = \frac{5\alpha}{8\beta} = \frac{5}{8} \times \frac{255}{7} \times \frac{56}{31} = 41.1 \text{ (m}^3\text{)}$$

$$p_A = \alpha - \beta V_A = \frac{5}{8}\alpha = 13.7 \text{ Pa}$$

解法二

$A(p_A, V_A)$ 点也是绝热线与直线的切点,应满足

$$\left(\frac{dp}{dV}\right)_{\text{直线}}\bigg|_{p_A, V_A} = \left(\frac{dp}{dV}\right)_{\text{绝热}}\bigg|_{p_A, V_A}$$

因为 $\left(\frac{dp}{dV}\right)_{\text{直线}} = -\beta$,$\left(\frac{dp}{dV}\right)_{\text{绝热}} = -\gamma \frac{p}{V}$,所以得

$$-\beta = -\gamma \frac{p_A}{V_A}$$

由于 A 态在直线上,因此满足

$$p_A = \alpha - \beta V_A$$

联立解得 A 态的 $V_A = \frac{\gamma \alpha}{(\gamma + 1)\beta}$,与解法一求解结果相同.

从初态到 A 态吸热为

$$Q_1 = \nu C_V(T_A - T_1) + \frac{1}{2}(P_A + P_1)(V_A - V_1)$$

$$= \nu \frac{3}{2}R\left(\frac{P_A V_A}{\nu R} - \frac{P_1 V_1}{\nu R}\right) + \frac{1}{2}(P_A + P_1)(V_A - V_1)$$

$$= 459 + 756 = 1215 \text{(J)}$$

A 态到末态放热为

$$Q_2 = \nu C_V(T_2 - T_A) + \frac{1}{2}(P_2 + P_A)(V_2 - V_A)$$

$$= \nu \frac{3}{2}R\left(\frac{P_2 V_2}{\nu R} - \frac{P_A V_A}{\nu R}\right) + \frac{1}{2}(P_2 + P_A)(V_2 - V_A)$$

$$= -748.6 + 168.3 = -580.3 \text{ (J)}$$

(2)直线过程中经历的最高温度为等温线与直线的切点 $B(p_B, V_B)$ 态的温度,由

$$\left(\frac{\mathrm{d}p}{\mathrm{d}V}\right)_{直线}\bigg|_{p_B,V_B} = \left(\frac{\mathrm{d}p}{\mathrm{d}V}\right)_{等温}\bigg|_{p_B,V_B}$$

因为 $\left(\frac{\mathrm{d}p}{\mathrm{d}V}\right)_{直线} = -\beta$, $\left(\frac{\mathrm{d}p}{\mathrm{d}V}\right)_{等温} = -\frac{p}{V}$, 所以得

$$-\beta = -\frac{p_B}{V_B}$$

由于 B 态是直线上的一点,应满足

$$p_B = \alpha - \beta V_B$$

联立上面两式可解得

$$V_B = \frac{\alpha}{2\beta}, \quad p_B = \frac{\alpha}{2}$$

故

$$T_B = T_{\max} = \frac{p_B V_B}{\nu R} = \frac{\alpha^2}{4\beta \nu R} = 721 \text{ K}$$

第8章 真空中的静电场

> **基本要求**
>
> 1. 理解场的概念,掌握电场强度和电势的定义及其积分关系;掌握以点电荷电场为基础的叠加法,能熟练计算一些简单问题中的电场强度和电势.
> 2. 理解电场线和等势面的意义,理解场强与电势梯度的关系.
> 3. 理解静电场的高斯定理以及用高斯定理计算电场强度的条件和方法.
> 4. 理解环路定理和静电场的保守性,掌握在电场中移动电荷时的功能关系.

一、主要内容

1. 电场强度和场强叠加原理

$$\vec{E} = \frac{\vec{F}}{q_0}$$

$$\vec{E} = \sum_i \vec{E}_i = \sum_i \frac{q_i}{4\pi\varepsilon_0 r_i^2}\vec{r}_i^{\,0}, \quad \vec{E} = \int d\vec{E} = \int \frac{dq}{4\pi\varepsilon_0 r^2}\vec{r}^{\,0}$$

2. 电势和电势叠加原理

$$U_a = \frac{W_a}{q_0} = \int_a^{\text{``0''}} \vec{E} \cdot d\vec{l} \quad \text{(``0''表示电势零点)}$$

$$U = \sum_i U_i = \sum_i \frac{q_i}{4\pi\varepsilon_0 r_i}, \quad U = \int \frac{dq}{4\pi\varepsilon_0 r}$$

电势差:

$$U_{ab} = U_a - U_b = \int_a^b \vec{E} \cdot d\vec{l} \quad \text{(与电势零点无关)}$$

电势和场强的关系:

$$U_a = \int_a^{\text{``0''}} \vec{E} \cdot d\vec{l}$$

$$\vec{E} = -\nabla U, \quad E_l = -\frac{\partial U}{\partial l}$$

3. 静电场力做功和电势能

$$W_a = q_0 \int_a^{\text{``0''}} \vec{E} \cdot d\vec{l} = q_0 U_a \quad \text{(相对电势能零点)}$$

$$A_{ab} = W_a - W_b = q(U_a - U_b) = q\int_a^b \vec{E} \cdot d\vec{l} \quad (a \to b)$$

4. 基本定律和基本场方程

电荷守恒定律： 如果没有净电荷出入系统的边界,那么该系统正、负电荷的代数和保持不变.

库仑定律： $\vec{F} = \dfrac{q_1 q_2}{4\pi\varepsilon_0 r^2}\vec{r}^0$.

高斯定理： $\oint_S \vec{E}\cdot d\vec{S} = \dfrac{1}{\varepsilon_0}\sum_{(S内)} q_i$,表明静电场是有源场.

环路定理： $\oint_L \vec{E}\cdot d\vec{l} = 0$,表明静电场是保守场.

5. 基本方法

1) 求场强

(1) 电荷分布具有某种对称性时,应用高斯定理.

(2) 一般情况下,应用点电荷的场强公式和场强叠加原理(包括补偿法).

(3) 先求电势,再应用场强与电势梯度的关系求场强.

2) 求电势

(1) 场强分布已知或容易确定时,根据电势定义,利用场强的线积分计算.

(2) 一般情况下,应用点电荷的电势公式和电势叠加原理(包括补偿法).

6. 典型电场中的场强和电势

1) 均匀带电球面的电场

$$E_内 = 0, \quad E_外 = \dfrac{q}{4\pi\varepsilon_0 r^2}, \quad \vec{E}\text{的方向沿径向}$$

$$U_内 = \dfrac{q}{4\pi\varepsilon_0 R}, \quad U_外 = \dfrac{q}{4\pi\varepsilon_0 r}$$

2) 无限长均匀带电直线的电场

$$E = \dfrac{\lambda}{2\pi\varepsilon_0 r}, \quad \vec{E}\text{的方向垂直于带电直线}$$

3) 无限大均匀带电平面的电场

$$E = \dfrac{\sigma}{2\varepsilon_0}, \quad \vec{E}\text{的方向垂直于带电平面}$$

4) 均匀带电圆环轴线上的电场

$$E = \dfrac{qx}{4\pi\varepsilon_0 (R^2 + x^2)^{\frac{3}{2}}}, \quad \vec{E}\text{的方向沿轴向}$$

$$U = \dfrac{q}{4\pi\varepsilon_0 (R^2 + x^2)^{\frac{1}{2}}}$$

以上电势表达式均以无穷远处为电势能零点.

二、典型例题

例 8.1 如图(a)所示,无限长带电半圆柱面的面电荷密度 $\sigma = \sigma_0 \cos\varphi$,式中 σ_0 是常量,φ 是径

向与 Ox 方向间的夹角，试求圆柱轴线 Oz 上的电场强度.

解 设柱面半径为 R，把柱面分为无数个平行于 Oz 轴的带电小窄条，如图(a)所示，其单位长度的电量为

$$\lambda = \sigma \cdot R \mathrm{d}\varphi = \sigma_0 \cos\varphi \cdot R \mathrm{d}\varphi$$

$\varphi \sim \varphi + \mathrm{d}\varphi$ 处带电小窄条在轴线上产生的场强大小为

$$\mathrm{d}E = \frac{\lambda}{2\pi\varepsilon_0 R} = \frac{\sigma_0 \cos\varphi \mathrm{d}\varphi}{2\pi\varepsilon_0}$$

方向如图(b)所示. 其分量式为

$$\mathrm{d}E_x = -\mathrm{d}E\cos\varphi, \quad \mathrm{d}E_y = -\mathrm{d}E\sin\varphi$$

积分得

$$E_x = -\int_0^\pi \frac{\sigma_0 \cos^2\varphi \mathrm{d}\varphi}{2\pi\varepsilon_0}$$

$$= -\int_0^\pi \frac{\sigma_0 (1+\cos 2\varphi) \mathrm{d}\varphi}{4\pi\varepsilon_0} = -\frac{\sigma_0}{4\varepsilon_0}$$

$$E_y = -\int_0^\pi \frac{\sigma_0 \cos\varphi \sin\varphi \mathrm{d}\varphi}{2\pi\varepsilon_0} = 0$$

故圆柱轴线 Oz 上的场强为

$$\vec{E} = E_x \vec{i} + E_y \vec{j} = -\frac{\sigma_0}{4\varepsilon_0} \vec{i}$$

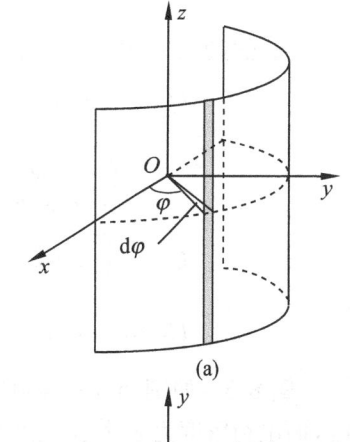

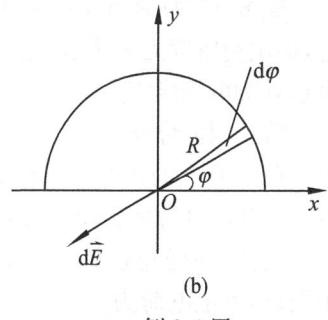

例 8.1 图

当 $\sigma_0 > 0$ 时，$\vec{E}$ 沿 Ox 轴负方向；当 $\sigma_0 < 0$ 时，$\vec{E}$ 沿 Ox 轴正方向.

例 8.2 如图所示，一均匀带电球体，半径为 R_1，电量为 $+Q$，另有一均匀带电同心球面，半径为 R_2（$R_1 < R_2$），电量为 $-Q$. 试求各区域内的电势分布.

解 电势的定义为 $U_a = \int_a^{"0"} \vec{E} \cdot \mathrm{d}\vec{l}$，所以先求场强分布.

因电荷分布具有球对称性，故场强分布也具有球对称性. 以 O 为球心，r 为半径的球面 S 为高斯面，如图所示. 由对称性分析可知，高斯面上场强大小处处相等，方向均沿径向. 根据高斯定理，有

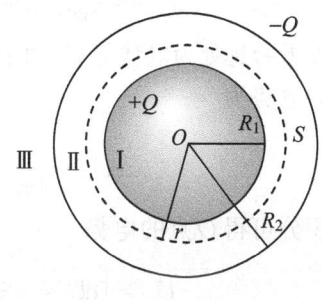

$$\oint_S \vec{E} \cdot \mathrm{d}\vec{S} = E \cdot 4\pi r^2 = \frac{1}{\varepsilon_0} \sum_{(S内)} q$$

$$E = \frac{1}{4\pi\varepsilon_0 r^2} \sum_{(S内)} q$$

例 8.2 图

因区域 I、II、III 内 S 包围的电荷各不相同，即

$$\sum_{(S内)} q = \begin{cases} \dfrac{Q}{4\pi R_1^3/3} \cdot \dfrac{4}{3}\pi r^3 = \dfrac{Q}{R_1^3} r^3 & (r < R_1) \\ Q & (R_1 < r < R_2) \\ Q - Q = 0 & (r > R_2) \end{cases}$$

所以各区域内的场强分布为

$$E_1 = \frac{1}{4\pi\varepsilon_0} \frac{Q}{R_1^3} r \quad (r < R_1)$$

$$E_2 = \frac{Q}{4\pi\varepsilon_0 r^2} \quad (R_1 < r < R_2)$$

$$E_3 = 0 \quad (r > R_2)$$

选无穷远处电势为零，沿径向路径积分，得区域Ⅰ、Ⅱ、Ⅲ内的电势分别为

$$U_1 = \int_r^\infty \vec{E} \cdot d\vec{r} = \int_r^{R_1} E_1 dr + \int_{R_1}^{R_2} E_2 dr + \int_{R_2}^\infty E_3 dr$$

$$= \int_r^{R_1} \frac{Q}{4\pi\varepsilon_0 R_1^3} r dr + \int_{R_1}^{R_2} \frac{Q}{4\pi\varepsilon_0 r^2} dr + 0 = \frac{Q}{4\pi\varepsilon_0}\left(\frac{3}{2R_1} - \frac{r^2}{2R_1^3} - \frac{1}{R_2}\right)$$

$$U_2 = \int_r^\infty \vec{E} \cdot d\vec{r} = \int_r^{R_2} E_2 dr + \int_{R_2}^\infty E_3 dr = \int_r^{R_2} \frac{Q}{4\pi\varepsilon_0 r^2} dr + 0 = \frac{Q}{4\pi\varepsilon_0}\left(\frac{1}{r} - \frac{1}{R_2}\right)$$

$$U_3 = \int_r^\infty \vec{E} \cdot d\vec{r} = \int_r^\infty E_3 dr = 0$$

例 8.3 如图(a)，一锥顶角为 θ 的圆台上下底面半径分别为 R_1 和 R_2，在它的侧面均匀带电，面电荷密度为 σ. 若在顶点 O 处放置一电量为 q 的正电荷，则该电荷具有多少电势能(以无穷远处为电势能零点)?

解 因电势能 $W = qU$，所以先求圆台侧面电荷在 O 点的电势. 圆台截面图如图(b)所示. 以 O 点为坐标原点，圆锥轴线为 x 轴，向下为正. 在任意位置 x 处取高度为 dx 的小圆环，其上电荷为

$$dq = \sigma dS$$
$$= \sigma \cdot 2\pi r \frac{dx}{\cos(\theta/2)}$$
$$= 2\pi\sigma \frac{x\tan(\theta/2)}{\cos(\theta/2)} dx$$

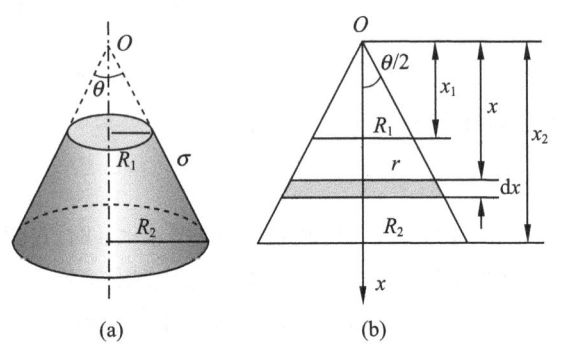

例 8.3 图

以无穷远处为电势零点，小圆环在 O 点产生的电势为

$$dU = \frac{dq}{4\pi\varepsilon_0 x/\cos(\theta/2)} = \frac{2\pi\sigma \frac{x\tan(\theta/2)}{\cos(\theta/2)} dx}{4\pi\varepsilon_0 x/\cos(\theta/2)} = \frac{\sigma\tan(\theta/2)}{2\varepsilon_0} dx$$

积分可得 O 点的电势

$$U = \int dU = \frac{\sigma}{2\varepsilon_0} \tan\frac{\theta}{2} \int_{x_1}^{x_2} dx = \frac{\sigma}{2\varepsilon_0} \tan\frac{\theta}{2}(x_2 - x_1) = \frac{\sigma}{2\varepsilon_0}(R_2 - R_1)$$

电荷 q 在 O 点具有的电势能为

$$W = qU = \frac{q\sigma}{2\varepsilon_0}(R_2 - R_1)$$

例 8.4 如图所示，一半径为 R 的均匀带正电的细圆环，电量为 Q，水平放置. 在圆环轴线的上方离圆心 R 处的 B 点有一带负电的小球，质量为 m，电量为 $-q$. 试问当小球从 B 点静止下落到圆心位置 O 时，它的速度有多大？

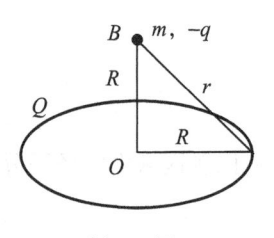

解 小球从 B 点下落到 O 点的过程中，受重力和静电力作用，根据动能定理，有

$$A_g + A_E = \Delta E_k = \frac{1}{2} mv^2$$

例 8.4 图

式中，重力的功和静电力的功分别为

$$A_g = mgR$$

$$A_E = -q(U_B - U_O) = -q\left(\frac{Q}{4\pi\varepsilon_0 r} - \frac{Q}{4\pi\varepsilon_0 R}\right) = \frac{-qQ}{4\pi\varepsilon_0 R}\left(\frac{1}{\sqrt{2}} - 1\right)$$

所以小球下落到 O 点时的速度大小为

$$v = \sqrt{\frac{2(A_g + A_E)}{m}} = \sqrt{2gR + \frac{qQ}{2\pi\varepsilon_0 mR}\left(1 - \frac{1}{\sqrt{2}}\right)}$$

三、习题分析与解答

（一）选择题和填空题

8.1 图中所示曲线表示球对称或轴对称静电场的某一物理量随径向距离 r 变化的关系，请指出该曲线可描述下列哪方面内容（E 为电场强度的大小，U 为电势）[　　]

(A) 半径为 R 的无限长均匀带电圆柱体电场的 E-r 关系．
(B) 半径为 R 的无限长均匀带电圆柱面电场的 E-r 关系．
(C) 半径为 R 的均匀带正电球体电场的 U-r 关系．
(D) 半径为 R 的均匀带正电球面电场的 U-r 关系．

8.2 如图所示，在点电荷 q 的电场中，选取以 q 为中心、R 为半径的球面上一点 P 处作电势零点，则与点电荷 q 距离为 r 的 P' 点的电势为 [　　]

(A) $\dfrac{q}{4\pi\varepsilon_0 r}$.　　(B) $\dfrac{q}{4\pi\varepsilon_0}\left(\dfrac{1}{r} - \dfrac{1}{R}\right)$.　　(C) $\dfrac{q}{4\pi\varepsilon_0(r-R)}$.　　(D) $\dfrac{q}{4\pi\varepsilon_0}\left(\dfrac{1}{R} - \dfrac{1}{r}\right)$.

8.3 真空中有一点电荷 Q，在与它相距为 r 的 a 点处有一试验电荷 q. 现使试验电荷 q 从 a 点沿半圆弧轨道运动到 b 点，如图所示，则电场力对 q 做功为 [　　]

(A) $\dfrac{Qq}{4\pi\varepsilon_0 r^2} \cdot \dfrac{\pi r^2}{2}$.　　(B) $\dfrac{Qq}{4\pi\varepsilon_0 r^2} \cdot 2r$.　　(C) $\dfrac{Qq}{4\pi\varepsilon_0 r^2}$.　　(D) 0.

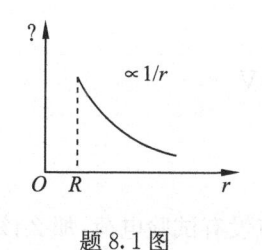

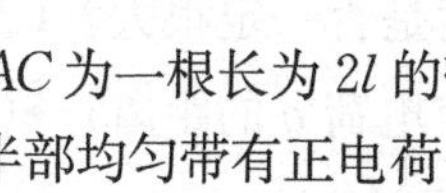

题 8.1 图 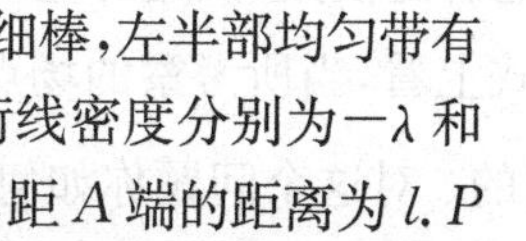　　　题 8.2 图　　　题 8.3 图

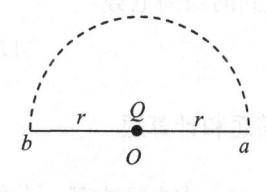

8.4 AC 为一根长为 $2l$ 的带电细棒，左半部均匀带有负电荷，右半部均匀带有正电荷，电荷线密度分别为 $-\lambda$ 和 $+\lambda$，如图所示．O 点在棒的延长线上，距 A 端的距离为 l，P 点在棒的垂直平分线上，到棒的垂直距离为 l. 以棒的中点 B 为电势的零点，则 O 点电势 $U_O = $ _____；P 点电势 $U_P = $ _____．

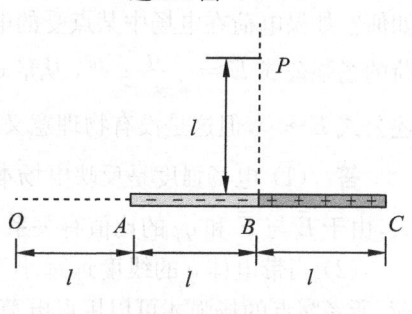

8.5 已知空气的介电强度（击穿场强）为 $30\ \text{kV}\cdot\text{cm}^{-1}$，

题 8.4 图

空气中一带电球壳直径为 1 m,以无限远处为电势零点,该球壳能达到的最高电势是_____.

8.6 已知某静电场的电势分布为 $U=(8x+12x^2y-20y^2)$(SI),则场强分布 $\vec{E}=$_____.

答案 **8.1**（B）； **8.2**（B）； **8.3**（D）． **8.4** $\dfrac{\lambda}{4\pi\varepsilon_0}\ln\dfrac{3}{4}$，0； **8.5** 1.5×10^6 V；

8.6 $(-8-24xy)\vec{i}+(-12x^2+40y)\vec{j}$ (SI)．

参考解答

8.2 解法一 以 P 点作电势零点．根据电势定义,考虑到静电力做功与路径无关,可得 P' 点电势

$$U'_{P'}=\int_{P'}^{P}\vec{E}\cdot\mathrm{d}\vec{l}=\int_{r}^{R}\frac{1}{4\pi\varepsilon_0 r^2}\cdot\mathrm{d}r=\frac{q}{4\pi\varepsilon_0}\left(\frac{1}{r}-\frac{1}{R}\right)$$

解法二 若以无穷远为零势点,P' 点电势 $U_{P'}=\dfrac{q}{4\pi\varepsilon_0 r}$,$P$ 点电势 $U_P=\dfrac{q}{4\pi\varepsilon_0 R}$．所以当 P 点作电势零点时,P' 点电势为

$$U'_{P'}=U_{P'}-U_P=\frac{q}{4\pi\varepsilon_0}\left(\frac{1}{r}-\frac{1}{R}\right)$$

8.4 若以无穷远为零势点,根据电势叠加原理,O 点电势

$$U_O=\int_l^{2l}\frac{-\lambda\mathrm{d}x}{4\pi\varepsilon_0 x}+\int_{2l}^{3l}\frac{\lambda\mathrm{d}x}{4\pi\varepsilon_0 x}=\frac{\lambda}{4\pi\varepsilon_0}\ln\frac{3}{4}$$

由于电荷分布的对称性,$U_P=0$,$U_B=0$.

当以 B 处为电势零点时,O 点和 P 点的电势

$$U'_O=U_O-U_B=\int_l^{2l}\frac{-\lambda\mathrm{d}x}{4\pi\varepsilon_0 x}+\int_{2l}^{3l}\frac{\lambda\mathrm{d}x}{4\pi\varepsilon_0 x}=\frac{\lambda}{4\pi\varepsilon_0}\ln\frac{3}{4}$$

$$U'_P=U_P-U_B=0$$

8.5 设球壳最大带电量为 Q,则球表面处场强大小

$$E=\frac{Q}{4\pi\varepsilon_0 R^2}\leqslant 30\text{ kV}\cdot\text{cm}^{-1}$$

球壳能达到的最高电势

$$U=\frac{Q}{4\pi\varepsilon_0 R}=ER\leqslant 1.5\times 10^6\text{ V}$$

（二）问答题和计算题

8.7（1）在电场中某一点的场强定义为 $\vec{E}=\vec{F}/q_0$,若该点没有试验电荷,那么该点的场强如何？如果电荷在电场中某点受的电场力很大,该点的电场强度是否一定很大？（2）根据点电荷的场强公式 $\vec{E}=\dfrac{q}{4\pi\varepsilon_0 r^2}\vec{r}^0$,从形式上看,当所考察的场点和点电荷 q 的距离 $r\to 0$ 时,则按上述公式 $E\to\infty$,但这是没有物理意义的．对这个问题你如何解释？

答（1）电场强度是反映电场本身性质的物理量,与场点有没有电荷没有关系．如果 $\vec{F}$ 很大,由于 $\vec{E}$ 与 $\vec{F}$ 和 q_0 的比值有关系,$\vec{E}$ 也不一定很大．

（2）当带电体 q 的线度远远小于带电体与所考察点的距离 r 时,带电体才可抽象为点电荷,所考察点的场强才可以用点电荷场强公式计算．当 $r\to 0$ 时,带电体本身的线度不能忽略,

上述点电荷公式已失效，不能推论 $E \to \infty$.

8.8 有人认为：

(1) 如果高斯面上 $\vec{E}$ 处处为零，则该面内必无电荷.

(2) 如果高斯面内无电荷，则该面上 $\vec{E}$ 处处为零.

(3) 如果高斯面上 $\vec{E}$ 处处不为零，则该面内必有电荷.

(4) 如果高斯面内有电荷，则该面上 $\vec{E}$ 处处不为零.

以上所说的高斯面是指空间任一闭合面. 你认为这些说法是否正确？为什么？

答 (1) 的说法不一定正确，因为在场空间中某一闭合曲面上 $\vec{E}$ 处处为零，只能说明 S 内正、负电荷代数和为零，而不能说明闭合面内不存在电荷.

(2) 的说法不一定正确. S 面内无电荷，只说明通过 S 面的电通量为零，只要 S 面外有电荷，则仍有电场存在，S 面上的 $\vec{E}$ 不一定处处为零.

(3) 的说法不一定正确. 因为高斯面上的 $\vec{E}$ 不只是由其内部电荷产生，即使高斯面内无电荷，高斯面上 $\vec{E}$ 仍然可能不为零.

(4) 的说法也不能肯定是正确的，高斯面内有电荷时，高斯面上有些点 $\vec{E}$ 也可以为零.

8.9 试用环路定理证明：静电场的电场线永不闭合.

证 用反证法. 设电场中某一条电场线闭合. 如图所示，在计算静电场的环流时我们不妨以此电场线为积分回路 L，并以电场方向为积分的正方向，则有

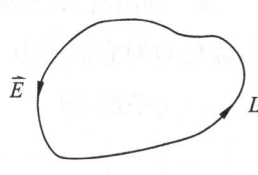

$$\oint_L \vec{E} \cdot \mathrm{d}\vec{l} = \oint_L E \cdot \mathrm{d}l \neq 0$$

题 8.9 解图

这显然与静电场的环路定理矛盾，故静电场的电场线不可能闭合.

8.10 在点电荷的电场中，正电荷顺着电场线方向运动，电势能由大变小还是由小变大？为什么？正电荷逆着电场线方向运动，电势能由大变小还是由小变大？为什么？若换成负电荷，情况又如何？

答 设电荷从场中 a 点运动到 b 点，则电势能的减少量为

$$W_a - W_b = q_0 \int_a^b \vec{E} \cdot \mathrm{d}\vec{l}$$

当正电荷顺着电场线方向运动时，$q_0 > 0$，$\vec{E} \cdot \mathrm{d}\vec{l} > 0$，则有 $W_a - W_b > 0$，所以 $W_a > W_b$，即电势能由大变小.

当正电荷逆着电场线方向运动时，$q_0 > 0$，$\vec{E} \cdot \mathrm{d}\vec{l} < 0$，则有 $W_a - W_b < 0$，所以 $W_a < W_b$，即电势能由小变大.

当负电荷顺着电场线方向运动时，$q_0 < 0$，$\vec{E} \cdot \mathrm{d}\vec{l} > 0$，则有 $W_a - W_b < 0$，所以 $W_a < W_b$，即电势能由小变大.

当负电荷逆着电场线方向运动时，$q_0 < 0$，$\vec{E} \cdot \mathrm{d}\vec{l} < 0$，则有 $W_a - W_b > 0$，所以 $W_a > W_b$，即电势能由大变小.

8.11 以下各种说法是否正确？为什么？

(1) 场强为零的地方，电势一定为零；电势为零的地方，场强一定为零.

(2) 电势较高的地方,场强一定较大;场强较小的地方,电势一定较低.
(3) 场强大小相等的地方,电势相等;电势相等的地方,场强也都相等.
(4) 带正电的物体,电势一定是正的;带负电的物体,电势一定是负的.
(5) 不带电的物体,电势一定等于零;电势为零的物体一定不带电.

答 (1) 不正确. 由场强和电势之间的关系可知,场强为零的地方,电势梯度必为零,但电势不一定为零,如两个电量相等的点电荷的电场中,电荷连线的中点场强为零,但该点的电势为每一点电荷在该点电势的两倍. 同样,电势为零的地方,电势梯度不一定为零,所以场强未必为零,如两个等量异号点电荷连线的中点,电势为零,但场强为每一点电荷在该点场强的两倍(这里已设离点电荷无穷远处的电势为零).

(2) 不正确. 理由同上.

(3) 不正确. 理由同上.

(4) 不正确. 带正电的物体,电势不一定是正的,同样带负电的物体电势不一定是负的. 因为物体上各点的电势,并不由物体的带电情况完全决定,还与周围物体的带电情况有关.

(5) 不正确. 理由同上.

8.12 三个电量为 $-q$ 的点电荷置于边长为 r 的等边三角形的三个顶点上. 电荷 $+Q$ 放在三角形的重心. 为使每个负电荷受力为零,Q 值应为多大?

解 如图所示,只需分析三个电荷 $-q$ 中的任一个即可. 若要使 C 处电荷 $-q$ 所受合力为零,需使 Q 对它的引力 $\vec{f}$ 与 A、B 两处的电荷对它的斥力 $\vec{f}_1$ 和 $\vec{f}_2$ 三力平衡,即

$$\vec{f} = -(\vec{f}_1 + \vec{f}_2)$$

所以

$$f = 2f_1 \cos 30°$$

即

$$\frac{1}{4\pi\varepsilon_0} \frac{Qq}{\left(\frac{r}{2\cos 30°}\right)^2} = 2 \cdot \frac{1}{4\pi\varepsilon_0} \frac{q^2}{r^2} \cos 30°$$

解得

$$Q = \frac{\sqrt{3}}{3} q$$

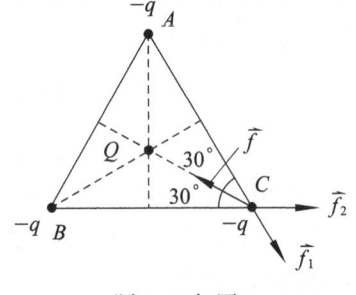

题 8.12 解图

8.13 两个电量都是 $+q$ 的点电荷,相距 $2a$,连线的中点为 O. 今在它们连线的垂直平分线上放另一点电荷 q',q' 与 O 点相距 r. (1) 求 q' 所受的力;(2) q' 放在哪一点时,所受的力最大?(3) 若 q' 在所放的位置上从静止释放,任其自己运动,q' 将如何运动?试分别讨论 q' 与 q 同号和异号两种情况.

解 (1) 取如图所示的直角坐标系,原点取在两电荷连线的中点 O 处. 设 q' 所受两点电荷 q 的作用力分别为 $\vec{F}_1$、$\vec{F}_2$,则

$$\vec{F}_1 = \frac{qq'}{4\pi\varepsilon_0(a^2 + r^2)}(\cos\theta \vec{i} + \sin\theta \vec{j})$$

$$\vec{F}_2 = \frac{qq'}{4\pi\varepsilon_0(a^2 + r^2)}(-\cos\theta \vec{i} + \sin\theta \vec{j})$$

由对称性可知 q' 所受合力 $\vec{F}$ 的大小为

$$F=|\vec{F}_1+\vec{F}_2|=\frac{qq'r}{2\pi\varepsilon_0(a^2+r^2)^{3/2}}$$

若 q' 所在点坐标 $y>0$，则当 q、q' 同号时，$\vec{F}$ 沿 y 轴的正方向；异号时，$\vec{F}$ 沿 y 轴的负方向. 若 q' 所在点坐标 $y<0$，则当 q、q' 同号时，$\vec{F}$ 沿 y 轴的负方向；异号时，$\vec{F}$ 沿 y 轴的正方向.

(2) 令 $\dfrac{\mathrm{d}F}{\mathrm{d}r}=0$，求得 $r=\dfrac{a}{\sqrt{2}}$ 时 q' 所受的力最大，其值为

$$F=\frac{qq'}{3\sqrt{3}\pi\varepsilon_0 a^2}$$

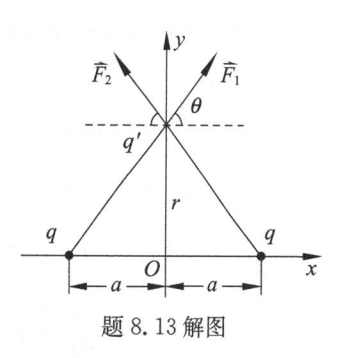

题 8.13 解图

(3) 当 q' 与 q 同号时，q' 在所放的位置上从静止释放后，便沿着 y 轴加速远离 q，直到无穷远处；当 q' 与 q 异号时，q' 从静止释放后，在 y 轴上以 O 点为平衡位置振动.

8.14 两个相同的小球，质量都是 m，带等量同号的电荷 q，各用长为 l 的细线挂在同一点上，如图所示. 设两小球平衡时两线夹角为 2θ（很小）. 试证两小球的距离 x 可近似表示为

$$x\approx\left(\frac{q^2 l}{2\pi\varepsilon_0 mg}\right)^{1/3}$$

(1) 设 $l=1.20$ m, $m=10\times 10^{-3}$ kg, $x=5.0\times 10^{-2}$ m，问小球上的电量 q 是多少？(2) 如果每个小球都以 1.0×10^{-9} C·s^{-1} 的变化率失去电荷，问两球彼此趋近的瞬时相对速率（即 $\dfrac{\mathrm{d}x}{\mathrm{d}t}$）是多少？

证 当两小球相距为 x，处于平衡状态，并考虑到 2θ 很小，有

$$F=\frac{1}{4\pi\varepsilon_0}\cdot\frac{q^2}{x^2}=mg\tan\theta$$
$$\approx mg\theta\approx mg\sin\theta=mg\frac{x}{2l}$$

所以

$$x\approx\left(\frac{q^2 l}{2\pi\varepsilon_0 mg}\right)^{1/3}$$

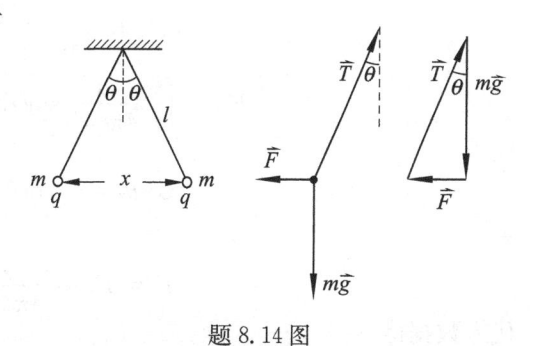

题 8.14 图

(1) 小球电量

$$q=\pm\left(\frac{2\pi\varepsilon_0 mg x^3}{l}\right)^{1/2}=\pm 2.4\times 10^{-8}\text{ C}$$

(2) 由于 $x^3=\dfrac{q^2 l}{2\pi\varepsilon_0 mg}$ 两边取微分

$$2x^2\mathrm{d}x=2\frac{ql\mathrm{d}q}{2\pi\varepsilon_0 mg}=\frac{2}{q}\cdot\frac{q^2 l}{2\pi\varepsilon_0 mg}\mathrm{d}q=\frac{2}{q}x^3\mathrm{d}q$$

故

$$\mathrm{d}x=\frac{2}{3}\cdot\frac{x}{q}\mathrm{d}q,\quad \frac{\mathrm{d}x}{\mathrm{d}t}=\frac{2}{3}\cdot\frac{x}{q}\cdot\frac{\mathrm{d}q}{\mathrm{d}t}=-1.4\times 10^{-3}\text{ m·s}^{-1}$$

8.15 长 $l=15.0$ cm 的直线 AB 上，均匀分布着线密度 $\lambda=5.0\times 10^{-9}$ C·m^{-1} 的正电荷，如图所示. 求：(1) 在该直线的延长线上与 B 端相距 $d_1=5.0$ cm 处的 P 点的场强；(2) 在该直线的垂直平分线上与线中点相距 $d_2=5.0$ cm 处的 Q 点的场强.

解 (1) 取 P 为坐标原点，x 轴向右为正，如图(a)所示.

设带电直线上一小段电荷 $dq=\lambda dx$,至 P 点距离为 $|x|$,它在 P 点产生的电场强度为

$$dE_P = \frac{1}{4\pi\varepsilon_0}\cdot\frac{\lambda dx}{x^2} \quad (\text{沿 } x \text{ 轴正向})$$

由于各小段在 P 点产生的场强方向相同,于是

$$E_P = \int dE_P = \frac{\lambda}{4\pi\varepsilon_0}\int_{-(d_1+l)}^{-d_1}\frac{dx}{x^2}$$
$$= \frac{\lambda}{4\pi\varepsilon_0}\left(\frac{1}{d_1}-\frac{1}{d_1+l}\right)$$
$$= 6.75\times 10^2 \text{ V·m}^{-1}$$

方向沿该直线向右.

题 8.15 图

(2) 建立如图(b)所示坐标系.由于对称性,场强 $d\vec{E}$ 的 x 方向分量抵消,所以,$E_x=0$. 取直线 AB 上 $x\sim x+dx$ 处电荷元 $dq=\lambda dx$,与 Q 点距离为 r,电荷元在 Q 点所产生的场强

$$dE = \frac{\lambda dx}{4\pi\varepsilon_0 r^2}$$

$d\vec{E}$ 的 y 分量为

$$dE_y = \frac{1}{4\pi\varepsilon_0}\cdot\frac{\lambda dx}{r^2}\sin\theta$$

式中,$r=d_2\csc\theta, x=d_2\tan\left(\theta-\frac{\pi}{2}\right)=-d_2\cot\theta$,所以 $dx=d_2\csc^2\theta d\theta$,则

$$dE_y = \frac{1}{4\pi\varepsilon_0}\frac{\lambda dx}{r^2}\sin\theta = \frac{\lambda}{4\pi\varepsilon_0 d_2}\sin\theta d\theta$$

$$E_y = \int_{\theta_1}^{\theta_2}\frac{\lambda}{4\pi\varepsilon_0 d_2}\sin\theta d\theta = \frac{\lambda}{4\pi\varepsilon_0 d_2}(\cos\theta_1-\cos\theta_2)$$

代入

$$\cos\theta_2 = -\cos\theta_1 = -\frac{l/2}{\sqrt{d_2^2+(l/2)^2}}$$

有

$$E = E_y = \frac{\lambda}{4\pi\varepsilon_0 d_2}\frac{l}{[d_2^2+(l/2)^2]^{1/2}}$$

代入数据得

$$E = 1.50\times 10^3 \text{ V·m}^{-1} \quad (\text{沿 } y \text{ 轴正向})$$

8.16 两条平行的无限长均匀带电直线,相距为 a,线电荷密度分别为 $\pm\lambda$,如图所示. 求:(1) 这两条线构成的平面上任一点(该点到其中一线的垂直距离为 x)的场强;(2) 这两条线单位长度上所受的作用力.

解 (1) 如图所示,两根无限长带电直线在 P 点的场强可用高斯定理求出,均为 $E=\frac{\lambda}{2\pi\varepsilon_0 r}$,方向相反,式中 r 为 P 点到直线的距离. 由叠加原理知 P 点场强为

$$E = E_+ - E_- = \frac{1}{2\pi\varepsilon_0}\frac{\lambda}{x-a} - \frac{1}{2\pi\varepsilon_0}\frac{\lambda}{x}$$
$$= \frac{a\lambda}{2\pi\varepsilon_0(x-a)x} \quad (x\neq 0, x\neq a)$$

(2) 在均匀带电 $+\lambda$ 直线上任取一小段 dl,那么均匀带电 $-\lambda$ 直线对 dl 的作用力为

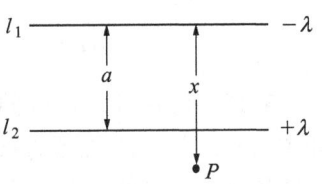

题 8.16 图

$$dF = E_-\lambda dl = \frac{\lambda}{2\pi\varepsilon_0 a}\lambda dl = \frac{\lambda^2}{2\pi\varepsilon_0 a}dl$$

所以，单位长度带电直线受力为

$$F = \frac{dF}{dl} = \frac{\lambda^2}{2\pi\varepsilon_0 a}$$

方向指向均匀带电 $-\lambda$ 的直线．对带电 $-\lambda$ 的直线受力情况类似．

8.17 一根不导电的细塑料杆，被弯成近乎完整的圆，半径为 0.5 m，杆的两端有 2 cm 的缝隙，3.12×10^{-9} C 的正电荷均匀地分布在杆上，求圆心处场强的大小和方向．

解 空隙长 $d=0.02$ m，棒长 $l=2\pi r-d=3.12$ m，线电荷密度为

$$\lambda = \frac{q}{l} = \frac{3.12\times 10^{-9}}{3.12} = 1.00\times 10^{-9}(\text{C}\cdot\text{m}^{-1})$$

若为均匀带电闭合圆环，则在圆心处产生的合场强为零．如图所示现有一段空隙，根据场强叠加原理，则圆心处场强等于闭合圆环产生的电场减去 $d=0.02$ m 长的带电细杆在该点产生的场强．

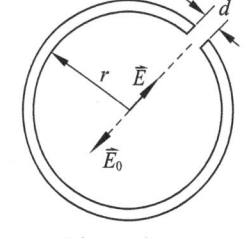

由于 $d=0.02$ m $\ll r=0.50$ m，可把该小段电荷看作带电 $q'=\lambda d$ 的点电荷，它在圆心处产生的场强为

$$E_0 = \frac{q'}{4\pi\varepsilon_0 r^2} = 0.72 \text{ V}\cdot\text{m}^{-1}$$

所以，细棒在圆心处产生的场强 E 的大小为 0.72 V·m^{-1}，方向由圆心指向隙缝．

8.18 一无限大平面上有一半径为 R 的圆洞，设平面均匀带电，电荷面密度为 σ．求该洞的轴线上离洞心为 r 处的场强．

解 取 $r\sim r+dr$ 微元，所选积分元（圆环）在离洞心为 r 的 P 点产生的场强为

$$dE_P = \frac{1}{4\pi\varepsilon_0}\cdot\frac{rdq}{(\rho^2+r^2)^{3/2}}$$

式中，$dq=\sigma\cdot 2\pi\rho d\rho$，所以

$$E_P = \frac{\sigma r}{2\varepsilon_0}\int_R^\infty \frac{\rho d\rho}{(\rho^2+r^2)^{3/2}} = \frac{\sigma r}{2\varepsilon_0 (R^2+r^2)^{1/2}}$$

若 $\sigma>0$，则场强沿 x 轴正方向；若 $\sigma<0$，则场强沿 x 轴负方向．

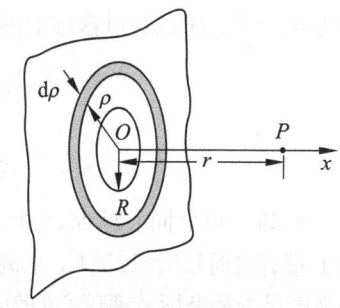

8.19 求下列电通量：(1) 一点电荷 q 位于一立方体中心，立方体边长为 a．试问通过立方体一面的电通量是多少？(2) 如果该电荷移到立方体的一个顶角上，这时通过立方体每一面的电通量是多少？(3) 如图(a)所示，S 是一球形闭合曲面，当电荷 q 分别处在球心 O 点和球面 S 内 B 点时，通过 S 面的电通量是否相同？当此电荷处在 S 面外的 P 点或 Q 点时，通过 S 面的电通量又如何？(4) 如图(b)所示，在点电荷 q 的电场中，取半径为 R 的圆平面，q 在圆平面轴线上的 A 点处．试计算通过此圆平面的电通量（图中 $\overline{OA}=x$，$\overline{OB}=R$，$\alpha=\arctan\dfrac{R}{x}$）．

解 (1) 点电荷 q 位于立方体中心时，通过立方体每一面的电通量相等，为

$$\Phi_1 = \int_{S_1}\vec{E}\cdot d\vec{S} = \frac{1}{6}\oint_S \vec{E}\cdot d\vec{S} = \frac{q}{6\varepsilon_0}$$

(2) 当点电荷移到立方体的一个顶角上时，如图(c)所示，通过相交成该顶角的三个面①、②、③的电通量为零；通过另外三个面的电通量相等，为

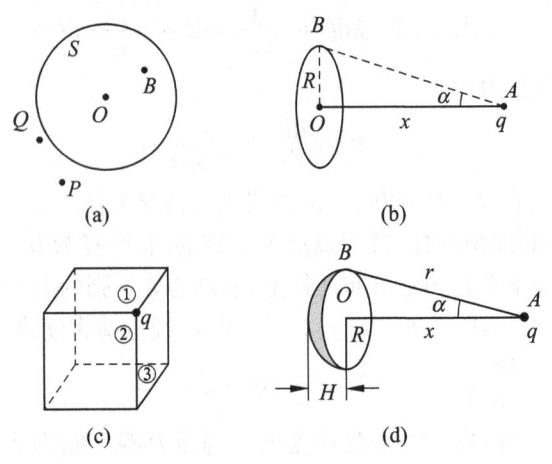

题 8.19 图

$$\Phi_2 = \frac{1}{24}\oint_S \vec{E}\cdot d\vec{S} = \frac{1}{24}\cdot\frac{q}{\varepsilon_0}$$

(3) 点电荷 q 分别处在球心 O 和球面内 B 点时,通过球面 S 的电通量均为 $\frac{q}{\varepsilon_0}$;点电荷处在球面外的 P 点或 Q 点时,通过球面 S 的电通量均为零.

(4) 如图(d)所示,通过圆平面的电通量与通过以 A 为球心,以 $AB=\sqrt{x^2+R^2}=r$ 为半径,以圆平面的周界为周界的球冠的电通量相同,该球冠面积 $S=2\pi rH$,通过整个球面 $S_0=4\pi r^2$ 的电通量为 $\Phi_0=\frac{q}{\varepsilon_0}$. 所以通过该球冠的电通量为

$$\Phi = \Phi_0\frac{S}{S_0} = \frac{q}{\varepsilon_0}\cdot\frac{2\pi rH}{4\pi r^2} = \frac{q}{2\varepsilon_0}\cdot\frac{r-r\cos\alpha}{r}$$
$$= \frac{q}{2\varepsilon_0}(1-\cos\alpha) = \frac{q}{2\varepsilon_0}\left(1-\frac{x}{\sqrt{R^2+x^2}}\right)$$

8.20 两个同心球面,半径分别为 0.10 m 和 0.30 m,小球面上带有电荷 1.0×10^{-8} C,大球面上带有电荷 1.5×10^{-8} C. 求离球心:(1) 0.05 m;(2) 0.20 m;(3) 0.50 m 各处的电场强度. 问电场强度是否是坐标 r(离球心的距离)的连续函数?

解 如图所示,以 r 为半径且与两球面同心的球面 S 作为高斯面,高斯面上各点 $\vec{E}$ 的方向均沿径向向外. 由高斯定理可得

$$\oint_S \vec{E}\cdot d\vec{S} = 4\pi r^2 E = \frac{1}{\varepsilon_0}\sum_i q_i$$

所以有

$$E = \frac{1}{4\pi\varepsilon_0 r^2}\sum_i q_i$$

当 $r=0.05$ m 时

$$E_1 = 0$$

当 $r=0.20$ m 时

$$E_2 = \frac{1}{4\pi\varepsilon_0}\cdot\frac{q_1}{r^2} = 2.25\times10^3 \text{ V}\cdot\text{m}^{-1}$$

当 $r=0.50$ m 时

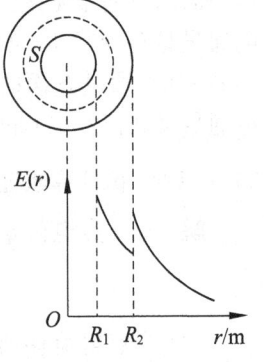

题 8.20 解图

$$E_3 = \frac{1}{4\pi\varepsilon_0} \cdot \frac{q_1+q_2}{r^2} = 9.0\times 10^2 \text{ V·m}^{-1}$$

电场强度 E 的量值与离球心距离 r 的关系为

$$E(r) = \begin{cases} 0 & (r<R_1) \\ \dfrac{q_1}{4\pi\varepsilon_0 r^2} & (R_1<r<R_2) \\ \dfrac{q_1+q_2}{4\pi\varepsilon_0 r^2} & (r>R_2) \end{cases}$$

由图中的 $E(r)$-r 曲线可明显看出 $E(r)$ 函数在带电面处不连续.

8.21 两个无限长同轴圆筒,半径分别为 R_1 和 $R_2(R_2>R_1)$,单位长度带电量为 $+\lambda$ 和 $-\lambda$. 求内筒之内、两筒之间和外筒之外的电场强度分布.

解 由于电荷分布具有轴对称性,因而同一柱面上各点的场强大小相等,方向均垂直于柱面向外. 以任意半径 r 作一与两个无限长圆柱面同轴圆柱面,以及两个垂直轴线的平面形成的封闭面为高斯面,则由高斯定理可得

$$\oint_S \vec{E}\cdot d\vec{S} = 2\pi rl E = \frac{1}{\varepsilon_0}\sum_i q_i$$

$$E = \frac{1}{2\pi\varepsilon_0}\frac{1}{rl}\sum_i q_i$$

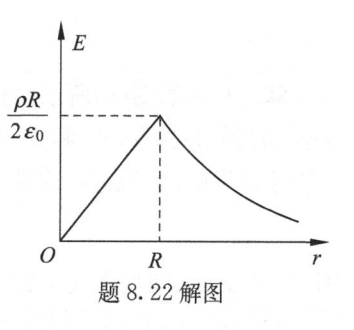

当 $r<R_1$ 时,$E=0$;当 $R_1\leqslant r\leqslant R_2$ 时,$E=\dfrac{\lambda}{2\pi\varepsilon_0 r}$;当 $r>R_2$ 时,$E=0$.

8.22 半径为 R 的无限长均匀带电圆柱体,体电荷密度为 ρ,求电场强度分布,并作出 E-r 曲线.

解 作一半径为 r、高为 l 的同轴圆柱面及垂直于轴线的两个平面构成闭合高斯面 S,由高斯定理有

$$\oint_S \vec{E}\cdot d\vec{S} = E\cdot 2\pi rl = \frac{1}{\varepsilon_0}\sum_i q_i$$

$$E = \frac{1}{2\pi\varepsilon_0}\frac{1}{rl}\sum q_i$$

题 8.22 解图

当 $r<R$ 时,$\sum_i q_i = \pi r^2 l\rho$,$E=\dfrac{\rho}{2\varepsilon_0}r$;当 $r>R$ 时,$\sum_i q_i=\pi R^2 l\rho$,$E=\dfrac{\rho R^2}{2\varepsilon_0 r}$. E-r 曲线如图所示. 若 $\rho>0$,则各点 $\vec{E}$ 的方向均垂直于圆柱面向外.

8.23 求一无限大均匀带电厚壁的电场分布,设壁厚为 D,体电荷密度为 ρ. 画出 E-x 曲线,x 为垂直于壁面的坐标,原点在厚壁的中点.

解 如图所示,x 轴与厚壁垂直,电荷分布及电场分布都以 Oyz 坐标平面为对称面. 在厚壁内过场点 x_1 作柱形高斯面 S_1,则由高斯定理可得

$$2E_1\Delta S = \Delta S\cdot 2x_1\cdot\rho/\varepsilon_0$$

$$E_1 = \frac{\rho}{\varepsilon_0}x_1 \quad \left(|x_1|\leqslant\frac{D}{2}\right)$$

同理可求厚壁外任意一点处的场强为

$$E_2 = \frac{\rho D}{2\varepsilon_0} \quad \left(|x_2|\geqslant\frac{D}{2}\right)$$

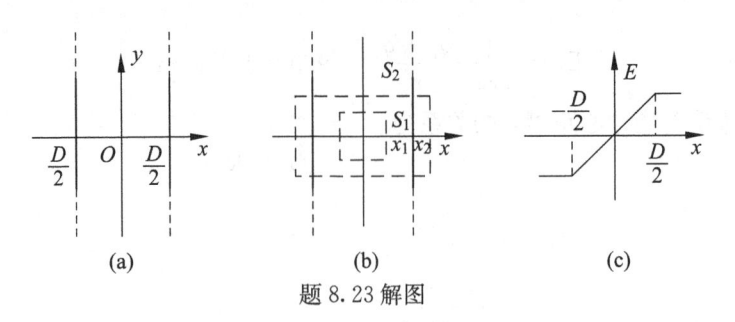

设 $\rho > 0$，则当 $x > 0$ 时，电场强度的方向为 x 轴的正方向；$x < 0$ 时，为 x 轴负方向．E-x 曲线如图(c)所示．

8.24 如图所示，厚为 b 的"无限大"带电平板，其体电荷密度为 $\rho = kx (0 \leqslant x \leqslant b)$，式中 k 为正的常量．(1) 求平板外两侧任一点 P_1 和 P_2 处场强的大小；(2) 求板内任一点 P 处的场强；(3) 场强为零的点在何处？

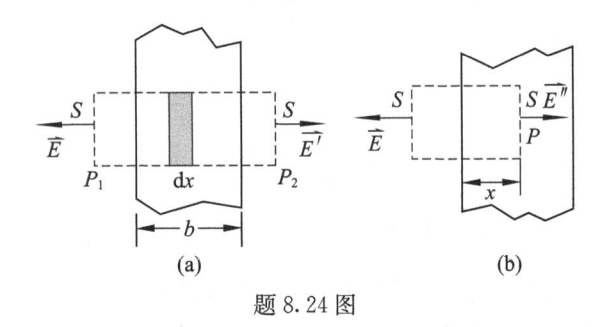

题 8.24 图

解 (1) 如图(a)所示，可以把原带电平板看成许多无限大带电平板叠加而成，根据无限大平板场强分布特征，P_1 和 P_2 处场强大小相等，即 $E' = E$，方向如图所示．过两点作一底面积为 S 的柱形高斯面，根据对称性，由高斯定理得

$$2ES = \frac{1}{\varepsilon_0} \int_0^b \rho S \, dx = \frac{kSb^2}{2\varepsilon_0}$$

即 P_1 和 P_2 处的场强大小为

$$E = \frac{kb^2}{4\varepsilon_0}$$

(2) 过 P 点作一底面积为 S，轴线与平板垂直的柱形高斯面，如图(b)所示，则

$$(E + E'')S = \frac{1}{\varepsilon_0} \int_0^x \rho S \, dx = \frac{kSx^2}{2\varepsilon_0}$$

$$E'' = \frac{k}{2\varepsilon_0}\left(x^2 - \frac{b^2}{2}\right)$$

(3) 由 $E'' = 0$，得

$$x = \frac{b}{\sqrt{2}}$$

8.25 在半径为 R、体电荷密度为 ρ 的均匀带电球体内挖去一个半径为 $r(r < R)$ 的小球体，求证由此形成的空腔内的电场是均匀的，并求出场强的量值．

证 用补偿法求解．把这一带电体看成是半径为 R 的均匀带电 $+\rho$ 的球体与半径为 r 的均匀带电 $-\rho$ 的球体的叠加，如图所示．这相当于在原空腔处补上体电荷密度分别为 $\pm\rho$ 的球体．这时空腔内任一点 P 的场强为

$$\vec{E} = \vec{E}_1 + \vec{E}_2$$

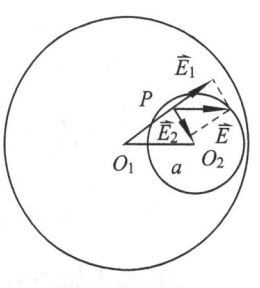

其中 $\vec{E}_1$ 与 $\vec{E}_2$ 分别是带 $+\rho$ 的大球和带 $-\rho$ 的小球在 P 点的场强，$\vec{E}_1$ 和 $\vec{E}_2$ 可用高斯定理求得

$$\vec{E}_1 = \frac{\rho}{3\varepsilon_0}\vec{r}_1, \quad \overrightarrow{O_1P} = \vec{r}_1$$

$$\vec{E}_2 = \frac{-\rho}{3\varepsilon_0}\vec{r}_2, \quad \overrightarrow{O_2P} = \vec{r}_2$$

$$\vec{E} = \vec{E}_1 + \vec{E}_2 = \frac{\rho}{3\varepsilon_0}(\vec{r}_1 - \vec{r}_2) = \frac{\rho}{3\varepsilon_0}\vec{a}, \quad \overrightarrow{O_1O_2} = \vec{a}$$

题 8.25 解图

此结果表明，腔内各点场强都相等，都等于 $\frac{\rho}{3\varepsilon_0}\vec{a}$，方向由 O_1 指向 O_2，显然这是均匀电场。

8.26 如图所示，电场强度在三个坐标轴方向的分量为 $E_x = b\sqrt{x}$，$E_y = E_z = 0$，其中 $b = 800\ \text{N·C}^{-1}$。试求：(1) 通过正立方体的电通量；(2) 正立方体的总电荷大小。设 $a = 10\ \text{cm}$。

解 (1) 由电通量的定义

$$\oint_S \vec{E} \cdot d\vec{S} = \oint_S E_x dS_x + \oint_S E_y dS_y + \oint_S E_z dS_z$$

由于 E 只有 x 分量，只有正立方体上垂直于 x 轴的两个面对通量有贡献，所以

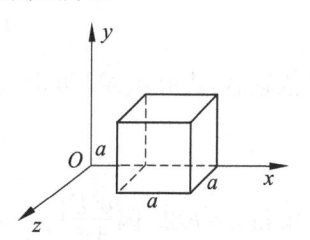

$$\oint_S \vec{E} \cdot d\vec{S} = \int_{\text{左侧面}} E_x dS_x + \int_{\text{右侧面}} E_x dS_x$$

$$= -\int_{\text{左侧面}} E_x dS + \int_{\text{右侧面}} E_x dS$$

$$= \sqrt{2}ba^{5/2} - ba^{5/2} = (\sqrt{2}-1)ba^{5/2}$$

$$= 1.04\ \text{N·m}^2\text{·C}^{-1}$$

题 8.26 图

(2) 由高斯定理得

$$\sum q = \varepsilon_0 \oint_S \vec{E} \cdot d\vec{S} = 8.85 \times 10^{-12} \times 1.04 = 9.20 \times 10^{-12}\ (\text{C})$$

8.27 有一均匀电场，场强的方向自左向右。把一个带电 $q = 3 \times 10^{-9}$ C 的质点自右向左移动 5 cm，已知外力做功 6×10^{-5} J，质点的动能增加了 4.5×10^{-5} J。求：(1) 电场力所做的功；(2) 场强的大小。

解 (1) 由动能定理，合外力的功等于电荷动能的增量，设电场力的功为 A_e，外力的功为 A_w，则

$$A_e + A_w = \Delta E_k$$

$$A_e = \Delta E_k - A_w = 4.5 \times 10^{-5} - 6 \times 10^{-5} = -1.5 \times 10^{-5}\ (\text{J})$$

(2) 对均匀电场来说，$A_e = \vec{F} \cdot \Delta \vec{r} = -qE\Delta x$（$\Delta x$ 为起点至终点的距离），所以

$$E = \frac{-A_e}{q\Delta x} = \frac{-(-1.5 \times 10^{-5})}{3 \times 10^{-9} \times 0.05} = 1.0 \times 10^5\ (\text{N·C}^{-1})$$

8.28 如图所示，$\overline{AB} = 2l$，$\overset{\frown}{OCD}$ 是以 B 为中心，l 为半径的半圆。A 点有正电荷 $+q$，B 点有负电荷 $-q$。问：(1) 把单位正电荷从 O 点沿 $\overset{\frown}{OCD}$ 移到 D 点，电场力对它做了多少功？(2) 把单位负电荷从 D 点沿 AB 的延长线移到无限远处，电场力对它做了多少功？

解 (1) 以无穷远处为电势能零点，O 点和 D 点的电势分别为

$$U_O = \frac{1}{4\pi\varepsilon_0} \cdot \frac{q}{OA} - \frac{1}{4\pi\varepsilon_0} \cdot \frac{q}{OD} = \frac{1}{4\pi\varepsilon_0}\left(\frac{q}{l} - \frac{q}{l}\right) = 0$$

$$U_D = \frac{1}{4\pi\varepsilon_0} \cdot \frac{q}{AD} - \frac{1}{4\pi\varepsilon_0} \cdot \frac{q}{BD} = \frac{1}{4\pi\varepsilon_0}\left(\frac{q}{3l} - \frac{q}{l}\right) = \frac{-q}{6\pi\varepsilon_0 l}$$

$$A_{OD} = q_0(U_O - U_D) = \frac{q}{6\pi\varepsilon_0 l} \quad (q_0 = 1 \text{ C})$$

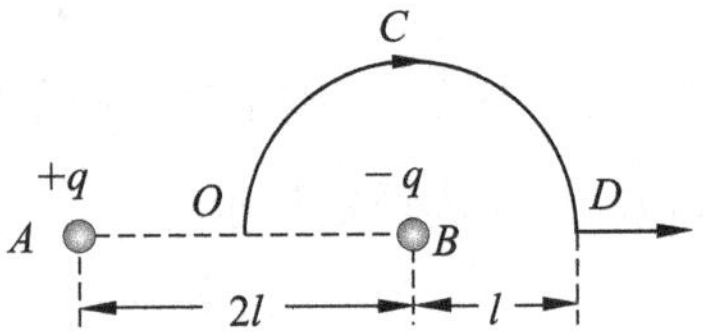

题 8.28 图

(2)电场力做功为

$$A_{D\infty} = -q_0(U_D - U_\infty) = \frac{q}{6\pi\varepsilon_0 l}$$

8.29 如图所示,两均匀带电薄球壳同心放置,半径分别为 a 和 $b(a<b)$,在外球壳半径 b 及内外球壳间的电势差 ΔU 维持恒定的条件下,内球壳半径 a 为多大时才能使内球壳表面附近的电场强度最小?其值等于多少?

解 设内球壳带电量为 q,则内外球壳之间的电势差为

$$\Delta U = \int_a^b \vec{E} \cdot d\vec{l} = \int_a^b \frac{q}{4\pi\varepsilon_0 r^2} dr = \frac{q(b-a)}{4\pi\varepsilon_0 ab}$$

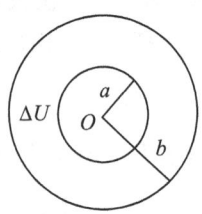

解得 $q = 4\pi\varepsilon_0 ab\Delta U/(b-a)$,所以内球壳表面附近的电场强度大小为

$$E = \frac{q}{4\pi\varepsilon_0 a^2} = \frac{b\Delta U}{a(b-a)}$$

题 8.29 图

依题意,式中 b、ΔU 恒定. 令 $dE/da = 0$,有

$$\frac{dE}{da} = b\Delta U \frac{2a-b}{a^2(b-a)} = 0$$

解得 $a = b/2$. 因 $\left.\dfrac{d^2 E}{da^2}\right|_{a=b/2} = \dfrac{32\Delta U}{b^3} > 0$,表明该处电场强度最小,其值为

$$E_{\min} = \frac{b\Delta U}{a(b-a)} = \frac{4\Delta U}{b}$$

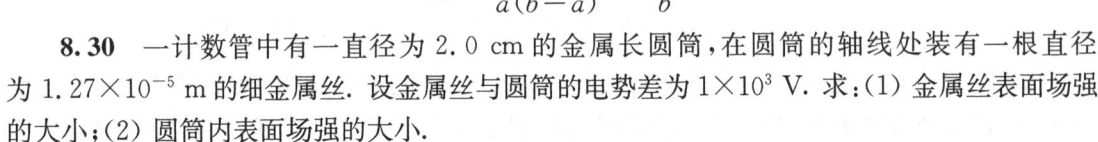

8.30 一计数管中有一直径为 2.0 cm 的金属长圆筒,在圆筒的轴线处装有一根直径为 1.27×10^{-5} m 的细金属丝. 设金属丝与圆筒的电势差为 1×10^3 V. 求:(1) 金属丝表面场强的大小;(2) 圆筒内表面场强的大小.

解 设金属丝半径为 R_1,电荷线密度为 λ,其场强可近似看成无限长带电直线的场

$$E = \frac{\lambda}{2\pi\varepsilon_0 r} \quad (\lambda \text{ 未知})$$

(1)金属丝与圆筒(设半径为 R_2)的电势差为

$$\Delta U = \int E \cdot dr = \int_{R_1}^{R_2} \frac{\lambda}{2\pi\varepsilon_0 r} dr = \frac{\lambda}{2\pi\varepsilon_0} \ln\frac{R_2}{R_1}$$

从上两式中消去 λ 得

$$E = \frac{1}{\ln\dfrac{R_2}{R_1}} \cdot \frac{\Delta U}{r} = 135.9 \times \frac{1}{r}$$

将 $r = R_1 = 1.27\times10^{-5}/2$ 代入得

$$E_1 = 135.9 \times \frac{1\times 2}{1.27\times10^{-5}} = 2.14\times10^7 \text{ (V·m}^{-1}\text{)}$$

(2) 将 $r=R_2=0.02$ m/2 代入得

$$E_2 = 135.9 \times \frac{1\times 2}{0.02} = 13.60\times 10^3 (\text{V}\cdot\text{m}^{-1})$$

8.31 两个同心球面,半径分别为 10 cm 和 30 cm,小球面均匀带有正电荷 1×10^{-8} C,大球面均匀带有正电荷 1.5×10^{-8} C. 求离球心分别为 20 cm 和 50 cm 两点的电势.

解 设大、小球面的半径分别为 R_2 和 R_1,考虑相对球心位矢为 $\vec{r}$ 的点,则由高斯定理得场强分布为

$$\vec{E} = \begin{cases} 0, & 0<r<R_1 \\ \dfrac{1}{4\pi\varepsilon_0}\cdot\dfrac{q_1}{r^3}\vec{r}, & R_1<r<R_2 \\ \dfrac{1}{4\pi\varepsilon_0}\cdot\dfrac{q_1+q_2}{r^3}\vec{r}, & r>R_2 \end{cases}$$

以无穷远处为电势能零点,有

(1) $U_1 = \int_r^{R_2} \dfrac{1}{4\pi\varepsilon_0}\cdot\dfrac{q_1}{r^2}\mathrm{d}r + \int_{R_2}^{\infty} \dfrac{1}{4\pi\varepsilon_0}\cdot\dfrac{q_1+q_2}{r^2}\mathrm{d}r = \dfrac{q_1}{4\pi\varepsilon_0 r} + \dfrac{q_2}{4\pi\varepsilon_0 R_2} = 900$ V.

(2) $U_2 = \int_r^{\infty} \dfrac{1}{4\pi\varepsilon_0}\cdot\dfrac{q_1+q_2}{r^2}\mathrm{d}r = \dfrac{q_1+q_2}{4\pi\varepsilon_0 r} = 450$ V.

8.32 一均匀带电细杆,长 $l=15.0$ cm,线电荷密度 $\lambda=2.0\times 10^{-7}$ C·m^{-1}. 求:(1)细杆延长线上与杆的一端相距 $a=5.0$ cm 处的电势;(2)细杆中垂线上与细杆相距 $b=5.0$ cm 处的电势.

解 (1) 如图(a)所示,取 AB 线为 x 轴,P 点为原点,向左为正方向,以无穷远处为电势能零点,则 P 点的电势为

$$U_P = \int_a^{a+l} \dfrac{\lambda}{4\pi\varepsilon_0}\dfrac{\mathrm{d}x}{x} = \dfrac{\lambda}{4\pi\varepsilon_0}\ln\dfrac{a+l}{a} = 2.5\times 10^3 \text{ V}$$

(2) 如图(b)所示,取 AB 线为 x 轴,AB 的中点 O 为坐标原点,以无穷远处为电势能零点,则 P' 点的电势为

$$U_{P'} = \int_A^B \mathrm{d}U_{P'} = \int_{-l/2}^{+l/2} \dfrac{\lambda}{4\pi\varepsilon_0}\cdot\dfrac{\mathrm{d}x}{\sqrt{x^2+b^2}}$$

$$= \dfrac{\lambda}{4\pi\varepsilon_0}\ln\left[\dfrac{l/2+\sqrt{(l/2)^2+b^2}}{-l/2+\sqrt{(l/2)^2+b^2}}\right]$$

$$= 4.3\times 10^3 \text{ V}$$

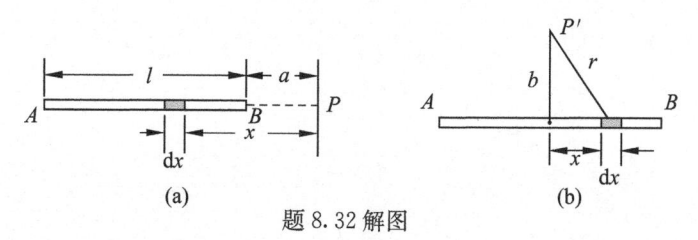

题 8.32 解图

8.33 一无限大平行板电容器. 设 A,B 两板相隔 5.0 cm,板上各带电荷 $\sigma=3.3\times 10^{-6}$ C·m^{-2},A 板带正电,B 板带负电并接地(地的电势为零),如图所示. 求:(1)在两极板之间离 A 板 1.0 cm 处的 P 点的电势;(2)A 板的电势.

解 (1) 面电荷密度为 $+\sigma$ 和 $-\sigma$ 的两无限大平行板间的电场强度为 $E=\sigma/\varepsilon_0$. B 板与 P 点间的距离为 $d_P = 0.05 - 0.01 = 0.04$ (m), P 点的电势, 即 P 点与 B 板的电势差为

$$U_P = Ed_P = \frac{\sigma}{\varepsilon_0}d_P = 1.49 \times 10^4 \text{ V}$$

题 8.33 图

(2) A、B 两板间距离为 $d = 0.05$ m, A 板电势为

$$U_A = Ed = \frac{\sigma}{\varepsilon_0}d = 1.86 \times 10^4 \text{ V}$$

8.34 一圆盘的半径 $R = 8.0 \times 10^{-2}$ m, 均匀带电, 面电荷密度 $\sigma = 2.0 \times 10^{-5}$ C·m^{-2}, 求: (1) 通过盘心且垂直于盘面的轴线上任一点的电势(用该点与盘心的距离 x 表示); (2) 从电场强度和电势梯度的关系, 求该点的电场强度; (3) 计算 $x = 6.0 \times 10^{-2}$ m 处的电势和场强.

解 (1) 如图所示, 设 P 点到圆盘中心的距离为 x, 以无穷远处为电势能零点. 取圆盘上 $r' \sim r' + dr'$ 的圆环为积分元, 该积分元的带电量 $dq = 2\pi\sigma r' dr'$, 在 P 点产生的电势为

$$dU = \frac{dq}{4\pi\varepsilon_0 r}$$

则 P 点的电势为

$$U = \int_0^R \frac{dq}{4\pi\varepsilon_0 r} = \int_0^R \frac{2\pi\sigma r' dr'}{4\pi\varepsilon_0 \sqrt{x^2 + r'^2}}$$

$$= \frac{\sigma}{2\varepsilon_0}(\sqrt{x^2 + R^2} - x)$$

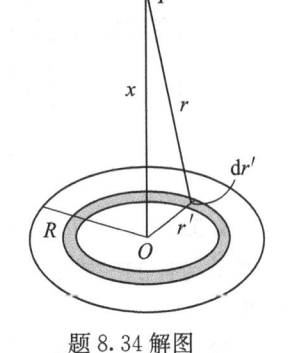

题 8.34 解图

(2) 由于对称性, 场强沿 x 轴指向 x 轴的正方向, 其大小为

$$E = E_x = -\frac{dU}{dx} = \frac{\sigma}{2\varepsilon_0}\left(1 - \frac{x}{\sqrt{x^2 + R^2}}\right)$$

(3) 将 σ、x、R 的数值代入, 得

$$U = 4.5 \times 10^4 \text{ V}, \quad E = 4.5 \times 10^5 \text{ V·m}^{-1}$$

第9章 静电场中的导体与电介质

基本要求

1. 理解导体静电平衡条件,并能用其分析带电导体在静电场中的电荷分布.
2. 理解电容的意义,掌握求电容器电容的方法.
3. 了解电介质的极化机理和电位移矢量 $\vec{D}$ 的概念,理解在各向同性电介质中 $\vec{D}$ 和场强 $\vec{E}$ 的关系. 理解电介质中的高斯定理,并能用其进行简单问题的计算.
4. 理解电能密度概念,会计算一些简单带电体系的电场能量.

一、主要内容

1. 导体的静电平衡

1) 导体的静电平衡条件

电场强度: $E_{内} = 0$,$\vec{E}_{表面} \perp$ 导体表面.

电势: 导体为等势体,导体表面为等势面.

2) 静电平衡时导体上的电荷分布

$$q_{内} = 0, \quad \sigma_{表面} = \varepsilon_0 E_{表面}$$

3) 静电屏蔽

接地的空腔导体能使腔内外的电场互不影响.

2. 电介质的极化

1) 位移极化和取向极化

当有外电场存在时,无极分子电介质产生位移极化,有极分子电介质产生取向极化和位移极化,但以取向极化为主. 两种极化的宏观效果都使均匀电介质的表面出现束缚电荷(若电介质非均匀,则其表面和内部都会出现束缚电荷).

2) 电极化强度

$$\vec{P} = \frac{\sum_i \vec{p}_i}{\Delta V}$$

均匀各向同性电介质中: $\vec{P} = \varepsilon_0(\varepsilon_r - 1)\vec{E}$.

3) 束缚面电荷密度

$\sigma' = \vec{P} \cdot \vec{n} = P\cos\theta$,即 σ' 的量值等于 $\vec{P}$ 沿电介质表面的法向分量.

4) 有电介质时静电场的基本场方程

高斯定理:$\oint_S \vec{D} \cdot d\vec{S} = \sum_{(S内)} q_0.$

均匀各向同性电介质中电位移矢量:$\vec{D} = \varepsilon_0 \varepsilon_r \vec{E} = \varepsilon \vec{E}.$

安培环路定理:$\oint_L \vec{E} \cdot d\vec{l} = 0.$

3. 电容器

1) 电容器的电容

$$C = \frac{q}{U_+ - U_-}, \quad C = \varepsilon_r C_0$$

平行板电容器:$C = \dfrac{\varepsilon_0 \varepsilon_r S}{d} = \dfrac{\varepsilon S}{d}.$

圆柱形电容器:$C = \dfrac{2\pi\varepsilon_0 \varepsilon_r l}{\ln(R_外/R_内)} = \dfrac{2\pi\varepsilon l}{\ln(R_外/R_内)}.$

球形电容器:$C = \dfrac{4\pi\varepsilon_0 \varepsilon_r R_外 R_内}{R_外 - R_内} = \dfrac{4\pi\varepsilon R_外 R_内}{R_外 - R_内}.$

2) 电容器的连接

并联:$C = \sum_{i=1}^{n} C_i$; 串联:$\dfrac{1}{C} = \sum_{i=1}^{n} \dfrac{1}{C_i}.$

4. 静电场的能量

电能密度:$w_e = \dfrac{1}{2} DE.$

电场能量:$W_e = \int_V w_e dV.$

电容器储能:$W_e = \dfrac{Q^2}{2C} = \dfrac{1}{2} CU^2 = \dfrac{1}{2} QU.$

二、典型例题

例 9.1 如图所示,一内半径为 a、外半径为 b 的金属球壳,带有电荷 Q,在球壳空腔内距离球心 r 处有一点电荷 q.设无限远处为电势零点,试求:(1)球壳内外表面上的电荷;(2) 球心 O 点处,由球壳内表面上电荷产生的电势;(3) 球心 O 点处的总电势.

解 (1)由静电感应,金属球壳内表面上有感应电荷 $-q$;因电荷守恒,所以外表面上的电荷为 $q+Q$.

(2)不论球壳内表面上的感应电荷如何分布,因为所有电荷元离 O 点的距离都等于 a,所以,以无穷远处为电势能零点,这些电荷在 O 点产生的电势为

$$U_{-q} = \int \frac{\mathrm{d}q}{4\pi\varepsilon_0 a} = \frac{-q}{4\pi\varepsilon_0 a}$$

(3) 球心 O 处的总电势为分布在球壳内外表面上的电荷及点电荷 q 在 O 点产生电势的代数和，即

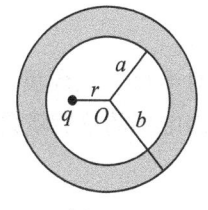

$$\begin{aligned}U_O &= U_q + U_{-q} + U_{Q+q}\\ &= \frac{q}{4\pi\varepsilon_0 r} - \frac{q}{4\pi\varepsilon_0 a} + \frac{Q+q}{4\pi\varepsilon_0 b} = \frac{q}{4\pi\varepsilon_0}\left(\frac{1}{r} - \frac{1}{a} + \frac{1}{b}\right) + \frac{Q}{4\pi\varepsilon_0 b}\end{aligned}$$

例9.1 图

例 9.2 一个圆柱形电容器，内圆筒半径为 R_1，外圆筒半径为 R_2，长为 L ($L \gg R_2 - R_1$)，两圆筒间充有两层相对电容率分别为 ε_{r1} 和 ε_{r2} 的各向同性均匀电介质，其界面半径为 R，如图所示。设内、外圆筒单位长度上带电荷（即电荷线密度）分别为 λ 和 $-\lambda$，求：(1) 电容器的电容；(2) 电容器储存的能量.

解 (1) 根据有介质时的高斯定理，可得两筒之间的电位移为 $D = \lambda/(2\pi r)$. 两层介质中的场强方向均为沿径向向外，大小分别为

$$E_1 = \frac{D}{\varepsilon_0 \varepsilon_{r1}} = \frac{\lambda}{2\pi\varepsilon_0 \varepsilon_{r1} r}$$

$$E_2 = \frac{D}{\varepsilon_0 \varepsilon_{r2}} = \frac{\lambda}{2\pi\varepsilon_0 \varepsilon_{r2} r}$$

两筒间电势差为

$$\begin{aligned}\Delta U &= \int_{R_1}^{R} \vec{E}_1 \cdot \mathrm{d}\vec{r} + \int_{R}^{R_2} \vec{E}_2 \cdot \mathrm{d}\vec{r}\\ &= \frac{\lambda}{2\pi\varepsilon_0 \varepsilon_{r1}} \ln\frac{R}{R_1} + \frac{\lambda}{2\pi\varepsilon_0 \varepsilon_{r2}} \ln\frac{R_2}{R}\\ &= \frac{\lambda[\varepsilon_{r2}\ln(R/R_1) + \varepsilon_{r1}\ln(R_2/R)]}{2\pi\varepsilon_0 \varepsilon_{r1} \varepsilon_{r2}}\end{aligned}$$

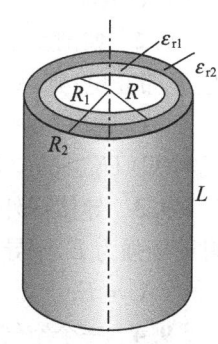

例9.2 图

电容器的电容为

$$C = \frac{Q}{\Delta U} = \frac{\lambda L}{\Delta U} = \frac{2\pi\varepsilon_0 \varepsilon_{r1} \varepsilon_{r2} L}{\varepsilon_{r2}\ln(R/R_1) + \varepsilon_{r1}\ln(R_2/R)}$$

(2) 电容器储存的能量为

$$W = \frac{Q^2}{2C} = \frac{\lambda^2 L[\varepsilon_{r2}\ln(R/R_1) + \varepsilon_{r1}\ln(R_2/R)]}{4\pi\varepsilon_0 \varepsilon_{r1} \varepsilon_{r2}}$$

例 9.3 一半径为 R 的各向同性均匀电介质球，其相对电容率为 ε_r. 球体内有均匀分布正电荷，总电量为 Q. 求介质球内的电场能量.

解 在球内任意半径 r 处作一同心高斯球面. 设该处场强为 E，根据有介质时的高斯定理，有

$$4\pi r^2 D = \frac{Q}{\frac{4}{3}\pi R^3} \cdot \frac{4}{3}\pi r^3 = \frac{Qr^3}{R^3}$$

得到距球心 r 处的电位移为

$$D = \frac{Qr}{4\pi R^3}$$

电场强度为

$$E = \frac{D}{\varepsilon_0 \varepsilon_r} = \frac{Qr}{4\pi\varepsilon_0 \varepsilon_r R^3}$$

电场能量密度为

$$w = \frac{1}{2}\varepsilon_0\varepsilon_r E^2 = \frac{Q^2 r^2}{32\pi^2\varepsilon_0\varepsilon_r R^6}$$

对半径为 r、厚度为 dr 的薄球壳,体积为 $dV = 4\pi r^2 dr$,其中电场能量可视为均匀分布,所以球内电场的总能量为

$$W = \int w dV = \int_0^R \frac{Q^2 r^4}{8\pi\varepsilon_0\varepsilon_r R^6} dr = \frac{Q^2}{40\pi\varepsilon_0\varepsilon_r R}$$

三、习题分析与解答

(一) 选择题和填空题

9.1 半径分别为 R 和 r 的两个金属球,相距很远,用一根细长导线将它们连接起来,并使它们带电.忽略导线的影响,两球表面的面电荷密度之比 σ_R/σ_r 为[　]

(A) R/r. (B) R^2/r^2. (C) r^2/R^2. (D) r/R.

9.2 如图所示,一封闭的导体壳 A 内有两个导体 B 和 C. A、C 不带电,B 带正电,则 A、B、C 三导体的电势 U_A、U_B、U_C 的大小关系是[　]

(A) $U_A = U_B = U_C$. (B) $U_B > U_A = U_C$.
(C) $U_B > U_C > U_A$. (D) $U_B > U_A > U_C$.

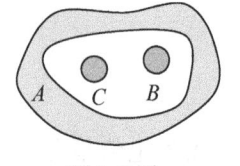

9.3 导体球外充满相对电容率为 ε_r 的均匀电介质,若测得导体表面附近场强为 E,则导体球面上的自由电荷面密度 σ 为[　]

(A) $\varepsilon_0 E$. (B) $\varepsilon_0\varepsilon_r E$. (C) $\varepsilon_r E$. (D) $(\varepsilon_0\varepsilon_r - \varepsilon_0)E$.

9.4 一个空气平行板电容器,充电后断开电源,这时电容器中储存的能量为 W_0,然后在两极板间充满相对电容率为 ε_r 的各向同性均匀电介质,则该电容器中储存的能量为[　]

(A) $\varepsilon_r W_0$. (B) W_0/ε_r. (C) $(1+\varepsilon_r)W_0$. (D) W_0.

9.5 半径为 r 的导体球与半径为 R ($R > r$)的薄导体球壳同心放置.用细导线穿过球壳上的小孔(绝缘)将导体球接地,如图所示.设细导线的唯一作用是使导体球接地,小孔的影响忽略不计.若球壳带电荷 q,则导体球上的电荷 $q' = $ _____.

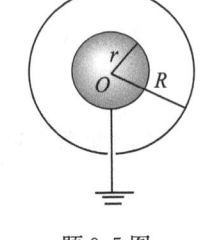

9.6 两个电容器的电容之比 $C_1:C_2 = 1:2$.把它们串联起来接电源充电,它们的电场能量之比 $W_1:W_2 = $ _____;如果是并联起来接电源充电,那么它们的电场能量之比 $W_1:W_2 = $ _____.

答案 9.1 (D); 9.2 (C); 9.3 (B); 9.4 (B). 9.5 $-rq/R$; 9.6 $2:1$;$1:2$.

参考解答

9.1 因为两球用一根细长导线连接,达到静电平衡后为等势体,即

$$\frac{\sigma_r \cdot 4\pi r^2}{4\pi\varepsilon_0 r} = \frac{\sigma_R \cdot 4\pi R^2}{4\pi\varepsilon_0 R}, \quad \frac{\sigma_R}{\sigma_r} = \frac{r}{R}$$

所以选(D).

9.5 设导体球上电荷为 q',由于导体球壳总电荷守恒,所以静电平衡后球壳总带电量仍为 q. 因导体球接地,导体球电势 $U = \dfrac{q'}{4\pi\varepsilon_0 r} + \dfrac{q}{4\pi\varepsilon_0 R} = 0$,可得 $q' = -\dfrac{r}{R}q$.

9.6 电容器串联起来接电源充电,极板电量相等,所以它们的电场能量之比

$$\frac{W_1}{W_2} = \frac{Q^2/(2C_1)}{Q^2/(2C_2)} = \frac{C_2}{C_1} = \frac{2}{1}$$

电容器并联起来接电源充电,电势差相等,所以它们的电场能量之比

$$\frac{W_1}{W_2} = \frac{C_1 U^2/2}{C_2 U^2/2} = \frac{C_1}{C_2} = \frac{1}{2}$$

(二) 问答题和计算题

9.7 有一个带正电的大导体,欲测量其附近一点 P 处的电场强度. 将一带电量为 $q_0(q_0 > 0)$ 的点电荷放在 P 点,测得 q_0 所受的电场力为 F,若 q_0 不是足够小,则比值 F/q_0 与 P 点的电场强度比较,是大、是小,还是正好相等?

答 由于静电感应现象,q_0 的引入会使大导体上的电荷重新分布,一部分正电荷远离 P 点. 根据库仑定律可知这时测得的力 F 小于引入试验电荷时测得的力,所以 F/q_0 比 P 点的场强小.

9.8 已知无限大均匀带电板两侧的电场强度为 $\sigma/(2\varepsilon_0)$,式中 σ 为面电荷密度. 这个公式对于有限大均匀带电板两侧紧邻处的场强也适用,又知道静电平衡条件下导体表面外紧邻处的场强等于 σ/ε_0,试说明两者之间为什么相差一半.

答 设导体表面面元 $\mathrm{d}S$ 上的面电荷密度为 σ,P' 和 P 点紧邻 $\mathrm{d}S$ 面,且分处导体内外两侧,其场强均为 $\mathrm{d}S$ 上电荷产生的场和导体表面除 $\mathrm{d}S$ 以外的其他表面电荷产生的场的叠加. 由于 P 和 P' 分处 $\mathrm{d}S$ 面两侧,因此 $\mathrm{d}S$ 上电荷在 P 和 P' 点产生的场强大小虽均为 $\sigma/(2\varepsilon_0)$,但方向相反,如图为 $\vec{E}_1$ 和 $-\vec{E}_1$. 又因 P 和 P' 点相距很近,所以导体表面除 $\mathrm{d}S$ 以外的其他电荷在 P 和 P' 点产生的场强大小相等,方向相同,均为 $\vec{E}_2$. 根据静电平衡条件,导体内部 P' 点的合场强为零,因此有 $\vec{E}_1 = \vec{E}_2$. 而紧邻外表面处 P 点的合场强为 $\vec{E}_1 + \vec{E}_2 = 2\vec{E}_1$,大小为 σ/ε_0.

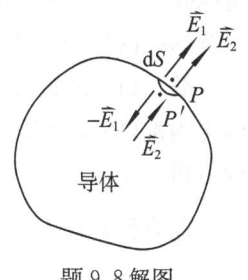

题 9.8 解图

9.9 保持平行板电容器两极板间的电压不变,减小板间距离 d,则极板上的电荷、极板间的电场强度、电容器的电容及电场能量将有何变化?

答 平行电容器的电容 $C = \varepsilon_0 S/d$,d 减少,则电容增大. 电容器电容的定义式为 $C = \frac{Q}{U_A - U_B}$,电压 $U_A - U_B$ 不变,C 增大,极板上所带电荷 Q 也增大. 平行板电容器极板之间的电场强度在忽略边缘效应的情况下为匀强电场,其大小为 $E = \frac{U_A - U_B}{d}$,$U_A - U_B$ 不变,d 减小则场强增大. 能量 $W = \frac{Q}{2}(U_A - U_B)$,电压不变,$Q$ 增大则能量相应增大.

9.10 两个同心金属球壳,壳的厚度忽略不计;内球壳半径为 R_1,带电量为 q;外球壳半径为 R_2,原先不带电,但与地相连. 求空间各点的电场强度和电势.

解 由静电平衡条件可得

$$E_1 = 0, \quad r < R_1$$

根据高斯定理或静电场叠加原理可以求得

$$\vec{E}_2 = \frac{q}{4\pi\varepsilon_0 r^2}\vec{r}^0, \quad R_1 < r < R_2$$

$$E_3 = 0, \quad r > R_2$$

空间各点电势分布由电势定义式求得

$$U_1 = \int_r^{\text{地}} \vec{E}\cdot d\vec{r} = \int_r^{R_1} \vec{E}_1\cdot d\vec{r} + \int_{R_1}^{R_2} \vec{E}_2\cdot d\vec{r} = \frac{q}{4\pi\varepsilon_0}\left(\frac{1}{R_1}-\frac{1}{R_2}\right), \quad r \leqslant R_1$$

$$U_2 = \int_r^{R_2} \vec{E}_2\cdot d\vec{r} = \frac{q}{4\pi\varepsilon_0}\left(\frac{1}{r}-\frac{1}{R_2}\right), \quad R_1 \leqslant r < R_2$$

$$U_3 = 0, \quad r \geqslant R_2$$

9.11 将一个半径为 R 且不带电的金属球放入点电荷 $+q$ 的电场中,若球心与 $+q$ 相距 d,求金属球上的感应电荷在球心产生的电场强度.

解 根据导体静电平衡条件,球心处的电场强度必须为零,因此感应电荷与点电荷 $+q$ 在球心处产生的电场强度大小相等,方向相反,故

$$E = \frac{q}{4\pi\varepsilon_0 d^2}$$

其方向由球心指向点电荷 $+q$.

9.12 在带电量为 q、半径为 R_1 的导体球外,同心地放置一个内外半径分别为 R_2、R_3 的金属球壳.(1) 求外球壳上的电荷及电势分布;(2) 把外球壳接地后再绝缘,求外球壳上的电荷分布及球壳内外的电势分布;(3) 再把内球接地,求内球上的电荷分布及外球壳的电势.

解 (1) 设金属球壳内外表面上所带的电荷分别为 q_2、q_3.由导体静电平衡条件可知金属球壳内部($R_1 < r < R_2$)各点的电场强度处处为零,取球壳内部的任一球面为高斯面,由高斯定理可得

$$q + q_2 = 0, \quad q_2 = -q$$

由电荷守恒定律有

$$q_2 + q_3 = 0$$

$$q_3 = -q_2 = q$$

由均匀带电球面内外的电势分布公式和电势叠加原理,以无穷远处为电势能零点,求得电势分布为

$$U_1 = \frac{q}{4\pi\varepsilon_0}\left(\frac{1}{R_1}-\frac{1}{R_2}+\frac{1}{R_3}\right), \quad r \leqslant R_1$$

$$U_2 = \frac{q}{4\pi\varepsilon_0}\left(\frac{1}{r}-\frac{1}{R_2}+\frac{1}{R_3}\right), \quad R_1 \leqslant r \leqslant R_2$$

$$U_3 = \frac{q}{4\pi\varepsilon_0 r}+\frac{q_2}{4\pi\varepsilon_2 r}+\frac{q_3}{4\pi\varepsilon_0 R_3} = \frac{q}{4\pi\varepsilon_0 R_3}, \quad R_2 \leqslant r \leqslant R_3$$

$$U_4 = \frac{q}{4\pi\varepsilon_0 r}, \quad r \geqslant R_3$$

(2) 接地时,q_3 与由大地传导来的电荷完全中和,球壳外表面净电荷为零.再绝缘后,出现新的静电感应现象.同样用高斯定理可以求得

$$q_2' = -q, \quad q_3' = 0$$

球壳内外的电势分布为

$$U_1' = \frac{q}{4\pi\varepsilon_0}\left(\frac{1}{R_1}-\frac{1}{R_2}\right), \quad r \leqslant R_1$$

$$U'_2 = \frac{q}{4\pi\varepsilon_0}\left(\frac{1}{r} - \frac{1}{R_2}\right), \quad R_1 \leqslant r \leqslant R_2$$

$$U'_3 = 0, \quad R_2 \leqslant r \leqslant R_3$$

$$U'_4 = 0, \quad r \geqslant R_3$$

(3) 内球接地,为使其电势为零应达到新的静电平衡,假若内球带电荷为 q_1,外球壳中出现静电感应现象,达到静电平衡时内、外表面上带电量分别为

$$q''_2 = -q_1$$
$$q''_3 = q_1 - q$$

则由内球接地,所以内球的电势为零. 有

$$\frac{q_1}{4\pi\varepsilon_0}\left(\frac{1}{R_1} - \frac{1}{R_2}\right) + \frac{q_1 - q}{4\pi\varepsilon_0 R_3} = 0$$

解出

$$q_1 = \frac{R_1 R_2 q}{R_2 R_3 - R_1 R_3 + R_1 R_2}$$

外球壳上的电势为

$$U''_3 = \frac{q_1 - q}{4\pi\varepsilon_0 R_3} = \frac{(R_1 - R_2)q}{4\pi\varepsilon_0(R_2 R_3 - R_1 R_3 + R_1 R_2)}$$

9.13 真空中厚度为 d 的带电导体平板的面积为 S(d 远小于板的线度),带电量为 q,当其周围无其他导体时,板内外的电场强度和电势各是多少(设板的电势为零)?

解 电荷 q 均匀分布在板的两个表面上,不计边缘效应,板面上的面电荷密度 $\sigma = q/(2S)$,则平板内的电场强度为零,板面外的电场强度为

$$E_{外} = \frac{\sigma}{\varepsilon_0} = \frac{q}{2\varepsilon_0 S}$$

方向为垂直于平板指向向外.

根据已知条件,平板内的电势为零,平板外,距平板表面为 x 处的电势为

$$U_{外} = \int_x^0 E_{外} \, dx = -\frac{q}{2\varepsilon_0 S}x$$

9.14 如图所示,三个相互平行的导体平板 A、B、C 的面积都是 0.02 m^2. A 与 B 相距 4×10^{-3} m,A 与 C 相距 2×10^{-3} m,B 和 C 两板接地. 若 A 板带正电荷 3×10^{-7} C,求:(1) B、C 两板上的感应电荷;(2) A 板的电势.

解 (1) 静电平衡时,A、B、C 平板上的电荷均匀分布在表面上,设 B、C 上感应电荷的面电荷分别为 q_B 和 q_C,由高斯定理和静电平衡条件,可得 A 板所带电荷

$$q_A = -(q_B + q_C)$$

由于 A、B 板之间和 A、C 板之间电势差相等,故有

$$E_B d_B = E_C d_C \quad \text{或} \quad q_B d_B = q_C d_C$$

式中,$d_B = 4 \times 10^{-3}$ m,$d_C = 2 \times 10^{-3}$ m,所以 $q_C = 2q_B$,于是

$$q_B = -\frac{1}{3}q_A = -1 \times 10^{-7} \text{ C}$$

$$q_C = -\frac{2}{3}q_A = -2 \times 10^{-7} \text{ C}$$

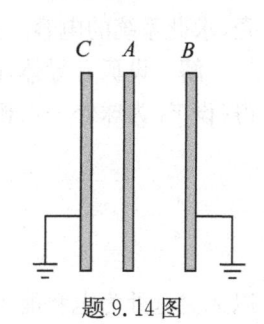

(2) A 板的电势为

题9.14图

$$U_A = U_{AB} = \frac{|q_B|}{\varepsilon_0 S} d_B$$
$$= \frac{1 \times 10^{-7} \times 4 \times 10^{-3}}{0.02 \times 8.85 \times 10^{-12}} = 2.3 \times 10^3 (V)$$

9.15 一平行板空气电容器,两极板间的距离为 5×10^{-3} m,板面积为 1×10^{-2} m^2,以 300 V电源为其充电. 求此电容器的电容,板上的面电荷密度及两极板间的电场强度.

解 由平行板电容器电容的公式
$$C = \frac{\varepsilon_0 S}{d} = \frac{8.85 \times 10^{-12} \times 1 \times 10^{-2}}{5 \times 10^{-3}} = 1.77 \times 10^{-11} (F)$$

根据电容器电容的定义式可得
$$Q = CU_{AB}$$

所以板上面电荷密度
$$\sigma = \frac{Q}{S} = \frac{CU_{AB}}{S} = \frac{\varepsilon_0 U_{AB}}{d} = 5.31 \times 10^{-7} \text{ C·m}^{-2}$$

极板之间的电场,在忽略边缘效应的条件下为匀强电场,所以
$$E = \frac{U_{AB}}{d} = 6 \times 10^4 \text{ V·m}^{-1}$$

9.16 空气中有两根平行的长直导线,相距为 b,它们的横截面半径都等于 a,并有 $b \gg a$,求单位长度上的电容.

解 如图所示,设两导线单位长度上的电荷分别为 $+\lambda$ 和 $-\lambda$,在两导线中心连线上距离带正电荷导线中心为 x 处的电场强度为(此处已设 $b \gg a$,λ 在导线上分布均匀)
$$E = \frac{\lambda}{2\pi\varepsilon_0 x} + \frac{\lambda}{2\pi\varepsilon_0 (b-x)}$$

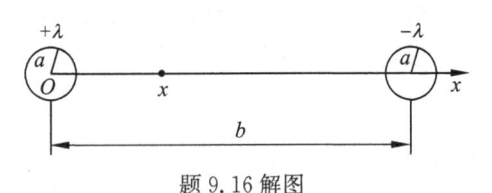

题9.16解图

沿 x 轴的正方向,所以
$$U_A - U_B = \int_a^{b-a} E dx = \frac{\lambda}{2\pi\varepsilon_0} \ln \frac{b-a}{a} - \frac{\lambda}{2\pi\varepsilon_0} \ln \frac{a}{b-a} = \frac{\lambda}{\pi\varepsilon_0} \ln \frac{b-a}{a}$$

由电容器电容的定义式可得单位长度的电容为
$$c = \frac{\lambda}{U_A - U_B} = \frac{\pi\varepsilon_0}{\ln \frac{b-a}{a}} \approx \frac{\pi\varepsilon_0}{\ln \frac{b}{a}}$$

9.17 在半径为 R_1 的孤立导体球外紧套着一个外半径为 R_2,相对电容率为 ε_r 的电介质球壳,求此系统的电容.

解 设孤立导体球带电 q,导体球外空间的电场分布,可用有电介质存在时的高斯定理求得(设 $\vec{r}_0$ 为球外一点相对球心的单位方向矢量)
$$\vec{E}_2 = \frac{q}{4\pi\varepsilon_0 \varepsilon_r r^2} \vec{r}_0, \quad R_1 < r < R_2$$
$$\vec{E}_3 = \frac{q}{4\pi\varepsilon_0 r^2} \vec{r}_0, \quad r > R_2$$

以无穷远处为电势能零点,导体球面的电势为

$$U = \int_{R_1}^{R_2} \vec{E}_2 \cdot \mathrm{d}\vec{r} + \int_{R_2}^{\infty} \vec{E}_3 \cdot \mathrm{d}\vec{r} = \frac{q}{4\pi\varepsilon_0\varepsilon_r}\left(\frac{1}{R_1} - \frac{1}{R_2}\right) + \frac{q}{4\pi\varepsilon_0 R_2}$$

根据孤立导体电容的定义得出

$$C = \frac{q}{U} = \frac{4\pi\varepsilon_0\varepsilon_r R_1 R_2}{R_2 + (\varepsilon_r - 1)R_1}$$

9.18 一平行板空气电容器的两极板相距 d，其间平行插入与极板大小相等、厚度为 $d/2$ 的金属板以后，系统电容的改变量是多少？并证明此改变量与两极间插入金属板的位置无关．

解 如图所示，设极板上分别带电量 $+q$ 和 $-q$，金属板与 A 极距离为 d_1，与 B 极的距离为 d_2，则由高斯定理可知，金属板与 A 板间场强为 $E_1 = \frac{q}{\varepsilon_0 S}$，金属板与 B 板间场强为 $E_2 = \frac{q}{\varepsilon_0 S}$，而金属板内部场强为 $E' = 0$，若设金属板厚度为 t，则两极板间的电势差为

$$\begin{aligned}U_{AB} &= U_A - U_B = E_1 d_1 + E' t + E_2 d_2 \\ &= E_1 d_1 + E_2 d_2 = \frac{q}{\varepsilon_0 S}(d_1 + d_2) \\ &= \frac{q}{\varepsilon_0 S}(d - t)\end{aligned}$$

由此得

$$C = \frac{q}{U_{AB}} = \frac{\varepsilon_0 S}{d - t}$$

当 $t = d/2$ 得电容改变量为

$$\Delta C = \frac{\varepsilon_0 S}{d/2} - \frac{\varepsilon_0 S}{d} = \frac{\varepsilon_0 S}{d}$$

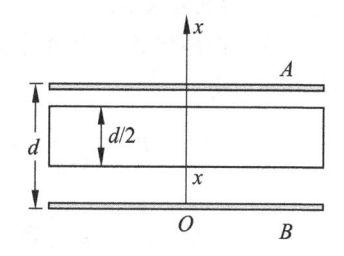

题 9.18 解图

因 C 值与 d、t 有关，与 d_1、d_2 无关，故金属板的安放位置对电容无影响．

另外也可以这样理解，金属板的插入相当于极板间的距离变为 $d/2$，所以插入金属板后电容的改变量为

$$\Delta C = \frac{\varepsilon_0 S}{d/2} - \frac{\varepsilon_0 S}{d} = \frac{\varepsilon_0 S}{d}$$

又证 如图所示，设金属板的一个面与相对的电容器极板距离为 x．此时整个系统变为两个电容器的串联，其总电容为

$$C = \frac{C_1 C_2}{C_1 + C_2} = \frac{\dfrac{\varepsilon_0 S}{x} \cdot \dfrac{\varepsilon_0 S}{d/2 - x}}{\dfrac{\varepsilon_0 S}{x} + \dfrac{\varepsilon_0 S}{d/2 - x}} = \frac{2\varepsilon_0 S}{d}$$

所以

$$\Delta C = \frac{\varepsilon_0 S}{d/2} - \frac{\varepsilon_0 S}{d} = \frac{\varepsilon_0 S}{d}$$

结果与 x 无关．

9.19 有一面积为 S，极板间距离为 d 的平行板电容器，今在极板间平行于极板插入厚度为 $d/3$，面积也是 S，相对电容率为 ε_r 的均匀电介质板．计算系统的电容，并说明上下平移电介质板对系统电容的影响．

解 设极板的面电荷密度为 $\pm\sigma$，略去边缘效应，由高斯定理可知

$$E_1 = \frac{\sigma}{\varepsilon_0}, \quad 无电介质空间$$

$$E_2 = \frac{\sigma}{\varepsilon_0\varepsilon_r}, \quad 有电介质空间$$

若设电介质板的一个表面距离相对极板为 x,则电介质的另一个表面距电容器的另一极板的距离就是

$$d - x - \frac{d}{3} = \frac{2d}{3} - x$$

所以

$$U_A - U_B = E_1 x + E_2 \frac{d}{3} + E_1 \left(\frac{2d}{3} - x\right) = \frac{\sigma d}{3\varepsilon_0 \varepsilon_r} + \frac{2\sigma d}{3\varepsilon_0} = \frac{\sigma d(1 + 2\varepsilon_r)}{3\varepsilon_0 \varepsilon_r}$$

$$C = \frac{q}{U_A - U_B} = \frac{3\varepsilon_0 \varepsilon_r S}{(1 + 2\varepsilon_r)d}$$

x 是任意的,结果与 x 无关,说明上下平移电介质板对系统电容无影响(设电容器水平放置).

9.20 如图所示,平行板电容器的极板面积为 S,极板间距为 d,中间充有厚度分别为 d_1 和 d_2 ($d = d_1 + d_2$) 的两层电介质,其相对电容率分别为 ε_{r1} 和 ε_{r2}. 试计算系统的电容. 如果 $d_1 = d_2$,其电容又是多大?

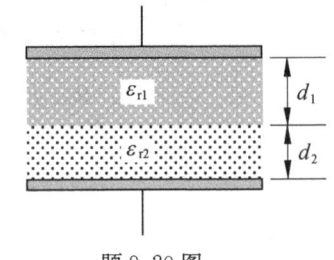

解 设两极板带电量分别为 $+q$、$-q$,略去边缘效应,由高斯定理可得

$$E_1 = \frac{q}{\varepsilon_0 \varepsilon_{r1} S}, \quad \text{第一电介质中}$$

$$E_2 = \frac{q}{\varepsilon_0 \varepsilon_{r2} S}, \quad \text{第二电介质中}$$

两极板间的电场为分区均匀电场,所以两极板间的电势差为

$$U_A - U_B = E_1 d_1 + E_2 d_2 = \frac{q d_1}{\varepsilon_0 \varepsilon_{r1} S} + \frac{q d_2}{\varepsilon_0 \varepsilon_{r2} S}$$

题9.20图

所以

$$C = \frac{q}{U_A - U_B} = \frac{\varepsilon_0 \varepsilon_{r1} \varepsilon_{r2} S}{d_1 \varepsilon_{r2} + d_2 \varepsilon_{r1}}$$

当 $d_1 = d_2 = \frac{d}{2}$ 时,有

$$C = \frac{2\varepsilon_0 \varepsilon_{r1} \varepsilon_{r2} S}{d(\varepsilon_{r1} + \varepsilon_{r2})}$$

9.21 半径为 R_1 的导体球壳和内半径为 R_2 的同心导体球壳构成的电容器内,有一半充满相对电容率为 ε_r 的均匀电介质,另一半为空气,如图所示,求该电容器的电容.

解 设空气区域导体球面上面电荷密度为 $+\sigma_1$,对应的同心球壳面电荷密度为 $-\sigma_1'$,另外一半充满介质部分导体球和同心球壳的面电荷密度分别为 $+\sigma_2$ 和 $-\sigma_2'$;两极间空气部分电位矢量大小为 D_1,场强为 E_1;介质内电位移矢量大小为 D_2,场强为 E_2,场强和电位移矢量方向均沿径向向外. 由高斯定理

$$D_1 \cdot 2\pi r^2 + D_2 \cdot 2\pi r^2 = (\sigma_1 + \sigma_2) \cdot 2\pi R_1^2$$

$$D_1 + D_2 = (\sigma_1 + \sigma_2) \frac{R_1^2}{r^2}$$

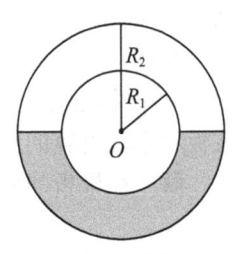

由 $D = \varepsilon_0 \varepsilon_r E$ 得

$$\varepsilon_0 E_1 + \varepsilon_0 \varepsilon_r E_2 = (\sigma_1 + \sigma_2) \frac{R_1^2}{r^2}$$

两极间电势差相等, $\Delta U = \int_{R_1}^{R_2} \vec{E}_1 \cdot d\vec{r} = \int_{R_1}^{R_2} \vec{E}_2 \cdot d\vec{r}$,则有

题9.21图

$$\varepsilon_0 \int_{R_1}^{R_2} E_1 \mathrm{d}r + \varepsilon_0 \varepsilon_r \int_{R_1}^{R_2} E_2 \mathrm{d}r = (\sigma_1 + \sigma_2) \int_{R_1}^{R_2} \frac{R_1^2}{r^2} \mathrm{d}r$$

$$\varepsilon_0 \Delta U + \varepsilon_0 \varepsilon_r \Delta U = (\sigma_1 + \sigma_2) R_1^2 \left(\frac{1}{R_1} - \frac{1}{R_2} \right)$$

$$\Delta U = \frac{(\sigma_1 + \sigma_2) R_1}{\varepsilon_0 (\varepsilon_r + 1) R_2} (R_2 - R_1)$$

由电容器的电容公式得

$$C = \frac{Q}{\Delta U} = \frac{(\sigma_1 + \sigma_2) \cdot 2\pi R_1^2}{\Delta U} = \frac{2\pi \varepsilon_0 (\varepsilon_r + 1) R_1 R_2}{R_2 - R_1}$$

另外,此问题可以看作两个电容器的并联.利用半球形电容器的电容公式,得

$$C_1 = \frac{\varepsilon_r}{2} \frac{4\pi \varepsilon_0 R_1 R_2}{R_2 - R_1}, \quad C_2 = \frac{1}{2} \frac{4\pi \varepsilon_0 R_1 R_2}{R_2 - R_1}$$

因此,系统的总电容为

$$C = C_1 + C_2 = \frac{1 + \varepsilon_r}{2} \frac{4\pi \varepsilon_0 R_1 R_2}{R_2 - R_1}$$

9.22 一圆柱形电容器内充满了两层圆筒形电介质,它们的内半径分别为 R_1 和 R_2($R_1 < R_2$),相对电容率分别为 ε_{r1} 和 ε_{r2},介电强度分别为 E_{m1} 和 E_{m2}. 当 R、ε_r、E_m 满足什么关系时,在电压不断升高的情况下,两层电介质将被同时击穿?

解 用有电介质存在时的高斯定理与 $\vec{D}$、$\vec{E}$ 之间的关系式,能够求出两层圆筒形电介质中的电场强度分别为

$$E_1 = \frac{\lambda}{2\pi \varepsilon_0 \varepsilon_{r1} r}, \quad R_1 < r < R_2$$

$$E_2 = \frac{\lambda}{2\pi \varepsilon_0 \varepsilon_{r2} r}, \quad R_2 < r < R_3$$

式中,λ 为假设电容器每单位长度上的带电量,R_3 为电容器外极板的内半径.$\vec{E}_1$、$\vec{E}_2$ 均沿径向方向.

在电容器两极板之间,r 越小电场越强,所以两层电介质的击穿分别是从 r 等于 R_1 和 R_2 处开始的. 击穿的关系式为

$$\frac{\lambda}{2\pi \varepsilon_0 \varepsilon_{r1} R_1} = E_{m1}, \quad \frac{\lambda}{2\pi \varepsilon_0 \varepsilon_{r2} R_2} = E_{m2}$$

可得同时击穿两层介质,R、ε_r、E_m 满足的关系为

$$\varepsilon_{r1} R_1 E_{m1} = \varepsilon_{r2} R_2 E_{m2}$$

9.23 平行板空气电容器的空气层厚 1.5×10^{-2} m,所接电压为 39.0 kV 时,电容器是否被击穿(设空气的介电强度为 $30.0 \text{ kV} \cdot \text{cm}^{-1}$)?再将一厚 0.3 cm,相对电容率为 7.0,介电强度为 $100.0 \text{ kV} \cdot \text{cm}^{-1}$ 的玻璃片插入电容器中,玻璃片表面与电容器极板平行,这时电容器是否会被击穿?

解 不会被击穿. 因为极板间空气中的场强

$$E = \frac{\Delta U}{d} = \frac{39.0}{1.5 \times 10^{-2}} = 26.0 \times 10^2 (\text{kV} \cdot \text{m}^{-1}) < 30.0 (\text{kV} \cdot \text{cm}^{-1})$$

插入玻璃片后,设所加电压不变,此时玻璃片中场强 $E_2 = E_1/7.0$,其中 E_1 为空气中场强,而

$$E_2 d_2 + E_1 (d - d_2) = \Delta U$$

解得

$$E_1 = \frac{\Delta U}{(d-d_2)+d_2/7} = \frac{39}{1.2+0.3/7}$$
$$= 31.4 \text{ (kV·cm}^{-1}) > 30.0 \text{ (kV·cm}^{-1})$$

所以首先把空气层击穿. 空气层击穿以后, 39.0 kV 的电压全部加到玻璃片上, 使玻璃片内的场强增大到

$$\frac{39.0}{0.3} = 130 \text{ (kV·cm}^{-1})$$

比玻璃的击穿场强 100 kV·cm^{-1} 大得多, 因此立刻也把玻璃片击穿.

9.24 一半径为 R 的导体球带有电量为 Q 的电荷, 球外有一个均匀电介质的同心球壳, 球壳的内、外半径分别为 a 和 b, 相对电容率为 ε_r, 如图(a)所示. 求: (1) 电介质内、外的电场强度和电位移矢量; (2) 电介质内的电极化强度矢量和电介质表面上的极化面电荷密度; (3) 画出电场线图和电位移线图, 并加以比较和讨论; (4) 若在电介质外面罩一半径为 b 的导体薄球壳, 求此导体球壳与里面的导体球构成的电容器的电容.

解 (1) 如图(a)所示, 分成四个区域讨论

$$E_1 = 0, \quad D_1 = 0, \quad r < R$$
$$E_2 = \frac{Q}{4\pi\varepsilon_0 r^2}, \quad D_2 = \frac{Q}{4\pi r^2}, \quad R < r < a$$
$$E_3 = \frac{Q}{4\pi\varepsilon_0\varepsilon_r r^2}, \quad D_3 = \frac{Q}{4\pi r^2}, \quad a < r < b$$
$$E_4 = \frac{Q}{4\pi\varepsilon_0 r^2}, \quad D_4 = \frac{Q}{4\pi r^2}, \quad r > b$$

$\vec{E}$ 和 $\vec{D}$ 均沿径向方向. 若 $Q>0$, 则 $\vec{E}$、$\vec{D}$ 方向均为径向向外; $Q<0$, $\vec{E}$、$\vec{D}$ 方向径向向内. 本题以 $Q>0$ 为例进行讨论.

(2) 由电极化强度矢量与 $\vec{E}$、$\vec{D}$ 的关系式可得

$$\vec{P} = \vec{D}_3 - \varepsilon_0 \vec{E}_3 = \frac{Q}{4\pi r^2}\left(1 - \frac{1}{\varepsilon_r}\right)\vec{r}^0$$

$$\sigma'_a = P_a \cos(\theta_a) = -\frac{Q}{4\pi a^2}\left(1 - \frac{1}{\varepsilon_r}\right)$$

$$\sigma'_b = P_b \cos(\theta_b) = \frac{Q}{4\pi b^2}\left(1 - \frac{1}{\varepsilon_r}\right)$$

(3) 电场线图和电位移线图分别如图(b)和(c)所示. 从图中可以看出, 电场线是不连续的, 电位移线是连续的.

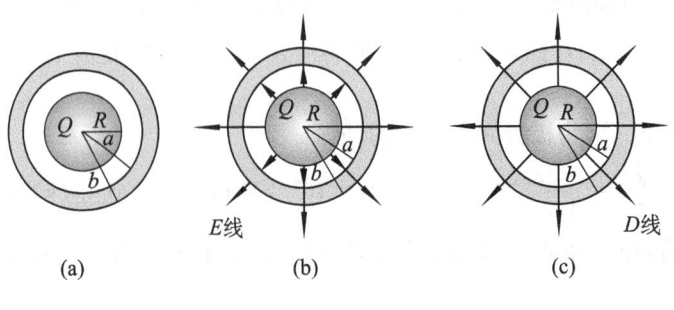

题 9.24 图

(4) $$U_A - U_B = \int_R^a E_2 dr + \int_a^b E_3 dr = \frac{Q}{4\pi\varepsilon_0}\left(\frac{1}{R} - \frac{1}{a}\right) + \frac{Q}{4\pi\varepsilon_0\varepsilon_r}\left(\frac{1}{a} - \frac{1}{b}\right)$$

$$C = \frac{Q}{U_A - U_B} = \frac{4\pi\varepsilon_0\varepsilon_r abR}{b\varepsilon_r(a-R) + R(b-a)}$$

9.25 半径为 R 的介质球，相对电容率为 ε_r，其体电荷密度 $\rho = \rho_0(1 - r/R)$，式中 ρ_0 为常量，r 是球心到球内某点的距离．(1)求介质球内的电位移和场强分布；(2)问在半径 r 多大处场强最大？

解 (1) 因电荷分布的球对称性，所以电位移和场强的方向均沿径向．取半径为 r 的球形高斯面，根据有电介质时的高斯定理，有

$$\oint_S \vec{D} \cdot d\vec{S} = \int_V \rho dV = \int_0^r \rho_0\left(1 - \frac{r}{R}\right)4\pi r^2 dr$$

$$4\pi r^2 D = 4\pi\rho_0\left(\frac{r^3}{3} - \frac{r^4}{4R}\right)$$

可得

$$D = \rho_0\left(\frac{r}{3} - \frac{r^2}{4R}\right), \quad E = \frac{D}{\varepsilon_0\varepsilon_r} = \frac{\rho_0}{\varepsilon_0\varepsilon_r}\left(\frac{r}{3} - \frac{r^2}{4R}\right)$$

若 $\rho_0 > 0$，则 $\vec{E}$、$\vec{D}$ 方向均为径向向外．

(2) 令 $dE/dr = 0$，即

$$\frac{dE}{dr} = \frac{\rho_0}{\varepsilon_0\varepsilon_r}\left(\frac{1}{3} - \frac{r}{2R}\right) = 0$$

得 $r = 2R/3$．又因该处 $d^2E/dr^2 < 0$，故此处场强最大．

9.26 平行板电容器的电容为 10 pF，充电到带电量为 1.0×10^{-8} C，断开电源后，(1) 求极板间的电势差和电场能量；(2) 若把两极板之间的距离拉开到原来的两倍，计算拉开前后电场能量的改变量，并解释其原因；(3) 设极板面积为 1.0×10^{-3} m²，求拉开前后两极板之间的相互作用力．

解 (1) 由电容器电容定义式得

$$U_A - U_B = \frac{Q}{C} = \frac{1.0 \times 10^{-8}}{10 \times 10^{-12}} = 1.0 \times 10^3 (\text{V})$$

电场能量为

$$W = \frac{1}{2}\frac{Q^2}{C} = \frac{1.0 \times 10^{-16}}{2 \times 10 \times 10^{-12}} = 5.0 \times 10^{-6} (\text{J})$$

(2) 由平行板电容器电容的公式，其他条件不变的情况下，d 增大到原来的两倍，电容量将减小到原来的 $1/2$，且此时电量保持不变，所以拉开后电容器的能量为

$$W' = \frac{1}{2}\frac{Q^2}{C/2} = 1.0 \times 10^{-5} \text{ J}$$

电容器极板拉开，前后能量的改变量为

$$\Delta W = W' - W = 5.0 \times 10^{-6} \text{ J}$$

带电电容器的两极板之间相互吸引，要拉开必须克服电场力做功，外力克服电场力所做的功，就等于电场能量的增量．

(3) 设缓慢拉开极板，并保持拉力 F 不变．两极之间的相互作用力与 F 大小相等．根据功能关系，有

$$Fdx = w_e dV = \frac{1}{2}\varepsilon_0 E^2 S dx = \frac{q^2}{2\varepsilon_0 S}dx$$

式中，S，q 为极板面积和所带电量．因此可得

$$F = \frac{q^2}{2\varepsilon_0 S} = 5.6 \times 10^{-3} \text{ N}$$

9.27 平行板电容器极板面积为 S，极板间距离为 d，相对电容率分别为 ε_{r1} 和 ε_{r2} 的两种电介质各充满极板间的一半空间，如图所示．(1)电容器带电后，两种电介质所对的极板上自由电荷面密度是否相等？(2)两种电介质内的 $\vec{E}$ 和 $\vec{D}$ 是否相等？(3)两种电介质内的能量密度是否相等？(4)求此电容器的电容．

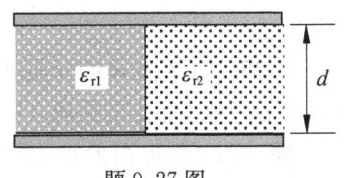

题 9.27 图

答 (1) 不相等．因为由静电平衡条件只能得出两极板之间的电压是相等的．把整个系统看成两个电容器的并联，两个电容器的极板面积都是 $S/2$，极板间的距离都是 d，但极板间填充的电介质不同，所以电容量不相同．由电容器电容的定义知，在电压相同，电容不同的情况下，极板上所带电荷的量不相同，所以电荷密度不相等．

(2) 由有电介质存在时的高斯定理求得极板之间的电位移矢量大小为 $D=\sigma$，所以两种电介质内部的电位移矢量不相等．

由式 $E=\dfrac{U_A-U_B}{d}$ 知在两种电介质内场强是相等的．

(3) 不相等．因为电场能量密度为 $w_e=\dfrac{1}{2}\varepsilon_0\varepsilon_r E^2$，电介质的相对介电常量 ε_r 不同，电场能量密度就不相等．

(4) $C=C_1+C_2=\dfrac{\varepsilon_0\varepsilon_{r1}S/2}{d}+\dfrac{\varepsilon_0\varepsilon_{r2}S/2}{d}=\dfrac{\varepsilon_0(\varepsilon_{r1}+\varepsilon_{r2})S}{2d}$．

9.28 平行板空气电容器的极板面积为 S，在两极板与充电电源相连接（电压为 U）的情况下，使两极板间的距离由 d_1 缓慢拉开到 d_2，必须对系统做多少功（不考虑损耗）？

解 平行板电容器储能增量为

$$\Delta W = \frac{1}{2}C_2U^2 - \frac{1}{2}C_1U^2 = \frac{\varepsilon_0 SU^2(d_1-d_2)}{2d_1d_2}$$

电源做功为

$$A_1 = (Q_2-Q_1)U = (C_2-C_1)U^2 = \frac{\varepsilon_0 SU^2}{d_1d_2}(d_1-d_2)$$

根据功能原理，有

$$A_1 + A_2 = \Delta W$$

其中拉力做功为

$$A_2 = \Delta W - A_1 = -\frac{\varepsilon_0 SU^2(d_1-d_2)}{2d_1d_2}$$

9.29 如图所示，把原来不带电的金属板 B 移近一块已带有正电荷 Q 的金属板 A，且两者平行放置．设两板面积均为 S，相距为 d．在 B 板接地和不接地两种情况下，分别计算两板间的电势差和电场能量．

解 先看 B 板接地的情况．把系统视为平行板电容器，其电容为

$$C = \frac{\varepsilon_0 S}{d}$$

由电容器电容公式可得

$$U_A - U_B = \frac{Q}{C} = \frac{Qd}{\varepsilon_0 S}$$

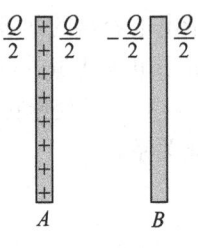

题 9.29 图

电场能量为
$$W = \frac{1}{2}\frac{Q^2}{C} = \frac{Q^2 d}{2\varepsilon_0 S}$$

如果 B 板不接地，A、B 板的两个表面上都带有电荷，可以证明四个表面上所带电量绝对值都是 $Q/2$，B 板内侧为 $-Q/2$，如图所示，则 A、B 板之间的电场强度为
$$E = \frac{\sigma}{\varepsilon_0} = \frac{Q}{2\varepsilon_0 S}$$
所以两板之间的电势差为
$$U_A - U_B = Ed = \frac{Qd}{2\varepsilon_0 S}$$
两板间的电场能量为
$$W = w_e Sd = \frac{1}{2}\varepsilon_0 E^2 Sd = \frac{Q^2 d}{8\varepsilon_0 S}$$

9.30 静电天平的装置如图所示．一空气平行板电容器两极板的面积都是 S，相距为 x，下极板固定，上极板接到天平的一端，当电容器不带电时，天平正好平衡．然后把电压 U 加到电容器的两极上，则天平的另一端须加上质量为 m 的砝码，才能达到平衡，求所加的电压 U.

解 天平平衡时，砝码所受重力与极板所受静电力相等，即
$$\frac{q^2}{2\varepsilon_0 s} = mg$$
此处 $q = CU$，$C = \varepsilon_0 s/x$，代入上式可得
$$U = x\sqrt{\frac{2mg}{\varepsilon_0 s}}$$

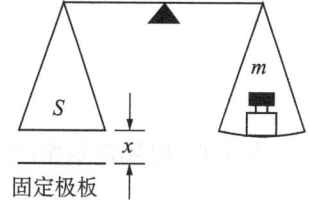

题 9.30 图

9.31 有两个电容器电容均为 C，而带电量分别为 q 和 $2q$，求这两个电容器在并联前后总能量的变化量．

解 并联之前有
$$W_1 = \frac{1}{2}\frac{q^2}{C}, \quad W_2 = \frac{1}{2}\frac{4q^2}{C} = \frac{2q^2}{C}$$
$$W = W_1 + W_2 = \frac{5q^2}{2C}$$
并联之后系统的总能量为
$$W' = \frac{1}{2}\frac{(3q)^2}{2C} = \frac{9q^2}{4C}$$
$$\Delta W = W' - W = -\frac{q^2}{4C}$$
说明由于并联使系统总能量减少了 $q^2/(4C)$.

9.32 半径为 R_1 的薄球壳均匀带电 q，将其半径扩大到 $R_2(R_2 > R_1)$，静电力做了多少功？

解 球面上的电量 q 保持不变．根据功能原理，静电力所做的功等于电场能量的减少．
$$W_1 = \int_{R_1}^{\infty}\frac{1}{2}\varepsilon_0\left(\frac{q}{4\pi\varepsilon_0 r^2}\right)^2 4\pi r^2 \, dr = \frac{q^2}{8\pi\varepsilon_0 R_1}$$
$$W_2 = \frac{q^2}{8\pi\varepsilon_0 R_2} \quad (\text{也可由 } W = \frac{q^2}{2C} \text{ 求得})$$
$$A = W_1 - W_2 = \frac{q^2}{8\pi\varepsilon_0}\left(\frac{1}{R_1} - \frac{1}{R_2}\right)$$

9.33 一电偶极子处于外电场中,设其电偶极矩 $\vec{p}=q\vec{l}$,所在位置的电场强度为 $\vec{E}$,当 $\vec{p}$ 与 $\vec{E}$ 的夹角 θ 取不同值时,问:(1) 如何表示电偶极子的电势能 W?(2) 在什么情况下电势能 W 分别取最小和最大值?最大和最小值分别是多少?

解 (1)假设电偶极子的 $+q$ 和 $-q$ 电荷分别处于电场中的 a、b 两点,则电偶极子的电势能
$$W = qU_a - qU_b = -q(U_b - U_a)$$
因为电偶极子的正负电荷距离很小,在这很小的区域内,电场强度可看作常量,所以
$$U_b - U_a = \int_a^b \vec{E} \cdot d\vec{l} \approx El\cos\theta$$
代入上式得
$$W = -qEl\cos\theta = -Ep\cos\theta = -\vec{E} \cdot \vec{p}$$

(2) 当 $\theta=0$ 时,W 有极小值,$W_{\min}=-Ep$。当 $\theta=\pi$ 时,W 有极大值,$W_{\max}=Ep$。

9.34 计算均匀带电球体的静电能。设球的半径为 R,带电量为 q,球外为真空。

解 均匀带电球体产生的电场强度分布可用高斯定理求出。在距球心 r 处,有
$$E = \begin{cases} \dfrac{qr}{4\pi\varepsilon_0 R^3} & (r < R) \\ \dfrac{q}{4\pi\varepsilon_0 r^2} & (r \geqslant R) \end{cases}$$

相应地,电场能量密度为
$$w_e = \begin{cases} \dfrac{\varepsilon_0}{2}\left(\dfrac{qr}{4\pi\varepsilon_0 R^3}\right)^2 & (r < R) \\ \dfrac{\varepsilon_0}{2}\left(\dfrac{q}{4\pi\varepsilon_0 r^2}\right)^2 & (r \geqslant R) \end{cases}$$

取 $r \sim r+dr$ 的薄球壳,其体积为 $dV=4\pi r^2 dr$。因而静电能为
$$W = \iiint w_e dV = \dfrac{\varepsilon_0}{2}\int_0^R \left(\dfrac{qr}{4\pi\varepsilon_0 R^3}\right)^2 4\pi r^2 dr + \dfrac{\varepsilon_0}{2}\int_R^\infty \left(\dfrac{q}{4\pi\varepsilon_0 r^2}\right)^2 4\pi r^2 dr = \dfrac{3q^2}{20\pi\varepsilon_0 R}$$

第 10 章 恒定电流

基本要求

1. 理解恒定电流产生的条件,掌握电流密度和电动势概念.
2. 掌握欧姆定律和基尔霍夫定律,并能用其进行简单电路的计算.

一、主要内容

1. 电流密度和电流强度

$$\vec{j} = \frac{\mathrm{d}I}{\mathrm{d}S_\perp}\vec{n}, \quad I = \frac{\mathrm{d}q}{\mathrm{d}t} = \int_S \vec{j} \cdot \mathrm{d}\vec{S}$$

2. 电动势

电动势反映非静电力对电荷做功本领的大小.

电源的电动势:$\mathscr{E} = \int_{(电源内)}^{+} \vec{E}_k \cdot \mathrm{d}\vec{l}$.

闭合回路的电动势:$\mathscr{E} = \oint_L \vec{E}_k \cdot \mathrm{d}\vec{l}$.

电源的端电压:$U_+ - U_- = \int_+^- \vec{E} \cdot \mathrm{d}\vec{l}$ (任意路径).

3. 欧姆定律及其微分形式

一段含源电路的欧姆定律:$U_A - U_B = \sum_i (\pm \mathscr{E}_i) + \sum_i (\pm I_i R_i)$.

欧姆定律的微分形式:$\vec{j} = \dfrac{\vec{E}}{\rho} = \gamma \vec{E}$.

4. 焦耳-楞次定律及其微分形式

$$Q = I^2 R t, \quad w = \frac{E^2}{\rho} = \gamma E^2$$

5. 基尔霍夫定律

节点电流方程:$\sum_i I_i = 0$.

回路电压方程:$\sum_i (\pm \mathscr{E}_i) + \sum_i (\pm I_i R_i) = 0$.

二、典型例题

例 10.1 一根高压线着地。已知通过该高压线的电流为 10 A，大地的电导率 $\gamma = 10^{-3}$ S·m^{-1}。若人在离高压线着地点 1 m 处的 a 点至 1.8 m 处的 b 点之间跨步，求其跨步电压。

解法一 从欧姆定律的微分形式出发求解

以高压线着地点为中心，电流径向流过大地，横截面为半球面，如图所示。因电流均匀分布，所以电流密度大小为

$$j = \frac{I}{S} = \frac{I}{2\pi r^2}$$

由欧姆定律的微分形式 $\vec{j} = \gamma \vec{E}$，径向场强大小为

$$E = \frac{j}{\gamma} = \frac{I}{2\pi r^2 \gamma}$$

两脚之间的跨步电压为

$$U_{ab} = \int_a^b \vec{E} \cdot d\vec{l} = \int_{r_a}^{r_b} \frac{I}{2\pi r^2 \gamma} dr = \frac{I}{2\pi \gamma}\left(\frac{1}{r_a} - \frac{1}{r_b}\right)$$

代入 $I = 10$ A，$\gamma = 10^{-3}$ S·m^{-1}，$r_a = 1$ m，$r_b = 1.8$ m，算出

$$U_{ab} = 708 \text{ V}$$

例 10.1 图

解法二 直接用欧姆定律求解

跨步时两脚所在等势面之间的电阻为

$$R_{ab} = \int_{r_a}^{r_b} \frac{dr}{2\pi r^2 \gamma} = \frac{1}{2\pi \gamma}\left(\frac{1}{r_a} - \frac{1}{r_b}\right)$$

由欧姆定律 $U = IR$，可得

$$U_{ab} = IR_{ab} = \frac{I}{2\pi \gamma}\left(\frac{1}{r_a} - \frac{1}{r_b}\right) = 708 \text{ V}$$

例 10.2 在如图所示的电路中，已知 $\mathscr{E}_1 = 24$ V，$r_1 = 2$ Ω，$\mathscr{E}_2 = 12$ V，$r_2 = 1$ Ω，$R = 3$ Ω。试计算：(1)电路中的电流 I；(2)两电池的端电压；(3)电池 $\mathscr{E}_1$ 消耗的化学能功率及其输出的有效功率；(4)输入电池 $\mathscr{E}_2$ 的功率及转变为化学能的功率；(5)外电阻 R 消耗的热功率。

解 (1) 设回路的绕行方向为顺时针方向，电流方向与绕行方向一致，如图所示。根据闭合电路的欧姆定律，有

$$I(R + r_1 + r_2) + \mathscr{E}_2 - \mathscr{E}_1 = 0$$

$$I = \frac{\mathscr{E}_1 - \mathscr{E}_2}{R + r_1 + r_2} = \frac{24 \text{ V} - 12 \text{ V}}{3 \text{ Ω} + 2 \text{ Ω} + 1 \text{ Ω}} = 2 \text{ A}$$

(2) 由 1→$\mathscr{E}_1$→2 计算 U_{12}，由 3→$\mathscr{E}_2$→4 计算 U_{34}。根据一段含源电路的欧姆定律，得

$$U_{12} = U_1 - U_2 = \mathscr{E}_1 - Ir_1 = 24 \text{ V} - 2 \text{ A} \times 2 \text{ Ω} = 20 \text{ V}$$

$$U_{34} = U_3 - U_4 = \mathscr{E}_2 + Ir_2 = 12 \text{ V} + 2 \text{ A} \times 1 \text{ Ω} = 14 \text{ V}$$

U_{12} 也可由 1→3→4→2 计算，U_{34} 也可由 3→1→2→4 计算，读者可自行练习。

例 10.2 图

(3) 根据电动势的定义，当电源中通有电流时，电源做功的功率为

$$P = \frac{dA}{dt} = \mathscr{E}\frac{dq}{dt} = \mathscr{E}I$$

因此，电池 $\mathscr{E}_1$ 消耗的化学能功率为

$$P_{11} = \mathscr{E}_1 I = 24 \text{ V} \times 2 \text{ A} = 48 \text{ W}$$

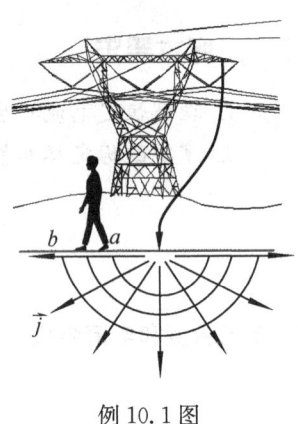

其输出功率
$$P_{12} = IU_{12} = 2 \text{ A} \times 20 \text{ V} = 40 \text{ W}$$
消耗于内阻上的功率
$$P_{13} = I^2 r_1 = 4 \text{ A}^2 \times 2 \text{ }\Omega = 8 \text{ W}$$

(4) 输入电池 $\mathscr{E}_2$ 的功率为
$$P_{21} = IU_{34} = 2 \text{ A} \times 14 \text{ V} = 28 \text{ W}$$
其中变为化学能的功率
$$P_{22} = \mathscr{E}_2 I = 12 \text{ V} \times 2 \text{ A} = 24 \text{ W}$$
消耗于内阻上的功率
$$P_{23} = I^2 r_2 = 4 \text{ A}^2 \times 1 \text{ }\Omega = 4 \text{ W}$$

(5) 外电阻 R 消耗的热功率为
$$P_3 = I^2 R = 4 \text{ A}^2 \times 3 \text{ }\Omega = 12 \text{ W}$$

结果表明，电池 $\mathscr{E}_1$ 消耗的化学能功率等于电池 $\mathscr{E}_2$ 中转变为化学能的功率与消耗在所有电阻上的热功率之和，符合能量守恒．

例 10.3 如图所示，把两个无内阻的直流电源并联起来给一个负载供电．若电源的电动势和各电阻已知，试求每一电源供给的电流 I_1、I_2 和通过负载 R 的电流 I．

解 根据基尔霍夫第一定律，对节点 A（或节点 B）有
$$I - I_1 - I_2 = 0$$
选顺时针方向为回路绕行方向，由基尔霍夫第二定律，对回路Ⅰ和回路Ⅱ分别有
$$-I_1 R_1 + \mathscr{E}_1 - \mathscr{E}_2 + I_2 R_2 = 0$$
$$-I_2 R_2 + \mathscr{E}_2 - IR = 0$$
对以上三个方程联立求解，即得
$$I_1 = \frac{(R_2 + R)\mathscr{E}_1 - R\mathscr{E}_2}{R_1 R_2 + R_1 R + R_2 R}$$
$$I_2 = \frac{(R_1 + R)\mathscr{E}_2 - R\mathscr{E}_1}{R_1 R_2 + R_1 R + R_2 R}$$
$$I = \frac{R_2 \mathscr{E}_1 + R_1 \mathscr{E}_2}{R_1 R_2 + R_1 R + R_2 R}$$

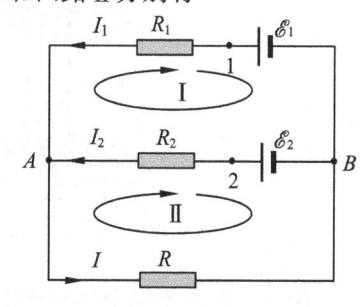

例 10.3 图

> **说　明**
>
> 两个电源不一定同时都向负载供电．现以具体计算结果来说明．
>
> (1) 若 $\mathscr{E}_1 = 220$ V，$\mathscr{E}_2 = 200$ V，$R_1 = R_2 = 10$ Ω，$R = 45$ Ω，则算出各电流分别为 $I_1 = 3.1$ A，$I_2 = 1.1$ A，$I = 4.2$ A．三个电流均为正值，表明图中所设电流方向与实际电流方向一致，显然这时两电源都向负载供电．
>
> (2) 若 $\mathscr{E}_1 = 220$ V，$\mathscr{E}_2 = 200$ V，$R_1 = R_2 = 10$ Ω，$R = 145$ Ω，则算出 $I_1 = 1.7$ A，$I_2 = -0.3$ A，$I = 1.4$ A．此时，I_2 为负值，表明图中所设电流方向与实际电流方向相反，即 I_2 是从第二个电源的正极流入，第一个电源正对它充电．
>
> 上述结果表明，如果两个电源的电动势不等，则两者并联使用时并不一定同时都向负载供电，有可能一个电源输出功率，另一个却接受功率（即处于充电状态），这是两个电源并联使用时应当注意的问题．一般地，如果希望两个（或两个以上）并联使用的电源同时供电，那么应尽可能采用电动势相等的电源．

三、习题分析与解答

(一) 选择题和填空题

10.1 如图所示,在一个长直圆柱形导体外面套一个与它共轴的导体长圆筒,两导体的电导率可以认为是无限大. 在圆柱与圆筒之间充满电导率为 γ 的均匀导电物质,当在圆柱与圆筒间加上一定电压时,在长度为 l 的一段导体上总的径向电流为 I,如图所示,则在柱与筒之间与轴线的距离为 r 的点的电场强度为[ ]

(A) $\dfrac{2\pi r I}{l^2 \gamma}$. (B) $\dfrac{I}{2\pi r l \gamma}$. (C) $\dfrac{Il}{2\pi r^2 \gamma}$. (D) $\dfrac{I\gamma}{2\pi r l}$.

10.2 在如图所示的电路中,两电源的电动势分别为 $\mathscr{E}_1$、$\mathscr{E}_2$,内阻分别为 r_1、r_2,三个负载电阻阻值分别为 R_1、R_2、R,电流分别为 I_1、I_2、I_3,方向如图. 则 A、B 间的电势差 $U_B - U_A$ 为[ ]

(A) $\mathscr{E}_2 - \mathscr{E}_1 - I_1 R_1 + I_2 R_2 - I_3 R$.
(B) $\mathscr{E}_2 + \mathscr{E}_1 - I_1(R_1 + r_1) + I_2(R_2 + r_2) - I_3 R$.
(C) $\mathscr{E}_2 - \mathscr{E}_1 - I_1(R_1 + r_1) + I_2(R_2 + r_2)$.
(D) $\mathscr{E}_2 - \mathscr{E}_1 - I_1(R_1 - r_1) + I_2(R_2 - r_2)$.

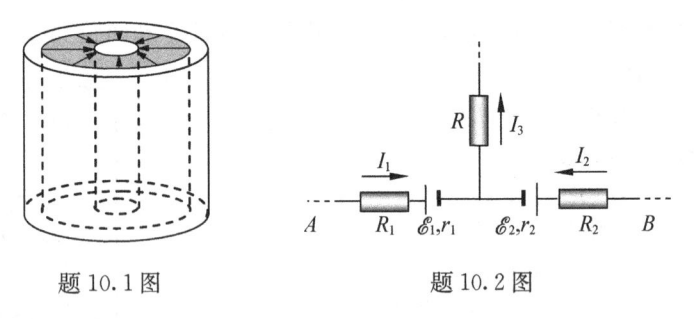

题 10.1 图
题 10.2 图

10.3 两段不同金属导体电导率之比 $\gamma_1/\gamma_2 = 2$,横截面积之比 $S_1/S_2 = 1/4$,将它们串联在一起后两端加上电压 U,则各段导体内电流之比 $I_1/I_2 = $ _____,电流密度之比 $j_1/j_2 = $ _____,导体内场强之比 $E_1/E_2 = $ _____.

10.4 若将电压 U 加在一根电阻率为 ρ、截面直径为 d、长度为 L 的导线的两端,则单位时间内流过导线横截面的自由电子数为_____;若导线中自由电子数密度为 n,则电子平均漂移速率为_____.

10.5 一半径为 R、电导率为 γ 的均匀导线中沿轴向流有电流,电流密度为 kr (k 为常量),r 为导线内某点到轴线的距离,则导线内任意一点的热功率密度为_____,在长度为 l 的导线内单位时间产生的热量为_____.

答案 10.1 (B); 10.2 (C). 10.3 $1:1$, $4:1$, $2:1$; 10.4 $\dfrac{\pi U d^2}{4\rho L e}$, $\dfrac{U}{n\rho L e}$;

10.5 $\dfrac{k^2 r^2}{\gamma}$, $\dfrac{\pi l k^2 R^4}{2\gamma}$.

参考解答

10.1 因为 $j = \gamma E$,又 $j = I/(2\pi r l)$,可得 $E = I/(2\pi r l \gamma)$.

第 10 章 恒定电流

10.3 电阻串联,流过电阻的电流相等,可得 $I_1/I_2=1/1$. 因为 $j=I/S$,所以 $\dfrac{j_1}{j_2}=\dfrac{I_1}{I_2}\cdot\dfrac{S_2}{S_1}=\dfrac{4}{1}$. 又因 $j=\gamma E$,所以 $\dfrac{E_1}{E_2}=\dfrac{j_1}{j_2}\cdot\dfrac{\gamma_2}{\gamma_1}=\dfrac{2}{1}$.

10.4 (1) 因为 $I=\dfrac{\mathrm{d}q}{\mathrm{d}t}=\dfrac{\mathrm{d}N}{\mathrm{d}t}\cdot e$,又 $I=\dfrac{U}{R}$,$R=\rho\dfrac{L}{\pi(d/2)^2}$,可得单位时间内流过导线横截面的自由电子数 $\dfrac{\mathrm{d}N}{\mathrm{d}t}=\dfrac{I}{e}=\dfrac{\pi U d^2}{4\rho L e}$.

(2) 因为 $j=ne\bar{u}$,所以 $\bar{u}=\dfrac{j}{ne}=\dfrac{I}{\pi(d/2)^2 ne}=\dfrac{U}{\rho L ne}$.

10.5 (1) 因为 $w=\gamma E^2$,$j=\gamma E$,所以 $w=j^2/\gamma=k^2r^2/\gamma$.

(2) $Q=\displaystyle\int_{导线}w\cdot\mathrm{d}V=\int_0^R wl\cdot 2\pi r\mathrm{d}r=\dfrac{2\pi lk^2}{\gamma}\int_0^R r^3\mathrm{d}r=\dfrac{\pi l k^2 R^4}{2\gamma}$.

(二) 问答题和计算题

10.6 两个横截面不同、长度相同的铜棒串接在一起,两端加一定的电压 U. 问:(1) 通过两棒的电流强度是否相同?(2) 通过两棒的电流密度是否相同?(3) 两棒内的电场强度是否相同?(4) 它们各自分得的电压是否相等?

答 (1) 电流强度相同;(2) 电流密度不相同;(3) 两棒内的电场强度不同;(4) 它们各自分得的电压不相等.

10.7 (1) 电源的电动势与端电压有什么区别?两者在什么情况下相等?(2) 电源内部的非静电力和静电力有什么不同?(3) 导体中的恒定电场和静电场有何异同之处?(4) 欧姆定律的微分形式在电源中是否适用?

答 (1) 电源电动势 $\mathscr{E}=\displaystyle\int_-^+\vec{E}_k\cdot\mathrm{d}\vec{l}$,表示将单位正电荷经电源内部从负极移到正极时,非静电力做的功. 端电压 $\Delta U=IR$,表示外电路上电势降落.

当外电路断开时($R\to\infty$,$I\to 0$),依 $\mathscr{E}=\Delta U+Ir$,则有 $\mathscr{E}=\Delta U$.

(2) 电源中的非静电力是指静电力以外的其他各种各样的作用力,如化学力、机械力、电磁力等. 依靠这种力做功可以使正、负电荷分离. 而静电力是电荷在静电场中受的电场力,它仅能使正、负电荷中和.

(3) 恒定电场和静电场有许多相似之处,它们都不随时间变化,都具有保守场的性质,服从场强的环路定理和高斯定理. 但是,它们还是有重要区别的,产生恒定电场的电荷分布虽然不随时间改变,但这种分布总伴随着电荷的运动,因此是一种动态平衡的分布,而产生静电场的电荷始终固定不动;在恒定电场中,导体内部场强可以不等于零,而在静电场中的导体达到静电平衡时,其内部场强必为零;电荷运动时,恒定电场力要做功,因此,恒定电场的存在总要伴随着能量的转换,而静电场是由固定电荷产生的,所以维持静电场不需要外界提供能量.

(4) 欧姆定律的微分形式 $\vec{j}=\gamma\vec{E}$ 在电源中不适用. 在电源中应修正为
$$\vec{j}=\gamma(\vec{E}+\vec{E}_k)$$
式中,$\vec{E}_k$ 为非静电场强.

10.8 两段均匀导体组成的电路,其电导率分别为 γ_1 和 γ_2,长度分别为 L_1 和 L_2,导体的截面积均为 S,通过导体的电流强度为 I. 求:(1) 两段导体内的电场强度 E_1 和 E_2 的比值;

(2) 电势差 U_1 和 U_2.

解 （1）由 $j=\dfrac{I}{S}=\gamma E$，得 $E=\dfrac{I}{\gamma S}$. 所以

$$\dfrac{E_1}{E_2}=\dfrac{I/(\gamma_1 S)}{I/(\gamma_2 S)}=\dfrac{\gamma_2}{\gamma_1}$$

（2）由欧姆定律可得

$$U_1=\dfrac{IL_1}{\gamma_1 S}, \quad U_2=\dfrac{IL_2}{\gamma_2 S}$$

10.9 在横截面积 $S=0.17\ \text{mm}^2$ 的铜导线中通过电流 $I=0.025\ \text{A}$，试求电场对电子的作用力（常温下铜导线的电阻率 $\rho=1.7\times 10^{-8}\ \Omega\cdot\text{m}$）.

解 由 $j=\dfrac{I}{S}=\gamma E$，得 $E=\dfrac{I}{\gamma S}=\dfrac{\rho I}{S}$，所以有

$$F=eE=\dfrac{e\rho I}{S}$$

$$=\dfrac{1.6\times 10^{-19}\times 1.7\times 10^{-8}\times 2.5\times 10^{-2}}{0.17\times 10^{-6}}$$

$$=4.0\times 10^{-22}\ (\text{N})$$

10.10 把大地看成均匀的导电介质，电阻率为 ρ. 一半径为 r_0 的半球形电极与大地表面相接，如图所示. 电极本身的电阻可忽略，试求此电极的接地电阻.

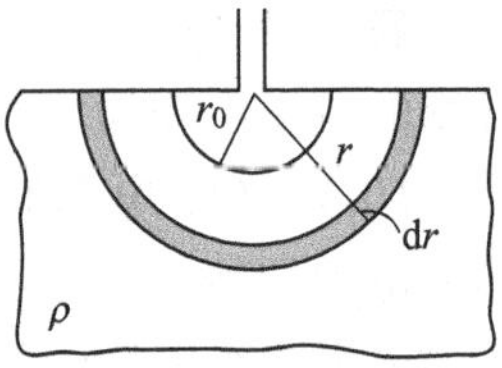

解 取大地中半径为 $r\sim r+\text{d}r$ 的一层薄半球壳，此壳层电阻为

$$\text{d}R=\rho\dfrac{\text{d}r}{2\pi r^2}$$

整个大地电阻为

$$R=\int_{r_0}^{\infty}\rho\dfrac{\text{d}r}{2\pi r^2}=\dfrac{\rho}{2\pi r_0}$$

题 10.10 图

10.11 一铜棒的截面积为 $20\times 80\ \text{mm}^2$，长为 $2\ \text{m}$，两端的电势差为 $50\ \text{mV}$. 已知铜的电导率 $\gamma=5.7\times 10^7\ \text{S}\cdot\text{m}^{-1}$，铜内自由电子的体电荷密度为 $1.36\times 10^{10}\ \text{C}\cdot\text{m}^{-3}$. 求：(1) 铜棒的电阻；(2) 棒中的电流和电流密度；(3) 棒内的电场强度；(4) 棒内电子的漂移速度.

解 （1）铜棒电阻

$$R=\rho\dfrac{L}{S}=\dfrac{L}{\gamma S}=\dfrac{2}{5.7\times 10^7\times 20\times 80\times 10^{-6}}=2.2\times 10^{-5}\ (\Omega)$$

（2）棒中电流强度

$$I=\dfrac{U}{R}=\dfrac{50\times 10^{-3}}{2.2\times 10^{-5}}=2.3\times 10^3\ (\text{A})$$

电流密度

$$j=\dfrac{I}{S}=\dfrac{2.3\times 10^3}{20\times 80\times 10^{-6}}=1.4\times 10^6\ (\text{A}\cdot\text{m}^{-2})$$

（3）棒内电场强度

$$E=j/\gamma=1.4\times 10^6/(5.7\times 10^7)=2.5\times 10^{-2}\ (\text{V}\cdot\text{m}^{-1})$$

（4）电子平均漂移速度

$$\bar{u}=j/(ne)=1.4\times 10^6/1.36\times 10^{10}=1.0\times 10^{-4}\ (\text{m}\cdot\text{s}^{-1})$$

10.12 一电源的电动势为 $\mathscr{E}$，内电阻为 r，均为常量. 将此电源与可变外电阻 R 连接时，电源供给的电流 I 将随 R 改变.(1) 求电源端电压与外电阻 R 的关系；(2) 求电源消耗于外电阻

的功率 P(称为输出功率)与 R 的关系；(3) 欲使电源有最大输出功率，R 应为多大？(4) 电源的能量一部分消耗于外电阻，另一部分消耗于内电阻。外电阻中消耗的功率与电源总的功率之比，称为电源的效率，记作 η。求 η 和 R 的关系。当有最大输出功率时，η 等于多少？

解 (1) 根据闭合电路欧姆定律 $I=\dfrac{\mathscr{E}}{R+r}$，得端电压

$$\Delta U = IR = \dfrac{R\mathscr{E}}{R+r}$$

(2) 输出功率为

$$P = I\Delta U = I^2 R = \dfrac{\mathscr{E}^2 R}{(R+r)^2}$$

(3) 令 $\dfrac{\mathrm{d}P}{\mathrm{d}R} = \dfrac{\mathscr{E}^2}{(R+r)^2} - \dfrac{2R\mathscr{E}^2}{(R+r)^3} = 0$，得当 $R=r$ 时，P 有最大值。

(4) 电源的效率

$$\eta = \dfrac{P}{I\mathscr{E}} = \dfrac{I^2 R}{I\mathscr{E}} = \dfrac{IR}{\mathscr{E}} = \dfrac{R}{R+r}$$

当 $P=P_{\max}$，即 $R=r$ 时，$\eta=50\%$。

10.13 如图所示，有一电缆的芯线是半径 $r_1=0.5$ cm 的铜导线，铜线外包一层同轴绝缘层，绝缘层的外半径 $r_2=1.0$ cm，电阻率 $\rho=1.0\times10^8$ Ω·m。在绝缘层外面又用铅层保护起来，如图所示。(1) 求 100 m 长的这种电缆阻碍径向电流(即在电缆横截面内沿半径方向流动的电流)的电阻；(2) 当芯线与铅层间的电势差为 100 V 时，问 100 m 长的电缆中沿径向漏去的电流为多大？

解 (1) 取半径为 $r\sim r+\mathrm{d}r$，长为 L 的薄圆柱壳层，其电阻为

$$\mathrm{d}R = \dfrac{\rho \mathrm{d}r}{2\pi r L}$$

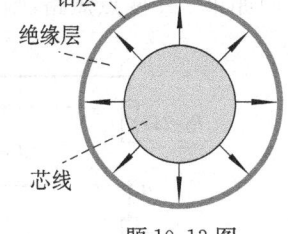

故电缆的径向电阻为

$$R = \int_{r_1}^{r_2} \dfrac{\rho \mathrm{d}r}{2\pi r L} = \dfrac{\rho}{2\pi L} \ln \dfrac{r_2}{r_1}$$

$$= \dfrac{1.0\times 10^8}{2\pi \times 100} \times \ln \dfrac{1.0}{0.5} = 1.1\times 10^5 (\Omega)$$

(2) 径向漏电流为

$$I = \dfrac{\Delta U}{R} = \dfrac{100}{1.1\times 10^5} = 9.1\times 10^{-4} (\mathrm{A})$$

题 10.13 图

10.14 电路如图所示，求图中(a)、(b)两个电路中的电流强度 I 及 a、b 两点间的电势差。

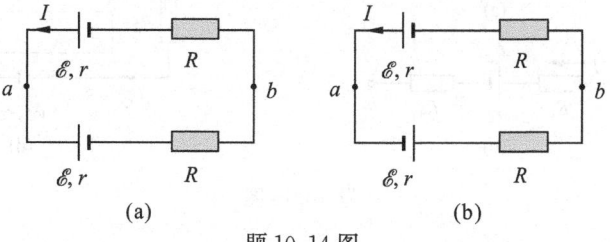

题 10.14 图

解 根据闭合回路欧姆定律

(a) $I = \dfrac{\sum \mathscr{E}_i}{\sum R_i} = \dfrac{\mathscr{E}-\mathscr{E}}{2R+2r} = 0$；$U_{ab}=\mathscr{E}$。

(b) $I = \dfrac{\mathscr{E}+\mathscr{E}}{2R+2r} = \dfrac{\mathscr{E}}{R+r}.$

设顺序方向从 a 经上部电源到 b，依一段含源电路欧姆定律，得

$$U_a - U_b = \mathscr{E} - I(R+r) = \mathscr{E} - \dfrac{\mathscr{E}}{R+r}(R+r) = 0$$

10.15 在如图所示的电路中，$\mathscr{E}_1 = 3$ V，$\mathscr{E}_2 = 1$ V，内阻均可忽略，$R_1 = 12$ Ω，$R_2 = 4$ Ω. 在用导线连通 a、c 前后，通过 R_1 和 R_2 的电流有无变化？

解 连接 a、c 前，依闭合电路欧姆定律

$$I = \dfrac{\mathscr{E}_1 + \mathscr{E}_2}{R_1 + R_2} = \dfrac{3+1}{12+4} = 0.25 \text{ (A)}$$

连接 a、c 后，组成两个回路，分别依基尔霍夫定律，选顺时针方向为绕行方向，设两回路电流分别为 I_1、I_2，且方向分别与回路的绕行方向相同. 得

$$\mathscr{E}_1 - I_1 R_1 = 0$$
$$\mathscr{E}_2 - I_2 R_2 = 0$$

解方程组得

$$I_1 = \dfrac{\mathscr{E}_1}{R_1} = \dfrac{3}{12} = 0.25 \text{ (A)}$$

$$I_2 = \dfrac{\mathscr{E}_2}{R_2} = \dfrac{1}{4} = 0.25 \text{ (A)}$$

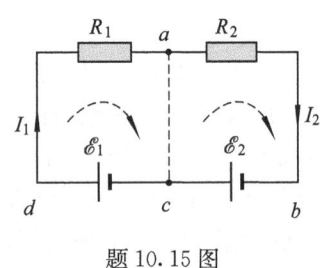

题 10.15 图

所以，连接 a、c 前后电流无变化.

10.16 一电路如图(a)所示.(1)求 a、b 两点间的电势差；(2)求 c、d 两点间的电势差；(3)如果 c、d 两点短路，则 a、b 两点间的电势差是多少？

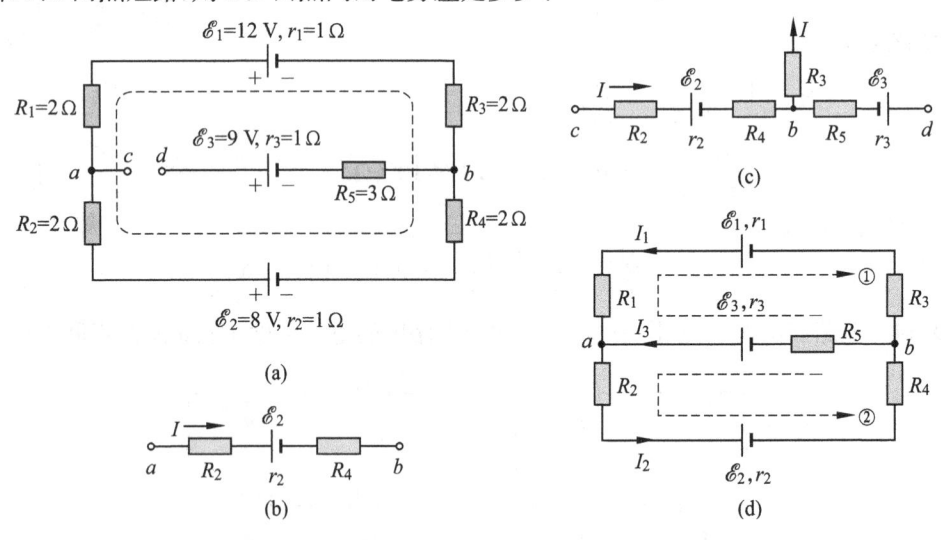

题 10.16 图

解 如图(a)所示，闭合电路 $\mathscr{E}_1 a \mathscr{E}_2 b \mathscr{E}_1$ 中的电流强度

$$I = \dfrac{\sum \mathscr{E}_i}{\sum R_i} = \dfrac{\mathscr{E}_1 - \mathscr{E}_2}{R_1 + R_2 + R_3 + R_4 + r_1 + r_2}$$

代入数据得 $I = 0.4$ A.

(1) 参看图(b),选 $a \to b$ 为顺序方向,根据一段含源电路的欧姆定律,得
$$U_a - U_b = I(R_2 + r_2 + R_4) + \mathscr{E}_2$$
代入数据得
$$U_a - U_b = 10 \text{ V}$$

(2) 如图(c)所示,选 $c \to d$ 为绕行正方向,则
$$U_c - U_d = I(R_2 + R_4 + r_2) + \mathscr{E}_2 - \mathscr{E}_3$$
代入数据得
$$U_c - U_d = U_{cd} = 1.0 \text{ V}$$
或
$$U_{cd} = U_{ad} = U_{ab} + U_{bd} = 10 - 9 = 1.0 \text{ (V)}$$

(3) c、d 两点短路后,假设通过电源的电流方向及回路绕行方向如图(d)所示. 对于节点 a,回路①和回路②,则依基尔霍夫定律,有
$$I_2 - I_1 - I_3 = 0$$
$$-I_1(R_3 + r_1 + R_1) + I_3(r_3 + R_5) + \mathscr{E}_1 - \mathscr{E}_3 = 0$$
$$I_2(R_2 + r_2 + R_4) + I_3(R_5 + r_3) + \mathscr{E}_2 - \mathscr{E}_3 = 0$$
代入已知数据,解以上方程组得
$$I_2 = \frac{21}{65} \text{ A}$$
$$U_a - U_b = I_2(R_2 + r_2 + R_4) + \mathscr{E}_2 = \frac{21}{65}(R_2 + r_2 + R_4) + \mathscr{E}_2 = 9.62 \text{ V}$$

10.17 一电路如图(a)所示. 设 R_1、R_2、R_3 和 $\mathscr{E}$ 都已知,电源内阻和安培计Ⓐ的内阻忽略不计.(1)求通过安培计的电流;(2)证明:电源和安培计的位置互相调换后,安培计的读数不变.

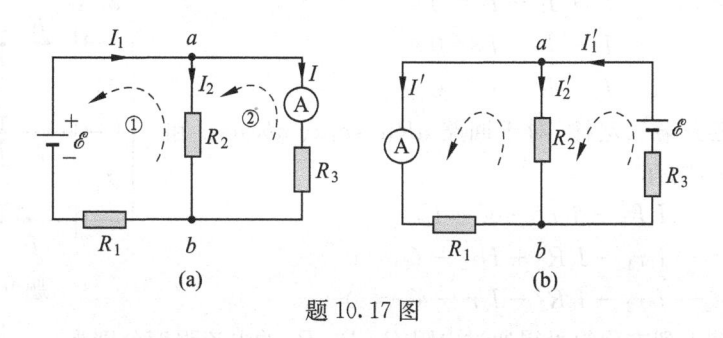

题 10.17 图

解法一

(1) 假设电流方向及回路的绕行方向如图(a)所示,对于节点 b 和回路①②,分别应用基尔霍夫定律可得
$$I_1 - I_2 - I = 0$$
$$\mathscr{E} - I_2 R_2 - I_1 R_1 = 0$$
$$-I R_3 + I_2 R_2 = 0$$
解以上方程组得
$$I = \frac{R_2 \mathscr{E}}{R_1 R_2 + R_1 R_3 + R_2 R_3}$$

(2) 当电源 $\mathscr{E}$ 与安培计的位置互相调换以后,假设各回路中的电流方向及回路的绕行方向如图(b)所示,对于节点 a 和左右两边的回路应用基尔霍夫定律可得

$$-I' - I'_2 + I'_1 = 0$$
$$I'R_1 - I'_2 R_2 = 0$$
$$I'_2 R_2 + I'_1 R_3 - \mathscr{E} = 0$$

解以上方程组得
$$I' = \frac{R_2 \mathscr{E}}{R_1 R_2 + R_1 R_3 + R_2 R_3} = I$$

解法二

(1) 把 R_2 和 R_3 看成并联, 应用闭合回路的欧姆定律得
$$I_1 = \frac{\mathscr{E}}{R_{总}} = \frac{\mathscr{E}}{R_1 + \frac{R_2 R_3}{R_2 + R_3}}$$

$$I = \frac{R_2}{R_2 + R_3} I_1 = \frac{R_2 \mathscr{E}}{R_1 R_2 + R_1 R_3 + R_2 R_3}$$

(2) 同样可得
$$I'_1 = \frac{\mathscr{E}}{R_3 + \frac{R_1 R_2}{R_1 + R_2}}$$

$$I' = \frac{R_2}{R_1 + R_2} I'_1 = \frac{R_2 \mathscr{E}}{R_1 R_2 + R_1 R_3 + R_2 R_3} = I$$

10.18 在如图所示的电路中, 电池的电动势和内阻分别为 $\mathscr{E}_1 = 6.0$ V, $\mathscr{E}_2 = 4.5$ V, $\mathscr{E}_3 = 2.5$ V, $r_1 = 0.2$ Ω, $r_2 = r_3 = 0.1$ Ω, $R_1 = R_2 = 0.5$ Ω, $R_3 = 2.5$ Ω, 电容器的电容 $C_1 = C_2 = 2$ μF. 求通过电阻 R_1、R_2、R_3 中的电流强度以及电容器上所带的电量.

解 设电路中各支路的电流强度如图所示, 对于节点 a、b、c 有
$$I_4 + I_5 - I_1 = 0$$
$$I_6 - I_5 - I_2 = 0$$
$$-I_4 - I_6 + I_3 = 0$$

根据基尔霍夫第二定律, 对于回路 $aR_3 c\mathscr{E}_3 \mathscr{E}_1 a$、$ab\mathscr{E}_2 \mathscr{E}_1 a$ 和 $bc\mathscr{E}_3 \mathscr{E}_2 b$ 三个回路, 则有
$$\mathscr{E}_1 - I_4 R_3 - I_3 r_3 - \mathscr{E}_3 - I_1 r = 0$$
$$\mathscr{E}_1 - I_1 r_1 - I_5 R_1 + I_2 r_2 - \mathscr{E}_2 = 0$$
$$\mathscr{E}_2 - I_2 r_2 - I_6 R_2 - I_3 r_3 - \mathscr{E}_3 = 0$$

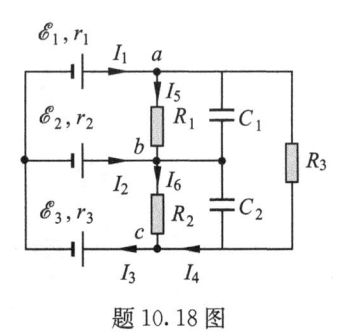

代入已知数据, 解上列方程组可得通过电阻 R_1、R_2、R_3 的电流强度分别为
$$I_5 = 2.0 \text{ A}, \quad I_6 = 3.0 \text{ A}, \quad I_4 = 1.0 \text{ A}$$

电容器上所带的电量为
$$q_1 = C_1 U_1 = C_1 I_5 R_1 = 2.0 \times 10^{-6} \text{ C}$$
$$q_2 = C_2 U_2 = C_2 I_6 R_2 = 3.0 \times 10^{-6} \text{ C}$$

题 10.18 图

第 11 章 真空中的恒定磁场

基本要求

1. 理解磁场的概念,掌握磁感强度的定义;理解毕奥-萨伐尔定律和磁场的叠加原理,能以电流元磁场为基础,熟练计算一些简单电流的磁感强度.

2. 理解恒定磁场中的高斯定理和安培环路定理;能熟练应用安培环路定理计算对称分布电流所产生的磁场的磁感强度.

3. 理解磁矩概念;掌握安培定律和洛伦兹力公式,能分析点电荷在均匀磁场中的受力和运动,会计算简单几何形状的载流导体和载流平面线圈在均匀磁场中或在载流直导线产生的非均匀磁场中所受的力和力矩.

4. 了解霍尔效应及其应用.

一、主 要 内 容

1. 基本定律和基本场方程

毕奥-萨伐尔定律: $\mathrm{d}\vec{B} = \dfrac{\mu_0}{4\pi} \cdot \dfrac{I\mathrm{d}\vec{l} \times \vec{r}^0}{r^2}$.

高斯定理: $\oint_S \vec{B} \cdot \mathrm{d}\vec{S} = 0$,表明磁场是无源场.

安培环路定理: $\oint_L \vec{B} \cdot \mathrm{d}\vec{l} = \mu_0 \sum_{L内} I_i$,表明磁场是涡旋场.

2. 几种典型磁场

直电流的磁场(如图 11.1 所示): $B = \dfrac{\mu_0 I}{4\pi r}(\cos\theta_1 - \cos\theta_2)$.

无限长直电流的磁场: $B = \dfrac{\mu_0 I}{2\pi r}$.

圆电流轴线上的磁场: $B = \dfrac{\mu_0 I R^2}{2(R^2 + x^2)^{3/2}}$.

圆心处磁场: $B = \dfrac{\mu_0 I}{2R}$.

均匀密绕长直螺线管内部的磁场: $B = \mu_0 n I$.

运动电荷的磁场: $\vec{B} = \dfrac{\mu_0}{4\pi} \dfrac{q\vec{v} \times \vec{r}^0}{r^2}$.

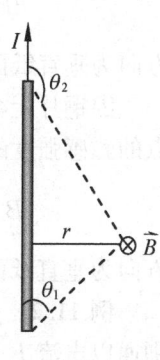

图 11.1

3. 磁场对电流的作用——安培力

载流导线在磁场中受安培力：$\vec{F} = \int I \mathrm{d}\vec{l} \times \vec{B}$.

载流平面线圈在均匀磁场中受磁力矩：$\vec{M} = \vec{p}_\mathrm{m} \times \vec{B} = IS\vec{n} \times \vec{B}$.

磁力的功：$A = \int_{\Phi_1}^{\Phi_2} I \mathrm{d}\Phi$.

4. 磁场对运动电荷的作用——洛伦兹力

$$\vec{f} = q\vec{v} \times \vec{B} \quad (\vec{f} \perp \vec{v}, \text{洛伦兹力不做功})$$

回旋半径、回旋周期、螺距：

$$R = \frac{mv_\perp}{qB}, \quad T = \frac{2\pi m}{qB}, \quad h = v_{/\!/} T = v_{/\!/} \frac{2\pi m}{qB}$$

5. 霍尔效应

在磁场中的载流导体上出现横向电势差的现象称为霍尔效应.

霍尔电势差：$U_\mathrm{H} = R_\mathrm{H} \dfrac{IB}{d} = \dfrac{IB}{nqd}$（$d$ 为磁场方向上导体板的厚度）.

二、典型例题

例 11.1 无限长载流铜片的宽度为 a，厚度可忽略不计. 电流 I 沿铜片均匀分布，P 点与铜片共面，与铜片一边相距为 b，如图所示. 求 P 点的磁感强度.

解 无限长铜片可以看成由无数条无限长直导线组成，所以 P 点的磁感强度就是各无限长载流直导线在该点产生的磁感强度的矢量和.

如图所示，取 $x \sim x+\mathrm{d}x$ 处的窄条电流 $\mathrm{d}I = \dfrac{I}{a}\mathrm{d}x$，该电流在 P 点产生的磁感强度大小为

$$\mathrm{d}B = \frac{\mu_0 \mathrm{d}I}{2\pi(a+b-x)} = \frac{\mu_0 I \mathrm{d}x}{2\pi a(a+b-x)}$$

方向为垂直纸面向里.

因铜片上各长直电流在 P 点产生的磁场方向都相同，故 P 点的磁感强度的大小为

$$B = \int_0^a \frac{\mu_0 I}{2\pi a} \frac{\mathrm{d}x}{(a+b-x)} = \frac{\mu_0 I}{2\pi a} \ln \frac{a+b}{b}$$

方向为垂直纸面向里.

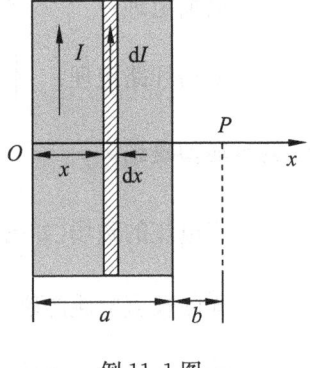

例 11.1 图

例 11.2 如图所示，一无限长直导线与一直角三角形线圈共面（BC 边与直导线平行），分别通以电流 I_1 和 I_2. 试求电流 I_1 对 AC、AB、BC 三边的作用力.

解 (1) I_1 对 AC 段的作用力.

如图所示，AC 段上磁场不均匀，其上距 A 点 l 且与 I_1 相距 r 处的电流元 $I_2 \mathrm{d}\vec{l}$ 受力大小为

$$dF_{AC} = |I_2 d\vec{l} \times \vec{B}| = I_2 dl \frac{\mu_0 I_1}{2\pi r}$$

由几何关系 $r = a + l\cos\theta$,故有 $dl = \dfrac{dr}{\cos\theta}$,可得

$$dF_{AC} = \frac{\mu_0 I_1 I_2}{2\pi r} \frac{dr}{\cos\theta}$$

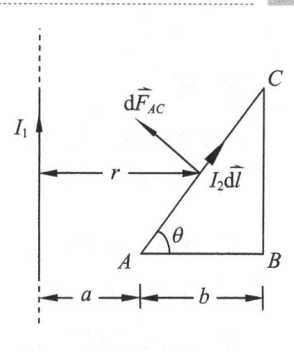

因 AC 上各电流元受力方向都相同(在纸面内垂直于 AC),故合力大小为

$$F_{AC} = \int_a^{a+b} \frac{\mu_0 I_1 I_2 dr}{2\pi r \cos\theta} = \frac{\mu_0 I_1 I_2}{2\pi} \cdot \frac{1}{\cos\theta} \ln\frac{a+b}{a}$$

例 11.2 图

(2) I_1 对 AB 段的作用力.

AB 段上磁场也不均匀,在 AB 段上与 I_1 相距 r 处取长度为 dr 的电流元,其受力大小为

$$F_{AB} = \int_a^{a+b} \frac{\mu_0 I_1}{2\pi r} I_2 dr = \frac{\mu_0 I_1 I_2}{2\pi} \ln\frac{a+b}{a}$$

方向在纸面内垂直于 AB 向下.

(3) I_1 对 BC 段的作用力.

BC 段上的磁场是均匀的,其受力方向在纸面内垂直于 BC 向右,大小为

$$F_{BC} = B_C I_2 b\tan\theta = \frac{\mu_0 I_1 I_2}{2\pi(a+b)} b\tan\theta$$

该三角形载流线圈所受合力有多大?方向如何?读者可自行练习.

例 11.3 空气中有一半径为 r 的无限长圆柱金属导体,在圆柱体内挖去一个直径为 $r/2$ 的圆柱形空洞,空洞侧面与中心轴线 OO' 相切,电流 I 均匀分布,方向沿 OO' 轴向下,如图所示.在距轴线 $3r$ 处有一电子,在中心轴线和空洞轴线所决定的平面内,沿平行于 OO' 轴方向向下以速度 $\vec{v}$ 飞经 P 点.求电子经过 P 点时所受的磁场力.

解 导体柱中的电流密度为

$$j = \frac{I}{\pi r^2 - \pi(r/4)^2} = \frac{16I}{15\pi r^2}$$

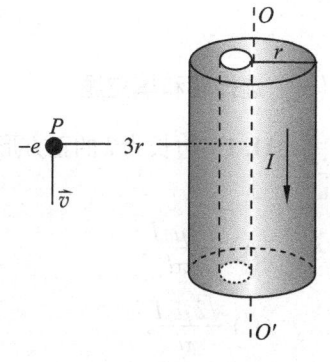

先用上述电流密度的电流补满空洞,根据安培环路定理,可得大圆柱电流在 P 点产生的磁感强度为

$$B_1 = \frac{\mu_0 j(\pi r^2)}{2\pi(3r)} = \frac{\mu_0 jr}{6}$$

方向垂直纸面向里.

再让同样电流密度的反向电流流过空洞,此小圆柱电流在 P 点产生的磁感强度为

$$B_2 = \frac{\mu_0 j \cdot \pi(r/4)^2}{2\pi(3r - r/4)} = \frac{\mu_0 jr}{88}$$

方向垂直纸面向外.

例 11.3 图

P 点的合磁感强度大小应为 $B = B_1 - B_2$,方向垂直纸面向里.电子在该处受洛伦兹力 $\vec{f}_m = -e\vec{v} \times \vec{B}$,大小为

$$f_m = ev(B_1 - B_2) = ev \cdot \frac{41}{264} \mu_0 jr = \frac{82}{495} \frac{\mu_0 Iev}{\pi r}$$

方向在纸面内垂直于 $\vec{v}$ 向左.

> **说明**
> 本题使用补偿法,把求 P 点的磁感强度,转变为求两个无限长载流圆柱体外的磁感强度,使计算变得简单.

例 11.4 如图所示,一匀质圆形细金属环通有电流 I,用细线将此环悬挂后置于磁感强度为 $\vec{B}$ 的均匀磁场中. 已知环的微振动周期为 T,求环的质量.

解 当小环磁矩 $\vec{p}_m$ 的方向偏离 $\vec{B}$ 方向一微小角度 θ 时,其所受磁力矩为

$$M = -p_m B\sin\theta \approx -I\pi R^2 B\theta$$

式中,R 为小环半径."$-$"表示磁力距的作用效果总是使 $\vec{p}_m$ 回到 $\vec{B}$ 的方向.

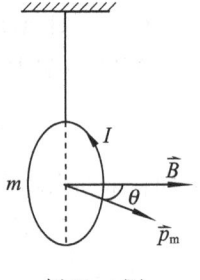

根据转动定律 $M = J\beta$,有

$$-I\pi R^2 B\theta = \frac{1}{2}mR^2 \frac{d^2\theta}{dt^2}$$

小环的运动微分方程为

$$\frac{d^2\theta}{dt^2} = -\frac{2\pi IB}{m}\theta = -\omega^2\theta$$

由此可得微振动周期为

$$T = \frac{2\pi}{\omega} = 2\pi\sqrt{\frac{m}{2I\pi B}}$$

解出小环质量为

$$m = \frac{T^2 IB}{2\pi}$$

例 11.4 图

三、习题分析与解答

(一) 选择题和填空题

11.1 边长为 l 的正方形线圈中通有电流 I,线圈对交线交点处磁感强度大小为 [ ]

(A) $\dfrac{\sqrt{2}\mu_0 I}{2\pi l}$. (B) $\dfrac{\mu_0 I}{2\pi l}$.

(C) $\dfrac{\sqrt{2}\mu_0 I}{\pi l}$. (D) 以上均不对.

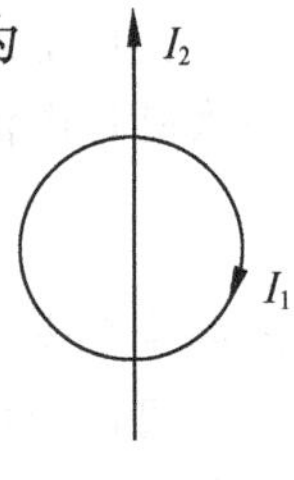

11.2 如图所示,长直电流 I_2 与圆形电流 I_1 共面,并与其直径相重合,但两者间绝缘. 设长直电流不动,则圆形电流将 [ ]

(A) 绕 I_2 旋转. (B) 向左运动.
(C) 向右运动. (D) 向上运动. (E) 不动.

题 11.2 图

11.3 有三个质量相同的质点 a、b、c,带有等量的正电荷,它们从相同的高度自由下落,在下落过程中带电质点 b、c 分别进入如图所示的匀强电场与匀强磁场中. 设它们落到同一水平面的动能分别为 E_a、E_b、E_c,则 [ ]

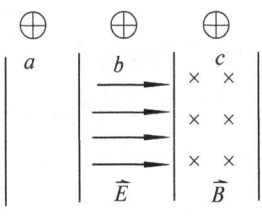

题 11.3 图

(A) $E_a < E_b = E_c$.　　　　(B) $E_a = E_b = E_c$.
(C) $E_b > E_a = E_c$.　　　　(D) $E_b > E_c > E_a$.

11.4 将一根无限长载流导线在一平面内弯成如图所示的形状,并通以电流 I,则圆心 O 点处的磁感应强度 B 的大小为_____.

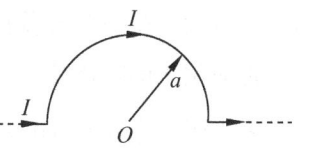

11.5 若磁感应强度 $\vec{B} = (a\vec{i} + b\vec{j} + c\vec{k})$ T,则通过一半径为 R、开口向 z 轴正方向的半球壳表面的磁通量为_____Wb.

提示 将半球壳面加一圆平面组成一闭合曲面,再根据磁场的高斯定理,半球面和圆平面的磁通量之和为零,即可算出.

11.6 如图所示,将半径为 R 的无限长导体薄壁管沿轴向抽去一宽度为 $h(h \ll R)$ 的无限长狭缝后,再使电流沿轴向均匀流过,其面电流密度为 i,则管轴线上磁感应强度的大小是_____.

提示 可用补偿法求解.

11.7 面积相等的载流圆线圈与载流正方形线圈的磁矩之比为 2∶1,圆线圈在其中心处产生的磁感应强度为 $\vec{B}_0$,那么正方形线圈(边长为 a)在磁感强度为 $\vec{B}$ 的均匀外磁场中所受的最大磁力矩为_____.

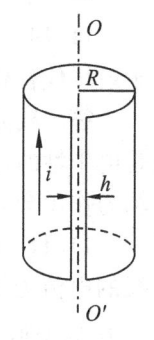

提示 由两线圈面积相等和 $\vec{B}_0$ 可算出圆线圈中的电流、方形线圈的电流,即可求最大磁力矩.

题 11.4 图

题 11.6 图

答案 11.1 (A)；11.2 (C)；11.3 (C). 11.4 $\dfrac{\mu_0 I}{4a}$; 11.5 $-\pi R^2 c$; 11.6 $\dfrac{\mu_0 i h}{2\pi R}$;

11.7 $\dfrac{B_0 B a^3}{\mu_0 \sqrt{\pi}}$.

参考解答

11.6 轴线上磁感应强度可看成是完整的无限长圆筒电流和狭缝处与圆筒电流密度相等但方向相反的无限长线电流产生的磁场的叠加. 计算结果前者为 0,后者为 $\dfrac{\mu_0 i h}{2\pi R}$,叠加后即为 $\dfrac{\mu_0 i h}{2\pi R}$.

11.7 设载流圆线圈与载流正方形线圈的磁矩分别为 $\vec{P}_{m1}$、$\vec{P}_{m2}$,则 $\dfrac{P_{m1}}{P_{m2}} = \dfrac{2}{1}$,又因为它们面积相等,所以 $\dfrac{I_1}{I_2} = \dfrac{2}{1}$. 圆线圈在其中心处产生的磁感应强度 $B_0 = \dfrac{\mu_0 I_1}{2r}$,所以圆线圈的半径 $r = \dfrac{\mu_0 I_1}{2 B_0}$. 因 $S_1 = \pi r^2$, $S_2 = a^2$, 且 $S_1 = S_2$,即 $\pi \left(\dfrac{\mu_0 I_1}{2 B_0}\right)^2 = a^2$,可得 $I_1 = \dfrac{2 a B_0}{\mu_0 \sqrt{\pi}}$, $I_2 = \dfrac{1}{2} I_1 = \dfrac{a B_0}{\mu_0 \sqrt{\pi}}$. 所以,正方形线圈(边长为 a)在磁感强度为 $\vec{B}$ 的均匀外磁场中所受的最大磁力矩为

$$M_2 = P_{m2} B = I_2 S_2 B = \dfrac{a B_0}{\mu_0 \sqrt{\pi}} \cdot a^2 \cdot B = \dfrac{B_0 B a^3}{\mu_0 \sqrt{\pi}}$$

(二) 问答题和计算题

11.8 无限长直电流磁场的磁感应强度公式是 $B = \dfrac{\mu_0 I}{2\pi a}$,当场点无限接近导线,即 $a \to 0$ 时, $B \to \infty$,应当如何理解?

答 长直电流线也是一个理想模型,当 a 与载流导线的直径相比拟时,此载流导线就不能再看成线电流了,上述公式也就不适用了.

11.9 在一个圆形电流的附近取一个圆形的闭合线,两圆平面平行且同轴.现将安培环路定理应用于该闭合线上.由于对称性,圆电流在该闭合线上各点产生的 $\vec{B}$ 的量值应该相等,而且由于闭合线内没有电流流过,因而 $\oint_L \vec{B} \cdot d\vec{l} = B \oint_L dl = 0$,从而得出圆电流附近没有磁场存在的结论,对吗?应如何解释?

答 不对.$\vec{B} \cdot d\vec{l}$ 不等于 Bdl,而是等于 $B\cos\theta dl$,所以上式等于零是 $\cos\theta = 0$ 的结果.

11.10 在静止的电子附近放一根载流金属导线,此时电子是否发生运动?如果以一束电子射线代替载流导线,结果又如何?

答 载流导线附近的磁场对静止的电子无磁力作用,所以电子不发生运动.载流导体对外是电中性的,而电子射线相当于一带负电荷的带电线,周围既存在磁场,也存在电场,电子受电场力作用会运动,有了运动速度以后,也将同时受磁场力作用.

11.11 两根长直平行导线的俯视图如图所示,每根导线的电流为 I,两电流方向相反.试求:(1) x 轴上任意点 P 处 $\vec{B}$ 的大小;(2)在 x 轴上什么位置磁场最强.

解 (1) 如图所示,因相对于 x 轴对称,故

$$B = B_x = \frac{2\mu_0 I \cos\theta}{2\pi\sqrt{a^2+x^2}} = \frac{\mu_0 I a}{\pi(a^2+x^2)}$$

(2) 当 $x=0$ 时,$B = \dfrac{\mu_0 I}{\pi a}$ 为最大值.

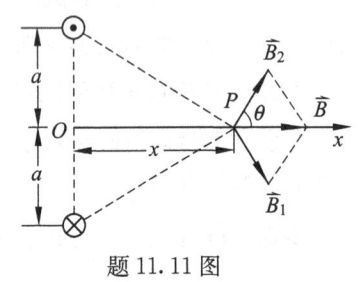

题 11.11 图

11.12 如图所示,被折成钝角的长导线中通有 $I=20$ A 的电流.求 A 点的磁感应强度.设 $a=2.0$ cm,$\varphi=120°$.

解 载流直导线周围的磁场公式为

$$B = \frac{\mu_0 I}{4\pi r}(\cos\theta_1 - \cos\theta_2)$$

对 PO 段,$\theta_1 = 0$,$\theta_2 = 120°$,$r = a\sin60°$.代入上式得

$$B_1 = \frac{\mu_0 I}{4\pi a \sin 60°}(\cos 0° - \cos 120°) = 1.73 \times 10^{-4} \text{ T}$$

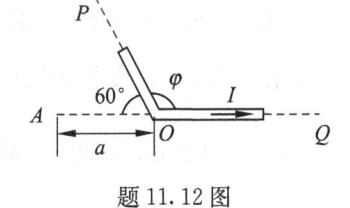

$\vec{B}_1$ 的方向垂直于纸面向里.对 OQ 段,$\theta_1 = \theta_2 = \pi$,$B_2 = 0$,由叠加原理得

$$\vec{B}_A = \vec{B}_1 + \vec{B}_2 = \vec{B}_1$$

所以,$B_A = 1.73 \times 10^{-4}$ T,方向与 $\vec{B}_1$ 相同.

题 11.12 图

11.13 与很远的电源相连的两根长直导线沿铜环的半径方向引向环上的 a、b 两点,如图所示.设圆环由均匀导线弯曲而成,电源电流为 I.求各段载流导线在环心 O 点产生的磁感强度以及 O 点的合磁场的磁感强度.

解 设圆环半径为 r,$\overparen{acb} = l_1$,$\overparen{adb} = l_2$,$l_1 + l_2 = 2\pi r$.
含电源段导线距 O 点很远,O 点又在 $a'a$ 和 bb' 的延长线

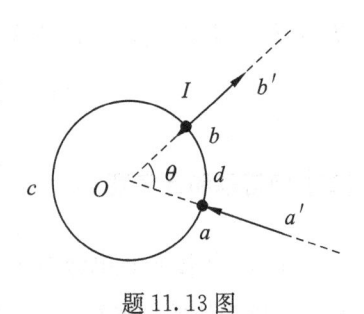

题 11.13 图

上,故这三部分导线的电流在 O 点产生的磁感强度均为零.

根据毕奥-萨伐尔定律可计算得

$$B_{acb} = \frac{\mu_0}{4\pi} \frac{I_{acb} l_1}{r^2}, \quad B_{adb} = \frac{\mu_0}{4\pi} \frac{I_{adb} l_2}{r^2}$$

$\vec{B}_{acb}$ 与 $\vec{B}_{adb}$ 两者方向相反,而

$$I_{acb} = \frac{IR_{adb}}{R_{acb}+R_{adb}} = \frac{l_2}{2\pi r}I$$

$$I_{adb} = \frac{IR_{acb}}{R_{acb}+R_{adb}} = \frac{l_1}{2\pi r}I$$

故

$$B_{acb} = B_{adb} = \frac{\mu_0 I l_1 l_2}{8\pi^2 r^3} = \frac{\mu_0 I}{8\pi^2 r}\theta(2\pi-\theta)$$

$$B = B_{acb} - B_{adb} = 0$$

11.14 两个半径为 R 的线圈平行地放置,相距为 l,并通以相等的同向电流,如图所示. 求:(1) 两线圈中心 O_1 和 O_2 的磁感强度;(2) 距中心 O 点($\overline{O_1 O_2}$ 的中点)为 x 的 P 点的磁感强度;(3) 如线圈间的距离是一变量,证明当 $l=R$ 时(这样的线圈组合称为亥姆霍兹线圈),O 点附近的磁场最为均匀.

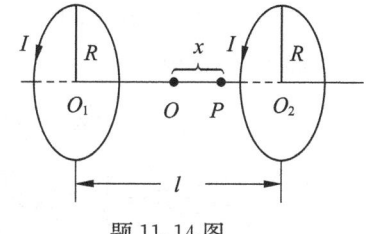

提示 由 $\left.\frac{dB}{dx}\right|_{x=0}=0$ 和 $\left.\frac{d^2B}{dx^2}\right|_{x=0}=0$ 证明之.

题 11.14 图

解 (1) 两圆电流在轴线上各点产生的磁场方向相同,都向右. 由圆电流轴线上各点的磁场公式,得

$$B_1 = \frac{\mu_0 I}{2R} + \frac{\mu_0 R^2 I}{2(R^2+l^2)^{3/2}} = B_2$$

(2) $B = \dfrac{\mu_0 I R^2}{2\left[R^2+\left(\dfrac{l}{2}+x\right)^2\right]^{3/2}} + \dfrac{\mu_0 I R^2}{2\left[R^2+\left(\dfrac{l}{2}-x\right)^2\right]^{3/2}}.$

(3) 由(2)的结果,$B=B(x)$ 是离中心 O 点距离 x 的函数,O 点附近区域磁场最均匀要求 $\left(\dfrac{dB}{dx}\right)_{x=0}=0$,$\left(\dfrac{dB}{dx}\right)$ 的变化 $\left[即\left(\dfrac{d^2B}{dx^2}\right)\right]$,在 $x=0$ 附近最小.

以 $l=R$ 代入 $B(x)$ 表达式,求 $\dfrac{dB}{dx}$ 和 $\dfrac{d^2B}{dx^2}$ 可得

$$\frac{dB}{dx} = \frac{\mu_0 I R^2}{2}\left\{\frac{3\left(\dfrac{R}{2}-x\right)}{\left[R^2+\left(\dfrac{R}{2}-x\right)^2\right]^{5/2}} - \frac{3\left(\dfrac{R}{2}+x\right)}{\left[R^2+\left(\dfrac{R}{2}+x\right)^2\right]^{5/2}}\right\}$$

$$\frac{d^2B}{dx^2} = 6\mu_0 I R^2 \left\{\frac{\left(\dfrac{R}{2}-x\right)^2 - \left(\dfrac{R}{2}\right)^2}{\left[R^2+\left(\dfrac{R}{2}-x\right)^2\right]^{7/2}} - \frac{\left(\dfrac{R}{2}+x\right)^2 - \left(\dfrac{R}{2}\right)^2}{\left[R^2+\left(\dfrac{R}{2}+x\right)^2\right]^{7/2}}\right\}$$

在 $x=0$ 处,有

$$\frac{dB}{dx} = 0, \quad \frac{d^2B}{dx^2} = 0$$

这就表示，当 $l=R$ 时，在 $x=0$ 处，即 O 点附近 B 是最均匀的.

11.15 一螺线管的直径是它轴长的 4 倍，单位长度上的匝数 $n=200$ 匝/cm，通过的电流 $I=0.10$ A，求螺线管轴线上中点和端点处的磁感强度.

解 如图所示，由螺线管磁场公式

$$B = \frac{1}{2}\mu_0 nI(\cos\theta_2 - \cos\theta_1)$$

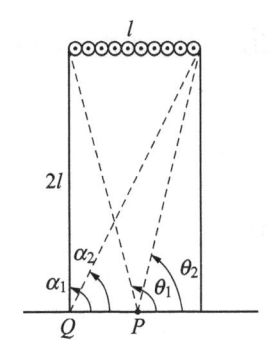

(1) 中点 P 处

$$\cos\theta_2 = \frac{l/2}{\sqrt{\left(\frac{l}{2}\right)^2 + (2l)^2}} = \frac{1}{\sqrt{17}}$$

$$\cos\theta_1 = \cos(\pi - \theta_2) = -\frac{1}{\sqrt{17}}$$

$$B = \frac{1}{2} \times 4\pi \times 10^{-7} \times 2 \times 10^4 \times 0.1 \times \left(\frac{1}{\sqrt{17}} + \frac{1}{\sqrt{17}}\right)$$

$$= 6.1 \times 10^{-4}(\text{T})$$

(2) 端点 Q 处

$$\cos\alpha_1 = \cos\frac{\pi}{2} = 0, \quad \cos\alpha_2 = \frac{l}{\sqrt{l^2 + (2l)^2}} = \frac{1}{\sqrt{5}}$$

$$B = \frac{1}{2} \times 4\pi \times 10^{-7} \times 2 \times 10^4 \times 0.1 \times \frac{1}{\sqrt{5}} = 5.6 \times 10^{-4}(\text{T})$$

题 11.15 解图

P、Q 点 $\vec{B}$ 的方向均向右.

11.16 在半径 $R=1.0$ cm 的无限长半圆柱形金属薄片中，自上而下有电流 $I=5.0$ A 均匀通过，如图(a)所示(下图为俯视图).求其轴线上 O 点的磁感强度.

解 将载流无限长半圆形薄金属片划分成许多无限长的载流直导线.在横截面上 θ 处取宽为 $ds=Rd\theta$ 的长直载流导线，其电流为

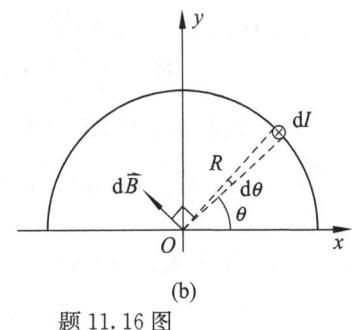

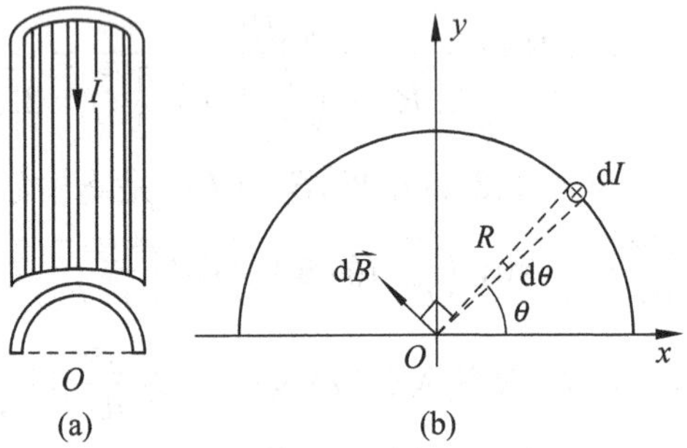

$$dI = \frac{I}{\pi R}ds = \frac{Id\theta}{\pi}$$

它在圆心 O 产生的磁感强度大小为

$$dB = \frac{\mu_0 dI}{2\pi R} = \frac{\mu_0 Id\theta}{2\pi^2 R}$$

方向如图所示.

则整个半圆柱形电流在 O 点产生的磁均为 $\vec{B} = \int d\vec{B}$.

根据对称性可知 $B_y=0$，所以

$$B = B_x = -\int_0^\pi \frac{\mu_0 I}{2\pi^2 R}\sin\theta d\theta = -\frac{\mu_0 I}{\pi^2 R} = -6.37 \times 10^{-5}\text{ T}$$

即 $\vec{B}$ 的大小为 6.37×10^{-5} T，方向与 x 轴正向相反.

题 11.16 图

11.17 如图所示，在厚度为 d 的无限大平板中，均匀通过电流密度为 $\vec{j}$ 的电流，方向垂直纸面向外.试根据长直电流的磁场公式，由磁场叠加原理求距平板对称面为 x_0

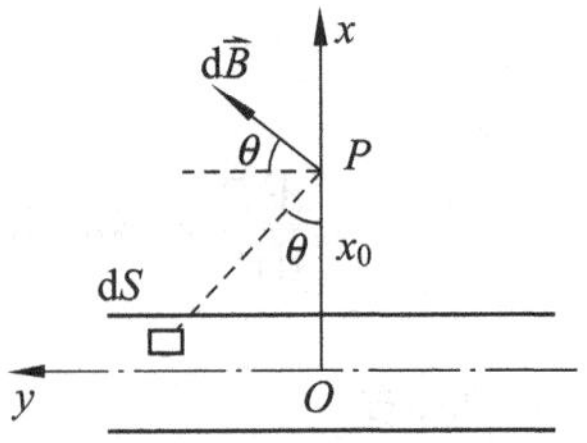

题 11.17 图

第 11 章　真空中的恒定磁场

$\left(|x_0|>\dfrac{d}{2}\right)$ 的 P 点处的磁感强度.

解　无限大平板可视为由很多长直导线组成. 在 (x,y) 处取图示截面为 $\mathrm{d}S=\mathrm{d}x\mathrm{d}y$ 的长直导线,其中电流 $\mathrm{d}I=j\mathrm{d}x\mathrm{d}y$,在 P 点产生的磁感强度大小为

$$\mathrm{d}B=\dfrac{\mu_0}{2\pi}\dfrac{j\mathrm{d}x\mathrm{d}y}{[(x_0-x)^2+y^2]^{1/2}}$$

方向如图所示,则无限大平板在 P 点产生的 $\vec{B}=\int \mathrm{d}\vec{B}$. 由对称性分析可知 $B_x=0$,所以

$$B=B_y=\int \mathrm{d}B_y=\int_{-d/2}^{d/2}\dfrac{\mu_0 j}{2\pi}(x_0-x)\left\{\int_{-\infty}^{+\infty}\dfrac{\mathrm{d}y}{[(x_0-x)^2+y^2]}\right\}\mathrm{d}x=\dfrac{1}{2}\mu_0 jd$$

这说明在无限大均匀平板电流周围空间中,磁场是均匀的,磁感强度大小均为 $\dfrac{1}{2}\mu_0 jd$,方向与电流满足右手螺旋关系.

11.18　半径为 R 的木球上绕有细导线,每圈彼此平行紧密相靠,并以单层盖住半个球面,共有 N 匝. 设导线中通有电流 I,求球心处的磁感应强度.

解　建立如图所示的坐标系,以垂直于 x 轴的平面将球面分割成无数圆环,$\theta \sim \theta+\mathrm{d}\theta$ 范围内的圆环电流在球心 O 处产生的磁感强度大小为

$$\mathrm{d}B=\dfrac{\mu_0 y^2 \mathrm{d}I}{2(x^2+y^2)^{3/2}}=\dfrac{\mu_0 I y^2}{2(x^2+y^2)^{3/2}}\dfrac{2N}{\pi}\mathrm{d}\theta$$

$$=\dfrac{\mu_0 NI\cos^2\theta}{\pi R}\mathrm{d}\theta$$

由于所有圆环电流产生的磁感应强度方向均相同,所以

$$B=\int_0^{\pi/2}\dfrac{\mu_0 NI\cos^2\theta}{\pi R}\mathrm{d}\theta=\dfrac{\mu_0 NI}{4R}$$

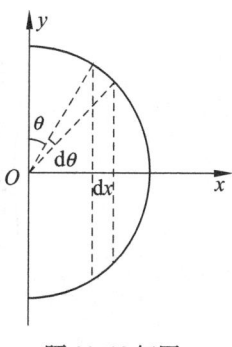

方向沿 x 轴.

题 11.18 解图

11.19　一个半径为 R 的塑料圆盘,带电 q 均匀分布,圆盘绕通过圆心并垂直于盘面的轴转动,角速度为 ω. 求:(1) 半径在 $r\sim r+\mathrm{d}r$ 的圆环的磁矩;(2) 整个圆盘在中心处的磁感强度.

解　(1) 细圆环的磁矩

$$\mathrm{d}P_\mathrm{m}=S\mathrm{d}I=\pi r^2 \dfrac{q\omega}{\pi R^2}r\mathrm{d}r=\dfrac{q\omega}{R^2}r^3\mathrm{d}r$$

(2) 细圆环电流 $\mathrm{d}I$ 在盘中心处产生的磁感强度大小

$$\mathrm{d}B=\dfrac{\mu_0 \mathrm{d}I}{2r}=\dfrac{\mu_0 q\omega}{2\pi R^2}\mathrm{d}r$$

$$B=\int_0^R \dfrac{\mu_0 q\omega}{2\pi R^2}\mathrm{d}r=\dfrac{\mu_0 q\omega}{2\pi R}$$

$\mathrm{d}\vec{P}_\mathrm{m}$ 与 $\vec{B}$ 的方向均垂直于盘面,若 $q>0$,则 $\vec{B}$ 的方向与盘转动方向满足右手螺旋关系,若 $q<0$,则满足负的右手螺旋关系.

11.20　两平行长直导线相距 $d=40$ cm,每根导线载有电流 $I_1=I_2=20$ A,如图所示. 求通过两导线间矩形面积的磁通量($r_1=r_3=10$ cm, $l=25$ cm).

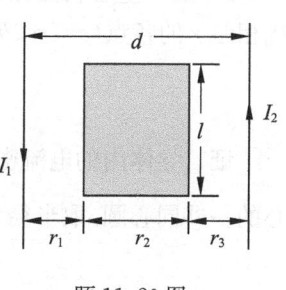

题 11.20 图

解 在两导线所在平面内的两导线之间,距电流 I_1 为 x 处的磁感强度为
$$\vec{B} = \vec{B}_1 + \vec{B}_2$$
设矩形平面的正法向为垂直纸面向外,则通过该面积的磁通量为
$$\Phi = \int_S \vec{B} \cdot d\vec{S} = \int_{r_1}^{r_1+r_2} \left[\frac{\mu_0 I_1}{2\pi x} + \frac{\mu_0 I_2}{2\pi(d-x)}\right] l\, dx$$
$$= \frac{\mu_0 I_1 l}{2\pi} \ln \frac{r_1+r_2}{r_1} + \frac{\mu_0 I_2 l}{2\pi} \ln \frac{d-r_1}{d-r_1-r_2}$$
由于 $d-r_1 = r_1+r_2$, $d-r_1-r_2 = r_1$,则
$$\Phi = \frac{\mu_0 I_1 l}{\pi} \ln \frac{d-r_1}{r_1} = 2.2 \times 10^{-6} \text{ Wb}$$

11.21 一导体由无限多根平行排列的细导线组成,每根导线都无限长,并且各载有电流 I.求证:(1) $\vec{B}$ 线将有如图所示的方向;(2) 该电流平面两侧各处磁感强度的大小均为 $\frac{1}{2}\mu_0 nI$,其中 n 表示单位长度上的导线数目.

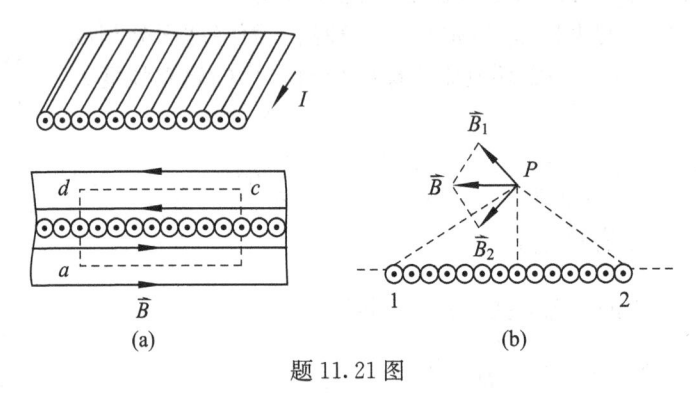

题 11.21 图

证 (1) 如图(b)所示,设 P 为电流平面旁任一点,1、2 为对 P 点对称的两载流细导线.它们在 P 点产生的合磁场方向水平向左.电流平面在 P 点的磁场,就是由这种水平向左的磁场叠加而成,而且对电流平面上方的任何点都是这样.同理,$\vec{B}$ 线在电流平面下方水平向右.

(2) 取图(a)中所示的对电流平面对称的 $abcda$ 矩形环路,由安培环路定理
$$\oint_L \vec{B} \cdot d\vec{l} = B \cdot \overline{ab} + B \cdot \overline{cd} = 2B \cdot \overline{ab} = \mu_0 n \overline{ab} I$$
可得
$$B = \frac{1}{2}\mu_0 nI$$

11.22 空心长圆柱形导体的内、外半径分别为 a 和 b,均匀流过电流 I.求证导体内部与轴线相距 r 的各点 $(a<r<b)$ 的磁感强度为
$$B = \frac{\mu_0 I (r^2-a^2)}{2\pi(b^2-a^2)r}$$

证 导体内的电流密度 $j = \frac{I}{\pi(b^2-a^2)}$.由于电流和磁场分布的对称性,磁感线是以轴为中心的一些同心圆.取半径为 r 的一条磁感线为环路,由安培环路定理得
$$B \cdot 2\pi r = \mu_0 j (\pi r^2 - \pi a^2) = \mu_0 I \left(\frac{r^2-a^2}{b^2-a^2}\right)$$
所以

$$B = \frac{\mu_0 I(r^2 - a^2)}{2\pi(b^2 - a^2)r}$$

11.23 一根长直圆柱形铜导体载有电流 I，均匀分布于截面上. 在导体内部，通过圆柱中心轴线作一平面 S，如图所示. 试计算通过每米长导线内 S 平面的磁通量.

解 由上题结果，令 $a=0$, $b=R$ 便得在导体内部与轴线相距 r 处的磁感强度为

$$B = \frac{\mu_0 I r}{2\pi R^2}$$

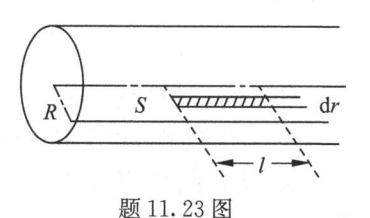

通过距轴 r 处面元（如图所示）的磁通量

$$d\Phi = \vec{B} \cdot d\vec{S} = \frac{\mu_0 I r}{2\pi R^2} l dr$$

题 11.23 图

则通过每米导线内 S 面的磁通量

$$\Phi = \frac{1}{l} \int_S d\Phi = \frac{1}{l} \int_0^R \frac{\mu_0 I r}{2\pi R^2} l dr = \frac{\mu_0 I}{4\pi}$$

11.24 有一根很长的同轴电缆，由两个筒状导体组成，内筒半径为 a，壁厚可略，外筒的内外半径分别为 b 和 c，如图所示. 求通过电流 I 时，此电缆内外各区域磁感强度的大小.

解 作半径为 r 的圆形环路，如图所示. 由安培环路定律可得

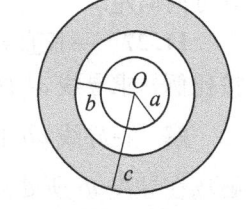

(1) $r < a$ 时，
$$B \cdot 2\pi r = 0, \quad \text{即 } B = 0$$

(2) $a < r < b$ 时，
$$B \cdot 2\pi r = \mu_0 I, \quad \text{即 } B = \frac{\mu_0 I}{2\pi r}$$

(3) $b < r < c$ 时，

题 11.24 图

$$B \cdot 2\pi r = \mu_0 \left(I - I \frac{r^2 - b^2}{c^2 - b^2} \right), \quad \text{即 } B = \frac{\mu_0 I}{2\pi r} \left(1 - \frac{r^2 - b^2}{c^2 - b^2} \right)$$

(4) $r > c$ 时，
$$B \cdot 2\pi r = \mu_0 (I - I), \quad \text{即 } B = 0$$

11.25 在半径为 R 的长直圆柱导体内挖去半径为 $R/2$ 的一部分长圆柱空间，如图所示. 若导体中均匀流过电流密度为 j 的电流，方向垂直纸面向里，求空腔中离空腔中心 $R/4$ 的 P 点的磁感强度.

解 由补偿法求解. 将电流视为两部分，一部分为半径为 R 的实心导体的电流 $I_1 = j\pi R^2$，另一部分为半径为 $R/2$ 的空心导体的电流 $I_2 = j\pi \left(\frac{R}{2}\right)^2$，$I_2$ 与 I_1 方向相反，总电流 $I = I_1 - I_2$ 不变. 空间任一点的磁场可视为这两部分电流分别产生的磁场的矢量和，即

$$\vec{B} = \vec{B}_1 + \vec{B}_2$$

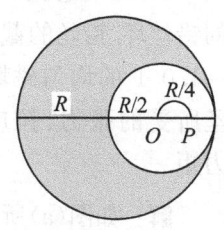

对于实心载流导体内，在离中心 r 处的磁感强度，由安培环路定理有

$$B \cdot 2\pi r = \mu_0 \pi r^2 j, \quad B = \frac{1}{2} \mu_0 j r$$

题 11.25 图

其方向与电流方向满足右手螺旋关系. 所以，大小载流圆柱体在 P 点产生的 B 为

$$B_1 = \frac{1}{2}\mu_0 j\left(\frac{R}{2}+\frac{R}{4}\right), \quad 方向垂直 OP 向下$$

$$B_2 = \frac{1}{2}\mu_0 j\left(\frac{R}{4}\right), \quad 方向垂直 OP 向上$$

P 点磁场

$$B = B_1 - B_2 = \frac{1}{4}\mu_0 jR, \quad 方向垂直 OP 向下$$

11.26 如图所示,在长直导线旁有一矩形线圈,导线中通有电流 $I_1=20$ A,线圈中的电流 $I_2=10$ A,求矩形线圈受到的合磁力.已知 $a=1.0$ cm, $b=9.0$ cm, $l=20$ cm.

解 DE 段和 CF 段所受的磁力大小相等,方向相反,故两者相互抵消.

CD 段受力 $\vec{f}_{CD}$ 方向向左,EF 段受力 $\vec{f}_{EF}$ 方向向右,二者大小相等,因而线圈所受合力为

$$\vec{F} = \vec{f}_{CD} + \vec{f}_{EF}$$

其大小

$$F = f_{CD} - f_{EF} = \frac{\mu_0}{2\pi}I_1 I_2 l\left(\frac{1}{a}-\frac{1}{a+b}\right) = 7.2\times 10^{-4} \text{ N}$$

其方向向左.

题 11.26 图

11.27 一长直导线通有电流 $I=20$ A,旁边放一导线 ab,通有电流 $I_1=10$ A,如图所示(未按比例).求导线 ab 所受的作用力及对 O 点的力矩.

解 在导线 ab 上距 O 点 x 处取微元 $x\sim x+\mathrm{d}x$,即电流元 $I_1\mathrm{d}\vec{l}$,$\mathrm{d}l=\mathrm{d}x$.电流 I 所产生的磁场在导线 ab 所处范围内都垂直于纸面向里,而且与 $I_1\mathrm{d}\vec{l}$ 垂直,所以

$$\mathrm{d}F = |I_1\mathrm{d}\vec{l}\times\vec{B}| = I_1 B\mathrm{d}x = \frac{\mu_0 II_1}{2\pi x}\mathrm{d}x$$

$$F = \frac{\mu_0 II_1}{2\pi}\int_{x_a}^{x_b}\frac{\mathrm{d}x}{x} = \frac{\mu_0 II_1}{2\pi}\ln\frac{x_b}{x_a} = 9.2\times 10^{-5} \text{ N}$$

方向在纸面内垂直 ab 向上.

对 O 点的力矩为

$$\mathrm{d}M = x\mathrm{d}F = \frac{\mu_0 II_1}{2\pi}\mathrm{d}x$$

$$M = \frac{\mu_0 II_1}{2\pi}\int_{x_a}^{x_b}\mathrm{d}x = \frac{\mu_0 II_1}{2\pi}(x_b - x_a) = 3.6\times 10^{-6} \text{ N·m}$$

方向垂直纸面向外.

题 11.27 图

11.28 电流 $I=7.0$ A,流过一直径 $D=10$ cm 的铅丝环.铅丝的截面积 $S=0.70$ mm^2,此环放在 $B=1.0$ T 的均匀磁场中,磁场与环的平面垂直,求铅丝所受的张力、拉应力(单位面积上的张力)和磁力矩.

解 如图(a)所示,$\theta\sim\theta+\mathrm{d}\theta$ 处的电流元 $I\mathrm{d}\vec{l}$ 受力为

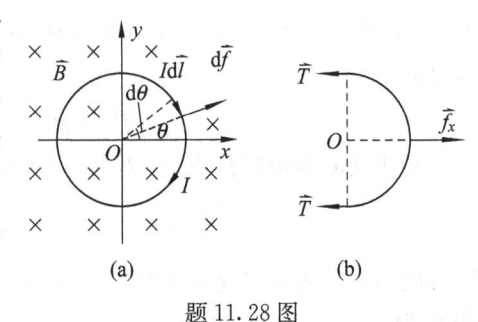

$$\mathrm{d}f = BI\mathrm{d}l$$

题 11.28 图

方向沿半径向外. $dl = Rd\theta$, 右半圆环所受磁力

$$f_x = \int df\cos\theta = \int_{-\frac{\pi}{2}}^{\frac{\pi}{2}} BIR\cos\theta d\theta = 2BIR$$

由对称性, $f_y = 0$.

设铅丝所受张力为 T, 取半圆环为隔离体, 如图(b)所示. 受力平衡时有

$$2T - f_x = 0$$

所以

$$T = \frac{f_x}{2} = BIR = 0.35 \text{ N}$$

拉应力为

$$T/S = 5.0 \times 10^5 \text{ N} \cdot \text{m}^{-2}$$

根据

$$\vec{M} = \vec{P}_m \times \vec{B}$$

得

$$M = P_m B \sin 0° = 0$$

即线圈所受磁力矩为零.

11.29 证明:任意形状的载流线圈在均匀磁场中所受的合力为零.

证 设磁场沿 x 轴方向, $\vec{B} = B\vec{i}$. 由安培定律得载流线圈上任一电流元 $Id\vec{l}$ 所受磁场力为

$$d\vec{F} = Id\vec{l} \times \vec{B} = I(dx\vec{i} + dy\vec{j} + dz\vec{k}) \times B\vec{i} = IB(-dy\vec{k} + dz\vec{j})$$

整个线圈所受到的合力

$$\vec{F} = \oint_l d\vec{F} = IB\oint_l (-dy\vec{k} + dz\vec{j}) = 0$$

11.30 长直铜导线中部被弯成边长为 l 的正方形的三边, 可以绕与所缺正方形一边重合的水平轴 OO' 转动, 如图所示. 导线放在方向铅直向上的均匀磁场 $\vec{B}$ 中, 当导线中的电流为 I 时, 导线离开原来铅直位置偏转一角度 α 而平衡, 求载流导线对 OO' 轴的重力矩的大小.

解 载流导线在磁场中因受重力矩 $\vec{M}_g$ 和磁力矩 $\vec{M}_m$ 而平衡. 因为 Oa、bO' 段所受磁力矩为零, 所以载流导线所受磁力矩为

$$M_m = IBl^2\cos\alpha$$

方向沿 $\overrightarrow{O'O}$. 上述力磁的计算也可直接由 $\vec{M} = \vec{P}_m \times \vec{B}$ 计算得到. 平衡时重力矩的大小为

$$M_g = M_m = IBl^2\cos\alpha$$

方向沿 $\overrightarrow{OO'}$.

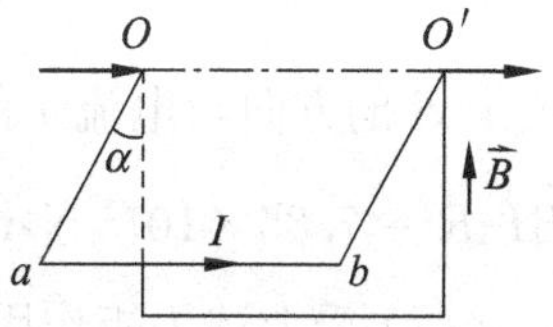

题 11.30 图

11.31 如图所示, 电磁轨道炮有两条扁平的长直轨道互相平行, 内嵌圆柱状导电导轨, 导轨之间由一滑块状的弹头连接. 强大的电流 I 从一条导轨流经弹头再从另一条导轨流回. 圆柱导轨半径为 R, 两圆柱导轨轴线相距 L. 设导轨上电流沿圆柱截面均匀分布, 求弹头所受的磁场力.

解 弹头受到的磁场力应该是两导轨产生的磁场对弹头的作用. 先在弹头距其横向一端为 x 处任取一电流元 Idx, 其所在处的磁场可看成是两根半无限长直电流在其端面产生的磁感强度的叠加(将圆柱导轨上的电流视为半无限长), 有

$$B = \frac{\mu_0 I}{4\pi x} + \frac{\mu_0 I}{4\pi(L-x)}$$

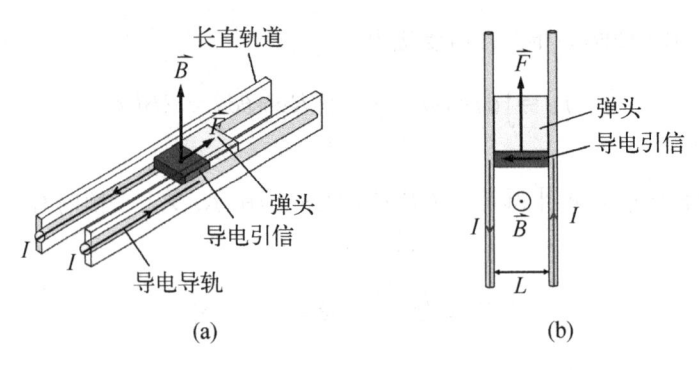

方向如题 11.31 图(a)、(b)所示. 由安培定律可得弹头所受磁场力的大小为

$$F = \int_R^{L-R} IB\,\mathrm{d}x = \int_R^{L-R} I\left[\frac{\mu_0 I}{4\pi x} + \frac{\mu_0 I}{4\pi(L-x)}\right]\mathrm{d}x = \frac{\mu_0 I^2}{2\pi}\ln\frac{L-R}{R}$$

方向沿导轨向前,也就是弹头加速向前,如图(b)所示.

> **说 明**
>
> 由于超导材料研究上的突破,可望输送极大的电流($10^5 \sim 10^6$ A),在 5m 长的导轨上,可使弹头加速到 6 km·s^{-1}. 而常规火炮受结构和材料强度的限制,发射弹头的速度一般不超过 2 km·s^{-1}. 如果用海水代替上述弹头,就可以作为船舶的电磁推进器.

11.32 如图所示,一半圆形闭合线圈半径 $R=0.10$ m,通有电流 $I=10$ A,放在均匀磁场中. 磁场方向与线圈平面平行,$B=5.0\times10^3$ Gs. 求:(1)线圈所受力矩的大小和方向;(2)当此线圈受力矩的作用转到线圈平面与磁场垂直的位置时,力矩所做的功.

解 (1)由磁力矩公式 $\vec{M}=\vec{P}_m\times\vec{B}$,式中

$$P_m = IS = \frac{1}{2}I\pi R^2, \quad \theta = \frac{\pi}{2}$$

式中 $\vec{S}$ 的方向与电流 I 的方向满足右手螺旋关系,所以,$M=P_m B\sin\theta=\frac{1}{2}BI\pi R^2=7.85\times10^{-2}$ N·m,方向向上.

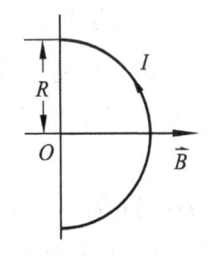

(2)受上述力矩作用,线圈转动且转动方向与 $\vec{M}$ 的方向满足右手螺旋关系,转至线圈的 $\vec{P}_m$ 方向与 $\vec{B}$ 的方向一致. 在此情况下,磁力矩做功为

$$A = I\Delta\Phi = IBS - 0 = \frac{1}{2}IB\pi R^2 = 7.85\times10^{-2} \text{ J}$$

注意 此题在求解过程中,线圈面积矢量 $\vec{S}$ 的方向一律取为与电流成右手螺旋的方向.

11.33 电子在 $B=20\times10^{-4}$ T 的均匀磁场中沿半径 $R=2.0$ cm 的螺旋线运动,螺距 $h=5.0$ cm,如图所示. 求:(1)电子运动速度的大小;(2)磁场 $\vec{B}$ 的方向.

解 (1)电子的螺旋线运动可分解为在磁场方向的匀速直线运动和垂直磁场方向的匀速率圆周运动.

匀速圆周运动的半径和周期为

$$R = \frac{mv\sin\theta}{eB}, \quad T = \frac{2\pi m}{eB}$$

一个周期内在磁场方向运动的路程,即螺距为

$$h = v\cos\theta \cdot T = \frac{2\pi m}{eB} v\cos\theta$$

整理得

$$v\sin\theta = \frac{ReB}{m}, \quad v\cos\theta = \frac{heB}{2\pi m}$$

$$v = \frac{eB}{m}\sqrt{R^2 + \left(\frac{h}{2\pi}\right)^2} = 7.6 \times 10^6 \text{ m·s}^{-1}$$

(2) $\sin\theta = \frac{eBR}{mv} = 0.93$,所以

$$\theta = 68.3° \text{ 或 } \pi - 68.3° = 111.7°$$

即磁场 $\vec{B}$ 的方向与电子速度方向的夹角为 68.3° 或 111.7°.

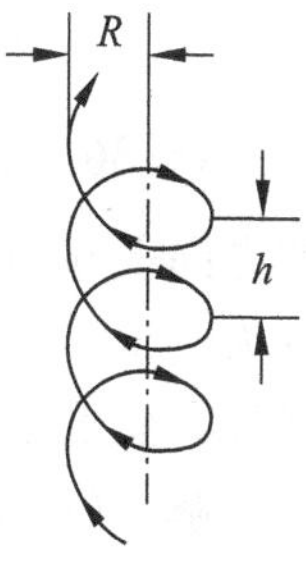

题 11.33 图

11.34 质谱仪是分析同位素的重要仪器,其原理如图所示. 从离子源产生的离子,经过狭缝 S_1 和 S_2 之间的电场加速后,进入速度选择器 P_1P_2(电场为 $\vec{E}$,磁场为 $\vec{B}$). 从速度选择器射出的粒子进入与其速度方向垂直的均匀磁场中(也为 $\vec{B}$),最后,不同质量的离子打在底片上不同位置处. 冲洗底片,得到该元素的各种同位素排列的线系(即质谱).(1)若底片上的线系有三条,则该元素有几种同位素?(2)速度多大的离子能通过速度选择器?(3)设离子的电量为 q,d 是底片上某条谱线位置与速度选择器轴线间的距离,试证明该元素的几种同位素的质量可表示为

$$m = \frac{qB^2}{2E}d$$

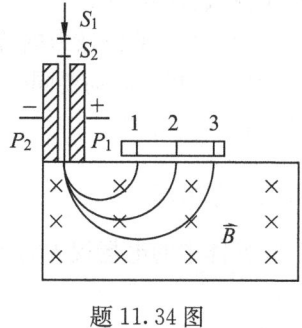

题 11.34 图

解 (1) 由底片显示知有三种同位素;
(2) 只有离子受到的横向电场力和磁场力的合力为零,离子才能通过速度选择器. 此时

$$qE = qvB, \quad v = \frac{E}{B}$$

(3) 由磁偏转圆运动公式 $R = \frac{d}{2} = \frac{mv}{qB}$,可得

$$m = \frac{qBd}{2v} = \frac{qB^2}{2E}d$$

11.35 图为磁流体发电机的示意图. 将气体加热到很高温度(如 2500 K 以上)使之电离(这样一种高度电离的气体就是等离子体),并让它从平行板电极 P、N 之间通过. 两平行板间有一垂直纸面向里的磁场 $\vec{B}$,设气体流速为 $\vec{v}$,电极间距为 d,试求两极间产生的电压,并说明哪个电极是正极.

解 当等离子体通过 P、N 间的磁场时,受洛伦兹力 $\vec{f}_m = q\vec{v} \times \vec{B}$ 的作用,正离子偏向 P 极板,使 P 板带正电,负离子偏向 N 极板,使 N 极带负电,从而在两极板间建立起由电极 P 垂直指向电极 N 的电场 $\vec{E}$. 正、负离子受电场力 $\vec{f}_e = \pm q\vec{E}$ 作用. 由于 $\vec{E} \perp \vec{B}$,所以 $\vec{f}_e$ 与 $\vec{f}_m$ 反向,当其平衡时,极板上电荷不再增加. 此时有

$$qvB = qE, \quad E = vB$$

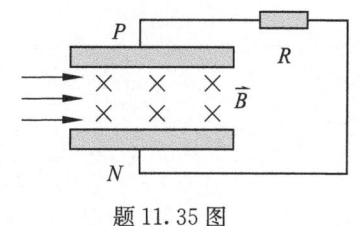

题 11.35 图

所以,两极板间电压
$$U = Ed = vBd$$

11.36 如图所示,高 l、宽 b 的铜片 AA' 内通有电流(图中×号表示电流方向),在与其垂直的方向上施加一个磁感强度为 $\vec{B}$ 的均匀磁场.已知铜片内电子数密度为 n,电子的平均漂移速度为 v.(1)求铜片中的电流;(2)求电子所受的洛伦兹力;(3)求铜片中产生的霍尔电场的场强和霍尔电压,哪一端为正极?

解 (1)由电流的定义及金属导体的导电理论知,铜片中的电流为
$$I = envbl$$

(2)由洛伦兹力公式知,电子受力为
$$F = evB$$
方向在纸面内向下.

(3)由于洛伦兹力的作用,使得导体的上、下两端分别带正、负电荷,电子在其间运动要同时受到向上的电场力和向下的洛伦兹力作用,平衡时,电子受力
$$evB = eE_H$$
所以霍尔电场
$$E_H = vB$$

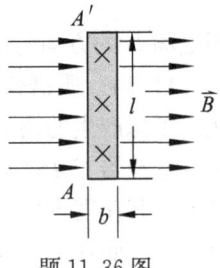

题 11.36 图

导体中的电场视为均匀,则霍尔电压为
$$U_H = E_H l = vBl$$

上端为正极.

第 12 章 磁 介 质

基本要求

1. 了解磁化现象及磁介质的磁化机理.
2. 了解磁场强度 $\vec{H}$ 的概念,理解在各向同性磁介质中 $\vec{H}$ 和 $\vec{B}$ 的关系.理解磁介质中的安培环路定理,并能用其进行一些简单问题的计算.
3. 了解铁磁性物质的特性及其应用.

一、主要内容

1. 磁介质的分类

抗磁质($\mu_r<1$),顺磁质($\mu_r>1$),铁磁质($\mu_r \gg 1$).

2. 磁介质的磁化

1) 磁化机理

磁化是固有磁矩沿外磁场的取向及在外磁场作用下产生附加磁矩的综合效应,使磁介质表面或内部出现磁化电流.

2) 磁化强度

$$\vec{M} = \frac{\sum \vec{p}_m}{\Delta V}, \quad \vec{M} = \frac{\vec{B}}{\mu_0} - \vec{H}$$

3) 磁化面电流密度

$\vec{j}' = \vec{M} \times \vec{n}$, $\vec{j}'$ 的大小等于 $\vec{M}$ 沿磁介质表面的切向分量.

3. 磁介质中的安培环路定理

$$\oint_L \vec{H} \cdot d\vec{l} = \sum_{L内} I_0 \quad (I_0 \text{ 为传导电流})$$

$$\vec{B} = \mu \vec{H} = \mu_0 \mu_r \vec{H} \quad (\text{各向同性磁介质})$$

二、典型例题

例 12.1 一根无限长的圆柱形导线,外面紧包一层相对磁导率为 $\mu_r(\mu_r>1)$ 的圆管形磁介质.导线半径为 R_1,磁介质的外半径为 R_2,电流 I 均匀通过导线.求:(1)磁场强度、磁感强度大小的分布(导线内、介质内及介质以外空间),并画出 H-r、B-r 关系曲线;(2)磁介质内外表面的磁化面电流密度的大小及方向.

解 (1)由电流分布的柱对称性,磁场分布必对称. 作与导线同心的圆周环路(环路方向与所围电流方向满足右手螺旋关系),应用安培环路定理 $\oint_L \vec{H} \cdot d\vec{l} = \sum_{L内} I_0$,在导线中($0 < r < R_1$),有

$$H_1 \cdot 2\pi r = \frac{I}{\pi R_1^2} \cdot \pi r^2$$

所以

$$H_1 = \frac{Ir}{2\pi R_1^2}, \quad B_1 = \mu_0 H_1 = \frac{\mu_0 Ir}{2\pi R_1^2}$$

在磁介质内部($R_1 < r < R_2$),有

$$H_2 \cdot 2\pi r = I$$

故

$$H_2 = \frac{I}{2\pi r}, \quad B_2 = \frac{\mu_0 \mu_r I}{2\pi r}$$

在磁介质外($r > R_2$),有

$$H_3 \cdot 2\pi r = I$$

可得

$$H_3 = \frac{I}{2\pi r}, \quad B_3 = \frac{\mu_0 I}{2\pi r}$$

H-r、B-r 关系曲线如图所示.

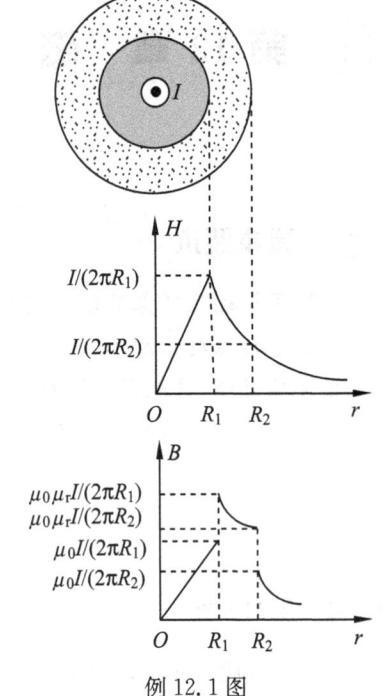

例 12.1 图

> **说 明**
>
> 由 H-r、B-r 关系曲线可以看出:H 在各分界面处连续,而 B 在各分界面处是不连续的.

(2)因为 $\vec{B}$、$\vec{H}$ 方向相同,所以磁化强度的大小为

$$M = \frac{B}{\mu_0} - H = \frac{\mu_r I}{2\pi r} - \frac{I}{2\pi r} = \frac{(\mu_r - 1)I}{2\pi r}$$

介质内表面处的面磁化电流密度的大小为

$$j_1' = M_1 = \frac{(\mu_r - 1)I}{2\pi R_1}$$

方向与导线内电流方向一致.

介质外表面处的面磁化电流密度的大小为

$$j_2' = M_2 = \frac{(\mu_r - 1)I}{2\pi R_2}$$

方向与导线内电流的方向相反.

例 12.2 一根沿轴向均匀磁化的细长永磁棒,磁化强度为 $\vec{M}$. 标出图中各点的 $\vec{B}$ 和 $\vec{H}$.

解 把磁棒看作面磁化电流密度 $j' = nI$ 的无限长螺线管,因 $j' = M$,故有

$$B_1 = \mu_0 j' = \mu_0 M$$

$$\vec{B}_1 = \mu_0 \vec{M}$$

因螺线管无限长,所以 $\vec{B}_2 = \vec{B}_3 = 0$. 而在端面附近有

$$\vec{B}_4 = \vec{B}_5 = \vec{B}_6 = \vec{B}_7 = \frac{1}{2}\mu_0 \vec{M}$$

介质棒内，$\vec{H} = \frac{\vec{B}}{\mu_0} - \vec{M}$，将各点 $\vec{B}$ 代入，可得

$$\vec{H}_1 = 0, \quad \vec{H}_5 = \vec{H}_6 = -\frac{1}{2}\vec{M}$$

介质棒外 $\vec{H} = \frac{\vec{B}}{\mu_0}$，将各点 $\vec{B}$ 代入，可得

$$\vec{H}_2 = \vec{H}_3 = 0, \quad \vec{H}_4 = \vec{H}_7 = \frac{1}{2}\vec{M}$$

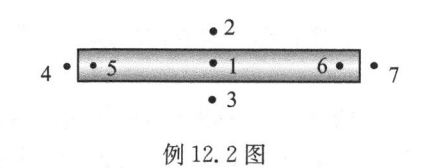

例 12.2 图

▶ 说　明

由计算结果可以看出，永磁棒内（或铁磁质内）$\vec{B} = \mu_0 \mu_r \vec{H}$ 不成立.但在特殊情况下（永磁棒内 $\vec{H}$ 均匀时），此关系式可以使用.

三、习题分析与解答

（一）选择题和填空题

12.1 如图所示，M、P、O 为软磁材料制成的棒，三者在同一平面内.当开关 K 闭合时，[　　]

(A) M 的左端出现 N 极.
(B) P 的左端出现 N 极.
(C) O 的右端出现 N 极.
(D) P 的右端出现 N 极.

题 12.1 图

12.2 如图所示，a、b、c 三条实线分别为三种不同磁介质的 B-H 关系曲线，虚线表示 $B = \mu_0 H$ 关系，则 a 代表_____的 B-H 关系曲线；b 代表_____的 B-H 关系曲线；c 代表_____的 B-H 关系曲线.

12.3 有很大剩余磁化强度的软磁材料不能做成永磁体，这是因为软磁材料_____，如果做成永磁体_____.

答案 12.1 (B).　12.2　铁磁质、顺磁质、抗磁质；
12.3　矫顽力小，容易退磁.

题 12.2 图

（二）问答题和计算题

12.4 图中给出了两种不同磁介质的磁滞回线，问用哪一种来制造永久磁铁较为合适？用哪一种来制造便于调节吸引力的电磁铁较为合适？

答　虚线表示的适合用于制造永久磁铁，实线表示的磁介质适合于制造电磁铁.

12.5　一均匀磁化的磁棒，直径为 25 mm，长为 75 mm，磁矩为 12 000 A·m². 求棒的磁化强度及棒侧面磁化电流密度.

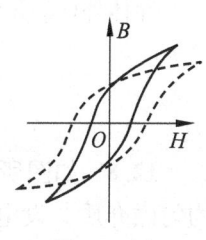

题 12.4 图

解 由磁化强度矢量的定义式得

$$M = \frac{|\sum \vec{P}_m|}{\Delta V} = \frac{|\sum \vec{P}_m|}{\pi\left(\frac{d}{2}\right)^2 l} = 3.3 \times 10^8 \text{ A}\cdot\text{m}^{-1}$$

由棒状磁介质表面磁化电流密度公式得

$$j' = M = 3.3 \times 10^8 \text{ A}\cdot\text{m}^{-1}$$

12.6 一铁圆环的平均周长为 30 cm,截面积为 1.0 cm²,在环上均匀绕以 300 匝导线,当绕组内的电流为 0.032 A 时,穿过环截面的磁通量为 2.0×10^{-6} Wb.试计算:(1) 环内的磁感强度;(2) 环内的磁场强度;(3) 磁化面电流;(4) 环内材料的磁导率、相对磁导率及磁化率;(5) 环芯内的磁化强度.

解 (1) $$B = \frac{\Phi}{S} = \frac{2 \times 10^{-6}}{1 \times 10^{-4}} = 2 \times 10^{-2} \text{ (T)}$$

(2) 由安培环路定理得

$$H = \frac{NI}{l} = \frac{300 \times 0.032}{0.3} = 32 \text{ (A}\cdot\text{m}^{-1})$$

(3) 由 $\vec{H} = \frac{\vec{B}}{\mu_0} - \vec{M}$ 得

$$j' = M = \frac{B}{\mu_0} - H = \frac{2 \times 10^{-2}}{4\pi \times 10^{-7}} - 32 = 1.59 \times 10^4 \text{ (A}\cdot\text{m}^{-1})$$

$$I' = j'l = 4.77 \times 10^3 \text{ A}$$

(4) $$\mu = \frac{B}{H} = 6.25 \times 10^{-4} \text{ N}\cdot\text{A}^{-2}$$

$$\mu_r = \frac{\mu}{\mu_0} = 498, \quad \chi_m = \mu_r - 1 = 497$$

(5) $$M = j' = 1.59 \times 10^4 \text{ A}\cdot\text{m}^{-1}$$

12.7 有一圆柱形无限长导体,磁导率为 μ,半径为 R,有电流 I 沿轴线方向均匀流过.求导体内外的磁场强度和磁感应强度的大小.

解 根据电流分布和介质分布的轴对称性,在垂直于电流的平面上作半径为 r 的圆形环路,环路方向与所围电流方向满足右手螺旋关系.由安培环路定理得

导体内 ($r < R$):

$$H \cdot 2\pi r = \frac{I}{\pi R^2}\pi r^2 = \frac{r^2}{R^2}I, \quad H = \frac{Ir}{2\pi R^2}$$

$$B = \mu H = \frac{\mu I r}{2\pi R^2}$$

导体外 ($r > R$):

$$H \cdot 2\pi r = I, \quad H = \frac{I}{2\pi r}$$

$$B = \mu_0 H = \frac{\mu_0 I}{2\pi r}$$

12.8 如图所示,无限长圆柱形同轴电缆的半径分别为 R_1 和 R_2,其间充满磁导率为 μ 的均匀磁介质.设电流 I 在内外导体中沿相反方向均匀流过.求外圆柱面内任一点的磁感强度(导体的 $\mu_r = 1$).

解 作半径为 r 的圆形环路如图所示,环路方向与内导体的电流方向满足右手螺旋关系.

由于磁场分布具有对称性，根据安培环路定理可得

在 $r < R_1$ 内：
$$H_1 \cdot 2\pi r = \frac{I}{\pi R_1^2} \pi r^2, \quad H_1 = \frac{Ir}{2\pi R_1^2}$$
$$B_1 = \mu_0 H_1 = \frac{\mu_0 Ir}{2\pi R_1^2}$$

在 $R_1 < r < R_2$ 内：
$$H_2 \cdot 2\pi r = I, \quad H_2 = \frac{I}{2\pi r}$$
$$B_2 = \mu H_2 = \frac{\mu I}{2\pi r}$$

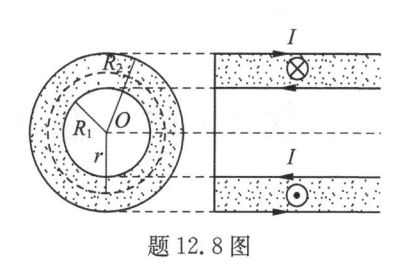

题12.8图

上述磁场强度、磁感强度的方向均与内导体电流方向成右手螺旋关系.

12.9 共轴圆柱形长电缆的截面尺寸如图所示，其间充满相对磁导率为 μ_r 的均匀磁介质，电流 I 在两导体中沿相反方向均匀流过. 设导体的相对磁导率为 1，求外圆柱导体内（$R_2 < r < R_3$）任一点的磁感强度.

解 在场中沿磁感线取一半径为 r 的环路，由安培环路定理得

$$H = \frac{\sum I_i}{2\pi r}$$

在 $R_2 < r < R_3$ 内，有

$$\sum I_i = I - \frac{I}{\pi(R_3^2 - R_2^2)} \pi(r^2 - R_2^2) = \frac{R_3^2 - r^2}{R_3^2 - R_2^2} I$$

所以

$$H = \frac{I}{2\pi r} \frac{R_3^2 - r^2}{R_3^2 - R_2^2}$$
$$B = \mu_0 H = \frac{\mu_0 I}{2\pi r} \frac{R_3^2 - r^2}{R_3^2 - R_2^2}$$

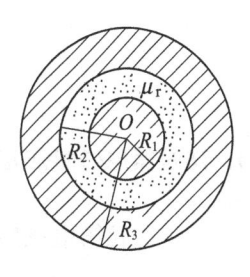

题12.9图

上述磁场强度、磁感强度的方向均与内导体电流方向成右手螺旋关系.

12.10 上题中设内导体的磁导率为 μ_1，介质的磁导率为 μ_2，求内导体中、介质中和电缆外面各处的磁感强度.

解 同上题分析，由式 $H = \dfrac{\sum I_i}{2\pi r}$ 得

内导体中（$r < R_1$）有
$$H_1 = \frac{Ir}{2\pi R_1^2}, \quad B_1 = \mu_1 H_1 = \frac{\mu_1 Ir}{2\pi R_1^2}$$

介质中（$R_1 < r < R_2$）有
$$H_2 = \frac{I}{2\pi r}, \quad B_2 = \mu_2 H_2 = \frac{\mu_2 I}{2\pi r}$$

在电缆外（$r > R_3$）有
$$H_4 = 0, \quad B_4 = 0$$

上述磁场强度、磁感强度的方向均与内导体电流方向成右手螺旋关系.

第 13 章 变化的电场和磁场

基本要求

1. 掌握法拉第电磁感应定律；理解动生电动势和感生电动势的本质，能熟练计算简单情况下的感应电动势，并判明其方向.
2. 理解自感和互感的定义，会计算自感和互感系数.
3. 理解磁能密度的概念，会计算均匀磁场和简单而对称分布磁场的能量.
4. 理解麦克斯韦关于涡旋电场、位移电流的基本假设，了解麦克斯韦方程组（积分形式）的物理意义. 了解电磁场的物质性.

一、主要内容

1. 法拉第电磁感应定律

法拉第电磁感应定律： $\mathscr{E}_i = -\dfrac{\mathrm{d}\Phi}{\mathrm{d}t}$， $\mathscr{E}_i = -\dfrac{\mathrm{d}\Psi}{\mathrm{d}t} = -N\dfrac{\mathrm{d}\Phi}{\mathrm{d}t}$.

感应电流： $I_i = \dfrac{\mathscr{E}_i}{R} = -\dfrac{1}{R}\dfrac{\mathrm{d}\Phi}{\mathrm{d}t}$.

感应电量： $q_i = \int_{t_1}^{t_2} I_i \mathrm{d}t = \dfrac{1}{R}(\Phi_1 - \Phi_2)$.

2. 动生电动势和感生电动势

动生电动势——非静电力是洛伦兹力.

$$\mathscr{E}_i = \int_a^b (\vec{v} \times \vec{B}) \cdot \mathrm{d}\vec{l}, \quad \mathscr{E}_i = \oint_L (\vec{v} \times \vec{B}) \cdot \mathrm{d}\vec{l} = -\dfrac{\mathrm{d}\Phi}{\mathrm{d}t}$$

感生电动势——非静电力是涡旋电场力.

$$\mathscr{E}_i = \int_a^b \vec{E}_i \cdot \mathrm{d}\vec{l}, \quad \mathscr{E}_i = \oint_L \vec{E}_i \cdot \mathrm{d}\vec{l} = -\int_S \dfrac{\partial \vec{B}}{\partial t} \cdot \mathrm{d}\vec{S}$$

3. 自感和互感

$$L = \dfrac{\Phi}{I}, \quad \mathscr{E}_L = -L\dfrac{\mathrm{d}I}{\mathrm{d}t} \quad (L \text{ 不变})$$

$$M = \dfrac{\Phi_{21}}{I_1} = \dfrac{\Phi_{12}}{I_2}, \quad \mathscr{E}_{21} = -M\dfrac{\mathrm{d}I_1}{\mathrm{d}t}, \quad \mathscr{E}_{12} = -M\dfrac{\mathrm{d}I_2}{\mathrm{d}t} \quad (M \text{ 不变})$$

$$M \leqslant \sqrt{L_1 L_2} \quad \text{(无漏磁时取等号)}$$

4. 磁能密度和磁场能量

磁能密度： $w_m = \dfrac{1}{2} BH$.

磁场能量： $W_m = \displaystyle\int_V w_m \mathrm{d}V$.

自感储能： $W_m = \dfrac{1}{2} LI^2$.

5. 麦克斯韦方程组

1) 麦克斯韦的两个基本假设——涡旋电场和位移电流

位移电流密度： $\vec{j}_D = \dfrac{\partial \vec{D}}{\partial t}$.

位移电流： $I_D = \displaystyle\int \vec{j}_D \cdot \mathrm{d}\vec{S} = \dfrac{\mathrm{d}\Phi_D}{\mathrm{d}t}$.

2) 麦克斯韦方程组的积分形式

$$\begin{cases} \oint_S \vec{D} \cdot \mathrm{d}\vec{S} = \displaystyle\int_V \rho \mathrm{d}V \\[4pt] \oint_L \vec{E} \cdot \mathrm{d}\vec{l} = -\displaystyle\int_S \dfrac{\partial \vec{B}}{\partial t} \cdot \mathrm{d}\vec{S} \\[4pt] \oint_S \vec{B} \cdot \mathrm{d}\vec{S} = 0 \\[4pt] \oint_L \vec{H} \cdot \mathrm{d}\vec{l} = \displaystyle\int_S \left(\vec{j} + \dfrac{\partial \vec{D}}{\partial t}\right) \cdot \mathrm{d}\vec{S} \end{cases}$$

二、典型例题

例 13.1 如图所示，长直导线中电流为 i，矩形线框 $abcd$ 与长直导线共面，且 $ad /\!/ AB$，dc 边固定，ab 边沿 da 及 cb 以速度 $\vec{v}$ 无摩擦地匀速向上运动. $t=0$ 时，ab 边与 dc 边重合. 设线框自感忽略不计.

(1) 如果 $i = I_0$，求 ab 中的感应电动势. ab 两点哪点电势高？

(2) 如果 $i = I_0 \cos\omega t$，当 ab 运动到图示位置时，求线框中的总感应电动势.

解 (1) $i = I_0$.

解法一 应用动生电动势公式

如图所示，以长直导线处为坐标原点，建立 Ox 轴. ab 上距 O 点 x 处的磁感强度大小为

$$B = \dfrac{\mu_0 I_0}{2\pi x}$$

方向垂直于纸面向里.

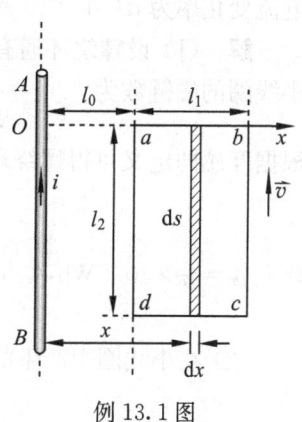

例 13.1 图

在 ab 边,因 $\vec{v}\times\vec{B}$ 的方向指向 a,即正电荷所受非静电力的方向指向 a,所以 a 端电势高. 电动势的方向为沿 ab 边由 $b\to a$. 取 $b\to a$ 为 $\vec{l}$ 的正方向,有 $\mathrm{d}l = -\mathrm{d}x$,故

$$\mathscr{E}_i = \int_b^a (\vec{v}\times\vec{B})\cdot\mathrm{d}\vec{l} = -\int_{l_0+l_1}^{l_0} vB\,\mathrm{d}x$$

$$= \int_{l_0}^{l_0+l_1} v\frac{\mu_0 I_0}{2\pi x}\,\mathrm{d}x = \frac{\mu_0 I_0 v}{2\pi}\ln\frac{l_0+l_1}{l_0}$$

解法二 应用法拉第电磁感应定律

以顺时针为回路 $abcda$ 的正方向. t 时刻 ab 运动到图示位置,则 t 时刻通过回路的磁通量为

$$\Phi(t) = \int_s \vec{B}\cdot\mathrm{d}\vec{s} = \int_{l_0}^{l_0+l_1} \frac{\mu_0 I_0}{2\pi x}l_2\,\mathrm{d}x = \frac{\mu_0 I_0 l_2}{2\pi}\ln\frac{l_0+l_1}{l_0}$$

式中,$l_2 = vt$. 所以 t 时刻线框中的感应电动势为

$$\mathscr{E}_i = -\frac{\mathrm{d}\Phi(t)}{\mathrm{d}t} = -\frac{\mathrm{d}}{\mathrm{d}t}\left(\frac{\mu_0 I_0 vt}{2\pi}\ln\frac{l_0+l_1}{l_0}\right) = -\frac{\mu_0 I_0 v}{2\pi}\ln\frac{l_0+l_1}{l_0}$$

负号表示线框中的感应电动势为逆时针方向. 由于此电动势是因 ab 边的运动而产生的,因此上式结果即为 ab 中的动生电动势,方向为沿 ab 边由 $b\to a$,a 端电势高,大小为 $\frac{\mu_0 I_0 v}{2\pi}\ln\frac{l_0+l_1}{l_0}$.

(2) $i = I_0\cos\omega t$.

以顺时针为回路的正方向. t 时刻 ab 边运动到图示位置时,通过回路的磁通量为

$$\Phi(t) = \int_s \vec{B}\cdot\mathrm{d}\vec{s} = \int_{l_0}^{l_0+l_1} \frac{\mu_0 i}{2\pi x}l_2\,\mathrm{d}x = \frac{\mu_0}{2\pi}vt\cdot I_0\cos\omega t\cdot\ln\frac{l_0+l_1}{l_0}$$

根据法拉第电磁感应定律,此时线框中的总感应电动势为

$$\mathscr{E}_i = -\frac{\mathrm{d}\Phi(t)}{\mathrm{d}t} = \frac{\mu_0 I_0}{2\pi}v\left(\ln\frac{l_0+l_1}{l_0}\right)(\omega t\sin\omega t - \cos\omega t)$$

其中,既包含因 ab 运动而产生的动生电动势 $-\frac{\mu_0 I_0}{2\pi}v\ln\frac{l_0+l_1}{l_0}\cos\omega t$,又包含由于电流变化而产生的感生电动势 $\frac{\mu_0 I_0}{2\pi}v\ln\frac{l_0+l_1}{l_0}\omega t\sin\omega t$.

例 13.2 一密绕的螺绕环单位长度的匝数为 $n = 2000\ \mathrm{m}^{-1}$,环的横截面积为 $S = 10\ \mathrm{cm}^2$,另一总匝数 $N = 10$ 匝的小线圈套绕在环上,如图所示. 求:(1)两个线圈间的互感;(2)当螺绕环中电流变化率为 $\mathrm{d}I/\mathrm{d}t = 10\ \mathrm{A}\cdot\mathrm{s}^{-1}$ 时,在小线圈中产生的互感电动势.

解 (1) 设螺绕环通有电流 I,则在螺绕环内部 $B = \mu_0 nI$,通过 N 匝小线圈的磁链数为

$$\Psi = N\Phi = N\mu_0 nIS$$

根据互感的定义可得螺绕环与小线圈间的互感为

$$M = \frac{\Psi}{I} = \mu_0 nNS$$

代入 $\mu_0 = 4\pi\times 10^{-7}\ \mathrm{Wb\cdot A^{-1}\cdot m^{-1}}$,$n = 2000\ \mathrm{m}^{-1}$,$N = 10$ 匝,$S = 10\ \mathrm{cm}^2$,算出

$$M \approx 25\ \mu\mathrm{H}$$

(2) 在小线圈中产生的互感电动势的大小为

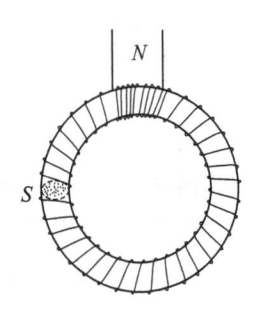

例 13.2 图

$$\mathscr{E}_i = \left| -M\frac{dI}{dt} \right| = 25~\mu\text{H} \times 10~\text{A}\cdot\text{s}^{-1} = 250~\mu\text{V}$$

说明

求互感时,也可以先设小线圈中通有电流,再计算小线圈电流在螺绕环中产生的磁链数. 在本例中,由于载流小线圈激发的磁场难以计算,通过螺绕环中各匝线圈的磁通量也无法算出,所以只能假设螺绕环通电来计算.

例 13.3 如图所示,两根半径为 a 的长直导线平行放置,两导线轴线间的距离为 $b(b \gg a)$,且分别保持等值而方向相反的电流 I.(1) 求两导线单位长度的自感系数(忽略导线内磁通);(2) 若将导线轴线间距离由 b 增大到 $2b$,求磁场对单位长度导线所做的功;(3) 导线轴线间的距离由 b 增大到 $2b$,对应于导线单位长度的磁能改变了多少?是增加还是减少?说明能量的转换情况.

解 (1) 长为 l 的两导线间的磁通量为

$$\Phi = \int_S \vec{B} \cdot d\vec{S} = \int_a^{b-a} \left[\frac{\mu_0 I}{2\pi r} + \frac{\mu_0 I}{2\pi(b-r)} \right] l\,dr = \frac{\mu_0 I l}{\pi} \ln\frac{b-a}{a}$$

根据自感系数定义,单位长度导线间的自感系数为

$$L_0 = \frac{L}{l} = \frac{\Phi}{Il} = \frac{\mu_0}{\pi} \ln\frac{b-a}{a}$$

(2) 两等值反向的直线电流间的作用力为排斥力. 设两导线轴线间的距离为 r,若将导线沿受力方向拉开 dr 距离,则磁力对单位长度导线做功为

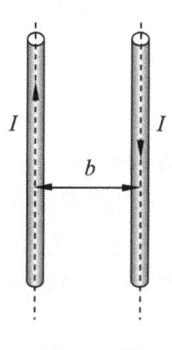

$$dA = \vec{F} \cdot d\vec{r} = \frac{\mu_0 I^2}{2\pi r} dr$$

例13.3图

从 b 增大到 $2b$,磁力做功为

$$A = \int_b^{2b} \frac{\mu_0 I^2}{2\pi r} dr = \frac{\mu_0 I^2}{2\pi} \ln 2$$

(3) 磁能增量

$$\Delta W = W - W_0 = \frac{1}{2} L' I^2 - \frac{1}{2} L_0 I^2$$

其中

$$L' = \frac{\mu_0}{\pi} \ln \frac{2b-a}{a}$$

所以

$$\Delta W = \frac{1}{2} I^2 \left(\frac{\mu_0}{\pi} \ln \frac{2b-a}{a} - \frac{\mu_0}{\pi} \ln \frac{b-a}{a} \right) = \frac{\mu_0 I^2}{2\pi} \ln \frac{2b-a}{b-a} \approx \frac{\mu_0 I^2}{2\pi} \ln 2 > 0$$

结果表明磁力做了功,同时磁能也增加了. 能量从何而来? 这是因为在导线轴线间距离由 b 增大到 $2b$ 过程中,两导线中都会出现与电流反向的感应电动势. 为保持导线中的电流不变,外电源必须反抗感应电动势做功,所消耗的电能一部分转化为磁场能量,一部分通过磁场力做功转化为其他形式能量.

例 13.4 如图所示,正电荷 q 以速率 v 向 O 点运动,在某时刻电荷与 O 点的距离为 x. 在 O 点作一半径为 a 并与 v 垂直的圆,求此时:(1)通过圆面的位移电流;(2)圆周上的磁感强度.

解 (1) 求通过圆面的位移电流.

设圆面积矢量的正方向与 $\vec{v}$ 相同. 此时刻点电荷 q 的电场通过圆面的电位移通量为

$$\Phi_D = \iint_{圆面} \vec{D} \cdot d\vec{s}$$

从点电荷的电场的球对称分布容易看出,圆面上各点的电位移矢量 $\vec{D}$ 不相等,因此上式的积分较为困难. 为计算方便,以圆面为底边画一球冠,球冠所对应的球心即为电荷所在处,球半径为 r,球冠的表面积为 $2\pi rh$. 因点电荷电场呈球对称分布,球冠上各点电位移矢量大小相等,方向为球面的法线方向. 显然穿过圆面的电位移通量与通过球冠面的电位移通量相等,因此

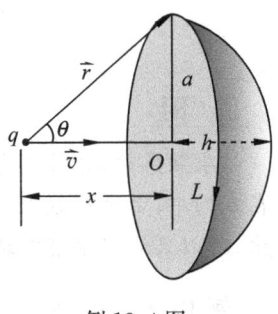

例 13.4 图

$$\Phi_D = \iint_{球冠} \vec{D} \cdot d\vec{s} = \frac{q}{4\pi r^2} 2\pi rh = \frac{q}{2}\left(1 - \frac{x}{\sqrt{x^2+a^2}}\right)$$

通过圆面的位移电流为

$$I_D = \frac{d\Phi_D}{dt} = -\frac{qa^2}{2(x^2+a^2)^{\frac{3}{2}}} \frac{dx}{dt} = \frac{qa^2}{2r^3} v$$

因 x 随 t 减小,所以式中速率 $v = -dx/dt$. 计算出的 $I_D > 0$,说明其方向与所假设的圆面积矢量方向相同.

(2)求圆周上的磁感强度

选圆周为环路 L,其绕行方向如图所示. 由对称性可知,环路 L 上各点的磁场强度大小相等,方向沿环路的切向. 根据安培环路定理,有

$$\oint_L \vec{H} \cdot d\vec{l} = H \cdot 2\pi a = I_D$$

由此得到圆周上各点的磁场强度和磁感强度分别为

$$H = \frac{I_D}{2\pi a} = \frac{qav}{4\pi r^3} = \frac{qv}{4\pi r^2}\sin\theta$$

$$B = \mu_0 H = \frac{\mu_0 qv}{4\pi r^2}\sin\theta$$

$\vec{B}$、$\vec{H}$ 的方向与 L 的正方向相同. 写成矢量形式为

$$\vec{B} = \frac{\mu_0}{4\pi} \frac{q\vec{v} \times \vec{r}}{r^3}$$

这正是运动电荷的磁场公式.

三、习题分析与解答

(一) 选择题和填空题

13.1 尺寸相同的铁环和铜环所包围的面积中有相同变化率的磁通量,两环中感应电动势 $\mathscr{E}$ 和感应电流 I 的关系为 [ ]

(A) $\mathscr{E}_{铁} \neq \mathscr{E}_{铜}, I_{铁} \neq I_{铜}$.　　(B) $\mathscr{E}_{铁} = \mathscr{E}_{铜}, I_{铁} = I_{铜}$.
(C) $\mathscr{E}_{铁} \neq \mathscr{E}_{铜}, I_{铁} = I_{铜}$.　　(D) $\mathscr{E}_{铁} = \mathscr{E}_{铜}, I_{铁} \neq I_{铜}$.

13.2 圆柱形空间内有磁感应强度为 $\vec{B}$ 的均匀磁场,$\vec{B}$ 的大小以速率 dB/dt 变化. 在磁场中有 C、D 两点,其间可放置直导线和弯曲导线,如图所

题 13.2 图

示,则[　　]

(A) 电动势只在直导线中产生.

(B) 电动势只在弯曲导线中产生.

(C) 直导线中的电动势等于弯曲导线中的电动势.

(D) 直导线中的电动势小于弯曲导线中的电动势.

提示 在圆柱形空间内的感生电场是涡旋场,电场线是与圆柱同轴的同心圆.

13.3 在感应电场中电磁感应定律可以写成 $\oint_L \vec{E}_k \cdot d\vec{l} = -\dfrac{d\Phi}{dt}$,式中 $\vec{E}_k$ 为感应电场的电场强度. 此式表明[　　]

(A) 闭合曲线 l 上 $\vec{E}_k$ 处处相等.

(B) 感应电场是保守场.

(C) 感应电场的电力线不是闭合曲线.

(D) 在感应电场中不能像对静电场那样引入电势的概念.

13.4 将条形磁铁插入与冲击电流计串联的金属环中时,有 $q = 2.0 \times 10^{-5}$ C 的电荷通过电流计,若连接电流计的电路总电阻 $R = 25\ \Omega$,则穿过环磁通量的变化 $\Delta\Phi$ 为_____.

13.5 长为 l 的单层密绕管,共绕有 N 匝导线,其自感为 L. 若换用直径比原来导线直径大一倍的导线密绕,自感为原来的_____.

13.6 两个共轴圆线圈,半径分别为 R 和 r,匝数分别为 N_1 和 N_2,相距为 l,设 r 很小,且小线圈所在处磁场可以视为均匀,则线圈的互感系数为_____.

答案 13.1 (D); 13.2 (D); 13.3 (D). 13.4 5×10^{-4} Wb; 13.5 1/4;

13.6 $\dfrac{N_1 N_2 \mu_0 \pi R^2 r^2}{2(R^2+l^2)^{3/2}}$.

参考解答

13.4 感生电流 $I = \dfrac{\varepsilon}{R} = \dfrac{d\Phi}{R\,dt}$,又因为 $I = \dfrac{dq}{dt}$,所以有 $\dfrac{d\Phi}{R\,dt} = \dfrac{dq}{dt}$,即

$$\Delta\Phi = R\Delta q = 25 \times 2.0 \times 10^{-5} = 5 \times 10^{-4} \text{(Wb)}$$

13.5 密绕螺线管的自感 $L = \mu \dfrac{N^2}{l} S$,当换用直径比原来导线直径大一倍的导线密绕,总匝数变为原来的一半,则自感变为原来的 1/4.

13.6 设线圈 1 半径为 R,线圈 2 半径为 r. 当线圈 1 通以电流 I,线圈 1 在线圈 2 处的磁感应强度

$$B = \dfrac{N_1 \mu_0 I R^2}{2(R^2+l^2)^{3/2}}$$

线圈 1 在线圈 2 处的磁通链

$$\Psi = N_2 B S = \dfrac{N_1 N_2 \mu_0 I R^2}{2(R^2+l^2)^{3/2}} \pi r^2$$

两线圈的互感系数

$$M = \dfrac{\Psi}{I} = \dfrac{N_1 N_2 \mu_0 \pi R^2 r^2}{2(R^2+l^2)^{3/2}}$$

(二) 问答题和计算题

13.7 灵敏电流计的线圈处于永久磁铁的磁场中,通入电流,线圈就发生偏转. 切断电流后

线圈在回复原来位置前总要来回摆动好多次. 这时如果用导线把线圈的两个接头短路,则摆动很快停止. 这是什么缘故?

答 当用导线把线圈的两个接头短路时,线圈中就会出现感应电流,根据楞次定律,此感应电流在磁场中所受到的作用力或力矩,必然阻止线圈的摆动. 这种现象叫作电磁阻尼.

13.8 有两个金属环,一个的半径略小于另一个. 为了得到最大互感,你把两环面对面放置还是一环套在另一环中? 如何套?

答 把半径略小的环套在另一环中,且使两个环面在同一平面内.

13.9 若通过某线圈各匝的磁通量相同,则线圈的自感可由 $L=N\Phi/I$ 计算. 如果通过各匝的磁通量不一样,L 应当如何计算?

答 当通过各匝的磁通量不相同时,则通过 N 匝线圈的磁通量为 $\sum_{i=1}^{N}\Phi_i$,其中 Φ_i 为通过第 i 匝线圈的磁通量. 于是,$L=\sum_{i=1}^{N}\Phi_i/I$.

13.10 什么叫位移电流? 它和传导电流有何异同?

答 通过电场中某一截面的位移电流是指通过该截面的电位移通量对时间的变化率.

位移电流和传导电流是两个不同的物理概念. 位移电流意味着电场的变化,而传导电流意味着电荷的流动;位移电流通过空间或理想电介质时,不放出焦耳-楞次热,而传导电流通过导体时放出焦耳-楞次热. 两者在其周围空间激发磁场的规律是相同的.

13.11 如图所示,一长直导线与边长为 l_1 和 l_2 的矩形导线框共面,且与它的一边平行. 线框以恒定速率 v 沿与长直导线垂直的方向向右运动.(1)若长直导线中的电流为 I,求线框与直导线相距 x 时穿过线框的磁通量、线框中感应电动势的大小和方向;(2)若长直导线中通以交变电流 $I=I_0\sin\omega t$,求任意位置任意时刻线框中的感应电动势.

解 (1)电流 I 在相距导线 r 处产生的磁感强度为

$$B=\frac{\mu_0 I}{2\pi r}$$

设 I 方向向上,则在直导线右侧,$\vec{B}$ 的方向垂直纸面向里.

取回路的绕行方向为顺时针,设 t 时刻回路位于图示位置,则穿过线框的磁通量为

$$\Phi=\int\vec{B}\cdot\mathrm{d}\vec{S}=\int_{x}^{x+l_1}\frac{\mu_0 l_2 I}{2\pi r}\mathrm{d}r=\frac{\mu_0 l_2 I}{2\pi}\ln\frac{x+l_1}{x}$$

题 13.11 图

由法拉第电磁感应定律

$$\mathscr{E}_i=-\frac{\mathrm{d}\Phi}{\mathrm{d}t}=-\frac{\mathrm{d}\Phi}{\mathrm{d}x}\frac{\mathrm{d}x}{\mathrm{d}t}=-v\frac{\mathrm{d}\Phi}{\mathrm{d}x}=\frac{\mu_0 l_2 I}{2\pi}v\left(\frac{1}{x}-\frac{1}{x+l_1}\right)$$

$\mathscr{E}_i>0$,说明其方向与回路绕行方向相同.

(2)若长直导线中的电流 $I=I_0\sin\omega t$,则穿过线框的磁通量为

$$\Phi=\frac{\mu_0 l_2}{2\pi}I_0\sin\omega t\ln\frac{x+l_1}{x}$$

$$\mathscr{E}_i=-\frac{\mathrm{d}\Phi}{\mathrm{d}t}=-\frac{\mu_0 l_2}{2\pi}I_0\left[v\left(\frac{1}{x+l_1}-\frac{1}{x}\right)\sin\omega t+\omega\cos\omega t\ln\frac{x+l_1}{x}\right]$$

13.12 如图所示,一电路中电池的电动势 $\mathscr{E}=1.5$ V,与一电阻 $R=5.0$ Ω 串联,导线的电阻可以略去不计. 电路平面与磁场垂直,$B=0.10$ T,MN 为一可滑动导线,长 $l=0.50$ m. 当

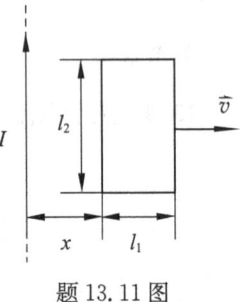

第 13 章　变化的电场和磁场

MN 以 $v=10\text{ m}\cdot\text{s}^{-1}$ 的速度向右移动时，求电路中电流的大小.

解 由动生电动势的公式得
$$\mathscr{E}_i=vBl=0.5\text{ V}$$
方向与电路中的 $\mathscr{E}$ 相反.

根据欧姆定律得
$$I=\frac{\mathscr{E}-\mathscr{E}_i}{R}=0.2\text{ A}$$

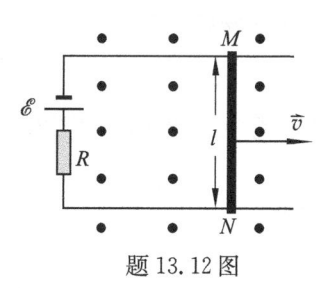

题 13.12 图

13.13 如图所示，水平放置的导体棒 ab 绕竖直轴旋转，角速度为 ω，棒两端离转轴的距离分别为 l_1 和 $l_2(l_1<l_2)$. 已知该处的磁场在竖直方向上的分量为 B，求导体 a、b 两端的电势差. 哪端电势较高？

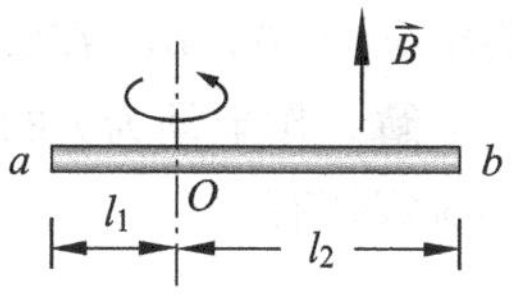

解 分别设 $O\to b$、$O\to a$ 为积分路径的方向.
$$\mathrm{d}\mathscr{E}_i=(\vec{v}\times\vec{B})\cdot\mathrm{d}\vec{l}=\omega Bl\mathrm{d}l$$
$$\mathscr{E}_{ib}=\int_0^b\omega Bl\mathrm{d}l=\frac{1}{2}\omega Bl_2^2,\quad b\text{ 点电势高}$$
$$\mathscr{E}_{ia}=\int_0^a\omega Bl\mathrm{d}l=\frac{1}{2}\omega Bl_1^2,\quad a\text{ 点电势高}$$

题 13.13 图

所以 $U_{ba}=\mathscr{E}_{ib}-\mathscr{E}_{ia}=\frac{1}{2}\omega B(l_2^2-l_1^2)$，$b$ 端电势较高.

13.14 法拉第圆盘发电机是一个在磁场中转动的导体圆盘. 设圆盘的半径为 R，它的轴线与均匀外磁场 $\vec{B}$ 平行，圆盘以角速度 ω 绕轴线旋转，如图所示.（1）求圆盘边缘与中心的电势差；（2）当 $R=15\text{ cm}$，$B=0.60\text{ T}$，$\omega=30\text{ r}\cdot\text{s}^{-1}$（转/秒）时，电势差为多少？（3）盘边缘与中心哪处电势高？当盘改变转动方向时，电势高低的位置是否也反过来？

解 （1）视圆盘为很多长为 R 的直导线并联组成. 由上题的结果，令 $l_1=R,l_2=0$ 便得每一条导线上产生的动生电动势为
$$\mathscr{E}=\frac{1}{2}\omega BR^2$$
方向由盘心指向边缘，边缘电势高，所以圆盘边缘与中心的电势差
$$\Delta U=\mathscr{E}=\frac{1}{2}\omega BR^2$$

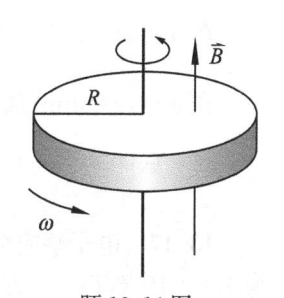

（2）$\Delta U=\frac{1}{2}\times 2\pi\times 30\times 0.6\times(15\times 10^{-2})^2=1.3\text{ (V)}$.

题 13.14 图

（3）盘边缘电势高. 当盘反转时，中心电势高.

13.15 如图所示，导体可沿倾斜的金属框架无摩擦地下滑. 回路总电阻为 R，导体长为 l，框架倾角为 θ，竖直方向磁场的磁感强度 B 及导体质量 m 均已知，求导体下滑时达到的稳定速度.

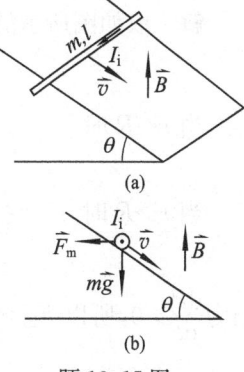

解 设稳定速度为 v. 由于导体在磁场中运动产生的动生电动势为
$$\mathscr{E}_i=(\vec{v}\times\vec{B})\cdot\vec{l}=vBl\sin\left(\frac{\pi}{2}+\theta\right)=vBl\cos\theta$$
感应电流为
$$I_i=\frac{\mathscr{E}_i}{R}=\frac{vBl}{R}\cos\theta,\quad\text{方向如图所示}$$

题 13.15 图

I_i 所受安培力为

$$F_m = I_i l B = \frac{vB^2l^2}{R}\cos\theta, \quad \text{方向如图所示}$$

稳定下滑时,导体所受的重力 $m\vec{g}$,安培力 $\vec{F}_m$ 与框架支承力 $\vec{N}$ 平衡,因此在下滑方向上有

$$F_m\cos\theta = mg\sin\theta$$

于是

$$v = \frac{mgR\sin\theta}{B^2l^2\cos^2\theta}$$

13.16 图中所示的是一限定在圆柱体内的均匀磁场,磁感强度为 B,圆柱半径为 R。B 以 $0.010\ T \cdot s^{-1}$ 的恒定速率减小。当把电子分别放在 a、b、c 点时,它们获得的加速度各是多少?假定 $r = 0.05$ m,b 在圆柱轴线上。

解 作半径为 r 的圆回路 L,并取顺时针方向为回路 L 的正方向,由电磁感应定律有

$$\mathscr{E}_i = \oint_L \vec{E}_k \cdot d\vec{l} = -(\pi r^2)\frac{dB}{dt}$$

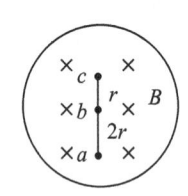

即

$$E_k 2\pi r = -\pi r^2 \frac{dB}{dt}$$

得

$$E_k = -\frac{r}{2}\frac{dB}{dt}$$

题 13.16 图

其方向与 L 相同,沿顺时针圆的切向。

因此,电子的加速度大小为 $a = \left|\dfrac{F}{m}\right| = \left|\dfrac{eE_k}{m}\right|$,其方向沿逆时针圆的切向,大小为

$$a = \left|-\frac{er}{2}\frac{dB}{dt}\right|$$

在 a 点,$r = 0.10$ m,加速度大小为

$$a = 8.8 \times 10^7\ m\cdot s^{-2}$$

在 b 点,$r = 0$ m,加速度大小为

$$a = 0$$

在 c 点,$r = 0.05$ m,加速度大小为

$$a = 4.4 \times 10^7\ m\cdot s^{-2}$$

13.17 电子感应加速器中的磁场在直径为 0.50 m 的圆柱形区域内是均匀的,磁场变化率为 $1.0 \times 10^{-2}\ T\cdot s^{-1}$,在此圆柱外部磁场为零。试计算距轴线 0.10 m、0.50 m、1.00 m 各点的感生电场强度。

解 取如图所示的逆时针环路 l,有

$$\oint_l \vec{E}_k \cdot d\vec{l} = -\int_S \frac{d\vec{B}}{dt}\cdot d\vec{S}$$

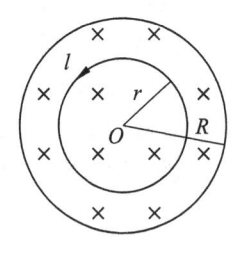

当 $r < R$ 时

$$S = \pi r^2, \quad E_k = \frac{r}{2}\frac{dB}{dt}$$

当 $r > R$ 时

$$S = \pi R^2, \quad E_k = \frac{R^2}{2r}\frac{dB}{dt}$$

题 13.17 解图

因为 $\dfrac{dB}{dt} > 0$,所以 $E_k > 0$,即 $\vec{E}_k$ 的方向沿环路切线,并沿逆时针方向。

$r=0.10$ m 处, $E_k = \dfrac{0.10}{2} \times 1.0 \times 10^{-2} = 5 \times 10^{-4}$ (V·m^{-1})

$r=0.50$ m 处, $E_k = 6.25 \times 10^{-4}$ V·m^{-1}

$r=1.0$ m 处, $E_k = 3.13 \times 10^{-4}$ V·m^{-1}

13.18 一电子在加速器中沿半径为 1.00 m 的轨道做圆周运动,如它每转一周动能增加 700 eV,试计算轨道内磁场的变化率.

解 设磁场变化率 $\dfrac{dB}{dt}$ 均匀,据电磁感应定律有

$$|\mathscr{E}_i| = \left|\oint_l \vec{E}_k \cdot d\vec{l}\right| = \left|-\dfrac{d\Phi}{dt}\right| = 1 - \dfrac{dB}{dt}S\bigg| = \left|\dfrac{dB}{dt}\right| \cdot \pi r^2$$

由对称性可得,在所讨论的圆形轨道上各点场强大小相等,方向均为切线方向,因而电子转动一周感生磁场做功为

$$e\mathscr{E}_i = e \cdot \left|\dfrac{dB}{dt}\right| \cdot \pi r^2$$

得

$$\left|\dfrac{dB}{dt}\right| = \dfrac{\Delta W_k}{e\pi r^2} = \dfrac{700 \text{ eV}}{e \times 3.14 \times (1.0 \text{ m})^2} = 223 \text{ T·s}^{-1}$$

13.19 一横截面为 S 的螺绕环,尺寸如图所示,共绕有 N 匝,求它的自感系数.

解 设螺绕环通过电流 I,通过如图所示截面的磁通量为

$$\Phi = \int_S \vec{B} \cdot d\vec{S} = \int_a^b \dfrac{\mu_0 NI}{2\pi r} h \, dr = \dfrac{\mu_0 NIh}{2\pi} \ln\dfrac{b}{a}$$

由 $\Psi = N\Phi = LI$ 得

$$L = \dfrac{N\Phi}{I} = \dfrac{\mu_0 N^2 h}{2\pi} \ln\dfrac{b}{a}$$

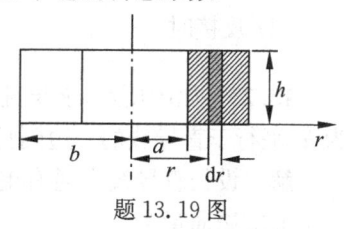

题 13.19 图

13.20 两根半径为 r_0、轴线相距为 d 的平行长直导线,通有等值反向的电流,组成一两线式传输线.忽略导线内部的磁场,求长为 l 的一对导线的自感.若 $r_0 = 2.0$ mm, $d = 20.0$ cm,求单位长度传输线上的分布电感.

解 设导线通过电流 I,通过如图所示两线间长为 l 的一段面积的磁通量

$$\Phi = \int_S \vec{B} \cdot d\vec{S} = \int_{r_0}^{d-r_0} \left[\dfrac{\mu_0 I}{2\pi r} + \dfrac{\mu_0 I}{2\pi(d-r)}\right] l \, dr = \dfrac{\mu_0 Il}{\pi} \ln\dfrac{d-r_0}{r_0}$$

所以

$$L = \dfrac{\Phi}{I} = \dfrac{\mu_0 l}{\pi} \ln\dfrac{d-r_0}{r_0}$$

当两导线很长时,L 均匀分布,所以,单位长度传输线上的分布电感为

$$L_0 = \dfrac{L}{l} = \dfrac{\mu_0}{\pi} \ln\dfrac{d-r_0}{r_0} = \dfrac{4\pi \times 10^{-7}}{\pi} \ln\left(\dfrac{20-0.2}{0.2}\right)$$
$$= 1.8 \times 10^{-6} \text{ (H·m}^{-1})$$

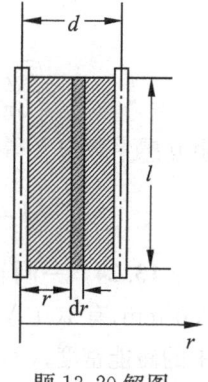

题 13.20 解图

13.21 两个长为 l 的共轴套装的长直密绕螺线管,半径分别为 R_1 和 R_2 ($R_1 < R_2$),匝数分别为 N_1 和 N_2,试分别计算它们的互感系数 M_{12} 和 M_{21},并验证 $M_{12} = M_{21}$.

解 设线圈 1 和线圈 2 中的电流分别为 I_1 和 I_2,先求 M_{12}.由 I_2 产生的通过线圈 1 的磁通链数为

$$\Psi_{12}=N_1\Phi_{12}=\mu_0\frac{N_1N_2}{l}I_2\pi R_1^2$$

由互感系数的定义有
$$M_{12}=\frac{\Psi_{12}}{I_2}=\mu_0\frac{N_1N_2}{l}\pi R_1^2$$

同理
$$\Psi_{21}=N_2\Phi_{21}=\mu_0\frac{N_1N_2}{l}I_1\pi R_1^2$$

线圈 1 对线圈 2 的互感系数为
$$M_{21}=\frac{\Psi_{21}}{I_1}=\mu_0\frac{N_1N_2}{l}\pi R_1^2$$

由以上结果可知
$$M_{12}=M_{21}$$

13.22 两线圈的自感分别为 $L_1=5.0$ mH,$L_2=3.0$ mH,当它们顺接串联时,总自感 $L=11.0$ mH.(1)求它们之间的互感系数;(2)设两线圈的形状和位置都不改变,求它们反接后的总自感.

解 (1)顺接时有
$$L=L_1+L_2+2M$$
得
$$M=\frac{1}{2}(L-L_1-L_2)=1.5\text{ mH}$$

(2)反接时
$$L=L_1+L_2-2M=5.0\text{ mH}$$

13.23 如图所示,求长直导线和与其共面的等边三角形线圈之间的互感系数.设三角形高为 h,平行于直导线的一边到直导线的距离为 b.

解 设长直导线中通有电流 I,由 I 产生的磁场通过三角形线圈平面的磁通量为
$$\Phi=\int_S\vec{B}\cdot d\vec{S}=\int_b^{b+h}\frac{\mu_0 I}{2\pi r}\cdot(b+h-r)\cdot 2\tan 30°\cdot dr$$
$$=\int_b^{b+h}\frac{\mu_0 I}{2\pi r}\cdot\frac{2}{\sqrt{3}}(b+h-r)dr$$
$$=\frac{\sqrt{3}\mu_0 I}{3\pi}\left[(b+h)\ln\frac{b+h}{b}-h\right]$$

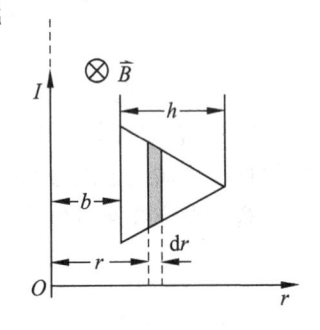

由互感系数定义得
$$M=\frac{\Phi}{I}=\frac{\sqrt{3}\mu_0}{3\pi}\left[(b+h)\ln\frac{b+h}{b}-h\right]$$

题 13.23 图

13.24 一同轴导线由很长的两个同轴薄圆筒构成,内筒半径为 1.0 mm,外筒半径为 7.0 mm,有 100 A 的电流由外筒流去,内筒流回.两筒间介质的相对磁导率 $\mu_r=1$.求:(1)介质中的磁感密度;(2)单位长度(1 m)同轴线储存的磁能.

解 (1)电流分布具有轴对称性,由安培环路定理可得介质中距轴线 r 处的磁感强度为
$$B=\frac{\mu_0 I}{2\pi r}$$

该处的磁能密度为
$$w_m=\frac{B^2}{2\mu_0}=\frac{\mu_0 I^2}{8\pi^2 r^2}$$

(2) 取 $r \sim r+dr$，长为 l 的薄圆筒，体积为 $dV=2\pi r l dr$，储存的磁能为
$$dW_m = \omega_m dV$$
则长为 l 的同轴导线中储存的磁能为
$$W_m = \int_V \omega_m dV = \int_{R_1}^{R_2} \frac{\mu_0 I^2 l}{4\pi r} dr = \frac{\mu_0 I^2 l}{4\pi} \ln \frac{R_2}{R_1}$$
所以单位长度同轴导线中储存的磁能为
$$W_{m0} = \frac{W_m}{l} = \frac{\mu_0 I^2}{4\pi} \ln \frac{R_2}{R_1} = \frac{4\pi \times 10^{-7} \times 100^2}{4\pi} \times \ln \frac{7.0}{1.0}$$
$$= 1.9 \times 10^{-3} (\text{J} \cdot \text{m}^{-1})$$

13.25 半径为 R 的圆柱形长直导体，均匀流过电流 I，求单位长度导体内储存的磁能。

解 在导体内，由安培环路定理可得到距长直电流轴线 r 处的磁感应强度为
$$B \cdot 2\pi r = \mu \frac{r^2}{R^2} I, \quad B = \frac{\mu I r}{2\pi R^2}$$
磁能密度为
$$\omega_m = \frac{B^2}{2\mu} = \frac{\mu I^2}{8\pi^2 R^4} r^2$$
长度为 l、半径为 r、厚 dr 的薄圆柱筒内的磁能
$$dW_m = \omega_m dV = \frac{\mu I^2 r^2}{8\pi^2 R^4} \cdot 2\pi r l dr = \frac{\mu I^2 l}{4\pi R^4} r^3 dr$$
单位长度导体内的总磁能为
$$W_m = \frac{1}{l} \int_V \omega_m dV = \int_0^R \frac{\mu I^2}{4\pi R^4} r^3 dr = \frac{\mu I^2}{16\pi}$$

13.26 在玻尔氢原子模型中，电子绕原子核做圆周运动，最小轨道半径 $r=5.3\times 10^{-11}$ m，频率 $\nu=6.8\times 10^{15}$ r·s^{-1}（周/秒），求轨道中心的磁能密度。

解 电子的运动速度 $v=2\pi\nu r$，方向为圆形轨道的切线方向，由
$$\vec{B} = \frac{\mu_0}{4\pi} \frac{q \vec{v} \times \vec{r}}{r^3}$$
得磁感应强度的大小为
$$B = \frac{\mu_0 e v}{4\pi r^2} = \frac{\mu_0 e 2\pi \nu r}{4\pi r^2} = \frac{\mu_0 e \nu}{2r}$$
磁能密度为
$$\omega_m = \frac{B^2}{2\mu_0} = \frac{\mu_0 e^2 \nu^2}{8r^2} = 6.6 \times 10^7 \text{ J} \cdot \text{m}^{-3}$$

13.27 有一线圈，电感 $L=2.0$ H，电阻 $R=10$ Ω。现将它突然接到电动势 $\mathscr{E}=100$ V，内阻可略的电池组上，求：(1) 线圈的稳定电流；(2) 任意时刻线圈中的电流和电流随时间的变化率。

解 (1) 稳定时
$$I = \frac{\mathscr{E}}{R} = \frac{100}{10} = 10 \text{ (A)}$$
(2) 根据欧姆定律，有
$$\mathscr{E} + \mathscr{E}_L = IR$$
$$\mathscr{E} - L\frac{dI}{dt} = IR$$
整理并将等式两边同时对 $0 \sim t$ 的过程积分

可得
$$\int_0^i \frac{dI}{I-\mathscr{E}/R} = -\int_0^t \frac{R}{L}dt$$
$$i = \frac{\mathscr{E}}{R}(1-e^{-\frac{R}{L}t}) = 10(1-e^{-5t}) \text{ A}$$

所以电流对时间变化率为
$$\frac{di}{dt} = \frac{\mathscr{E}}{L}e^{-\frac{R}{L}t} = 50e^{-5t} \text{ A}\cdot\text{s}^{-1}$$

13.28 半径为 r 的小导线圆环置于半径为 R 的大导线圆环的中心，二者在同一平面内，且 $r \ll R$. 若小导线圆环中通有电流 $I = I_0 \sin\omega t$，求任意时刻大导线圆环中的感应电动势.

解 设两线圈的互感系数为 M，当大线圈通有电流 I 时，因 $r \ll R$，所以通过小线圈的磁场可以近似认为是均匀场，$B = \frac{\mu_0 I}{2R}$，则通过小线圈的磁通量为
$$\Phi_B = B\cdot\pi r^2 = \frac{\mu_0 I}{2R}\cdot\pi r^2$$

由互感系数定义，$M = \frac{\Phi_B}{I} = \frac{\pi\mu_0 r^2}{2R}$.

由互感电动势定义，当小导线圈环中通有电流 I 时，大圈环中感应电动势为
$$\mathscr{E} = -M\frac{dI}{dt} = -M\frac{d}{dt}(I_0\sin\omega t) = -MI_0\omega\cos\omega t = -\frac{\pi\mu_0 r^2 \omega I_0}{2R}\cos\omega t$$

当 $\frac{dI}{dt} > 0$ 时，$\mathscr{E}_i$ 的方向与小圆环中电流方向相反；当 $\frac{dI}{dt} < 0$ 时，$\mathscr{E}_i$ 的方向则与小圆环中电流同向.

13.29 (1)证明平行板电容器两极板之间的位移电流可写成 $I_D = C\frac{dU}{dt}$；(2)要在 1 μF 的电容器中产生 1 A 的位移电流，则加在电容器上的电压变化率应有多大？

证 (1)设平板电容器的极板面积为 S，极板间距离为 d，电位移通量为
$$\Phi_D = DS = \frac{\varepsilon U}{d}S$$

对平板电容器有
$$C = \varepsilon\frac{S}{d}, \quad \Phi_D = CU$$

所以电容器两极板间位移电流为
$$I_D = \frac{d\Phi_D}{dt} = C\frac{dU}{dt}$$

(2)由(1)结论可得
$$\frac{dU}{dt} = \frac{I_D}{C} = \frac{1}{1\times 10^{-6}} = 1.0\times 10^6 \text{ (V}\cdot\text{s}^{-1})$$

13.30 半径 $R = 0.10$ m 的两块圆板，构成平行板电容器，放在真空中. 今对电容器匀速充电，使两板间电场变化率为 $dE/dt = 1.0\times 10^{13}$ V·m^{-1}·s^{-1}. 求板间位移电流，并计算电容器内离两板中心连线 $r(r<R)$ 处及 $r=R$ 处的磁感强度.

解 (1)平行板电容器极板间的位移电流为
$$I_d = \frac{d\Phi_D}{dt} = \varepsilon_0\frac{dE}{dt}S = \varepsilon_0\frac{dE}{dt}\pi R^2$$
$$= 8.85\times 10^{-12}\times 1.0\times 10^{13}\times\pi\times(0.10)^2 = 2.78 \text{ (A)}$$

I_d 的方向与极板间电场同向.

(2) 在离两板中心连线 r 处（$r<R$）取一圆形环路，方向与 I_d 的方向满足右手螺旋关系，由安培环路定律

$$\oint \vec{H} \cdot d\vec{l} = \frac{d\Phi_D}{dt}$$

由于磁场对称均匀分布，因此有

$$H \cdot 2\pi r = \frac{\varepsilon_0 dE}{dt}\pi r^2, \quad H = \frac{r\varepsilon_0}{2}\frac{dE}{dt}$$

$$B_r = \mu_0 H = \frac{\mu_0 \varepsilon_0}{2}\frac{dE}{dt}r$$

当 $r=R$ 时，磁感强度为

$$\begin{aligned} B_R &= \frac{\mu_0 \varepsilon_0}{2} \cdot \frac{dE}{dt}R \\ &= \frac{4\pi \times 10^{-7} \times 8.85 \times 10^{-12}}{2} \times 1.0 \times 10^{13} \times 0.10 = 5.56 \times 10^{-6} \text{(T)} \end{aligned}$$

磁感强度的方向与 I_d 的方向满足右手螺旋关系.

第14章 振 动

> **基本要求**
>
> 1. 掌握简谐运动的基本特征,理解振幅、周期(频率)、相位三个特征量的意义;能建立一维简谐运动的动力学微分方程;能根据初始条件熟练写出一维简谐运动的运动方程;理解用能量法求解简谐运动的思路.
> 2. 掌握描述简谐运动的旋转矢量法和图形法,并能熟练用其分析求解较为简单的简谐运动问题.
> 3. 掌握振动方向相互平行的两个同频率简谐运动的合成规律,理解拍现象;了解相互垂直的简谐运动合成的特点,了解李萨如图形.
> 4. 了解阻尼振动和受迫振动的基本特征,了解共振现象及其发生条件.

一、主 要 内 容

1. 简谐运动(谐振动)的基本特征

动力学特征: $F = -kx$.

运动学特征: $x = A\cos(\omega t + \varphi)$.

能量特征: $E = E_k + E_p = \dfrac{1}{2}kA^2$, $\overline{E}_k = \overline{E}_p = \dfrac{1}{2}E$.

2. 简谐运动的描述

(1) 描述简谐运动的特征参量有振幅 A、角频率 ω、初相位 φ.

A、φ 由初始条件 $\begin{cases} x_0 = A\cos\varphi \\ v_0 = -\omega A\sin\varphi \end{cases}$ 确定.

ω(或 T、ν)由系统确定: $\omega = \dfrac{2\pi}{T} = 2\pi\nu$.

弹簧振子: $T = 2\pi\sqrt{\dfrac{m}{k}}$.

单摆: $T = 2\pi\sqrt{\dfrac{l}{g}}$, 复摆: $T = 2\pi\sqrt{\dfrac{J}{mgl}}$.

(2) 简谐运动的表示方法有解析法、图形法、旋转矢量法.

3. 简谐运动的合成

（1）振动方向相互平行的两个同频率简谐运动的合成仍是简谐运动.

$$x = x_1 + x_2 = A\cos(\omega t + \varphi)$$

$$A = \sqrt{A_1^2 + A_2^2 + 2A_1 A_2 \cos(\varphi_2 - \varphi_1)}$$

$$\tan\varphi = \frac{A_1 \sin\varphi_1 + A_2 \sin\varphi_2}{A_1 \cos\varphi_1 + A_2 \cos\varphi_2}$$

（2）振动方向相互垂直的两个同频率简谐运动的合成不一定是简谐运动.

$$\varphi_2 - \varphi_1 = \begin{cases} 0 \text{ 或 } \pi\text{，合运动是简谐运动} \\ \left.\begin{array}{l}\dfrac{\pi}{2} \text{ 或 } \dfrac{3}{2}\pi\text{，合运动轨道为正椭圆} \\ \text{其他值，合运动轨道为斜椭圆}\end{array}\right\} \text{不是简谐运动} \end{cases}$$

（3）不同频率简谐运动的合成不是简谐运动.

4. 阻尼振动　受迫振动　共振

系统做阻尼振动时，能量不断损失，振幅不断减小.

系统在驱动力作用下的振动叫受迫振动. 当驱动力的角频率 $\Omega = \sqrt{\omega_0^2 - 2\beta^2}$ 时，发生共振现象，这时受迫振动的振幅达到最大值.

二、典 型 例 题

例 14.1 如图所示，质量为 m 的小球在半径为 R 的光滑半球形碗底做微小振动.（1）求小球的振动周期;（2）若 $t=0$ 时，小球位于其平衡位置且以速率 v 向左运动，写出微振动方程（以逆时针方向的角位移为正）.

解　（1）**解法一**　应用牛顿定律求解

以小球为研究对象，设时刻 t 小球位于 P 点，它受重力 $m\vec{g}$ 和碗底的支持力 $\vec{N}$. 根据牛顿运动定律，以图中 θ 增大的方向为正方向，则在轨道切线方向有

$$F = -mg\sin\theta = ma_\tau$$

式中，切向加速度 $a_\tau = R\beta = R\dfrac{d^2\theta}{dt^2}$. 因小球做微小振动，有 $\sin\theta \approx \theta$. 代入上式，整理可得

$$\frac{d^2\theta}{dt^2} = -\frac{g}{R}\theta = -\omega^2\theta$$

式中，$\omega = \sqrt{g/R}$，可见小球做简谐运动. 振动周期为

$$T = \frac{2\pi}{\omega} = 2\pi\sqrt{\frac{R}{g}}$$

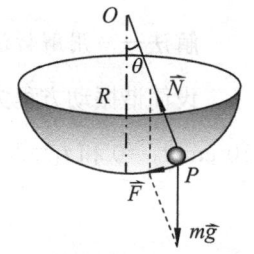

例 14.1 图

解法二 用能量法求解

因小球运动过程中只有重力做功,故机械能守恒.设碗底重力势能为零,则小球运动到图示位置时的机械能为

$$E = \frac{1}{2}m\left(R\frac{d\theta}{dt}\right)^2 + mgR(1-\cos\theta) = 常量$$

上式两边对 t 求导,有

$$mR^2\frac{d\theta}{dt}\frac{d^2\theta}{dt^2} + mgR\sin\theta\frac{d\theta}{dt} = 0$$

$$\frac{d^2\theta}{dt^2} = -\frac{g}{R}\sin\theta \approx -\omega^2\theta$$

所以振动周期为

$$T = \frac{2\pi}{\omega} = 2\pi\sqrt{\frac{R}{g}}$$

(2) 设微振动方程为 $\theta = \theta_m\cos(\omega t + \varphi)$.依题意,$t=0$ 时,$\theta_0 = 0$,$v_0 = -v$,即

$$\begin{cases} \theta_0 = \theta_m\cos\varphi = 0 \\ \dfrac{d\theta}{dt} = -\omega\theta_m\sin\varphi = -\dfrac{v}{R} \end{cases}$$

解得 $\varphi = \dfrac{\pi}{2}$,$\theta_m = \dfrac{v}{R\omega}$,又因 $\omega = \sqrt{\dfrac{g}{R}}$,所以小球做微振动的运动方程为

$$\theta = \frac{v}{R\omega}\cos\left(\sqrt{\frac{g}{R}}t + \frac{\pi}{2}\right)(\text{SI})$$

例 14.2 一简谐运动的 x-t 曲线如图(a)所示,试写出其运动方程.

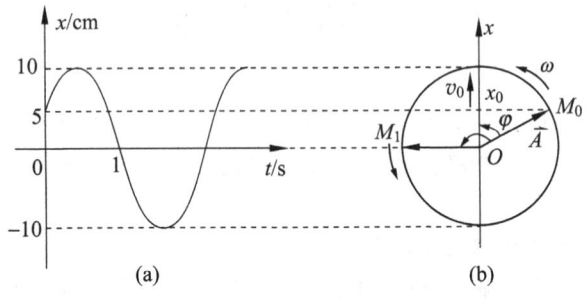

例 14.2 图

解法一 用解析法求解

设简谐振动方程为 $x = A\cos(\omega t + \varphi)$,则 $v = \dfrac{dx}{dt} = -\omega A\sin(\omega t + \varphi)$.由图(a)可知振幅 $A = 10$ cm;$t_0 = 0$ 和 $t_1 = 1$ s 时,分别有

$$\begin{cases} x_0 = A\cos\varphi = A/2 \\ v_0 = -\omega A\sin\varphi > 0 \end{cases} \quad ①$$

$$\begin{cases} x_1 = A\cos(\omega + \varphi) = 0 \\ v_1 = -\omega A\sin(\omega + \varphi) < 0 \end{cases} \quad ②$$

由方程①解得初相位

$$\varphi = -\frac{\pi}{3}$$

由方程②解得 $t_1=1$s 时的相位 $\omega+\varphi=\pi/2$，故角频率为

$$\omega=\frac{\pi}{2}-\varphi=\frac{\pi}{2}-\left(-\frac{\pi}{3}\right)=\frac{5}{6}\pi\ (\text{rad}\cdot\text{s}^{-1})$$

运动方程为

$$x=0.1\cos\left(\frac{5}{6}\pi t-\frac{\pi}{3}\right)(\text{SI})$$

解法二 *用旋转矢量法求解*

如图(b)所示，注意 Ox 轴的正方向向上。可见振幅 $A=10$ cm，$t=0$ 时，旋转矢量端点位于 M_0 点，其投影点位置 $x_0=A/2$，$v_0>0$，所以初相位 $\varphi=-\pi/3$。

$t=1$s 时，旋转矢量端点位于 M_1 点，有 $\omega+\varphi=\pi/2$，所以 $\omega=5\pi/6$ rad·s^{-1}。由 A、ω、φ 即可写出其谐振动方程。

例 14.3 质量 $m=10\times10^{-3}$ kg 的物体做简谐运动，振幅 $A=24$ cm，周期 $T=4.0$ s，当 $t=0$ 时，物体相对平衡位置的位移为 24 cm。求：(1) $t=0.5$ s 时，物体所在的位置及物体所受力的大小和方向；(2) 由起始位置运动到 $x=12$ cm 处所需的最短时间；(3) 在 $x=12$ cm 处物体的速度、动能、系统的势能和总能量。

解 设物体的简谐运动方程为 $x=A\cos(\omega t+\varphi)$，式中振幅 $A=24$ cm，角频率 $\omega=2\pi/T=\pi/2$ rad·s^{-1}。因 $t=0$ 时，$x_0=A\cos\varphi=A$，故初相位 $\varphi=0$，所以简谐运动方程为

$$x=0.24\cos\left(\frac{\pi}{2}t\right)(\text{SI})$$

①

(1) 将 $t=0.5$s 代入方程①，得物体所在的位置为

$$x=24\text{ cm}\cdot\cos\frac{\pi}{4}=12\sqrt{2}\text{ cm}=0.17\text{ m}$$

物体受力为

$$F=ma=m\frac{\text{d}^2x}{\text{d}t^2}=-m\omega^2x$$

$$=-10\times10^{-3}\text{ kg}\times\left(\frac{\pi}{2}\text{ rad}\cdot\text{s}^{-1}\right)^2\times0.17\text{ m}=-4.2\times10^{-3}\text{ N}$$

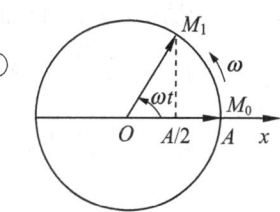

例 14.3 图

所以物体受力大小为 4.2×10^{-3} N，方向为 Ox 轴负方向。

(2) 将 $x=12$ cm 代入方程①，得 $\cos\left(\frac{\pi}{2}t\right)=\frac{1}{2}$，有

$$\frac{\pi}{2}t=2k\pi\pm\frac{\pi}{3},\quad k=0,\pm1,\pm2,\cdots$$

因 $t>0$，故所需最短时间为 $t=\frac{2}{3}$s。

> **说 明**
>
> 此处用旋转矢量法求解较为直观。如图所示，$t=0$ 时，$x_0=24$cm，旋转矢量的端点位于 M_0 点。当旋转矢量的端点位于 M_1 点时，$x_1=12$ cm。显然所需的最短时间满足 $\omega t=\pi/3$，则有
>
> $$t=\frac{\pi}{3\omega}=\frac{\pi}{3\pi/2}=\frac{2}{3}(\text{s})$$

(3) 物体在 t 时刻的速度为

$$v=\frac{\text{d}x}{\text{d}t}=-0.12\pi\sin\left(\frac{\pi}{2}t\right)(\text{SI})$$

②

在 $x=12$ cm 处，$t=\dfrac{2}{3}$ s，代入式②，可得该时刻的速度为

$$v = -0.12 \text{ m} \times \pi \text{ s}^{-1} \times \sin(\pi/3) = -0.326 \text{ m·s}^{-1}$$

动能

$$E_k = \dfrac{1}{2}mv^2 = \dfrac{1}{2} \times 10 \times 10^{-3} \text{ kg} \times (0.326 \text{ m·s}^{-1})^2 = 5.33 \times 10^{-4} \text{ J}$$

由 $\omega = \sqrt{k/m}$，得 $k = m\omega^2$，因此系统的势能为

$$E_p = \dfrac{1}{2}kx^2 = \dfrac{1}{2}m\omega^2 x^2$$
$$= \dfrac{1}{2} \times 10 \times 10^{-3} \text{ kg} \times \left(\dfrac{\pi}{2} \text{ rad·s}^{-1}\right)^2 \times (0.12 \text{ m})^2 = 1.78 \times 10^{-4} \text{ J}$$

总能量为

$$E = E_k + E_p = 5.33 \times 10^{-4} \text{ J} + 1.78 \times 10^{-4} \text{ J} = 7.11 \times 10^{-4} \text{ J}$$

例 14.4 试求在一个周期中简谐运动的动能和势能对时间的平均值.

解 简谐运动的动能和势能分别为

$$E_k = \dfrac{1}{2}kA^2 \sin^2(\omega t + \varphi), \quad E_p = \dfrac{1}{2}kA^2 \cos^2(\omega t + \varphi)$$

在一个周期中，动能与势能对时间的平均值分别为

$$\bar{E}_k = \dfrac{1}{T}\int_0^T \dfrac{1}{2}kA^2 \sin^2(\omega t + \varphi)dt = \dfrac{1}{T}\int_0^T \dfrac{1}{2}kA^2 \cdot \dfrac{1-\cos2(\omega t + \varphi)}{2}dt = \dfrac{1}{4}kA^2$$

$$\bar{E}_p = \dfrac{1}{T}\int_0^T \dfrac{1}{2}kA^2 \cos^2(\omega t + \varphi)dt = \dfrac{1}{T}\int_0^T \dfrac{1}{2}kA^2 \cdot \dfrac{1+\cos2(\omega t + \varphi)}{2}dt = \dfrac{1}{4}kA^2$$

三、习题分析与解答

(一) 选择题和填空题

14.1 一弹簧振子，当把它水平放置时，它做简谐运动. 若把它竖直放置或放在光滑斜面上，则下列说法正确的是 [ ]

(A) 竖直放置做简谐运动，在光滑斜面上不做简谐运动.
(B) 竖直放置不做简谐运动，在光滑斜面上做简谐运动.
(C) 两种情况都做简谐运动.
(D) 两种情况都不做简谐运动.

14.2 如图所示，在一竖直悬挂的弹簧下系一质量为 m 的物体，再用此弹簧改系一质量为 $4m$ 的物体，最后将此弹簧截断为两个等长的弹簧并联后悬挂质量为 m 的物体，则这三个系统的周期值之比为 [ ]

(A) $1 : 2 : \sqrt{\dfrac{1}{2}}$.　　(B) $1 : \dfrac{1}{2} : 2$.

(C) $1 : 2 : \dfrac{1}{2}$.　　(D) $1 : 2 : \dfrac{1}{4}$.

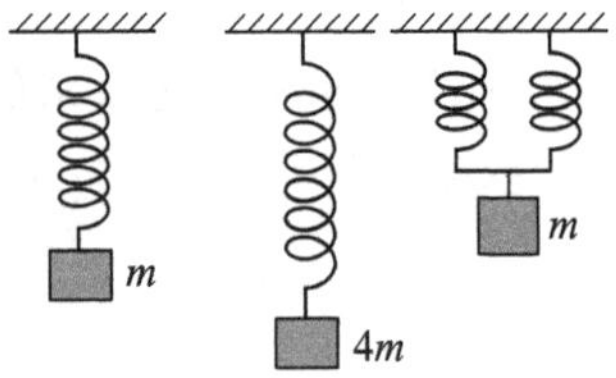

题 14.2 图

14.3 一个质点做简谐运动，周期为 T，当质点由平衡位置向 x 轴正方向运动时，由平衡位置到二分之一最大位移处所需要的最短时间为 [ ]

(A) $T/4$.　　(B) $T/12$.　　(C) $T/6$.　　(D) $T/8$.

14.4 一质点沿 x 轴做简谐运动,振动中心点为 x 轴的原点.已知周期为 T,振幅为 A. 若 $t=0$ 时质点过 $x=0$ 处且向 x 轴正方向运动,则简谐运动方程为_____;若 $t=0$ 时质点位于 $x=A/2$ 处且向 x 轴负方向运动,则简谐运动方程为_____.

14.5 质量为 m 的物体和一轻弹簧组成弹簧振子,其固有振动周期为 T. 当它做振幅为 A 的简谐运动时,其能量 $E=$_____.

14.6 振子做简谐运动,运动方程为 $x=A\cos\omega t$,如图所示,利用旋转矢量图与简谐运动的振动曲线间的对应关系,找出 $0 \sim T$ 时间内各旋转矢量在振动曲线上的对应点.

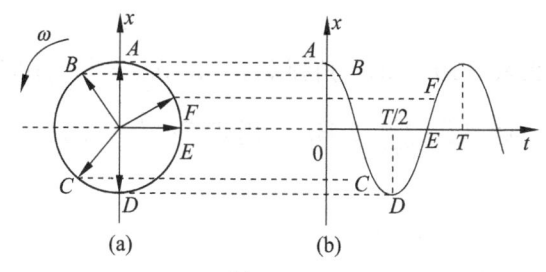

题 14.6 图

答案　**14.1**（C）；**14.2**（C）；**14.3**（B）．**14.4** $x=A\cos\left(\dfrac{2\pi}{T}t-\dfrac{\pi}{2}\right)$(SI)，或 $x=A\cos\left(\dfrac{2\pi}{T}t+\dfrac{\pi}{3}\right)$(SI)；　**14.5** $\dfrac{2\pi^2 mA^2}{T^2}$；　**14.6** 如图(b)所示.

参考解答

14.2 设弹簧的刚度系数为 k,弹簧振子的周期为 $T=2\pi\sqrt{\dfrac{m}{k}}$,得

$$T_1 = 2\pi\sqrt{\dfrac{m}{k}}, \quad T_2 = 2\pi\sqrt{\dfrac{4m}{k}}$$

弹簧截断一半,其刚度系数为原来的 2 倍,再根据弹簧并联公式,得 $k_3=4k$，$T_3=2\pi\sqrt{\dfrac{m}{4k}}$，因此 $T_1:T_2:T_3=1:2:\dfrac{1}{2}$.

14.3 作旋转矢量,如图所示.质点向 x 轴正向运动,由平衡位置到最大位移二分之一处所需的最短时间,对应于旋转矢量从与 x 轴夹角 $-\pi/2$ 处,逆时针旋转 $\pi/6$ 所需时间,即

$$t=\dfrac{\pi/6}{2\pi}\times T=\dfrac{1}{12}T$$

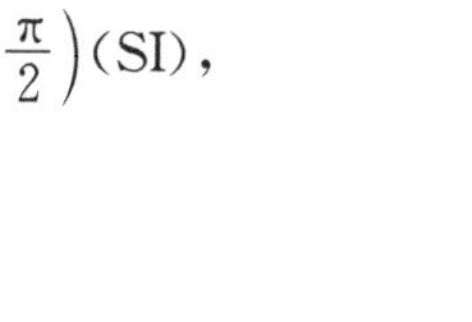

题 14.3 解图

14.4 设简谐运动方程

$$x=A\cos(\omega t+\varphi)=A\cos\left(\dfrac{2\pi}{T}t+\varphi\right) \text{ (SI)}$$

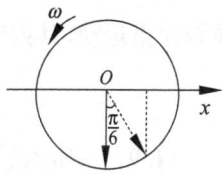

(1) $t=0$ 时,依题意 $\varphi=-\dfrac{\pi}{2}$ 或 $\dfrac{3\pi}{2}$,所以有

$$x=A\cos\left(\dfrac{2\pi}{T}t-\dfrac{\pi}{2}\right) \text{ (SI)} \quad \text{或} \quad x=A\cos\left(\dfrac{2\pi}{T}t+\dfrac{3\pi}{2}\right) \text{ (SI)}$$

(2) $t=0$ 时,依题意,$\varphi=\dfrac{\pi}{3}$,所以有

$$x=A\cos\left(\dfrac{2\pi}{T}t+\dfrac{\pi}{3}\right) \text{ (SI)}$$

(二) 问答题和计算题

14.7 若简谐运动方程为 $x=2.40\times 10^{-2}\cos(4\pi t+\pi)$ (SI),求:(1)振幅、频率、角频率、周期和初相位;(2) $t=2$ s 时的相位、位移、速度和加速度.

解 (1)将运动方程 $x=2.40\times 10^{-2}\cos(4\pi t+\pi)$ (SI)与简谐运动表达式 $x=A\cos(\omega t+\varphi)$ 进行比较可得

振幅 $A=2.40\times 10^{-2}$ m, 角频率 $\omega=4\pi$ rad·s^{-1}, 初相位 $\varphi=\pi$

频率 $\nu=\dfrac{\omega}{2\pi}=2$ Hz, 周期 $T=\dfrac{1}{\nu}=0.5$ s

(2) $t=2$ s 时

相位 $4\pi t+\pi=9\pi$

位移 $x=A\cos(4\pi t+\pi)=-2.40\times 10^{-2}$ m

速度 $v=\dfrac{\mathrm{d}x}{\mathrm{d}t}=-\omega A\sin(4\pi t+\pi)=0$

加速度 $a=\dfrac{\mathrm{d}^2 x}{\mathrm{d}t^2}=-\omega^2 A\cos(4\pi t+\pi)=3.79$ m·s^{-2}

14.8 如图所示,一质量为 m、直径为 D 的塑料圆柱体一部分浸入密度为 ρ 的液体中,另一部分浮在液面上.如果用手轻轻向下按动圆柱体,放手后圆柱体将上下振动.试证明该振动为简谐运动,并求振动周期(圆柱体表面与液体的摩擦力忽略不计).

证 以圆柱体平衡时的顶端为坐标原点,向下为正方向建立 Ox 轴.假设平衡时圆柱体排开液体的体积为 V,则 $\rho gV=mg$,设 t 时刻圆柱体向下移动一微小距离 x,其所受合力为

$$F=mg-\left[V+\pi\left(\dfrac{D}{2}\right)^2 x\right]\rho g=-\pi\rho g\left(\dfrac{D}{2}\right)^2 x$$

根据牛顿第二定律 $F=ma=-\pi\rho g\left(\dfrac{D}{2}\right)^2 x$,整理得 $a=-\omega^2 x$,其中 $\omega=\dfrac{D}{2}\sqrt{\dfrac{\pi\rho g}{m}}$,可见圆柱体所受合外力与位移成正比,而方向相反,因此圆柱体做简谐运动,其振动周期为

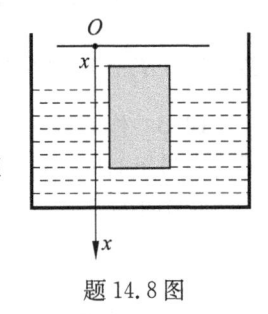

$$T=\dfrac{2\pi}{\omega}=\dfrac{4}{D}\sqrt{\dfrac{\pi m}{\rho g}}$$

题 14.8 图

14.9 一质点做简谐运动,求下列情况下的运动方程:(1) $\omega=\pi$ s^{-1},$t=0$ 时,$x_0=l$,$v_0=0$;(2) $\omega=\pi$ s^{-1},$t=0$ 时,$x_0=0$,$v_0=0.01\pi$ m·s^{-1};(3) $T=2$ s,$t=0$ 时,$x_0=0.06$ m,$v_0=0.33$ m·s^{-1}.

解 (1)设 $x=A\cos(\omega t+\varphi)$,则 $v=-A\omega\sin(\omega t+\varphi)$.因 $t=0$ 时,$x_0=l$,$v_0=0$,故有

$$x_0=A\cos\varphi=l$$

$$v_0=-A\omega\sin\varphi=0$$

两式联立求解,可得 $\varphi=0$,$A=l$.由题意 $\omega=\pi$,所以运动方程为

$$x = l\cos\pi t$$

(2) 用同样的方法，当 $t=0, x_0=0, v_0=0.01\pi$ m·s^{-1}时，解得

$$A = \frac{v_0}{\omega} = 0.01 \text{ m}, \quad \varphi = \frac{3}{2}\pi$$

所以运动方程为

$$x = 0.01\cos\left(\pi t + \frac{3}{2}\pi\right) \text{(SI)}$$

(3) $\omega = \frac{2\pi}{T} = \pi$ rad·s^{-1}, $A = \sqrt{x_0^2 + \left(\frac{v_0}{\omega}\right)^2} = 0.12$ m

又 $x_0 = A\cos\varphi = 0.06$ m, 且 $v_0 = -\omega A\sin\varphi = 0.33$ m·s^{-1} > 0, 所以 $\varphi = \frac{5}{3}\pi$, 因此, 运动方程为

$$x = 0.12\cos(\pi t + 5\pi/3) \text{(SI)}$$

14.10 有一弹簧，当其下端挂一质量为 m 的物体时，伸长量为 9.8×10^{-2} m. 若使物体上下振动，且规定向下为正方向，求以下两种情况的运动方程：(1) $t=0$ 时，物体在平衡位置上方 8.0×10^{-2} m 处，由静止开始向下运动；(2) $t=0$ 时，物体在平衡位置并以 0.60 m·s^{-1} 的速度向上运动.

解 设弹簧的刚度系数为 k，平衡时弹簧的伸长量为 δ，依题意，$k\delta = mg$，以平衡时物体的位置为原点，向下为 Ox 轴正方向，则物体在位置 x 所受合力为 $F = -k(\delta + x) + mg$.

根据牛顿第二定律 $F = ma$，得

$$a = \frac{F}{m} = -\frac{g}{\delta}x = -\omega^2 x$$

式中，$\omega = \sqrt{g/\delta} = 10$ rad·s^{-1}. 可见物体做简谐运动，设运动方程为

$$x = A\cos(\omega t + \varphi)$$

则有

$$v = -\omega A\sin(\omega t + \varphi)$$

(1) 由题意，$t=0$ 时，$x_0 = -8.0 \times 10^{-2}$ m，$v_0 = 0$，解得 $A = 8.0 \times 10^{-2}$ m，$\varphi = \pi$，因此运动方程为

$$x_1 = 8.0 \times 10^{-2}\cos(10t + \pi) \text{(SI)}$$

(2) 由题意，$t=0$ 时，$x_0 = 0$，$v_0 = -0.60$ m·s^{-1}，解得 $A = 6.0 \times 10^{-2}$ m，$\varphi = \pi/2$，因此运动方程为

$$x_2 = 6.0 \times 10^{-2}\cos\left(10t + \frac{\pi}{2}\right) \text{(SI)}$$

14.11 一质点沿 x 轴做简谐运动. 位移为 x_1 时，速度为 v_1；位移为 x_2 时，速度为 v_2. 求该质点的振动周期.

解 设质点的运动方程为 $x = A\cos(\omega t + \varphi)$，在时刻 t_1 和 t_2，其位移和速度分别为

$$\left.\begin{array}{l} x_1 = A\cos(\omega t_1 + \varphi) \\ v_1 = -\omega A\sin(\omega t_1 + \varphi) \end{array}\right\} \quad ①$$

$$\left.\begin{array}{l} x_2 = A\cos(\omega t_2 + \varphi) \\ v_2 = -\omega A\sin(\omega t_2 + \varphi) \end{array}\right\} \quad ②$$

分别从式①和式②解出 A，即

$$A = \sqrt{x_1^2 + \left(\frac{v_1}{\omega}\right)^2} \quad ③$$

$$A = \sqrt{x_2^2 + \left(\frac{v_2}{\omega}\right)^2} \qquad ④$$

由式③和式④解得

$$\omega = \sqrt{\frac{v_1^2 - v_2^2}{x_2^2 - x_1^2}}$$

$$T = \frac{2\pi}{\omega} = 2\pi\sqrt{\frac{x_2^2 - x_1^2}{v_1^2 - v_2^2}}$$

14.12 如图所示，一质点在一直线上做简谐运动．选取该质点向右运动通过 A 点时为计时零点($t=0$)，经 2 s 后质点第一次通过 B 点，再经 2 s 后质点第二次通过 B 点．已知该质点在 A、B 两点具有相同的速率，且 $\overline{AB}=10$ cm，求：(1)质点的运动方程；(2)质点在 A(或 B)处的速率．

解 (1)设简谐运动方程为 $x=A\cos(\omega t+\varphi)$，如图作旋转矢量 $\vec{A}$，$t=t_0=0$ 时，$\vec{A}$ 与 x 轴的夹角，即初相位为 φ，由题意，此时矢端 M_0 位于第三象限；$t=2$ s 时，旋转矢量 $\vec{A}$ 的矢端在 M_1，相位为 $2\omega+\varphi$；$t=4$ s时，旋转矢量 $\vec{A}$ 的矢端在 M_2，相位为 $4\omega+\varphi$；由题意 $v_A=v_{B1}=-v_{B2}$，质点第二次通过 B 点时相位与 A 点的相位相反，因此 $(\omega t_2+\varphi)-\varphi=\pi$，解得 $\omega=\frac{\pi}{t_2}=\frac{\pi}{4}$；

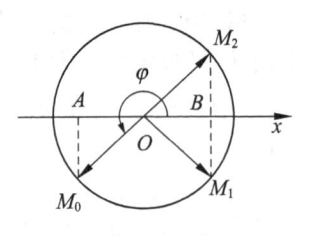

题 14.12 图

同理应有 $\angle M_2OB=\angle M_0OA=\frac{\pi}{4}$，因此初相 $\varphi=\frac{5}{4}\pi$．又因 $x_B-x_A=A\cos(2\omega+\varphi)-A\cos\varphi=10$ cm，解得 $A=5\sqrt{2}$ cm，因此振动方程为

$$x=5\sqrt{2}\cos\left(\frac{\pi}{4}t+\frac{5}{4}\pi\right)\text{cm}$$

(2) $v_A=\frac{dx}{dt}\Big|_{t=0}=-\omega A\sin\varphi=3.93$ cm·s^{-1}．

14.13 做简谐运动的物体由平衡位置向 x 轴正方向运动，振幅为 A，周期为 T．试问经过下列路程所需最短时间各是多少？(1)从平衡位置到 $x=A/2$ 处；(2)从平衡位置到 $x=A$ 处；(3)从 $x=A/2$ 到 $x=A$ 处．

解 设振动方程为 $x=A\cos\left(\frac{2\pi}{T}t+\varphi\right)$，物体在 $x=0$，$A/2$，A 处的时刻分别为 t_0、t_1、t_2，由题意可知，上述三处的相位分别为

$$\frac{2\pi}{T}t_0+\varphi=-\frac{\pi}{2}, \quad \frac{2\pi}{T}t_1+\varphi=-\frac{\pi}{3}, \quad \frac{2\pi}{T}t_2+\varphi=0$$

由以上三式即可求得

(1) $t_1-t_0=\frac{T}{12}$, (2) $t_2-t_0=\frac{T}{4}$, (3) $t_2-t_1=\frac{T}{6}$

请读者用旋转矢量法求解对比．

14.14 一质量 $m=2.0\times10^{-2}$ kg 的质点做简谐运动，振动曲线如图所示．求：(1)振动方程；(2) a、b、c、d、e 各点的相位及到达这些状态的时刻；(3)作用于质点的最大回复力．

解 (1)设振动方程为

$$x=A\cos(\omega t+\varphi)$$

则速度为 $v=-\omega A\sin(\omega t+\varphi)$.

由图可知：$T=(2.2-1.0)\times 2=2.4$ s，$A=5\times 10^{-2}$ m，而 $\omega=\dfrac{2\pi}{T}=\dfrac{5}{6}\pi$，且由 $t=0$ 时，$x=A/2$，$v>0$，得 $\varphi=-\pi/3$.

因此，振动方程为
$$x=5.0\times 10^{-2}\cos\left(\dfrac{5}{6}\pi t-\dfrac{\pi}{3}\right)\text{(SI)}$$

(2) a 点：$x=A$，$\cos(\omega t+\varphi)=1$，所以有 $\omega t+\varphi=0$，$t=-\dfrac{\varphi}{\omega}=0.4$ s.

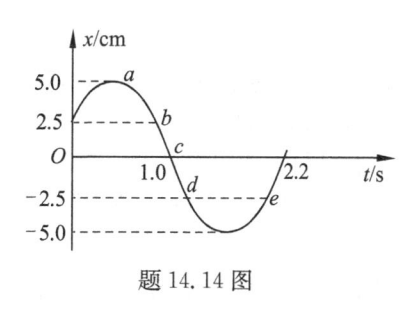

b 点：$x=\dfrac{A}{2}$，$\cos(\omega t+\varphi)=\dfrac{1}{2}$，$v<0$，所以有 $\omega t+\varphi=\dfrac{\pi}{3}$，$t=0.8$ s.

c 点：$x=0$，$v<0$，$\cos(\omega t+\varphi)=0$，所以有 $\omega t+\varphi=\dfrac{\pi}{2}$，$t=1.0$ s.

d 点：$x=-\dfrac{A}{2}$，$\cos(\omega t+\varphi)=-\dfrac{1}{2}$，而 $v<0$，所以有 $\omega t+\varphi=\dfrac{2}{3}\pi$，$t=1.2$ s.

e 点：$x=-\dfrac{A}{2}$，$\cos(\omega t+\varphi)=-\dfrac{1}{2}$，而 $v>0$，所以有 $\omega t+\varphi=\dfrac{4}{3}\pi$，$t=2.0$ s.

题 14.14 图

(3) 最大回复力为
$$F_{\max}=ma_{\max}=mA\omega^2$$
$$=2.0\times 10^{-2}\times 5\times 10^{-2}\times (5\pi/6)^2=6.85\times 10^{-3}\text{(N)}$$

14.15 手持一块平板，平板上放一质量为 0.5 kg 的砝码，现使平板在竖直方向做简谐运动，其频率为 2 Hz，振幅为 0.04 m. 问：(1) 位移最大时，砝码对平板的正压力多大？(2) 以多大振幅振动时，会使砝码脱离平板？(3) 如果振动频率增大 1 倍，则砝码随板一起振动的振幅上限为多大？

解 物体受力如图所示．$\vec{N}$ 为板作用于砝码的支持力，$\vec{N}'$ 为砝码作用于平板的压力，二者为作用力和反作用力；$m\vec{g}$ 为作用于砝码的重力．以向上为正方向，由牛顿第二定律有
$$N-mg=ma$$

可得
$$N'=N=m(g+a)$$

(1) 当位移达到 $\pm A$ 时，加速度为 $a=\mp(2\pi\nu)^2 A$，故砝码对平板的正压力
$$N'=m[g\mp(2\pi\nu)^2 A]$$

在最高位置处
$$N'_1=m[g-(2\pi\nu)^2 A]=1.74\text{ N}$$

在最低位置处
$$N'_2=m[g+(2\pi\nu)^2 A]=8.06\text{ N}$$

(2) 当物体开始离开平板，则有 $N'=N=0$ 故有
$$g-(2\pi\nu)^2 A=0$$
$$A=\dfrac{g}{(2\pi\nu)^2}=6.21\times 10^{-2}\text{ m}$$

题 14.15 解图

因此，当系统以 $A\geq 6.21\times 10^{-2}$ m 振动时，砝码即会脱离平板.

(3) 当频率增大 1 倍时，物体刚要离平板时的振幅为

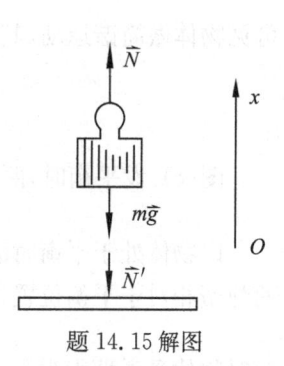

$$A = \frac{g}{(4\pi\nu)^2} = 1.55 \times 10^{-2} \text{ m}$$

这便是砝码随木板一起振动的振幅的上限.

14.16 如图所示,试分别求系统的振动频率,其中 m 为物体的质量,k_1、k_2 为两根轻弹簧的刚度系数,不计摩擦.

解 图(a):设物体处于平衡时两弹簧的初始伸长(或压缩)分别 δ_1 和 δ_2,则

$$k_1\delta_1 - k_2\delta_2 = 0$$

以物体处于平衡时的位置为坐标原点,x 轴水平向右,当物体处于任一位置 x 时,两弹簧作用于物体上的力分别为

$$f_1 = -k_1(x+\delta_1), \quad f_2 = -k_2(x-\delta_2)$$

合力

$$f = f_1 + f_2 = -(k_1+k_2)x = -kx$$

因此,物体做简谐运动,角频率为 $\omega = \sqrt{k/m}$,振动频率为

$$\nu = \frac{\omega}{2\pi} = \frac{1}{2\pi}\sqrt{\frac{k}{m}} = \frac{1}{2\pi}\sqrt{\frac{k_1+k_2}{m}}$$

图(b):以物体处于平衡时的位置为坐标原点,x 轴水平向右,当物体处于任一位置 x 时,设弹簧各伸长 x_1 和 x_2,则有

$$x_1 + x_2 = x \quad ①$$
$$k_1 x_1 = k_2 x_2 \quad ②$$

物体受力

$$f = -k_2 x_2 = -k_1 x_1 \quad ③$$

由式①、式②解得

$$x_1 = \frac{k_2}{k_1+k_2}x, \quad x_2 = \frac{k_1}{k_1+k_2}x$$

代入式③得

$$f = -\frac{k_1 k_2}{k_1+k_2}x = -kx$$

可见物体做简谐运动,其角频率 $\omega = \sqrt{\frac{k}{m}} = \sqrt{\frac{k_1 k_2}{m(k_1+k_2)}}$. 系统的振动频率为

$$\nu = \frac{\omega}{2\pi} = \frac{1}{2\pi}\sqrt{\frac{k_1 k_2}{m(k_1+k_2)}}$$

图(c):设平衡时,两弹簧的初始伸长分别为 δ_1 和 δ_2,则有

$$k_1\delta_1 = k_2\delta_2 = mg$$

以物体处于平衡时的位置为坐标原点,竖直向下为 x 轴正向. 设物体位于任一位置 x 时,两弹簧相对于平衡位置各自伸长 x_1、x_2 则有

$$x = x_1 + x_2 \quad ④$$

此时物体受弹性力为

$$f = -k_1(x_1+\delta_1) = -k_2(x_2+\delta_2)$$

合力为

$$F = f + mg = -k_1 x_1 = -k_2 x_2 = -kx$$

解出 $x_1 = \frac{k_2}{k_1+k_2}x$ 或 $x_2 = \frac{k_1}{k_1+k_2}x$,代入式④得

$$F = -\frac{k_1 k_2}{k_1 + k_2} x = -kx$$

可见系统做简谐运动,角频率 $\omega = \frac{k}{m} = \sqrt{\frac{k_1 k_2}{m(k_1 + k_2)}}$,系统的振动频率为

$$\nu = \frac{\omega}{2\pi} = \frac{1}{2\pi} \sqrt{\frac{k_1 k_2}{m(k_1 + k_2)}}$$

14.17 如图所示,一匀质细棒 AB 的两端,用长度均为 l 且不计质量的细线悬挂. 当棒以微小角度绕中心轴 OO' 扭动时,试证其运动周期 $T = 2\pi \sqrt{\frac{l}{3g}}$.

证 设棒长为 $2R$,质量为 m,在细棒扭动时,其质心沿轴 OO' 上下运动. 由于细棒扭动角度很小,质心上下移动的距离甚小,因此在计算细棒动能时可近似认为它仅在水平面内转动. 设 t 时刻细棒转离平衡位置 θ 角时,细线和沿直线的夹角为 φ,则有 $\varphi l = R\theta$,此时该系统的动能和势能分别为

$$E_k = \frac{1}{2} J \left(\frac{d\theta}{dt}\right)^2, \quad E_p = mgh_c$$

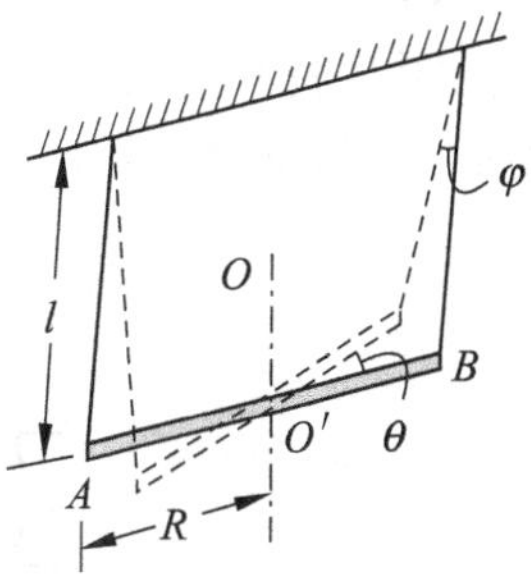

式中,J 是细棒对轴 OO' 的转动惯量,h_c 是棒的质心相对平衡时质心位置的高度,即

$$J = \frac{1}{12} m (2R)^2 = \frac{1}{3} m R^2$$

$$h_c = l(1 - \cos\varphi)$$

题 14.17 图

不计阻力时,系统机械能守恒,即

$$E_k + E_p = \frac{1}{2} \left(\frac{1}{3} m R^2\right) \left(\frac{d\theta}{dt}\right)^2 + mgl(1 - \cos\varphi) = 常量$$

将上式对时间 t 求导,可得

$$\frac{1}{3} m R^2 \left(\frac{d\theta}{dt}\right) \left(\frac{d^2\theta}{dt^2}\right) + mgl \sin\varphi \frac{d\varphi}{dt} = 0$$

因为是微小扭动,所以 $\sin\varphi \approx \varphi = \frac{R}{l} \theta$,代入上式得

$$\frac{1}{3} m R^2 \frac{d\theta}{dt} \frac{d^2\theta}{dt^2} + mgl \frac{R}{l} \theta \cdot \frac{R}{l} \frac{d\theta}{dt} = 0$$

整理后即得

$$\frac{d^2\theta}{dt^2} = -\frac{3g}{l} \theta = -\omega^2 \theta$$

式中,$\omega^2 = \frac{3g}{l}$. 因此系统的振动周期为

$$T = \frac{2\pi}{\omega} = 2\pi \sqrt{\frac{l}{3g}}$$

14.18 当重力加速度 g 改变 dg 时,单摆周期 T 的变化 dT 是多少?写出 dT/T 与 dg/g 之间的关系式. 一只摆钟(看作单摆),在 $g = 9.800 \text{ m} \cdot \text{s}^{-2}$ 处走时准确,移到另一地点后每天快 10 s,求该地点的重力加速度.

解 单摆周期 T 与重力加速度 g 的关系式为 $T = 2\pi \sqrt{l/g}$. 因此等式两边求微分有

$$dT = -\frac{1}{2} \cdot 2\pi\sqrt{l}g^{-\frac{3}{2}}dg = -\frac{1}{2}Tg^{-1}dg$$

$$\frac{dT}{T} = -\frac{dg}{2g}$$

若每天快 10 s,则

$$\frac{dT}{T} = \frac{-10}{24 \times 60 \times 60} = -1.157 \times 10^{-4}$$

"—"号表示周期缩短. 于是重力加速度的变化为

$$dg = -2g\frac{dT}{T} = 2 \times 9.800 \times 1.157 \times 10^{-4} = 0.002 \text{ (m} \cdot \text{s}^{-2})$$

故该处的重力加速度为

$$g' = g + dg = 9.800 + 0.002 = 9.802 \text{ (m} \cdot \text{s}^{-2})$$

14.19 如图(a)所示,刚度系数为 k 的轻弹簧下端挂一质量为 M 的盘. 一质量为 m 的物体由距盘底 h 高处自由下落,与盘做完全非弹性碰撞,并与盘一起振动. 求:(1) 系统的振动周期,并与空盘子振动时的周期进行比较;(2) 系统的振动方程.

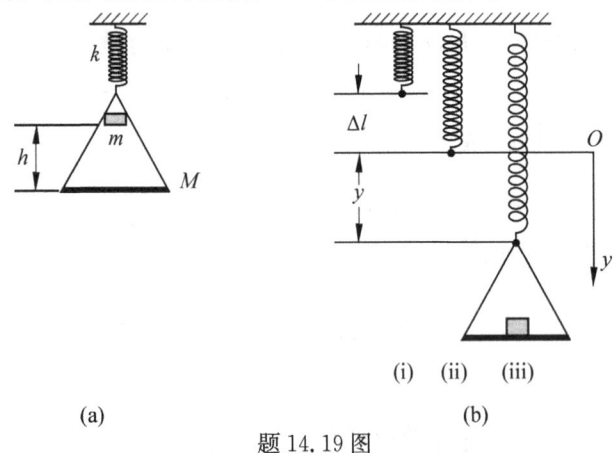

题 14.19 图

解 (1) 设物体落入盘中后系统达到平衡时弹簧伸长量为 Δl,则有

$$(M+m)g = k\Delta l \qquad ①$$

取物体落下后系统的平衡位置 O 为坐标原点,竖直向下为 Oy 轴正方向. 图(b)中自左向右分别表示:(i)物体没落下时弹簧下端点所在位置;(ii)物体落入盘中后系统处于平衡时弹簧下端所在位置;(iii) 在振动过程中设 t 时刻弹簧下端点位于 y 处. 由牛顿第二定律可得

$$(M+m)\frac{d^2y}{dt^2} = (M+m)g - k(y + \Delta l)$$

即有

$$\frac{d^2y}{dt^2} + \frac{k}{M+m}y = 0 \qquad ②$$

由此可知,系统做简谐运动,其角频率为

$$\omega = \sqrt{\frac{k}{M+m}}$$

其振动周期为

$$T = \frac{2\pi}{\omega} = 2\pi\sqrt{\frac{M+m}{k}} \qquad ③$$

空盘子的振动周期为 $T'=2\pi\sqrt{\dfrac{M}{k}}$. 与式③相比较可知 $T>T'$.

(2) 设方程式②的解为
$$y = A\cos(\omega t + \varphi) \qquad ④$$
物体 m 未落入盘中时,托盘呈平衡状态,此时弹簧伸长 Δl_1,显然有
$$Mg = k\Delta l_1 \qquad ⑤$$
当小物体 m 落入盘中,并一起达到平衡时,弹簧伸长为 $\Delta l_1 + \Delta l_2$,显然有
$$(M+m)g = k(\Delta l_1 + \Delta l_2) \qquad ⑥$$
取小物体落入盘中瞬时为计时起点,则由式⑤和式⑥可得 $t=0$ 时,初始位置为
$$y_0 = -\Delta l_2 = -\dfrac{mg}{k} \qquad ⑦$$
初始速度 v_0 可通过小物体与托盘碰撞时遵从动量守恒律而求得,即
$$m\sqrt{2gh} = (M+m)v_0$$
$$v_0 = \dfrac{m\sqrt{2gh}}{M+m} \qquad ⑧$$
由式⑦和式⑧,即得
$$A = \sqrt{y_0^2 + \left(\dfrac{v_0}{\omega}\right)^2} = \dfrac{mg}{k}\sqrt{1 + \dfrac{2kh}{(M+m)g}}$$
由 $y_0 = A\cos\varphi < 0$ 和 $v_0 = -A\omega\sin\varphi > 0$,可知 φ 为第三象限的角,所以有
$$\varphi = \pi + \arctan\sqrt{\dfrac{2kh}{(M+m)g}}$$
将 A、φ 代入式④即得系统的简谐运动表达式.

14.20 如图所示,刚度系数为 k 的轻弹簧,系一质量为 M 的物体,在水平面上做简谐运动.有一质量为 m 的黏土,从高度为 h 处自由下落,正好在(a)物体通过平衡位置时,(b)物体在最大位移时,落在物体 M 上.问:(1)振动周期有何变化?(2)振幅有何变化?

解 (1) 振子的原有周期为 $T_1 = 2\pi\sqrt{\dfrac{M}{k}}$,黏土附上后,振动周期为 $T_2 = 2\pi\sqrt{\dfrac{M+m}{k}}$,显然 $T_2 > T_1$,即周期增大.不管黏土是如何落在振子上的,这一结论都正确.

(2) (a):在 M 通过平衡位置时,黏土落在 M 上.设黏土落在 M 上前后 M 的速度分别为 v_0 和 v,在水平方向上,根据动量守恒有
$$Mv_0 = (M+m)v$$
所以
$$v = \dfrac{M}{M+m}v_0$$
设黏土附在 M 上后振幅为 A',根据机械能守恒,在 M 与 m 黏附前后,分别有
$$\dfrac{1}{2}Mv_0^2 = \dfrac{1}{2}kA^2, \quad \dfrac{1}{2}(M+m)v^2 = \dfrac{1}{2}kA'^2$$
解得
$$A' = \sqrt{\dfrac{M}{M+m}}A, \quad 即振幅减小$$

(b):M 在最大位移处,黏土落在 M 上,此时振幅仍为 A.

14.21 如图所示,一刚度系数 $k=312$ N·m^{-1} 的轻弹簧,一端固定,另一端连接一质量 $M=0.30$ kg 的物体 A,放在光滑的水平桌面上. 物体 A 上再放置质量 $m=0.20$ kg 的物体 B,已知 A、B 间摩擦系数 $\mu=0.50$,求两物体间无相对运动时,系统的最大能量.

解 A、B 一起做简谐运动时,其最大加速度 $a_m=\omega^2 A=\dfrac{k}{M+m}A$,其中 A 为振幅. 要使 A、B 间不发生相对滑动,应使 $a_m \leqslant \dfrac{\mu_s mg}{m}=\mu_s g$,则最大振幅为

$$A_m = \dfrac{M+m}{k}\mu_s g$$

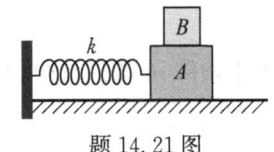

因此系统最大能量为

$$E_m = \dfrac{1}{2}kA_m^2 = \dfrac{1}{2k}(\mu_s g)^2(M+m)^2 = 9.62\times 10^{-3} \text{ J}$$

题 14.21 图

14.22 1851 年傅科用单摆做证明地球自转的实验,已知摆长 l 为 69 m,下悬重球的质量 m 为 28 kg,振幅为 $5.0°$,求其周期和振动的总能量(设重球最低处重力势能为零).

解 $T=2\pi\sqrt{l/g}\approx 16.7$ s;因机械能守恒,故振动的总能量 E 等于摆在最高点时的势能,即

$$E = mgl(1-\cos\theta_{\max}) = 28\times 9.8 \times 69(1-\cos 5°) \approx 72 \text{ (J)}$$

14.23 一物体悬挂于轻弹簧的下端并做简谐运动. 当物体的位移大小是振幅的一半时,系统的动能占总能量多大比例?势能占总能量多大比例?位移为多大时,动能和势能各占总能量的一半?

解 取平衡位置为各种势能零点,则简谐运动系统的总能量为 $E=\dfrac{1}{2}kA^2$. 当位移为振幅之半时,系统势能和动能分别为

$$E_p = \dfrac{1}{2}k\left(\dfrac{A}{2}\right)^2 = \dfrac{1}{8}kA^2$$

$$E_k = E - E_p = \dfrac{1}{2}kA^2 - \dfrac{1}{8}kA^2 = \dfrac{3}{8}kA^2$$

故动能和势能占总能量的比例分别为

$$\dfrac{E_k}{E} = \dfrac{3}{8}kA^2 \bigg/ \left(\dfrac{1}{2}kA^2\right) = 75\%$$

$$\dfrac{E_p}{E} = \dfrac{1}{8}kA^2 \bigg/ \left(\dfrac{1}{2}kA^2\right) = 25\%$$

当动能和势能各占总能量的一半时,设物体的位移为 x,则因 $E_p=\dfrac{1}{2}kx^2=\dfrac{1}{2}E$,由此解得 $x=\pm\dfrac{\sqrt{2}}{2}A$.

14.24 一质点同时参与同一直线上两个同频率的简谐运动

$$x_1 = 4\cos\left(3t+\dfrac{\pi}{2}\right) \text{(SI)}, \quad x_2 = 3\cos 3t \text{ (SI)}$$

求合振动方程.

解 设合振动方程为 $x=A\cos(3t+\varphi)$. 因 $\Delta\varphi=\dfrac{\pi}{2}-0$,故振幅和初相位分别为

$$A = \sqrt{A_1^2 + A_2^2} = \sqrt{3^2+4^2} = 5 \text{ (m)}$$

$$\varphi = \arctan\frac{A_1\sin\varphi_1 + A_2\sin\varphi_2}{A_1\cos\varphi_1 + A_2\cos\varphi_2} = \arctan\frac{4\sin\frac{\pi}{2} + 3\sin 0}{4\cos\frac{\pi}{2} + 3\cos 0}$$

$$= \arctan\frac{4}{3} = 53°8' \approx 0.3\pi$$

所以
$$x = 5\cos(3t + 0.3\pi) \text{ (SI)}$$

可利用旋转矢量进行振动的合成,并与上述解答过程进行对比理解.

14.25 同一直线上有两个同频率的简谐运动,其合振动振幅 0.20 m,合振动与第一个振动的相位差为 $\pi/6$,第一个振动的振幅为 0.173 m,求第二个振动的振幅及两振动的相位差.

解 令第一振动的初相位为 $\varphi_1 = 0$,第二振动的初相位为 φ_2,则两振动的相位差为 $\Delta\varphi = \varphi_2 - \varphi_1 = \varphi_2$;依题意,合振动的初相位 $\varphi = \frac{\pi}{6}$,应有

$$A\cos\varphi = A_1\cos\varphi_1 + A_2\cos\varphi_2$$
$$A\sin\varphi = A_1\sin\varphi_1 + A_2\sin\varphi_2$$

解得 $A_2 = 0.10$ m,$\Delta\varphi = \varphi_2 = \frac{\pi}{2}$.

建议读者画出振动合成的矢量图,思考其他解题方法.

14.26 求简谐运动的合运动: $x = \sum_{k=0}^{4} a\cos\left(\omega t + \frac{k\pi}{4}\right)$.

解 这是 5 个同频率、同振动方向的谐振动的合成,采用多边形求和的方法. $t=0$ 时合成的矢量图如图所示. 可以看出,合振动的振幅为 $A = (1+\sqrt{2})a$,合振动的初相位为 $\varphi = \pi/2$,故合振动方程为

$$x = (1+\sqrt{2})a\cos\left(\omega t + \frac{\pi}{2}\right)$$

题 14.26 解图

14.27 将频率为 373 Hz 的标准音叉振动与一待测频率的音叉振动合成,测得拍频为 3.0 Hz. 若在待测音叉的一端加上一小块物体,则拍频将减小,求待测音叉的固有频率.

解 依题意 $|\nu_{标准} - \nu_{待测}| = 3.0$ Hz,在待测音叉上加物体,其固有频率将减小,而拍频减小表明 $\nu_{待测} > \nu_{标准}$,因此

$$\nu_{待测} = \nu_{标准} + \Delta\nu = 373 + 3.0 = 376 \text{(Hz)}$$

14.28 质量为 0.1 kg 的质点同时参与相互垂直的两个振动,其运动方程分别为

$$x = 0.06\cos\left(\frac{\pi}{3}t + \frac{\pi}{3}\right) \text{(SI)}$$

$$y = 0.03\cos\left(\frac{\pi}{3}t - \frac{\pi}{3}\right) \text{(SI)}$$

求:(1) 质点运动的轨道方程,并画出图形,指明是左旋还是右旋;(2) 质点在任一位置所受作用力的大小.

解 (1) 从 x、y 方向的两个振动表达式中消去参数 t,即得轨道方程

$$\frac{x^2}{A_x^2} + \frac{y^2}{A_y^2} - \frac{2xy}{A_xA_y}\cos(\varphi_x - \varphi_y) = \sin^2(\varphi_x - \varphi_y)$$

式中,$A_x = 0.06$ m,$A_y = 0.03$ m;$\varphi_x = \dfrac{\pi}{3}$,$\varphi_y = -\dfrac{\pi}{3}$. 选取 SI 单位,上式可化简为
$$x^2 + 4y^2 + 2xy - 0.0027 = 0$$
此即所求的轨道方程,轨道如图所示,为左旋.

(2) 质点所受的作用力,等于质量与加速度之积. 因为
$$a_x = \frac{\mathrm{d}^2 x}{\mathrm{d}t^2} = -\omega^2 x, \quad a_y = \frac{\mathrm{d}^2 y}{\mathrm{d}t^2} = -\omega^2 y$$
$$a = \sqrt{a_x^2 + a_y^2} = \frac{\pi^2}{9}\sqrt{x^2 + y^2}$$

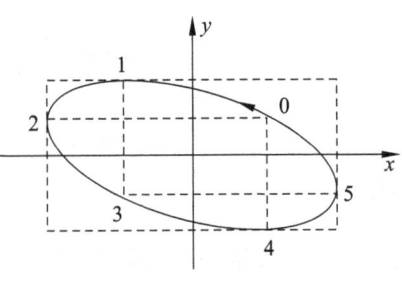

题 14.28 解图

所以质点在任一位置所受作用力的大小为
$$F = ma = 0.1 \times \frac{\pi^2}{9}\sqrt{x^2 + y^2} = \frac{\pi^2}{90}\sqrt{x^2 + y^2} \text{ (SI)}$$

14.29 一弹簧振子系统,物体的质量 $m = 1.0$ kg,弹簧的刚度系数 $k = 900$ N·m^{-1}. 系统振动时受到阻尼作用,其阻尼系数 $\beta = 10.0$ s^{-1}. 为了使振动持续,现加一周期性外力 $F = 100\cos 30t$ (SI)作用. (1)求振子达到稳定时的振动角频率;(2)若外力的角频率可以改变,则当其值为多少时系统出现共振现象?其共振振幅为多大?

解 (1) 振子达到稳定时的振动角频率即为周期性外力的角频率,因此 $\omega = 30$ rad·s^{-1}.

(2) 共振角频率为
$$\Omega_r = \sqrt{\omega_0^2 - 2\beta^2} = \sqrt{k/m - 2\beta^2} = 26.5 \text{ rad·s}^{-1}$$
共振振幅为
$$A_r = \frac{F_0}{2m\beta\sqrt{\omega_0^2 - \beta^2}} = \frac{F_0}{2m\beta\sqrt{k/m - 2\beta^2}} = 0.189 \text{ m}$$

14.30 如图所示,一质量为 m 的船,其平均水平截面积为 S,吃水深度为 h,如不计水的阻力,试分析说明此船在竖直方向可做简谐运动,并求出其振动周期. 设水的密度为 ρ.

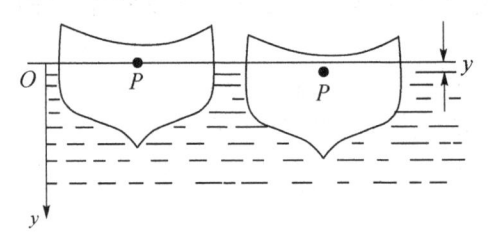

题 14.30 图

解 取船静浮时的水线 P 的位置为 $y = 0$,以向下为 y 轴正向,建系如题 14.30 图所示. 此船静浮时,所受的浮力和重力平衡,即
$$\rho g S h = mg, \quad m = \rho S h$$
当船的水线 P 位于任一位置 y 时,船所受力的合力为
$$F = -\rho g S(h+y) + mg = -\rho g S(h+y) + \rho g S h = -\rho g S y$$

显然 F 与 y 成正比,且方向相反,所以船在竖直方向可做简谐振动,其角频率及周期分别为

$$\omega = \sqrt{\frac{\rho g S}{m}}, \quad T = \frac{2\pi}{\omega} = 2\pi\sqrt{\frac{m}{\rho g S}}$$

将 m 代入得

$$T = 2\pi\sqrt{\frac{h}{g}}$$

注意 由上式可见,假如船的吃水深度为 10 m,那么这种竖直振动的周期大约为 6 s. 然而,这种振动在船舶振动的总图像中,并不是主要的,波浪的作用更易于激起船的左右摇摆及前后颠簸,只不过这些振动并不会使船舶的质心位置相对于水面发生太大的起落.

第15章 波　　动

基本要求

1. 理解机械波产生的条件,理解波长、波速、频率三个特征量的意义及其关系.
2. 掌握由波源的简谐运动方程写出平面简谐波波函数的方法,理解波函数的物理意义.
3. 掌握波的能量传播特征,理解能量密度、能流、能流密度的概念.
4. 了解惠更斯原理和波的叠加原理;掌握波的相干条件,能熟练应用相位差和波程差分析、确定干涉相长和干涉相消的位置.
5. 理解驻波形成条件及其特征,能用其进行一些简单问题的计算.
6. 了解机械波的多普勒效应及其产生原因;在波源和观察者沿二者连线方向运动时,能计算多普勒频移.
7. 了解电磁波产生的条件及平面电磁波特性.

一、主要内容

1. 机械波

机械波产生的条件： 波源和弹性介质.

描述波动的特征量： 波速 u、波长 λ、波的周期 T(或频率 ν、角频率 ω).

关系式： $\lambda = uT$， $\omega = 2\pi\nu = \dfrac{2\pi}{T}$.

2. 平面简谐波

1) 波动微分方程

$$\frac{\partial^2 y}{\partial x^2} = \frac{1}{u^2}\frac{\partial^2 y}{\partial t^2}$$

2) 平面简谐波的波函数(波动方程、表达式)

沿 Ox 轴正方向传播： $y = A\cos\left[\omega\left(t - \dfrac{x}{u}\right) + \varphi\right]$.

沿 Ox 轴负方向传播： $y = A\cos\left[\omega\left(t + \dfrac{x}{u}\right) + \varphi\right]$.

3) 能量

波动过程是振动状态(相位)和能量的传播过程.波动中任一质元的动能和势能时时都相等,质元的机械能不守恒.

平均能量密度：$\overline{w}=\dfrac{1}{2}\rho A^{2}\omega^{2}$.

平均能流密度（波的强度）：$\vec{I}=\overline{w}\vec{u}=\dfrac{1}{2}\rho A^{2}\omega^{2}\vec{u}$.

3. 惠更斯原理

波动传到的各点都可看成是发射球面子波的波源，任一时刻这些子波的包络面就是新的波前.

4. 波的干涉

1）相干条件

两列波频率相同、振动方向平行、相位相同或相位差恒定.

2）干涉相长和干涉相消条件

$$\Delta\varphi_{21}=\varphi_{2}-\varphi_{1}-2\pi\dfrac{r_{2}-r_{1}}{\lambda}$$
$$=\begin{cases}2k\pi,& k=0,\pm1,\pm2,\cdots\text{（干涉相长）}\\(2k+1)\pi,& k=0,\pm1,\pm2,\cdots\text{（干涉相消）}\end{cases}$$

若 $\varphi_{1}=\varphi_{2}$，则相干条件可用波程差表示为

$$\delta=r_{2}-r_{1}=\begin{cases}k\lambda,& k=0,\pm1,\pm2,\cdots\text{（干涉相长）}\\(2k+1)\dfrac{\lambda}{2},& k=0,\pm1,\pm2,\cdots\text{（干涉相消）}\end{cases}$$

5. 驻波

1）形成驻波的条件

两列振幅相同的相干波在同一直线上沿相反方向传播时叠加形成驻波.

2）驻波的特征

驻波有波节和波腹，相邻波节或相邻波腹之间的距离为 $\lambda/2$；相邻波节间各点相位相同，波节两侧各点相位相反；没有平均能量和波形的传播.

6. 多普勒效应（机械波）

观察者 O 和波源 S 相对介质运动时，接收到波的频率：$\nu'=\dfrac{u+v_{O}}{u-v_{S}}\nu$.

7. 电磁波

变化的电磁场在空间以一定的速度传播形成电磁波. 电磁波传播不需要介质. 平面电磁波 $\vec{E}$ 和 $\vec{H}$ 的相位相同，幅值关系为 $\sqrt{\varepsilon}E=\sqrt{\mu}H$；$u=\dfrac{1}{\sqrt{\varepsilon\mu}}$，真空中 $u=c$.

电磁波的能流密度（坡印亭矢量）：$\vec{S}=\vec{E}\times\vec{H}$.

二、典型例题

例 15.1 一平面简谐波沿 x 轴正向传播，波速 $u=200\text{ m}\cdot\text{s}^{-1}$，频率 $\nu=10\text{ Hz}$. 已知在 $x=5\text{ m}$

处的质元 P 在 $t=0.05$ s 时刻的振动状态是：位移 $y_P=0$，速度 $v_P=4\pi$ m·s^{-1}. 求此平面波的波函数.

解法一 设质元 P 的振动方程为
$$y_P = A\cos(2\pi\nu t + \varphi) = A\cos(20\pi t + \varphi) \text{(SI)}$$
依题意，在 $t=0.05$ s 时，有
$$y_P = A\cos(\pi + \varphi) = 0$$
$$v_P = \frac{dy}{dt} = -20\pi A\sin(\pi + \varphi) = 4\pi \text{ m·s}^{-1} > 0$$
两式联立求解，可得
$$\varphi = \pi/2, \quad A = 0.2 \text{ m}$$
平面波沿 x 轴正向传播，任一位置 x 处质元的振动状态落后于质元 P 的时间为 $(x-5)/u$ (SI)，相应地振动相位落后于 P 点 $2\pi\nu\dfrac{x-5}{u}$ (SI)，所以此波的波函数为
$$y = A\cos\left[2\pi\nu\left(t - \frac{x-5}{u}\right) + \varphi\right] \text{(SI)}$$
将 $A=0.2$ m，$\nu=10$ Hz，$u=200$ m·s^{-1}，$\varphi=\pi/2$ 代入上式，得
$$y = 0.2\cos\left[20\pi\left(t - \frac{x}{200}\right) + \pi\right] \text{(SI)}$$

解法二 设波函数为
$$y = A\cos\left[2\pi\nu\left(t - \frac{x}{u}\right) + \varphi\right] = A\cos\left[20\pi\left(t - \frac{x}{200}\right) + \varphi\right] \text{(SI)} \quad ①$$
质元的振动速度为
$$v = \frac{\partial y}{\partial t} = -20\pi A\sin\left[20\pi\left(t - \frac{x}{200}\right) + \varphi\right] \quad ②$$
依题意，$x=5$ m 处的质元 P 在 $t=0.05$ s 时，位移 $y_P=0$，代入式①，有
$$A\cos\left[20\pi\left(0.05 - \frac{5}{200}\right) + \varphi\right] = 0$$
解得 $\varphi=0$ 或 π. 将 φ 值和 $v_P=4\pi$ m·s^{-1} 代入式②，有
$$4\pi = -20\pi A\sin\frac{\pi}{2} \quad \text{或} \quad 4\pi = -20\pi A\sin\frac{3\pi}{2}$$
由于 $A>0$，故取 $\varphi=\pi$，得 $A=0.2$ m，所以此平面波的波函数为
$$y = 0.2\cos\left[20\pi\left(t - \frac{x}{200}\right) + \pi\right] \text{(SI)}$$

例 15.2 一列机械波沿 x 轴正向传播，$t=0$ 时的波形如图(a)所示. 已知波速为 10 m·s^{-1}，波长为 2 m，求：(1)此波的波函数；(2)P 点处质元的振动方程；(3)P 点的坐标；(4)P 点处质元回到平衡位置所需的最短时间.

解 设 $x=0$ 处质元的振动方程为
$$y_O = A\cos(\omega t + \varphi_0) \text{(SI)}$$
由图可知 $A=0.1$ m，$t=0$ 时，有
$$y_O|_{t=0} = A\cos\varphi_0 = A/2$$
$$v_O|_{t=0} = -\omega A\sin\varphi_0 < 0$$

解得 $\varphi_0 = \pi/3$.

由题知 $\lambda = 2$ m, $u = 10$ m·s^{-1}, 则
$$\nu = \frac{u}{\lambda} = \frac{10}{2} = 5 \text{ (Hz)}, \quad \omega = 2\pi\nu = 10\pi \text{ (rad·s}^{-1}\text{)}$$

所以, $x=0$ 处质元的振动方程为
$$y_O = 0.1\cos\left(10\pi t + \frac{\pi}{3}\right) \text{ (SI)}$$

(1) 此波的波函数为
$$y = 0.1\cos\left[10\pi\left(t - \frac{x}{10}\right) + \frac{\pi}{3}\right] \text{ (SI)}$$

(2) 同理, 对于 P 点处质元, $t=0$ 时, 由图可知
$$y_P|_{t=0} = A\cos\varphi_P = -A/2$$
$$v_P|_{t=0} = -\omega A\sin\varphi_P < 0$$

考虑到 P 点的相位落后于 O 点相位, 故取 P 点的初相位为
$$\varphi_P = \frac{2\pi}{3} - 2\pi = -\frac{4\pi}{3}$$

则 P 点处质元的振动方程为
$$y_P = 0.1\cos\left(10\pi t - \frac{4}{3}\pi\right) \text{ (SI)}$$

(3) 由波动方程的相位
$$\left[10\pi\left(t - \frac{x}{10}\right) + \frac{\pi}{3}\right]\bigg|_{t=0} = -\frac{4}{3}\pi$$

解得 P 点的坐标为 $x = 5/3 = 1.67$ (m).

(4) 根据(2)的结果可画出旋转矢量图, 如图(b)所示, 可见, 由 P 点回到平衡位置, 振幅矢量转过的最小角度为
$$\omega\Delta t = \frac{\pi}{3} + \frac{\pi}{2} = \frac{5}{6}\pi$$

因此, 所需的最短时间为
$$\Delta t = \frac{5\pi/6}{\omega} = \frac{5\pi/6}{10\pi} = \frac{1}{12} \text{ (s)}$$

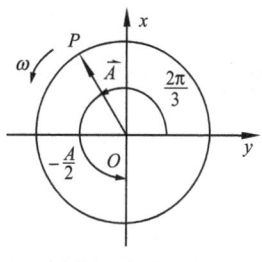

例15.2 图(b)

例 15.3 一平面余弦波, 沿直径为 14 cm 的圆柱形管传播, 波的强度为 18.0×10^{-3} J·m^{-2}·s^{-1}, 频率为 300 Hz, 波速为 300 m·s^{-1}, 求: (1) 波的平均能量密度和最大能量密度; (2) 两个相邻同相面之间波的能量.

解 (1) 由 $I = \bar{w}u$ 得平均能量密度为
$$\bar{w} = \frac{I}{u} = \frac{18.0 \times 10^{-3} \text{ J·m}^{-2}\text{·s}^{-1}}{300 \text{ m·s}^{-1}} = 6.00 \times 10^{-5} \text{ J·m}^{-3}$$

因能量密度
$$w = \rho A^2\omega^2\sin^2\omega\left(t - \frac{x}{u}\right) = 2\bar{w}\sin^2\omega\left(t - \frac{x}{u}\right)$$

所以最大能量密度为
$$w_{\max} = 2\bar{w} = 1.20 \times 10^{-4} \text{ J·m}^{-3}$$

(2) 两个相邻同相面之间波的能量为

$$W = \overline{w}V = \overline{w}\frac{1}{4}\pi d^2 \lambda = \frac{1}{4}\pi d^2 \overline{w}\frac{u}{\nu}$$

$$= \frac{1}{4}\pi \times (0.14 \text{ m})^2 \times 6 \times 10^{-5} \text{ J·m}^{-3} \times \frac{300 \text{ m·s}^{-1}}{300 \text{ s}^{-1}} = 9.24 \times 10^{-7} \text{ J}$$

例 15.4 设入射波的方程式为 $y_1 = A\cos 2\pi\left(\dfrac{x}{\lambda} + \dfrac{t}{T}\right)$，在 $x=0$ 处发生反射，反射点为一固定端. 设反射时无能量损失，求：(1)反射波方程；(2)合成驻波方程；(3)波腹和波节的位置.

解 (1)因反射点是固定端，所以反射时有半波损失. 反射时无能量损失，振幅不变，所以反射波方程为

$$y_2 = A\cos\left[2\pi\left(\frac{x}{\lambda} - \frac{t}{T}\right) + \pi\right]$$

(2) 合成驻波方程为

$$y = y_1 + y_2 = 2A\cos\left(2\pi\frac{x}{\lambda} + \frac{\pi}{2}\right)\cos\left(2\pi\frac{t}{T} - \frac{\pi}{2}\right)$$

(3) 波腹位置满足 $\left|\cos\left(2\pi\dfrac{x}{\lambda} + \dfrac{\pi}{2}\right)\right| = 1$，所以有

$$2\pi\frac{x}{\lambda} + \frac{\pi}{2} = n\pi, \quad n = 1, 2, 3, \cdots$$

则波腹位置为

$$x = \frac{1}{2}\left(n - \frac{1}{2}\right)\lambda, \quad n = 1, 2, 3, \cdots$$

波节位置满足 $\cos\left(2\pi\dfrac{x}{\lambda} + \dfrac{\pi}{2}\right) = 0$，所以有

$$2\pi\frac{x}{\lambda} + \frac{\pi}{2} = (2n+1)\frac{\pi}{2}, \quad n = 0, 1, 2, \cdots$$

则波节位置为

$$x = \frac{1}{2}n\lambda, \quad n = 1, 2, 3, \cdots$$

三、习题分析与解答

(一) 选择题和填空题

15.1 一个平面简谐波沿 x 轴负方向传播，波速 $u = 10 \text{ m·s}^{-1}$. 已知 $x=0$ 处，质元的振动曲线如图所示，则该波的表达式为[ ]

(A) $y = 2\cos\left(\dfrac{\pi}{2}t + \dfrac{\pi}{20}x + \dfrac{\pi}{2}\right)$ (SI).

(B) $y = 2\cos\left(\dfrac{\pi}{2}t + \dfrac{\pi}{20}x - \dfrac{\pi}{2}\right)$ (SI).

(C) $y = 2\sin\left(\dfrac{\pi}{2}t + \dfrac{\pi}{20}x + \dfrac{\pi}{2}\right)$ (SI).

(D) $y = 2\sin\left(\dfrac{\pi}{2}t + \dfrac{\pi}{20}x - \dfrac{\pi}{2}\right)$ (SI).

题 15.1 图

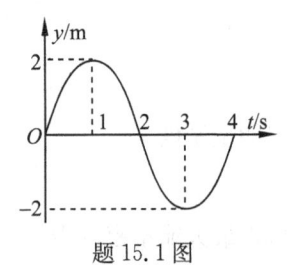

15.2 当一平面简谐机械波在弹性介质中传播时，下述结论正确的是[ ]

(A) 介质质元的振动动能最大时,其弹性势能减小,总的机械能守恒.
(B) 介质质元的振动动能和弹性势能都做周期性变化,但二者的相位不相同.
(C) 介质质元的振动动能和弹性势能的相位在任意时刻都相同,但二者的数值不相同.
(D) 介质质元在其平衡位置处的弹性势能最大.

15.3 两波在同一弦上传播,其方程为

$$y_1 = 6.0\cos\frac{\pi}{2}(0.02x - 8.0t) \text{ (SI)}, \quad y_2 = 6.0\cos\frac{\pi}{2}(0.02x + 8.0t) \text{ (SI)}$$

则节点位置为(取 $x \geq 0$)[ ]

(A) $x = 100k, k = 0, 1, 2, \cdots$ (B) $x = 50(2k+1), k = 0, 1, 2, \cdots$
(C) $x = 50k, k = 0, 1, 2, \cdots$ (D) $x = 100(2k+1), k = 0, 1, 2, \cdots$
(E) $x = 25(2k+1), k = 0, 1, 2, \cdots$

15.4 如图所示,波源 s_1 和 s_2 发出的波在 P 点相遇,P 点距波源 s_1 和 s_2 的距离分别为 3λ 和 $10\lambda/3$(λ 为两列波在介质中的波长).若 P 点的合振幅总是极大值,则两波源振动方向_____(填相同或不同),振动频率_____(填相同或不同),波源 s_2 的相位比 s_1 的相位超前_____.

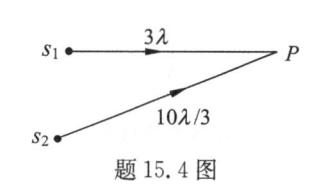

题 15.4 图

15.5 如果入射波的波动方程为 $y_1 = A\cos 2\pi\left(\dfrac{t}{T} + \dfrac{x}{\lambda}\right)$,在 $x = 0$ 处发生反射后,形成驻波,反射点为波腹.设反射后波的强度不变,则反射波的方程为_____,在 $x = 2\lambda/3$ 处质点的合振幅等于_____.

15.6 蝙蝠视力很弱,但在空中飞行时不会撞到障碍物,还能自如地边飞行边捕食蚊虫.设蝙蝠发出频率一定的超声波,当该超声波分别遇到固定的障碍物、与蝙蝠同向飞行的蚊虫以及迎面飞来的蚊虫时,它接收到的三种超声波频率 f_1、f_2、f_3 从高到低排列的顺序为_____.

答案 15.1 (B); 15.2 (D); 15.3 (B). 15.4 相同,相同,$2\pi/3$;
15.5 $y = A\cos 2\pi\left(\dfrac{t}{T} - \dfrac{x}{\lambda}\right), A$; 15.6 $f_3 > f_1 > f_2$.

参考解答

15.3 将已知两行波进行叠加,得到驻波的波函数

$$y = y_1 + y_2 = 6.0\cos\frac{\pi}{2}(0.02x - 8.0t) + 6.0\cos\frac{\pi}{2}(0.02x + 8.0t)$$
$$= 1.2\cos 0.01\pi x \cos 4\pi t$$

在波节处,$\cos 0.01\pi x = 0$,则 $0.01\pi x = (2k+1)\dfrac{\pi}{2}$,所以波节位置为

$$x = 50(2k+1), \quad k = 0, 1, 2, \cdots$$

15.5 依题意,入射波向 x 轴负方向传播,入射波在 O 点处的振动方程为

$$y_{\lambda O} = A\cos\frac{2\pi}{T}t$$

因为反射点是波腹,没有半波损失,所以反射波在反射点的振动方程为

$$y_{反O} = A\cos\frac{2\pi}{T}t$$

在反射波行进的方向上任取一点 P，坐标为 x，P 点振动比 O 点振动相位落后 $2\pi\dfrac{x}{\lambda}$，由此可得反射波的波函数为

$$y_{\text{反}} = A\cos\left(\dfrac{2\pi}{T}t - 2\pi\dfrac{x}{\lambda}\right) = A\cos 2\pi\left(\dfrac{t}{T} - \dfrac{x}{\lambda}\right)$$

两波叠加，得驻波的波函数

$$y = y_{\text{入}} + y_{\text{反}} = A\cos 2\pi\left(\dfrac{t}{T} + \dfrac{x}{\lambda}\right) + A\cos 2\pi\left(\dfrac{t}{T} - \dfrac{x}{\lambda}\right)$$

$$= 2A\cos 2\pi\dfrac{t}{T}\cos 2\pi\dfrac{x}{\lambda}$$

将 $x = \dfrac{2}{3}\lambda$ 代入上式得

$$y = 2A\cos 2\pi\dfrac{t}{T}\cos\dfrac{4}{3}\pi = -A\cos 2\pi\dfrac{t}{T}$$

故合振幅等于 A.

(二) 问答题和计算题

15.7 在波动方程 $y = A\cos\left[\omega\left(t - \dfrac{x}{u}\right) + \varphi\right]$ 中，y、A、ω、u、x、φ 的意义是什么？$\dfrac{x}{u}$ 的意义是什么？如果将波动方程写成 $y = A\cos\left(\omega t - \dfrac{\omega x}{u} + \varphi\right)$，$\dfrac{\omega x}{u}$ 的意义又是什么？

答 y 是 x、t 的函数，表示传播介质中距原点为 x 处的质元在 t 时刻相对平衡位置的位移；A 为质元的振幅，ω 为角频率，u 为波速，φ 为初相位。由于介质不吸收能量，当振动沿 x 轴正向以波速 u 传播到坐标 x 的点时，该点处波面上各点将以相同的振幅 A 和相同的角频率 ω 重复着坐标原点 O 处质元的振动.

x/u 为波从原点 O 处传到 x 处所需的时间.

$\omega x/u$ 表示距原点 x 处的质元比原点处质元落后的振动相位.

15.8 在某弹性介质中，波源做简谐运动，并产生平面余弦波，波长为 λ，波速为 u，频率为 ν. 问在同一介质内，这三个量哪一个是不变量？当波从一种介质进入另一种介质时，哪些是不变量？波速与波源振动速度是否相同？

答 波速仅决定于传播介质的性质，因此在同一介质内，波速 u 是不变量. 而频率则是由波源振动状态决定的，而波长 $\lambda = u/\nu$，因此当波源振动状态发生变化时，ν 和 λ 都将发生变化.

当波从一种介质进入另一种介质时，只要波源不变，则 ν 将不变，但 u 要发生变化，因此波长 $\lambda = u/\nu$ 也将发生变化.

波速与波源振动速度是完全不同的物理量. 波速的大小主要决定于介质的性质，在同一介质中是一个不变量，而波源振动速度的大小和方向随时间作周期性变化.

15.9 已知平面简谐波的波动方程为

$$y = A\cos(Bt - Cx)$$

式中，A、B、C 为正值常量. 试求：(1) 波的振幅、波速、频率、周期和波长；(2) 在传播方向上距原点 l 处质元的振动方程；(3) 任意时刻在传播方向上相距 d 的两点间的相位差.

解 (1) 把已知的波动方程 $y = A\cos(Bt - Cx)$ 同标准的波动方程

$$y = A\cos\left(\omega t - \dfrac{\omega x}{u}\right) = A\cos\left(\dfrac{2\pi}{T}t - \dfrac{2\pi}{\lambda}x\right)$$

比较可得,波的振幅为 A;波速 $u=\dfrac{B}{C}$;频率 $\nu=\dfrac{B}{2\pi}$;周期 $T=\dfrac{2\pi}{B}$;波长 $\lambda=Tu=\dfrac{2\pi}{C}$.

(2) 将 $x=l$ 代入已知的波动方程得振动方程
$$y=A\cos(Bt-Cl)$$

(3) 令在某时刻相距为 d 的两点的坐标为 x_1 和 x_2,相位差为 $\Delta\varphi$,则
$$\Delta\varphi=(Bt-Cx_1)-(Bt-Cx_2)=C(x_2-x_1)=Cd$$

15.10 已知 $t=0$ 时刻的波形如图所示,试求 O 点的振动方程和此波的波动方程.

解 (1) 设波动方程为
$$y=A\cos\left[\omega\left(t-\dfrac{x}{u}\right)+\varphi\right] \quad ①$$

当 $x=0$,即得 O 点的振动方程为
$$y_O=A\cos(\omega t+\varphi) \quad ②$$

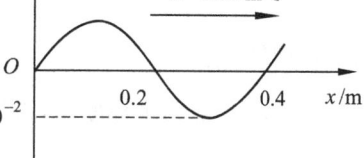

由图知,$A=5\times 10^{-2}$ m,$\lambda=0.4$ m,$u=0.08$ m·s^{-1},故
$$\omega=\dfrac{2\pi}{T}=\dfrac{2\pi}{\lambda}u=\dfrac{2}{5}\pi \text{ rad·s}^{-1}$$

$t=0$ 时,从式②可知,$y_O|_{t=0}=A\cos\varphi=0$,且由于波是向 x 轴正向传播,故可知 O 点处质元在此刻是沿 y 轴负方向运动,即 $v_O|_{t=0}=-\omega A\sin\varphi<0$,得 $\varphi=\dfrac{\pi}{2}$. 所以,O 点处质点振动方程为
$$y_O=5\times 10^{-2}\cos\left(\dfrac{2}{5}\pi t+\dfrac{\pi}{2}\right) \text{(SI)}$$

(2) 此波的波动方程为
$$y=A\cos\left[\omega\left(t-\dfrac{x}{u}\right)+\varphi\right]=5\times 10^{-2}\cos\left[\dfrac{2\pi}{5}t-5\pi x+\dfrac{\pi}{2}\right] \text{(SI)}$$

15.11 如图所示,已知 $t=0$ 和 $t=0.5$ s 时的波形曲线分别为图中曲线Ⅰ和Ⅱ,波沿 x 轴正向传播. 根据图中给出的条件,求:(1)波动方程;(2)P 点质元的振动方程.

解 (1) 设波动方程为
$$y=A\cos\left[\omega\left(t-\dfrac{x}{u}\right)+\varphi\right] \text{(SI)}$$

由图可知,$A=0.1$ m,$\lambda=4$ m;在 $x=0$ 处,$t=0$ 时,$y_0|_{t=0}=0$,$v_0|_{t=0}<0$,所以 $\varphi=\pi/2$.

因 $u=\dfrac{\Delta x}{\Delta t}=\dfrac{1}{0.5}=2$(m·s^{-1}),有 $\omega=2\pi\nu=2\pi u/\lambda=\pi$(rad·s^{-1}),故波动方程为
$$y=0.1\cos\left[\pi\left(t-\dfrac{x}{2}\right)+\dfrac{\pi}{2}\right] \text{(SI)}$$

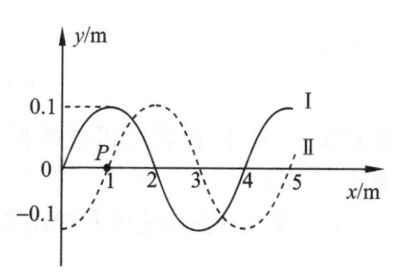

(2) 将 $x_P=1$ m 代入波动方程,即得 P 点质元的振动方程为
$$y_P=0.1\cos\left[\left(\pi t-\dfrac{\pi}{2}+\dfrac{\pi}{2}\right)\right]=0.1\cos\pi t \text{(SI)}$$

注意 题 15.10 及 15.11 求解时,也可以先假设 O 点的振动方程,然后由 $t=0$ 时刻的波形图找到 $t=0$ 时刻 O 点的振动状态,求出 O 点振动方程中的初相位 φ,再结合波的传播方向写出波动方程.

15.12 平面简谐波以速度 $u=20 \text{ m·s}^{-1}$ 沿 Ox 轴负方向传播,轴上 A、B 两点间的距离 $s=5.0 \text{ m}$,如图所示. 已知 A 点的振动方程为 $y_A=3.0\cos 4\pi t$ (SI),分别以 A、B 为坐标原点写出波动方程.

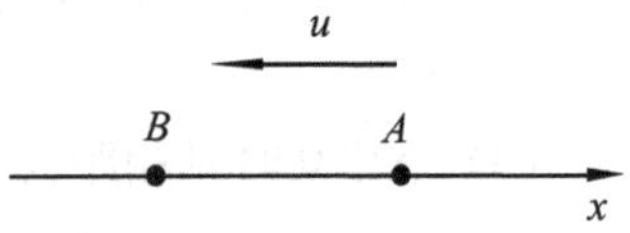

解 (1) 以 A 为坐标原点时,设 x 轴上任一点 P 距 A 为 x, 其波动方程为

$$y = 3.0\cos 4\pi \left(t + \frac{x}{20}\right) \text{(SI)}$$

题 15.12 图

$x>0$,表示 P 点的振动比 A 点的振动超前一段时间 $\frac{x}{20}$;$x<0$,表示 P 点的振动比 A 点的振动落后一段时间 $\frac{|x|}{20}$.

(2) 以 B 点为坐标原点,由于 B 点的振动比 A 点落后一段时间 s/u,故 B 点的振动方程为

$$y_B = 3.0\cos 4\pi \left(t - \frac{s}{20}\right)$$

波动方程为

$$y = 3.0\cos 4\pi \left[\left(t + \frac{x}{20}\right) - \frac{s}{20}\right] = 3.0\cos\left(4\pi t + \frac{\pi}{5}x - \pi\right) \text{(SI)}$$

15.13 一列横波沿绳传播,其波动方程为

$$y = 0.05\cos(10\pi t - 4\pi x) \text{(SI)}$$

试求:(1) 波的振幅、波速、频率和波长;(2) 绳上各点振动时的最大速度和最大加速度;(3) $x=0.2 \text{ m}$ 处质元在 $t=1 \text{ s}$ 时的相位,此相位是原点处质元在哪一时刻的相位?这一相位在 $t=1.25 \text{ s}$ 时传到了哪一点?

解 (1) 已知的波动方程可写为如下形式:

$$y = 0.05\cos(10\pi t - 4\pi x) = 0.05\cos 10\pi \left(t - \frac{x}{2.5}\right)$$

$$= 0.05\cos 2\pi \left(\frac{t}{0.2} - \frac{x}{0.5}\right) \quad ①$$

标准的波动方程为

$$y = A\cos\omega \left(t - \frac{x}{u}\right) = A\cos 2\pi \left(\frac{t}{T} - \frac{x}{\lambda}\right) \quad ②$$

将式①、式②比较后可得波的振幅 $A=0.05 \text{ m}$,波速 $u=2.5 \text{ m·s}^{-1}$;波长 $\lambda=0.5 \text{ m}$;频率 $\nu=5 \text{ Hz}$.

(2) 质元的振动速度和加速度为

$$v = \frac{\partial y}{\partial t} = -\omega A\sin\omega\left(t - \frac{x}{u}\right)$$

$$a = \frac{\partial^2 y}{\partial t^2} = -\omega^2 A\cos\omega\left(t - \frac{x}{u}\right)$$

其最大值分别为

$$v_m = \omega A = 10\pi \times 0.05 = 0.5\pi \text{ (m·s}^{-1})$$

$$a_m = \omega^2 A = (10\pi)^2 \times 0.05 = 5\pi^2 \text{ (m·s}^{-2})$$

(3) $x=0.2 \text{ m}$ 处的质点在 $t=1 \text{ s}$ 时的相位为

$$(10\pi t - 4\pi x)\bigg|_{\substack{x=0.2 \text{ m} \\ t=1 \text{ s}}} = 9.2\pi \quad ③$$

在式③中,令 $x=0$,可解得

$$t = 0.92 \text{ s}$$

即由式③表示的相位是原点处质元在 0.92 s 时的相位.

在式③中将 $t=1.25$ s 代入,则得该相位传到的点的坐标为

$$x = 0.825 \text{ m}$$

15.14 波源的简谐运动周期 $T=0.01$ s,振幅 $A=0.4$ m. $t=0$ 时,位移为正最大值. 设振动以速度 $u=400$ m·s^{-1} 沿 x 轴正向传播,求:(1) 波动方程;(2) 距波源 2 m 和 16 m 处质元的振动方程和初相位;(3) 距波源 15 m 和 16 m 处质元振动的相位差.

解 取波源为坐标原点.

(1) 设波源的振动表达式为

$$y_S = A\cos(\omega t + \varphi) \qquad ①$$

因为 $t=0$ 时, $y_S|_{t=0}=A$,故得 $\varphi=0$. 所以波动方程可写为

$$y = A\cos\omega\left(t - \frac{x}{u}\right) \qquad ②$$

将 $A=0.4$ m, $\omega = \frac{2\pi}{T} = \frac{2\pi}{0.01}$ rad·s^{-1}, $u=400$ m·s^{-1} 代入式②即得

$$y = 0.4\cos 200\pi\left(t - \frac{x}{400}\right) \text{ (SI)} \qquad ③$$

(2) 将 $x=2$ m 和 $x=16$ m 分别代入式③,即得该两点处质元的振动表达式分别为

$$y|_{x=2\text{ m}} = 0.4\cos(200\pi t - \pi) \text{ (SI)}$$
$$y|_{x=16\text{ m}} = 0.4\cos(200\pi t - 8\pi) \text{ (SI)}$$

相应的初相位分别为 $-\pi$ 和 -8π.

(3) 距波源为 $x_1=15$ m 和 $x_2=16$ m 处质元的相位差

$$\Delta\varphi = 200\pi\left(t - \frac{16}{400}\right) - 200\pi\left(t - \frac{15}{400}\right) = -\frac{\pi}{2}$$

15.15 平面简谐波的能量与简谐运动中的能量有何不同?波动过程中体积元内的总能量随时间而变化,这和能量守恒是否矛盾?

答 在简谐运动中,谐振子势能最大时动能为零,势能为零时动能最大,势能与动能相互转化,但总的机械能守恒. 波动过程中的体积元则不同,势能最大时动能也最大,势能为零时动能也为零,在任意时刻动能与势能都相等,体积元的总机械能不守恒,它在零和最大值之间周期性地变化. 波动过程中每一体积元都不是孤立的系统,都要与前、后介质相互作用,不断地从后方介质获得能量,又不断地把能量传递给前方介质,使得能量沿波传播方向向前传递. 因此,波动是能量的一种传递形式,这和机械能守恒并不矛盾.

15.16 波在介质中以波速 $u=1.0\times 10^3$ m·s^{-1} 传播,振幅 $A=1.0\times 10^{-4}$ m,频率 $\nu=1.0\times 10^3$ Hz. 已知介质密度 $\rho=8.0\times 10^2$ kg·m^{-3}. 求:(1) 波的平均能流密度;(2) 1 min 内垂直通过面积 $S=4.0\times 10^{-4}$ m^2 的总能量.

解 (1) 波的平均能流密度

$$I = \frac{1}{2}\rho A^2 \omega^2 u = \frac{1}{2}\times 800 \times (1.0\times 10^{-4})^2 \times (2\pi \times 10^3)^2 \times 10^3$$
$$= 1.58\times 10^5 \text{ (W·m}^{-2}\text{)}$$

(2) 所求总能量

$$W = ISt = 1.58\times 10^5 \times 4\times 10^{-4} \times 60 = 3.79\times 10^3 \text{ (J)}$$

15.17 设某声波是平面简谐波,频率$\nu=500$ Hz,波速$u=340$ m·s^{-1},空气密度$\rho=1.29$ kg·m^{-3},此波到达人耳时的振幅$A=10^{-6}$ m. 求人耳中的平均能量密度和平均能流密度.

解 平均能量密度为
$$\bar{w} = \frac{1}{2}\rho A^2\omega^2 = \frac{1}{2}\times 1.29\times(10^{-6})^2\times(2\pi\times 500)^2 = 6.4\times 10^{-6}(\text{J·m}^{-3})$$

其平均能流密度为
$$I = \bar{w}u = 6.4\times 10^{-6}\times 340 = 2.18\times 10^{-3}(\text{W·m}^{-2})$$

15.18 如图所示,地面上波源S与高频率波探测器D之间的距离为d,从S直接发出的波与从S发出经高度为H的水平层反射后的波在D处加强,反射波及入射波的传播方向与水平层所成的角度相同,当水平层逐渐升高h距离时,在D处测不到信号. 不考虑大气的吸收,求此波源S发出波的波长.

解 设在高度为H的水平层反射时波程为r_1,在高度为$H+h$的水平层反射时波程为r_2,依题意有
$$r_2 - r_1 = \frac{\lambda}{2}$$

所以此波源S发出的波长为
$$\lambda = 2(r_2 - r_1) = 2\left[2\sqrt{(H+h)^2+\left(\frac{d}{2}\right)^2} - 2\sqrt{(H)^2+\left(\frac{d}{2}\right)^2}\right]$$
$$= 4\left[\sqrt{(H+h)^2+\left(\frac{d}{2}\right)^2} - \sqrt{H^2+\left(\frac{d}{2}\right)^2}\right]$$

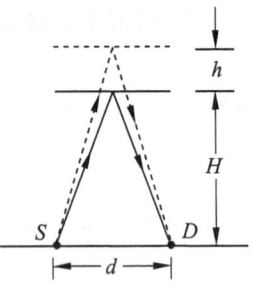

题15.18图

15.19 如图所示,相距$l=30$ m的两个相干波源a和b,振动频率均为100 Hz,b超前于a的相位为π,波速为400 m·s^{-1}. 设两波源的振幅均为A,试求:(1) a、b连线外侧的任一点P和Q的合振幅;(2) a、b连线上因干涉而静止的各点的坐标(取波源a所在处为坐标原点).

解 (1) P点的合振幅为
$$A_P = (A_1^2 + A_2^2 + 2A_1 A_2\cos\Delta\varphi)^{\frac{1}{2}} \qquad ①$$

式中
$$\Delta\varphi = \varphi_b - \varphi_a - \frac{2\pi}{\lambda}(r_b - r_a) \qquad ②$$

题15.19图

式②中,$\varphi_b - \varphi_a = \pi$,$r_b - r_a = 30$ m,$\lambda = \dfrac{u}{\nu} = 4$ m. 将这些结果代入式②求得$\Delta\varphi$再代入式①,即得
$$A_P = 2A \qquad ③$$

对于在Q点的合振幅,计算方法完全相同,由于P点是任意的,因此可以断定$A_Q = 2A$.

(2) 由以上讨论可知,a、b两外侧的合振幅都是$2A$,因此,因干涉而静止的各点应在a、b之间,且为驻波的波节,其位置应满足
$$\Delta\varphi = (2k+1)\pi$$

又
$$\Delta\varphi = \pi - \frac{2\pi}{\lambda}[(30-x)-x]$$

式中,x为任一点的坐标. 取上述两式相等即得
$$x = 2k+15, \quad 0 \leqslant x \leqslant 30 \qquad ④$$

取 $k=0,\pm1,\pm2,\cdots$ 代入式④得所求坐标为
$$x = 1,3,5,\cdots,29 \ (\mathrm{m})$$

15.20 如图所示，平面简谐波沿 S_1P 方向传播，它在 S_1 点的振动方程为 $y_1 = 2.0\times10^{-2}\cos2\pi t$ (SI)；另一平面简谐波沿 S_2P 方向传播，它在 S_2 点的振动方程为 $y_2 = 2.0\times10^{-2}\cos(2\pi t+\pi)$ (SI). 已知两波振动方向相同，$r_1=0.40$ m，$r_2=0.50$ m，波速 $u=0.2$ m·s^{-1}. (1) 写出这两列波的波动方程；(2) 说明两列波在 P 点的干涉情况；(3) P 点的合振幅有多大？

解 (1) 取 S_1、S_2 为波源，并且为坐标原点，则可写出这两列波的波动方程为
$$y_1 = A\cos\left[\omega\left(t-\frac{r_1}{u}\right)+\varphi_1\right]$$
$$= 2.0\times10^{-2}\cos2\pi(t-5r_1)$$
$$y_2 = A_2\cos\left[\omega\left(t-\frac{r_2}{u}\right)+\varphi_2\right]$$
$$= 2.0\times10^{-2}\cos[2\pi(t-5r_2)+\pi] \ (\mathrm{SI})$$

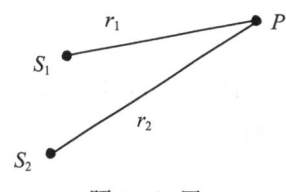

题 15.20 图

(2) 这两列相干波在 P 点引起的合振幅为
$$A_P = \sqrt{A_1^2+A_2^2+2A_1A_2\cos\Delta\varphi}$$
式中
$$\Delta\varphi = [2\pi(t-5r_2)+\pi]-2\pi(t-5r_1) = 0$$
所以，两列波在 P 点干涉加强.

(3) 在 P 点的合振幅为
$$A_P = A_1+A_2 = 4.0\times10^{-2} \ \mathrm{m}$$

15.21 设入射波的波动方程为 $y_1 = A\cos2\pi\left(\dfrac{t}{T}+\dfrac{x}{\lambda}\right)$，它在 $x=0$ 处发生反射，反射点为自由端. (1) 求反射波的波动方程；(2) 求驻波(合成波)方程；(3) 哪些点是波腹？哪些点是波节？

解 (1) 由入射波波动方程
$$y = A\cos2\pi\left(\frac{t}{T}+\frac{x}{\lambda}\right)$$
可知，该波在 $x=0$ 处引起的质点的振动方程为
$$y_\lambda = A\cos\frac{2\pi}{T}t$$
由于 $x=0$ 处为自由端，反射波在此处引起的振动方程为
$$y_\text{反} = A\cos\frac{2\pi}{T}t$$
故反射波的波动方程为
$$y_2 = A\cos2\pi\left(\frac{t}{T}-\frac{x}{\lambda}\right)$$

(2) 合成波方程为
$$y = y_1+y_2 = A\cos2\pi\left(\frac{t}{T}+\frac{x}{\lambda}\right)+A\cos2\pi\left(\frac{t}{T}-\frac{x}{\lambda}\right)$$
$$= 2A\cos\frac{2\pi}{\lambda}x\cos\frac{2\pi}{T}t \quad (x\geqslant 0)$$

(3) 在上式中，当 $\left|\cos\dfrac{2\pi}{\lambda}x\right|=1$ 时得波腹条件为

$$\frac{2\pi}{\lambda}x = k\pi, \qquad k = 0,1,2,\cdots$$

由此得波腹处坐标为

$$x = k\frac{\lambda}{2} = 0, \frac{\lambda}{2}, \lambda, \cdots$$

当 $\cos\frac{2\pi}{\lambda}x = 0$ 时，得波节条件为

$$\frac{2\pi}{\lambda}x = (2k+1)\frac{\pi}{2}, \qquad k = 0,1,2,\cdots$$

由此得波节处坐标为

$$x = (2k+1)\frac{\lambda}{4} = \frac{\lambda}{4}, \frac{3}{4}\lambda, \frac{5}{4}\lambda, \cdots$$

15.22 如图所示，平面余弦波沿 Ox 轴正向垂直于介质分界面传播，在 B 点反射并形成波节．已知 $L=1.75$ m，波长 $\lambda=1.4$ m，入射波在原点 O 处的振动方程为

$$y_O = 5.0 \times 10^{-3}\cos\left(500\pi t + \frac{\pi}{4}\right) \text{ (SI)}$$

设反射波不衰减．求：(1) 入射波的波动方程；(2) 反射波的波动方程；(3) O、B 间其余波节的位置；(4) $x=0.875$ m 处质元的振幅．

解 (1) 已知 O 点振动方程为

$$y_O = 5 \times 10^{-3}\cos\left(500\pi t + \frac{\pi}{4}\right) \text{ (SI)}$$

据此可知入射波波动方程为

$$y_\lambda = 5 \times 10^{-3}\cos\left[500\pi\left(t - \frac{x}{u}\right) + \frac{\pi}{4}\right]$$

$$= 5 \times 10^{-3}\cos\left[2\pi\left(250t - \frac{x}{1.4}\right) + \frac{\pi}{4}\right] \text{(SI)}$$

(2) 入射波在 B 点引起的振动方程为

$$y_{\lambda B} = 5 \times 10^{-3}\cos\left[2\pi\left(250t - \frac{L}{1.4}\right) + \frac{\pi}{4}\right] \text{ (SI)}$$

由于 B 点为波节，波在此反射要发生相位突变，因此反射波在 B 点引起的振动方程为

$$y_{反B} = 5 \times 10^{-3}\cos\left[2\pi\left(250t - \frac{L}{1.4}\right) + \frac{\pi}{4} + \pi\right] \text{ (SI)}$$

据此可知反射波的波动方程为

$$y_{反} = 5 \times 10^{-3}\cos\left[2\pi\left(250t - \frac{L-x}{1.4} - \frac{L}{1.4}\right) + \frac{5}{4}\pi\right]$$

$$= 5 \times 10^{-3}\cos\left[2\pi\left(250t + \frac{x}{1.4}\right) + \frac{\pi}{4}\right] \text{(SI)}$$

(3) 在点 x 处入射波与反射波的相位差为

$$\Delta\varphi = \frac{4\pi x}{1.4} = \frac{20}{7}\pi x$$

当 $\Delta\varphi = (2k+1)\pi$ 时，为波节，故有

$$\frac{20}{7}\pi x = (2k+1)\pi, \qquad k = 0,1,2,\cdots$$

得

$$x = \frac{7}{20}(2k+1)$$

取 $k=0,1,2$,代入上式分别得

$$x_0 = 0.35 \text{ m}, \quad x_1 = 1.05 \text{ m}, \quad x_2 = 1.75 \text{ m} \quad (\text{即 } B \text{ 点})$$

(4) 在 $x=0.875$ m 处,入射波和反射波的相位差为

$$\Delta\varphi = \frac{20}{7}\pi \times 0.875 = \frac{5}{2}\pi$$

故此处质元振动的合振幅为

$$A = \sqrt{A_1^2 + A_2^2 + 2A_1A_2\cos\Delta\varphi} = \sqrt{2} \times 5 \times 10^{-3} = 7.07 \times 10^{-3} \text{ (m)}$$

15.23 一驻波方程为 $y=0.02\cos 20x\cos 750t$ (SI),求:(1)形成此驻波的两列行波的振幅和波速;(2)相邻两波节间距离.

解 (1) 设驻波方程为

$$y = 2A\cos\frac{2\pi\nu x}{u}\cos 2\pi\nu t$$

两式对比,有 $2A=0.02$ m,$2\pi\nu=750$ rad·s^{-1},$2\pi\nu/u=20$ rad·m^{-1}. 故振幅 $A=0.01$ m,频率 $\nu = \frac{750}{2\pi}$ s^{-1},波速 $u = \frac{2\pi\nu}{20} = \frac{750 \text{ s}^{-1}}{20 \text{ m}^{-1}} = 37.5$ m·s^{-1}.

(2) 因为波长

$$\lambda = \frac{u}{\nu} = \frac{2\pi\nu/20}{\nu} = 0.1\pi = 0.314 \text{ (m)}$$

所以相邻两波节间距离 $\Delta x = \lambda/2 = 0.157$ m.

15.24 在空气中,一声源向各个方向均匀发射频率 $\nu=440$ Hz 的声波. 若空气密度 $\rho=1.29$ kg·m^{-3},声速 $u=331$ m·s^{-1},与声源相距 5 m 处的声强级 $L=80$ dB,问:(1)该处声振动的振幅有多大?(2)声强级 $L'=60$ dB 处离声源有多远?

解 (1) 简谐声波的声强和声强级公式为

$$I = \frac{1}{2}\rho A^2\omega^2 u \quad ①$$

$$L = 10\lg\frac{I}{I_0} \quad ②$$

在式①、式②中 ρ、$\omega(=2\pi\nu)$、u、$I_0(=10^{-12}$ W·m$^{-2})$、L 均已知,从式②中解出 $I=I_0 10^{L/10}$ 代入式①并代入数据进行计算即得

$$A = \frac{1}{\omega}\sqrt{\frac{2I}{\rho u}} = 2.47 \times 10^{-7} \text{ m}$$

(2) 单位时间内通过半径 $r=5$ m 的球面的声波能量等于通过半径 r' 的球面的声波能量,即

$$4\pi r^2 I = 4\pi r'^2 I' \quad ③$$

在半径为 r' 处,声强级

$$L' = 10\lg\frac{I'}{I_0} \quad ④$$

式中,I_0 为基准声强,$I_0=10^{-12}$ W·m^{-2}. 由式③、式④即得

$$r' = r\sqrt{\frac{I}{I'}} \quad ⑤$$

式⑤中的 I 与 I' 由式②解得. 将数据代入即得

$$r' = r\sqrt{\frac{I}{I'}} = 5 \times \sqrt{\frac{10^{-4}}{10^{-6}}} = 50 \text{ (m)}$$

15.25 观测者 A 和 B 各自携带频率 $\nu=1000$ Hz 的声源,声音在空气中的速率 $u=330$ m·s^{-1}.(1)若 A 不动,B 以 10 m·s^{-1} 的速率向 A 运动,A 和 B 听到的拍频各是多少?(2)若 B 以 10 m·s^{-1} 的速率离开 A,A 和 B 听到的拍频又是多少?

解 (1)以 A 为观察者,B 为声源.因 A 不动,故 $v_0=0$;又因 B 趋于 A,故声源对介质的速度 $v_s=10$ m·s^{-1}.由多普勒频率公式,A 测得的频率为

$$\nu_A = \frac{u}{u-v_s}\nu = \frac{330}{330-10} \times 1000 = 1031 \text{ (Hz)}$$

于是 A 听到的拍频为

$$\Delta \nu = \nu_A - \nu = 1031 - 1000 = 31 \text{ (Hz)}$$

由于 B 也在接收 A 的声波,我们把 B 作为观测者,此时声源不动,$v_A=0$,观测者相对于介质的速度 $v_0=10$ m·s^{-1},由相应的多普勒频率公式有

$$\nu_B = \frac{u+v_0}{u}\nu = \frac{330+10}{330} \times 1000 = 1030 \text{ (Hz)}$$

于是 B 听到的拍频是

$$\Delta\nu_B = \nu_B - \nu = 30 \text{ Hz}$$

(2)当 B 以 10 m·s^{-1} 离开 A 时,以 A 作为观测者,有 $v_0=0$,$v_s=-10$ m·s^{-1},A 测得声源 B 的频率为

$$\nu_A = \frac{u}{u-v_s}\nu = \frac{330}{330+10} \times 1000 = 970.5 \text{ (Hz)}$$

所以 A 听到的拍频是

$$\Delta\nu_A = \nu - \nu_A = 29.5 \text{ Hz}$$

若 B 为观测者,则有 $v_0=-10$ m·s^{-1},$v_s=0$,B 测得声源 A 的频率为

$$\nu_B = \frac{u+v_0}{u}\nu = \frac{330-10}{330} \times 1000 = 969.7 \text{ (Hz)}$$

所以 B 听到的拍频为

$$\Delta\nu_B = \nu - \nu_B = 30.3 \text{ Hz}$$

15.26 利用多普勒效应可以监测汽车行驶的速度.现有一固定波源,发出频率 $\nu=100$ kHz 的超声波.当汽车迎着波源驶来时,与波源安装在一起的接收器接收到从汽车反射回来的超声波频率为 $\nu'=110$ kHz,已知空气中的声速 $u=330$ m·s^{-1}.求汽车行驶的速度.

解 设汽车行驶速度为 v,波源发的频率为 ν,因为波源不动,汽车接收的频率为

$$\nu_1 = \frac{u+v}{u}\nu \qquad ①$$

当波从汽车表面反射回来时,汽车作为波源向着接收器运动,汽车发出的频率即是它接收到的频率 ν_1,而接收器作为观察者接收到的频率为

$$\nu' = \frac{u}{u-v}\nu_1 \qquad ②$$

式①、式②联立求解得

$$v = \frac{\nu'-\nu}{\nu'+\nu}u = \frac{110\times10^3 - 100\times10^3}{110\times10^3 + 100\times10^2} \times 330 = 15.7 \text{ (m·s}^{-1}\text{)}$$

15.27 已知自由空间中向 z 轴正方向传播的 $\vec{E} = E_m \sin\omega\left(t-\frac{z}{c}\right)\vec{i}$,试求 $\vec{D}$、$\vec{B}$ 和 $\vec{H}$.

解 因 $\sqrt{\varepsilon_0}E = \sqrt{\mu_0}H$，$\vec{E}$ 和 $\vec{H}$ 相互垂直，所以

$$\vec{H} = \sqrt{\frac{\varepsilon_0}{\mu_0}}E_m \sin\omega\left(t - \frac{z}{c}\right)\vec{j}$$

$$\vec{D} = \varepsilon_0\vec{E} = \varepsilon_0 E_m \sin\omega\left(t - \frac{z}{c}\right)\vec{i}$$

$$\vec{B} = \mu_0\vec{H} = \sqrt{\varepsilon_0\mu_0}E_m \sin\omega\left(t - \frac{z}{c}\right)\vec{j}$$

15.28 真空中，一平面电磁波的电场由下式给出：

$$E_y = 6.0 \times 10^{-2} \cos\left[2\pi \times 10^8\left(t - \frac{x}{c}\right)\right] (\text{SI}), \quad E_x = E_z = 0$$

求：(1) 波长和频率；(2) 传播方向；(3) 磁感强度的大小和方向。

解 (1) 与标准波方程比较得电磁波波长为

$$\lambda = \frac{c}{10^8} = \frac{3 \times 10^8}{10^8} = 3.0 \text{ (m)}$$

电磁波的频率为

$$\nu = c/\lambda = 1.0 \times 10^8 \text{ Hz}$$

(2) 此平面电磁波沿 x 轴正方向传播。

(3) 根据平面电磁波的性质可知

$$B_x = B_y = 0$$

$$B_z = \sqrt{\varepsilon_0\mu_0}E_y = \frac{1}{c}E_y = 2.0 \times 10^{-10}\cos\left[2\pi \times 10^8\left(t - \frac{x}{c}\right)\right] (\text{SI})$$

15.29 一平面电磁波电场强度的最大值是 1.00×10^{-4} V·m^{-1}，求磁场强度的最大值。

解 根据电磁波的性质，E 和 H 应同时达到极大值，所以

$$H_{max} = \sqrt{\frac{\varepsilon_0}{\mu_0}}E_{max} = 2.65 \times 10^{-7} \text{ A·m}^{-1}$$

15.30 一广播电台的广播辐射功率为 10 kW，假定辐射场均匀地分布在以电台为中心的半球面上。(1) 求距离电台 $r = 10$ km 处的坡印亭矢量的平均值；(2) 若在上述距离处的电磁波可以看作平面波，求该处的电场强度和磁场强度的振幅。

解 (1) 平均辐射功率 $\overline{P} = 10$ kW，在相距 r 处坡印亭矢量平均值 $\overline{S}$ 为

$$\overline{S} = \frac{\overline{P}}{2\pi r^2} = 1.59 \times 10^{-5} \text{ W·m}^{-2}$$

(2) 设平面波电场强度和磁场强度的幅值为 E_0 和 H_0，由

$$\overline{S} = \frac{1}{2}E_0 H_0 = \frac{1}{2}\sqrt{\frac{\varepsilon_0}{\mu_0}}E_0^2$$

得

$$E_0 = \left(2\overline{S}\sqrt{\frac{\mu_0}{\varepsilon_0}}\right)^{1/2} = 0.110 \text{ V·m}^{-1}$$

$$H_0 = \sqrt{\frac{\varepsilon_0}{\mu_0}}E_0 = 2.92 \times 10^{-4} \text{ A·m}^{-1}$$

第 16 章 光的干涉

基本要求

1. 理解相干光条件；理解获得相干光的分波阵面法和分振幅法.
2. 理解光程概念；掌握光程的计算方法以及光程差和相位差的关系.
3. 掌握杨氏双缝干涉、薄膜等厚干涉的条纹分布规律，能熟练确定条纹位置，分析条纹变化的原因；了解等厚干涉的应用.
4. 理解薄膜等倾干涉原理；了解增透膜、增反膜的原理和应用.
5. 了解迈克耳孙干涉仪的基本结构和工作原理.

一、主要内容

1. 光程与光程差

光在折射率为 n 的介质中传播了 l 距离，其光程 $L=nl$.

光程差 δ 和相位差 $\Delta\varphi$ 的关系： $\Delta\varphi = 2\pi\dfrac{\delta}{\lambda}$.

2. 相干光与干涉明暗纹条件

相干光： 频率相同、振动方向平行、相位差恒定.

获得相干光的方法： 分波阵面法和分振幅法.

干涉明暗纹条件：

$$\delta = \begin{cases} \pm k\lambda, & k=0,1,2,\cdots \text{（明纹）} \\ \pm(2k+1)\dfrac{\lambda}{2}, & k=0,1,2,\cdots \text{（暗纹）} \end{cases}$$

3. 杨氏双缝干涉（分波阵面法获得相干光）

1) 光程差

$$\delta = \dfrac{d}{D}x \quad \text{（}d\text{ 为双缝间距，}D\text{ 为双缝到屏的距离）}$$

2) 条纹

条纹与缝平行，明暗相间，等间距. 条纹间距 $\Delta x = \dfrac{D}{d}\lambda$.

4. 薄膜干涉（分振幅法获得相干光）

1) 薄膜干涉的光程差（反射光干涉，如图 16.1 所示）

$$\delta = 2e\sqrt{n^2 - n_1^2 \sin^2 i} + \begin{cases} 0 & (n_1 < n < n_2 \text{ 或 } n_1 > n > n_2) \\ \dfrac{\lambda}{2} & (n_1 < n, n > n_2 \text{ 或 } n_1 > n, n < n_2) \end{cases}$$

透射光干涉的附加光程差情况与此相反.

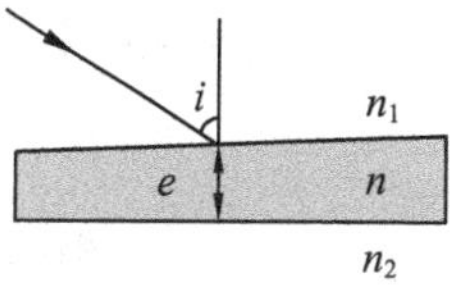

2) 薄膜的等倾干涉（薄膜厚度均匀）

单色面光源照射，光线以不同倾角入射，同心环状条纹.

3) 薄膜的等厚干涉（薄膜厚度不均匀）

单色平行光入射，条纹为等厚线形状.

劈尖干涉：条纹与棱边平行，明暗相间，间距相等.

条纹间距（垂直入射）：$l = \dfrac{\lambda}{2n\sin\theta} \approx \dfrac{\lambda}{2n\theta}$.

相邻明（暗）纹之间薄膜的厚度差：$\Delta e = \dfrac{\lambda}{2n}$.

牛顿环：内疏外密的同心环状条纹. 厚度大处条纹级次高.

牛顿环半径（δ 中计入 $\lambda/2$ 项，垂直入射）：

$$r = \begin{cases} \sqrt{\left(k - \dfrac{1}{2}\right)\dfrac{R\lambda}{n}}, & k = 1, 2, 3, \cdots \text{（明环）} \\ \sqrt{k\dfrac{R\lambda}{n}}, & k = 0, 1, 2, \cdots \text{（暗环）} \end{cases}$$

图 16.1

5. 迈克耳孙干涉仪

动镜移动距离 d 与条纹移动数 N 的关系：$d = N\dfrac{\lambda}{2}$.

二、典型例题

例 16.1 如图所示，波长为 λ 的单色光以 φ 角入射到间距为 d 的双缝上，若双缝到屏的距离为 $D(\gg d)$，(1) 求各级明纹的位置和条纹间距；(2) 求屏幕上能出现的明纹总数. 与单色光垂直双缝入射相比，屏幕上能出现的明纹总数有何变化？(3) 若在 S_2 缝处放置的折射率为 n 的透明介质薄片，使零级明纹移至屏幕 O 点处，则介质薄片的厚度为多少；(4) 若去掉透明介质薄片，再将装置浸入水中，条纹将如何变化？

解 (1) 如图所示，通过双缝到达屏上任意 P 处的两光的光程差为

$$\delta = d(\sin\theta - \sin\varphi)$$

若 P 处对应于第 k 级明纹，应有 $\delta = k\lambda$，可得

$$\sin\theta = \dfrac{k\lambda}{d} + \sin\varphi$$

第 k 级明纹的位置为

$$x_k = D\tan\theta \approx D\sin\theta = D\left(\frac{k\lambda}{d} + \sin\varphi\right)$$

条纹间距为

$$\Delta x = x_{k+1} - x_k$$
$$\approx D\left[\frac{(k+1)\lambda}{d} + \sin\varphi\right] - D\left(\frac{k\lambda}{d} + \sin\varphi\right) = \frac{D\lambda}{d}$$

(2) 屏幕上零级明纹两侧可能出现的最高级次明纹分别对应于 $\theta = \pm\frac{\pi}{2}$，因此零级明纹上下两侧明纹的最高级次分别为

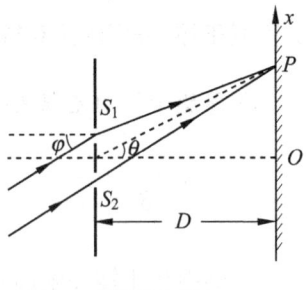

例16.1图

$$k_{+\max} = \left[\frac{d\left(\sin\frac{\pi}{2} - \sin\varphi\right)}{\lambda}\right], \quad k_{-\max} = \left[\frac{d\left(-\sin\frac{\pi}{2} - \sin\varphi\right)}{\lambda}\right]$$

屏幕上能出现的明纹条数为 $k_{+\max} - k_{-\max} + 1$。

式中 [ ] 代表取整。若 [ ] 内计算出来的刚好是整数，表明最高级次明纹出现在屏幕上无穷远处，观察不到，所以应将该级明纹去掉。

和单色光垂直于双缝入射相比，屏幕上的明纹总条数没有改变。因为斜入射仅仅引起条纹整体向光线入射方向平移，条纹间距并不改变。

(3) 在 S_2 缝处放置一折射率为 n、厚度为 t 的透明介质薄片后，到达 P 点的两束光的光程差为

$$\delta' = d(\sin\theta - \sin\varphi) + (n-1)t$$

若使零级明纹移至屏上的 O 点，则要求 $\theta = 0$ 时，$\delta' = 0$，故有

$$-d\sin\varphi + (n-1)t = 0$$

介质薄片的厚度为

$$t = \frac{d\sin\varphi}{n-1}$$

(4) 去掉透明介质薄片，再将装置浸入水中，设水的折射率为 n_1，则通过双缝到达屏上任意 P 处的两光的光程差为

$$\delta'' = n_1 d(\sin\theta - \sin\varphi)$$

若 P 处对应于第 k 级明纹，应有 $\delta'' = k\lambda$，因此第 k 级明纹的位置为

$$x_k' = D\left(\frac{k\lambda}{n_1 d} + \sin\varphi\right)$$

条纹间距为

$$\Delta x' = x_{k+1}' - x_k' = \frac{D\lambda}{n_1 d}$$

可见，零级明纹位置不变，其他条纹向零级明纹靠近，并且条纹间距变小，条纹更加密集，因此屏幕上明条纹的总数增加。

例 16.2 平板玻璃上滴一油滴，待其展开成球冠形油膜后，用波长为 λ 的单色平行光垂直照射油膜，观察反射光形成的等厚干涉条纹，如图(a)所示。假设 $n_1 = 1.00, n_2 = 1.44, n_3 = 1.50$，$\lambda = 550$ nm。(1)油膜中心厚度为 1.43 μm 时，试分析干涉明条纹的形状、条数、疏密；(2)油膜继续扩展，条纹如何变化？

解 (1) 油滴展开成球冠形油膜后，油膜的等厚线是同心圆，所以单色平行光垂直入射，反射光形成的干涉明条纹形状是同心圆。油膜上下两表面反射形成干涉明纹的条件为

$$2n_2 e = k\lambda, \quad k = 0,1,2,\cdots$$

式中 e 为油膜厚度. 油膜边缘 $e=0$,对应于第 0 级明纹,而油膜中心则对应于最高级次,即

$$k_{\max} = \frac{2n_2 e_{\max}}{\lambda} = \frac{2 \times 1.44 \times 1.43 \ \mu m}{550 \times 10^{-3} \ \mu m} = 7.488$$

可见,中心不出现明纹. 离中心最近的明纹是第 7 级,明纹总数为 8 条.

条纹间距取决于油膜厚度的变化情况,而油膜厚度的变化在油膜的不同位置是不一样的,在中心处变化最为平缓,所以条纹稀疏,油膜边缘厚度变化大,所以条纹密集. 明纹分布情况如图(b)所示.

（2）油膜逐渐扩展,半径变大,厚度变薄,边缘仍为第 0 级明纹,中心处对应的条纹级次降低,因此条纹数目减少,间距增大. 在扩展过程中可观察到油膜最外圈始终为明纹,其他明纹向中心收缩,油膜中心处则明暗交替出现.

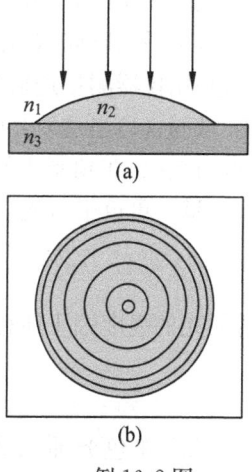

例 16.2 图

例 16.3 用波长为 500 nm 的单色光垂直照射由两块光学平板玻璃构成的空气劈形膜,观察反射光的干涉现象. 距劈形膜棱边 $l=1.56$ cm 的 A 处是从棱边算起的第四条暗纹中心.（1）求此空气劈形膜的劈尖角；（2）改用 600 nm 的单色光垂直照射此劈尖,仍观察反射光的干涉条纹, A 处是明纹还是暗纹？（3）在第（2）问的情形下,从棱边到 A 处的范围内共有几条明纹？几条暗纹？（4）若将上玻璃板绕棱边向上转动一微小角度,条纹分布如何变化？

解 （1）空气劈形膜上下表面反射光形成的明暗纹条件分别为

$$\delta = 2e + \frac{\lambda}{2} = \begin{cases} k\lambda, & k=1,2,\cdots \text{(明纹)} \\ (2k+1)\frac{\lambda}{2}, & k=0,1,2,\cdots \text{(暗纹)} \end{cases}$$

因此棱边处是第 0 级暗纹,也是从棱边算起的第一条暗纹. 显然 A 处出现的是第三级暗纹,即 $k=3$,对应的空气膜厚度为

$$e_A = \frac{k\lambda}{2} = \frac{3}{2}\lambda$$

空气劈形膜的劈尖角为

$$\theta \approx \tan\theta = \frac{e_A}{l} = \frac{3\lambda}{2l}$$

$$= \frac{3 \times 500 \times 10^{-9} \ m}{2 \times 1.56 \times 10^{-2} \ m} = 4.8 \times 10^{-5} \ rad$$

（2）用 $\lambda' = 600$ nm 的光照射时,在 A 处两反射光的光程差与波长 λ' 之比为

$$\frac{\delta'_A}{\lambda'} = \frac{2e_A + \lambda'/2}{\lambda'} = \frac{2 \times 3\lambda/2}{\lambda'} + \frac{1}{2} = \frac{3 \times 500 \ nm}{600 \ nm} + \frac{1}{2} = 3$$

满足明纹条件 $\delta' = k\lambda'$,因此 A 处出现的是第三级明纹.

（3）此时棱边处仍是暗纹, A 处是第三条明纹,所以从棱边到 A 处的范围内共有三条明纹、三条暗纹.

（4）若将上玻璃板绕棱边向上转动一微小角度,如图所示,则 A 处的明条纹将移到 A' 处,同时由于劈尖角增大,条纹间距变小,因此条纹在向棱边移动的同时变得更加密集.

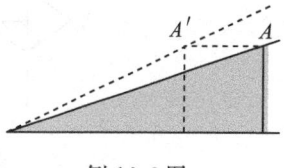

例 16.3 图

例 16.4 如图所示,在折射率为 $n_1=1.5$ 的玻璃表面上镀一层折射率为 $n_2=2.5$ 的透明介质膜,可增加反射.若在镀膜过程中用一束波长为 600 nm 的单色光从上方垂直照射到介质膜上,并用仪器测量透射光的强度.当介质膜的厚度逐渐增大时,透射光的强度发生时强时弱的变化.试问:(1)当透射光的强度第三次出现最弱时,介质膜已镀了多厚?(2)若单色光不是垂直入射,而是以 30°角斜入射,当透射光的强度第三次出现最弱时,介质膜已镀了多厚?

解 单色平行光以 i 角入射,透射光发生干涉相消的条件为

$$\delta = 2e\sqrt{n_2^2 - n_3^2\sin^2 i} = (2k+1)\frac{\lambda}{2}, \quad k=0,1,2,\cdots$$

透射光的强度因干涉相消对应的膜厚可为

$$e_k = \frac{(2k+1)\lambda/2}{2\sqrt{n_2^2 - n_3^2\sin^2 i}} \qquad ①$$

(1) 单色光垂直入射,且透射光的强度第三次出现最弱时,将 $i=0, k=2, \lambda=600$ nm, $n_2=2.5, n_3=1$ 代入式①,可得对应的膜厚为

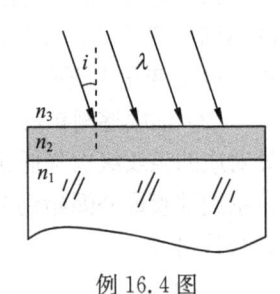

$$e = 300 \text{ nm} = 3 \times 10^{-7} \text{ m}$$

例 16.4 图

(2) 单色光以 30°角斜入射,且透射光的强度第三次出现最弱时,将 $i=30°, k=2, \lambda=600$ nm, $n_2=2.5, n_3=1$ 代入式①,可得对应的膜厚为

$$e' = 306.2 \text{ nm} = 3.06 \times 10^{-7} \text{ m}$$

三、习题分析与解答

(一) 选择题和填空题

16.1 如图所示,在双缝干涉实验中,屏幕 H 上的 P 点处是明条纹.若将缝 S_2 盖住,并在 S_1、S_2 连线的垂直平分面处放一高折射率介质反射面 M,则此时 [ ]

(A) P 点处仍为明纹.
(B) P 点处为暗纹.
(C) 不能确定 P 点处是明纹还是暗纹.
(D) 无干涉条纹.

16.2 如图所示,单色平行光垂直照射在薄膜上,经上下两表面反射的两束光发生干涉.若薄膜厚度为 e,且 $n_1<n_2, n_2>n_3$,λ_1 为入射光在 n_1 中的波长,则两束反射光的光程差为 [ ]

(A) $2n_2e$.
(B) $2n_2e - \lambda_1/(2n_1)$.
(C) $2n_2e - n_1\lambda_1/2$.
(D) $2n_2e - n_2\lambda_1/2$.

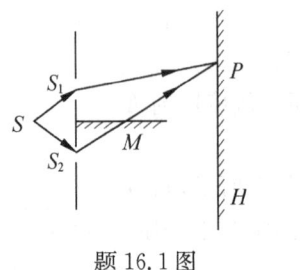

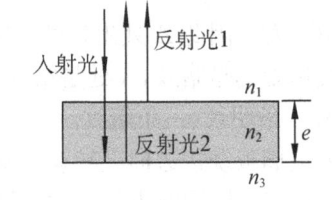

题 16.1 图

题 16.2 图

16.3 检验滚珠大小的干涉装置示意如图(a)所示. S 为光源,L 为会聚透镜,M 为半透半反镜. 在平晶 T_1、T_2 之间放置 A、B、C 三个滚珠,其中 A 为标准件,直径为 d_0. 用波长为 λ 的单色光垂直照射平晶,在 M 上方观察到等厚条纹如图(b)所示. 轻压 C 端,条纹间距变大,则 B 珠的直径 d_1、C 珠的直径 d_2 与 d_0 的关系分别为〔　〕

(A) $d_1=d_0+\lambda$, $d_2=d_0+2\lambda$.
(B) $d_1=d_0-\lambda$, $d_2=d_0-2\lambda$.
(C) $d_1=d_0+\lambda/2$, $d_2=d_0+\lambda$.
(D) $d_1=d_0-\lambda/2$, $d_2=d_0-\lambda$.

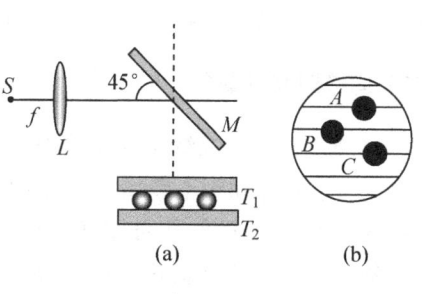

题 16.3 图

16.4 在玻璃(折射率 $n_3=1.60$)表面镀一层 MgF_2(折射率 $n_2=1.38$)薄膜作为增透膜. 为了使波长为 500 nm($1\text{nm}=10^{-9}$ m)的光从空气($n_1=1.00$)正入射时尽可能少反射,MgF_2 薄膜的最少厚度应是〔　〕

(A) 78.1 nm. (B) 90.6 nm. (C) 125 nm. (D) 181 nm. (E) 250 nm.

16.5 维纳光驻波实验装置示意如图所示. MM' 为金属反射镜,NN' 为涂有极薄感光层的玻璃板. MM' 与 NN' 之间夹角 $\varphi=3.0\times10^{-4}$ rad,波长为 λ 的平面单色光通过 NN' 板垂直入射到 MM' 金属反射镜上,则反射光与入射光在相遇区域形成光驻波,NN' 板的感光层上形成对应于波腹波节的条纹. 实验测得两个相邻的驻波波腹感光点 A、B 的间距 $\overline{AB}=1.0$ mm,则入射光波的波长为_____mm.

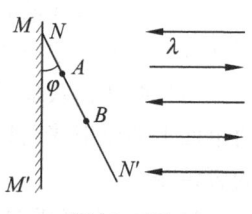

题 16.5 图

16.6 在牛顿环装置的平凸透镜和平板玻璃间充以某种透明液体,观测到第 10 个明环的直径由充液前的 14.8 cm 变成充液后的 12.7 cm,则这种液体的折射率 n 为_____.

16.7 白色平行光(波长 400~760 nm)垂直入射间距为 0.2 mm 的双缝,距缝 2 m 处设置观察屏,第三级明纹彩带的宽度 $\Delta L=$_____.

答案 16.1 (B); 16.2 (C); 16.3 (C); 16.4 (B). 16.5 6.0×10^{-4}; 16.6 1.36; 16.7 10.8 mm.

参考解答

16.2 因薄膜上表面反射有半波损失,下表面反射无半波损失,所以两束反射光的光程差为 $\delta=2n_2e\pm\lambda/2$,式中 λ 为真空中波长,而 $\lambda_1=\lambda/n_1$,故选答案(C).

16.3 劈尖干涉相邻条纹间距 $l=\lambda/(2n\theta)$,空气劈尖 $n=1$. 轻压 C 端,条纹间距变大,说明 θ 变小,C 应位于空气劈尖距棱边较远一侧,而 A 则靠近棱边一侧. 又因滚珠 A、B、C 正好落在三条相邻条纹中心处,所以滚珠 A、B、C 的直径 d_0,d_1,d_2 依次增大半个波长,即选答案(C).

16.4 因薄膜两表面反射都有半波损失,所以 $\delta=2n_2e$,为了尽量减少反射,故有 $\delta=2n_2e=(2k+1)\lambda/2$,可得 $e_{\min}=\lambda/(4n_2)=90.6$ nm,所以选答案(B).

16.5 因劈尖干涉相邻条纹间距为 $l=\lambda/(2\varphi)=\overline{AB}$,所以入射光波波长
$$\lambda=2\varphi\overline{AB}=6.0\times10^{-4} \text{ mm}$$

16.6 牛顿环明环半径 $r=\sqrt{\left(k-\dfrac{1}{2}\right)\dfrac{R\lambda}{n}}$,所以 $n=r^2/r_n^2=1.36$.

16.7 由 $d\sin\theta = \pm k\lambda$, $\sin\theta \approx \theta \approx \tan\theta = x_k/D$, 得 $x_k = \pm kD\lambda/d$, 所以, 第三级明纹彩带的宽度为 $\Delta L = 3D(\lambda_{\max} - \lambda_{\min})/d = 10.8$ mm.

(二) 问答题和计算题

16.8 在杨氏双缝干涉实验中:(1)如果把光源 S 向上移动,则干涉图样将发生怎样的移动?(2)当双缝间距不断增大时,则干涉图样中相邻明纹之间的距离将发生什么变化?(3)若每条狭缝都加宽1倍,干涉图样中相邻明纹之间的距离将发生什么变化?

答 (1)在杨氏双缝实验中,如果把光源 S 向上移动,则干涉图样将向下平移.

(2)明纹间距 $\Delta x = \dfrac{D}{d}\lambda$, 当缝间距离 d 不断增大时,干涉图样中明纹之间的距离减小,当 d 过大时, Δx 过小,条纹太密将不易分辨.

(3)若每条狭缝都加宽1倍,干涉图样中相邻明纹之间的距离不变.

16.9 窗玻璃也是一块透明薄板,但在通常的日光下为什么我们观察不到干涉现象?有时取两块窗玻璃的碎片叠合起来,会观察到无规则形状的彩色条纹,这现象如何解释?

答 由于日光的相干长度远小于窗玻璃厚度,窗玻璃使两束相干光的光程差超过了相干长度,因此,我们观察不到干涉条纹.

当把两块窗玻璃的碎片叠合起来时,两块玻璃相接触的表面之间的距离小于相干长度,这两个面上的反射光可以相互叠加产生干涉,又由于窗玻璃表面平整度不高,形成了无规则形状的彩色条纹.

16.10 在杨氏双缝实验中,双缝间距为 0.1 mm, 双缝与屏幕的距离为 3 m. 对下列三条典型谱线求出干涉条纹的间距:(1)蓝线(486.1 nm);(2)黄线(589.3 nm);(3)红线(656.3 nm).

解 杨氏双缝实验中干涉条纹的间距

$$\Delta x = \frac{D}{d}\lambda = \frac{3}{0.1 \times 10^{-3}}\lambda = 3 \times 10^4 \lambda$$

(1) 蓝线 $\Delta x = 3 \times 10^4 \times 4861$ Å $= 1.458 \times 10^8$ Å $= 14.58$ mm.

(2) 黄线 $\Delta x = 17.68$ mm.

(3) 红线 $\Delta x = 19.69$ mm.

16.11 在一双缝实验中,双缝间距为 5.0 mm, 双缝离屏 1.0 m, 在屏上可见到两套干涉图样. 一套是由 480.0 nm 的光产生,另一套由 600.0 nm 的光产生. 问在屏上两套干涉图样的第三级干涉明条纹间的距离是多少?

解 因为 $x = \pm k\dfrac{D}{d}\lambda$, 所以

$$\Delta x_3 = x_3 - x'_3 = \frac{3D}{d}(\lambda - \lambda')$$

$$= \frac{3 \times 1.0 \times 10^3}{5.0} \times (600.0 - 480.0) \times 10^{-6} = 7.2 \times 10^{-2} \text{ (mm)}$$

16.12 双缝干涉实验中,在相干光束之一的光路中放入一块玻璃片,结果使中央明纹中心移到原来第六级明纹中心的位置上. 设光线垂直射入薄片,薄片的折射率 $n = 1.6$, 波长 $\lambda = 6.6 \times 10^2$ nm. 求薄片的厚度.

解 放入玻璃片后,两相干光束的光程差改变

$$\Delta\delta = ne - e$$

e 为玻璃片的厚度. 此时条纹移动了 $\Delta k = 6$ 条, 则有

$$\Delta\delta = \Delta k\lambda, \quad ne - e = \Delta k\lambda$$

$$e = \frac{\Delta k\lambda}{n-1} = \frac{6 \times 6.6 \times 10^2 \times 10^{-9}}{1.6 - 1} = 6.6 \times 10^{-6} \text{(m)}$$

16.13 在菲涅耳双镜干涉实验中,单色光源($\lambda = 600.0$ nm)放在距双镜交线 0.10 m 处,光屏放在距双镜交线 2.07 m 处. 已知双镜的夹角 ε 为 $10'$,如图所示. (1) 求屏上相邻两条明纹间的距离;(2) 如果光源与双镜交线的距离增加到 0.20 m,则屏上干涉明纹之间的距离有什么变化?

解 由图可以看出杨氏双缝实验的干涉条纹的分析完全适用于菲涅耳双镜干涉实验. 因此,屏上相邻两条明纹间的距离为

$$\Delta x = \frac{D}{d}\lambda$$

因 $D = r\cos\varepsilon + L, d = 2r\sin\varepsilon$,所以

$$\Delta x = \frac{(r\cos\varepsilon + L)\lambda}{2r\sin\varepsilon}$$

(1) 将 $r = 0.10$ m, $L = 2.07$ m, $\varepsilon = 10'$, $\lambda = 6.00 \times 10^{-7}$ m 代入上式,可得

$$\Delta x = 2.24 \times 10^{-3} \text{ m}$$

(2) 取 $r' = 0.20$ m,又可算得

$$\Delta x' = 1.17 \times 10^{-3} \text{ m}$$

16.14 如图(a)所示,湖面上方 $h = 0.50$ m 处放一电磁波接收器. 当某射电星从地平面渐渐升起时,接收器可测到一系列极大值. 已知射电星发射的电磁波波长为 0.20 m,求出现第一个极大值时射电星的射线与铅垂线间的夹角 θ(湖水可看成是电磁波的反射体).

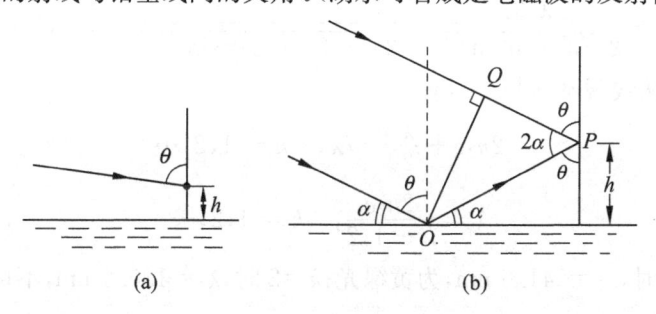

题 16.14 图

解 射电星很遥远,它发射来的光可视为平行光,如图(b)所示,直射光与湖面反射光到达接收器 P 的光程差为

$$\delta = \overline{OP} - \overline{QP} + \frac{\lambda}{2} = \overline{OP}(1 - \cos 2\alpha) + \frac{\lambda}{2}$$

式中,$\alpha = \frac{\pi}{2} - \theta$, $\overline{OP} = \frac{h}{\cos\theta}$. 于是有

$$\delta = 2h\cos\theta + \frac{\lambda}{2} \qquad ①$$

出现第一个极大值时,两束光干涉相长满足

由式①和式②解得
$$\delta = \lambda \qquad ②$$
$$\cos\theta = \frac{\lambda}{4h} = \frac{0.20}{4\times 0.50} = 0.1$$
$$\theta = \arccos 0.1 = 84.26°$$

16.15 一平面单色光波垂直照射在厚度均匀的薄油膜上,油膜覆盖在玻璃板上.所用单色光的波长可连续变化,观察到 500 nm 和 700 nm 两个波长的光相继在反射中消失.油的折射率为 1.30,玻璃的折射率为 1.50,试求油膜的厚度.

解 设油膜的折射率为 n,$n=1.30$,厚度为 e.考虑到两束反射光的反射条件相同,故光程差中不计 $\lambda/2$.垂直入射时,反射光干涉减弱的条件为
$$\delta = 2ne = (2k+1)\frac{\lambda}{2}, \quad k=0,1,2,\cdots$$
由题意,$\lambda_1=500$ nm,$\lambda_2=700$ nm 是使反射光减弱的两个相邻波长,则有
$$2ne = (2k+1)\frac{\lambda_1}{2}, \quad 2ne = [2(k-1)+1]\frac{\lambda_2}{2}$$
联立求解可得
$$e = \frac{\lambda_1\lambda_2}{2n(\lambda_2-\lambda_1)} = 673 \text{ nm}$$

16.16 空气中有一层油膜,其折射率为 1.3,当观察方向与膜面法线方向成 30° 角时,可看到从油膜反射的光呈绿色(波长为 $\lambda=500$ nm).试问:(1)油膜的最小厚度为多少?(2)如果从膜面的法线方向观察,则反射光的颜色如何?

解 (1)因观察角与入射角大小相等,因此 $i=30°$.考虑到两束反射光的反射条件不同,故光程差中要计入 $\lambda/2$.反射光干涉相长的条件为
$$\delta = 2e\sqrt{n_2^2 - n_1^2\sin^2 i} + \frac{\lambda}{2} = k\lambda, \quad k=1,2,\cdots$$
$k=1$,油膜厚度最小,所以有
$$e_{\min} = \frac{\lambda/2}{2\sqrt{n_2^2 - n_1^2\sin^2 i}} = \frac{500/2}{2\sqrt{1.3^2 - 1.0^2\sin^2 30°}} = 104.2 \text{ (nm)}$$
(2)若沿膜面法线观察,则 $i=0$,有
$$2n_2 e + \frac{\lambda}{2} = k\lambda, \quad k=1,2,\cdots$$
$$\lambda = \frac{2n_2 e}{k-1/2}, \quad k=1,2,\cdots$$
当 $e=e_{\min}$,且 $k=1$ 时,$\lambda_1=541.6$ nm,为黄绿光;$k=2$ 时,$\lambda_2=180.5$ nm,不可见.所以此时反射光呈黄绿色.

16.17 如图所示,把直径为 D 的细丝夹在两块平玻璃砖的一边,形成劈尖形空气层,在钠黄光($\lambda=589.3$ nm)垂直照射下形成如图上方所示的干涉纹,求 D 的值.

解 在劈尖干涉中相邻两暗纹之间的厚度差为
$$\Delta e = e_{k+1} - e_k = \frac{1}{2}\lambda$$
由图可以看出,细丝所在位置处为第八级暗纹,由于棱边对应于第零级暗纹,所以细丝的直径为

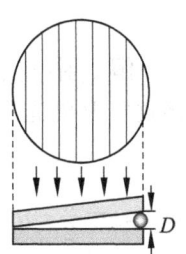

题 16.17 图

$$D = e_8 - e_0 = 8\Delta e = 4\lambda$$
$$= 4 \times 589.3 \times 10^{-6} = 2.357 \times 10^{-3} \text{(mm)}$$

16.18 利用劈尖的等厚干涉条纹,可测量很小的角度. 在如图所示的劈尖上, 垂直入射光的波长为 589.3 nm, 并测得其中相邻两条明纹的位置 $d_A = 15.8$ mm, $d_B = 16.0$ mm. 求劈尖的夹角.

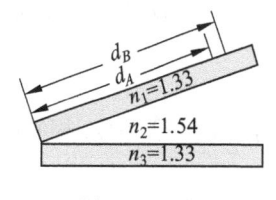

解 由相邻两条明纹的位置可知明纹间距为
$$l = d_B - d_A = 16.0 - 15.8 = 0.2 \text{ (mm)}$$
相邻明纹间的厚度差
$$\Delta e = \frac{\lambda}{2n_2} = \frac{589.3 \times 10^{-6}}{2 \times 1.54} = 1.91 \times 10^{-4} \text{(mm)}$$
劈尖的夹角
$$\theta \approx \sin\theta \approx \frac{\Delta e}{l} = \frac{1.91 \times 10^{-4}}{0.2} = 9.57 \times 10^{-4} \text{(rad)} = 3.3'$$

题 16.18 图

16.19 利用空气劈尖的等厚干涉条纹,可测量精密加工工件表面极小纹路的深度. 测量时, 把待测工件放在测微显微镜的工作台上, 使待测表面向上. 在工件表面上放一块平板玻璃使其间形成空气劈尖, 单色光垂直照射到玻璃片上, 在显微镜中观察干涉条纹. 由于工件表面不平, 观察到干涉条纹如图(a)所示. 试根据条纹弯曲的方向, 说明工件表面上纹路是凹的还是凸的, 并证明纹路深度可表示为

$$H = \frac{a}{b} \cdot \frac{\lambda}{2}$$

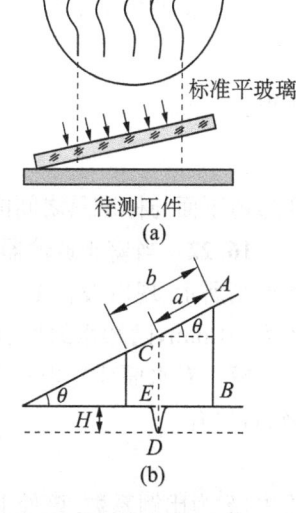

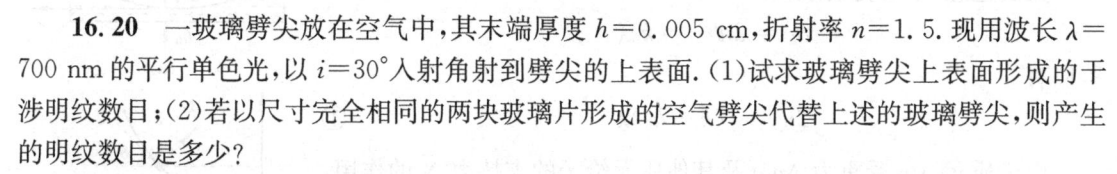

解 因等厚条纹的形状反映了薄膜等厚线的轨迹, 所以由图(a)所示条纹的弯曲方向可判断出工件上表面有凹纹.

由图(a)知, b 为相邻明纹的间距, a 为条纹的最大偏移量. 由图(b)可知, 工件表面上凹纹的最大深度为
$$H = \overline{AB} - \overline{CE} = \overline{ED} = a\sin\theta$$
因相邻明纹对应的空气层厚度差 $\Delta e = \lambda/2$, 故有
$$\sin\theta = \frac{\Delta e}{b} = \frac{\lambda}{2b}$$
由以上两式解得
$$H = \frac{a}{b} \cdot \frac{\lambda}{2}$$

题 16.19 图

16.20 一玻璃劈尖放在空气中, 其末端厚度 $h = 0.005$ cm, 折射率 $n = 1.5$. 现用波长 $\lambda = 700$ nm 的平行单色光, 以 $i = 30°$ 入射角射到劈尖的上表面. (1)试求玻璃劈尖上表面形成的干涉明纹数目; (2)若以尺寸完全相同的两块玻璃片形成的空气劈尖代替上述的玻璃劈尖, 则产生的明纹数目是多少?

解 (1) 形成明纹的条件为
$$2e_k\sqrt{n^2 - \sin^2 i} + \frac{\lambda}{2} = k\lambda, \quad k = 1, 2, \cdots$$
将 n、i 的值代入, 得 $2\sqrt{2} e_k + \frac{\lambda}{2} = k\lambda$. 相邻明纹间距为

$$\Delta e = e_{k+1} - e_k = \frac{\lambda}{2\sqrt{2}}$$

劈尖上表面干涉明纹数目为

$$N = \left[\frac{h}{\Delta e}\right] = \left[\frac{2\sqrt{2}h}{\lambda}\right] = \left[\frac{2\sqrt{2} \times 0.005 \times 10^{-2} \text{ m}}{700 \times 10^{-9} \text{ m}}\right] = 202$$

(2) 若以空气劈尖代替玻璃劈尖，则形成明纹的条件为

$$2e_k\sqrt{1-n^2\sin^2 i} + \frac{\lambda}{2} = k\lambda, \quad k = 1, 2, \cdots$$

得 $\frac{\sqrt{7}}{2}e_k + \frac{\lambda}{2} = k\lambda$. 相邻明纹间距为

$$\Delta e = e_{k+1} - e_k = \frac{2\lambda}{\sqrt{7}}$$

劈尖上表面干涉明纹的数目为

$$N' = \left[\frac{h}{\Delta e}\right] = \left[\frac{\sqrt{7}h}{2\lambda}\right] = \left[\frac{\sqrt{7} \times 0.005 \times 10^{-2} \text{ m}}{2 \times 700 \times 10^{-9} \text{ m}}\right] = 94$$

16.21 检验透镜曲率的干涉装置如图所示．在波长为 λ 的钠黄光的垂直照射下显示出图上方的干涉图样．你能否判断透镜的下表面与标准模具之间气隙的厚度最多不超过多少？

答 根据相干条件和干涉花样有

$$2e + \frac{\lambda}{2} = 3\lambda$$

解得

$$e = \frac{5}{4}\lambda$$

即透镜下面与标准模具之间的气隙的厚度最多不超过 $\frac{5}{4}\lambda$.

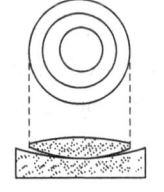

题 16.21 图

16.22 当盛于玻璃器皿中的水绕中心轴以匀角速度 ω 旋转时，水面和器皿水平底面的截面如图所示．现以波长 $\lambda = 640.0$ nm 的单色光垂直入射，观察到中心为明纹，第 30 级明纹的半径为 10 mm, 已知水的折射率 $n = 4/3$, 求 ω.

解 对水面建立坐标系，如图所示．考虑水面上位于 (x, y) 处的质元 Δm, 因水面为旋转抛物面，故有

$$y = k'x^2$$

式中, k' 为比例系数．该处上下水表面两束反射光干涉相长的条件为

$$\delta = 2n(y + h_0) = k\lambda, \quad k = 1, 2, \cdots$$

该处形成的明纹半径为 x.

又由题意，中心为明纹，即

$$\delta_0 = 2nh_0 = k_0\lambda$$

所以有

$$2ny = (k - k_0)\lambda \qquad ①$$

由于质元 Δm 受重力 $\Delta m\vec{g}$ 及其他质元给予的支持力 $\vec{N}$ 的作用，根据牛顿第二定律，有

$$N\cos\theta = \Delta mg$$
$$N\sin\theta = \Delta m\omega^2 x$$

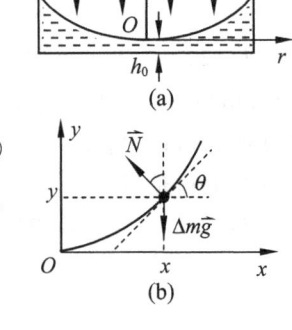

解得

题 16.22 图

$$\tan\theta = \frac{dy}{dx} = \frac{\omega^2 x}{g}, \quad dy = \frac{\omega^2 x}{g}dx$$

积分可得

$$y = \frac{\omega^2}{2g}x^2 \qquad ②$$

联立式①和式②，解得

$$\omega = \sqrt{\frac{(k-k_0)\lambda g}{nx^2}}$$

将$(k-k_0)=30$，对应的明纹半径$x=10\times 10^{-3}$ m，以及λ、g、n的值代入上式，可得

$$\omega = \sqrt{\frac{30\times 640\times 10^{-9}\times 9.8}{(4/3)\times (10\times 10^{-3})^2}} = 1.19 \text{ (s}^{-1}\text{)}$$

16.23 牛顿环的实验装置如图所示．设玻璃板由两部分组成(冕牌玻璃$n_1 = 1.50$ 和火石玻璃$n_2 = 1.75$)，透镜是冕牌玻璃制成的，而透镜和玻璃板之间的空间充满二硫化碳($n_3 = 1.62$)．试问在反射光中看到干涉图样的情况如何？

解 由于火石玻璃的折射率大于二硫化碳，而二硫化碳的折射率大于冕牌玻璃，当光波由冕牌玻璃射向二硫化碳及由二硫化碳射向火石玻璃时，都有半波损失，左半边上、下表面反射光没有附加光程差．而光波由二硫化碳射向冕牌玻璃时没有半波损失，因此在右半边上下表面反射光有附加光程差$\lambda/2$．所以此牛顿环的干涉图样有以下特点：

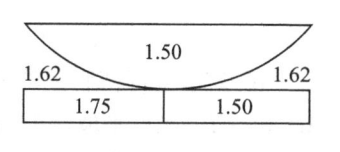

题 16.23 图

(1) 在牛顿环中心，火石玻璃一侧为亮斑，冕牌玻璃一侧处为暗斑．
(2) 火石玻璃一侧，由中心向外为亮斑、暗环、亮环……交替变化；冕牌玻璃一侧，由中心向外为暗斑、亮环、暗环……交替变化．
(3) 同一半径的圆环，若火石玻璃处为亮环则冕牌玻璃处为暗环，反之火石玻璃处为暗环则冕牌玻璃处为亮环．

16.24 用波长$\lambda = 589.3$ nm 的钠黄光观察牛顿环，测得某一明环直径为 2.00 mm，而其外第四个明环直径为 6.00 mm，求凸透镜的曲率半径．

解 牛顿环中第k级明条纹的半径为

$$r_k = \sqrt{\frac{(2k-1)R\lambda}{2}}$$

可得

$$r_{k+4}^2 - r_k^2 = \frac{[2(k+4)-1]-(2k-1)}{2}R\lambda = 4R\lambda$$

所以凸透镜的曲率半径为

$$R = \frac{r_{k+4}^2 - r_k^2}{4\lambda} = \frac{(3.00\times 10^{-3})^2 - (1.00\times 10^{-3})^2}{4\times 589.3\times 10^{-9}} = 3.394 \text{ (m)}$$

16.25 用钠黄光(波长为 589.3 nm)照射迈克耳孙干涉仪．当把折射率$n = 1.40$的薄膜放在干涉仪的一条光路中时，测得干涉条纹移动了 7.0 条，试求薄膜的厚度．

解 将厚度为d的薄膜放在干涉仪的一条光路中时，两束光的光程差的改变量为

$$\Delta\delta = 2(n-1)d$$

干涉条纹移动 7.0 条，意味着光程差的改变量为

$$\Delta\delta = 7.0\lambda$$

由以上两式可得薄膜的厚度为
$$d = \frac{7.0\lambda}{2(n-1)} = \frac{7.0 \times 589.3 \times 10^{-6}}{2 \times (1.40-1)} = 5.16 \times 10^{-3} \text{(mm)}$$

16.26 测定气体折射率的干涉仪(雅敏干涉仪)的光路如图所示. 图中 S 为光源, L 为聚光透镜, G_1、G_2 为两块等厚而且平行的玻璃板, T_1、T_2 为等长的两个玻璃管, 长度为 l. 测量时, 先将两管抽空, 然后将待测气体徐徐充入一管中, 在 E 处观察干涉条纹的变化, 即可测得气体折射率. 某次测量时, 将待测气体充入 T_2 管中, 从开始进气到标准状态过程中, 在 E 处看到共移过 98 条干涉条纹. 若光源波长 $\lambda = 589.3$ nm, $l = 0.20$ m, 试求该气体在标准状态下的折射率.

解 充入气体后两光路光程差的改变量为
$$\Delta\delta = (n-1)l = N\lambda$$
解得气体的折射率为
$$n = \frac{N\lambda}{l} + 1 = \frac{98 \times 589.3 \times 10^{-9}}{0.20} + 1$$
$$= 2.888 \times 10^{-4} + 1 = 1.00029$$

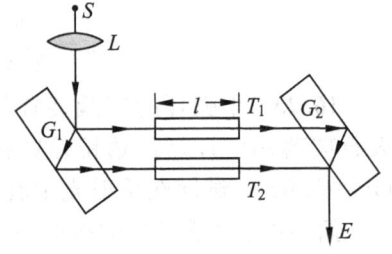

题 16.26 图

16.27 根据薄膜干涉原理制成的测定固体线膨胀系数的干涉膨胀仪, 其构造如图所示, AB 和 $A'B'$ 均为平玻璃板, CC' 为热膨胀系数极小的石英圆环(其长度可视为不随温度变化而变化), W 为待测热膨胀系数的样品, 其上表面与玻璃板 AB 的下表面形成空气劈尖. 以波长为 λ 的单色光自上而下垂直照射, 设在温度为 T_0 时测得 W 的长度为 L. 若在温度升高至 T 的过程中, 观察到有 N 条干涉条纹从视场中某一固定刻线通过. 试证明样品的线膨胀系数为
$$\alpha = \frac{N\lambda}{2L_0(t-t_0)}$$

证 温度为 T_0 时, 在劈尖等厚干涉条纹中, 设第 k 级暗纹所在处劈尖空气层的厚度为
$$d_k = k\frac{\lambda}{2}$$
温度升高到 T 时, 依题意劈尖空气层同一处的厚度应为
$$d_{k-N} = (k-N)\frac{\lambda}{2}$$
忽略石英圆环 CC' 的膨胀伸长, 则空气层的厚度变化为
$$\Delta L = L - L_0 = d_k - d_{k-N} = \frac{N}{2}\lambda$$

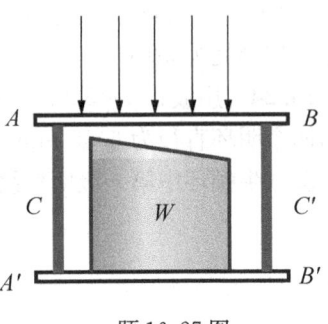

题 16.27 图

根据膨胀系数的定义, 得
$$\alpha = \frac{L-L_0}{L_0} \cdot \frac{1}{T-T_0} = \frac{N\lambda}{2L_0(T-T_0)}$$

第 17 章 光 的 衍 射

基本要求

1. 了解惠更斯-菲涅耳原理及其对光的衍射现象的定性解释.
2. 掌握用半波带法分析单缝夫琅禾费衍射条纹分布规律的方法,会分析缝宽及波长对条纹分布的影响,能大致画出衍射条纹的光强分布曲线.
3. 理解光栅衍射条纹的特点,掌握光栅方程并能熟练确定谱线的位置,分析光栅常量、波长等因素对谱线分布的影响.
4. 了解衍射对光学仪器分辨本领的影响.
5. 了解 X 射线的衍射现象和布拉格公式的物理意义.

一、主 要 内 容

1. 惠更斯-菲涅耳原理

波阵面上任一点均可视为能发射子波的波源,波阵面前方空间某点处的光振动取决于到达该点的所有子波的相干叠加.

2. 单缝夫琅禾费衍射

衍射图样的特点: 条纹平行于狭缝,明暗相间,中央明纹最宽最亮,其他明纹的光强随级次增大而迅速减小.

明暗纹条件(垂直照射,半波带法结论):

$$a\sin\theta = \begin{cases} \pm 2k\left(\dfrac{\lambda}{2}\right), & k=1,2,3,\cdots \text{(暗纹)} \\ \pm(2k+1)\dfrac{\lambda}{2}, & k=1,2,3,\cdots \text{(明纹)} \end{cases}$$

中央明纹的半角宽度: $\theta_0 \approx \dfrac{\lambda}{a}$. 线宽度: $\Delta x_0 \approx 2f\dfrac{\lambda}{a}$.

3. 圆孔夫琅禾费衍射和光学仪器的分辨本领

艾里斑半角宽度: $\theta_0 = 1.22\dfrac{\lambda}{D}$.

光学仪器的分辨本领: $\dfrac{1}{\theta_0} = \dfrac{D}{1.22\lambda}$.

4. 光栅衍射

衍射图样特点: 谱线细而明亮,谱线间暗区宽,有缺级现象.

光垂直入射时的光栅方程:

$$d\sin\theta = (a+b)\sin\theta = \pm k\lambda, \quad k = 0,1,2,\cdots$$

光斜入射时的光栅方程:

$$d(\sin\theta \pm \sin\varphi) = \pm k\lambda, \quad k = 0,1,2,\cdots$$

缺级公式:

$$k = \pm\frac{a+b}{a}k', \quad k' = 1,2,3,\cdots \text{ (} k \text{ 取整数)}$$

5. X 射线衍射

晶体的点阵结构可看作三维光栅,能使波长极短的 X 射线产生衍射,其衍射极大值满足布拉格方程:

$$2d\sin\varphi = k\lambda, \quad k = 1,2,\cdots \text{ (}\varphi \text{ 为掠射角)}$$

二、典型例题

例 17.1 单缝缝宽 $a = 0.6$ mm,用波长 $\lambda = 546$ nm 的平行绿光垂直照射,缝后会聚透镜的焦距 $f = 50$ cm.(1) 位于透镜焦平面处的观察屏上中央明纹的宽度是多少?(2) 第二级明纹有多宽?从该处看狭缝处的波面可划分成多少个半波带?(3) 换用白光垂直入射,观察屏上能看清几级光谱?(4) 若将装置全部浸入折射率为 $n = 1.3$ 的油中,观察屏上的条纹如何变化?

解 (1) 单缝衍射的暗纹条件为

$$a\sin\theta = \pm k\lambda, \quad k = 1,2,\cdots$$

暗纹位置为

$$x_{\pm k} = f\tan\theta_{\pm k} \approx f\sin\theta_{\pm k} = \pm f\frac{k\lambda}{a}$$

中央明纹的宽度为 ±1 级暗纹之间的距离,即为

$$\Delta x = x_{+1} - x_{-1} = 2f\frac{\lambda}{a} = 2\times 50\times 10^{-2}\text{ m}\times\frac{546\times 10^{-9}\text{ m}}{0.6\times 10^{-3}\text{ m}} = 9.1\times 10^{-4}\text{ m}$$

(2) 第二级明纹的宽度为第二级暗纹和第三级暗纹之间的距离,即

$$\Delta x_2 = x_3 - x_2 = f\frac{3\lambda}{a} - f\frac{2\lambda}{a}$$

$$= 50\times 10^{-2}\text{ m}\times\frac{(3-2)\times 546\times 10^{-9}\text{ m}}{0.6\times 10^{-3}\text{ m}} = 4.55\times 10^{-4}\text{ m}$$

可见此宽度等于中央明纹宽度的一半.

第 k 级明纹对应的衍射光线的波面可划分为 $2k+1$ 个半波带,因此从第二级明纹处看,狭缝处的波面可划分为 5 个半波带.

(3) 单缝衍射的明纹条件为

$$a\sin\theta = \pm(2k+1)\frac{\lambda}{2}, \quad k = 1,2,\cdots$$

当 a 和 k 一定时,衍射角 $\sin\theta \propto \lambda$.因此用白光垂直入射,中央明纹仍为白光,两侧呈现出由紫到红排列的彩色条纹.

设从第 k 级光谱开始发生部分重叠,导致该级光谱分辨不清,则有
$$\sin\theta_{k红} \geqslant \sin\theta_{k+1紫}$$
即
$$\frac{(2k+1)\lambda_{红}}{2a} \geqslant \frac{[2(k+1)+1]\lambda_{紫}}{2a}$$
将 $\lambda_{红}=760$ nm, $\lambda_{紫}=400$ nm 代入,得 $k \geqslant 0.61$.

结果表明,第一级谱线就有部分重叠,所以屏幕上看不到完整清晰的谱线.可见利用单缝衍射是无法获得白光的清晰光谱的.

(4)当装置浸入油中时,平行的衍射线之间的最大光程差为 $na\sin\theta$,同样用半波带法进行分析,暗纹条件可写为
$$na\sin\theta = \pm k\lambda, \quad k=1,2,\cdots$$
则中央明纹的宽度
$$\Delta x' = x_{+1}' - x_{-1}' = 2f\frac{\lambda}{na} = \frac{\Delta x}{n} = \frac{9.1 \times 10^{-4} \text{ m}}{1.3} = 7 \times 10^{-4} \text{ m}$$
中央明纹的宽度缩小为原来的 $1/n$. 同理,明纹间距也缩小为原来的 $1/n$. 可见浸入油中后,中央明纹宽度变窄了,条纹变密集了.

例 17.2 波长为 $\lambda = 600$ nm 的单色光垂直入射到一光栅上,已知第二、第三级明纹分别出现在 $\sin\theta_2 = 0.20$ 与 $\sin\theta_3 = 0.30$ 处,第四级缺级.试求:(1)光栅常量 d;(2)光栅狭缝的可能宽度;(3)讨论在狭缝的可能宽度下,观察屏上能出现的全部明纹条数;(4)讨论在狭缝的可能宽度下,单缝衍射的中央明纹内能出现的光栅衍射主极大的个数;(5)若单色光以与光栅平面法线成 $30°$ 角斜入射,观察屏上能出现多少条明纹?

解 (1)由光栅方程 $d\sin\theta = k\lambda$,可得
$$d\sin\theta_2 = 2\lambda, \quad d\sin\theta_3 = 3\lambda$$
所以光栅常量为
$$d = \frac{2\lambda}{\sin\theta_2} = \frac{2 \times 600 \times 10^{-9} \text{ m}}{0.20} = 6.0 \times 10^{-6} \text{ m}$$

(2)以正级次明纹为例.光栅明纹满足
$$d\sin\theta = k\lambda$$
单缝衍射暗条纹满足
$$a\sin\theta = k'\lambda$$
因此所缺明纹级次 k 应满足
$$k = \frac{d}{a}k', \quad k' = 1,2,\cdots \qquad ①$$

依题意,首次缺级发生在第四级明纹处($k=4$).因 $d>a$,故 $k'<k$,所以狭缝的可能宽度应满足
$$a = \frac{d}{4}k', \quad k' = 1,2,3$$

当 $k'=1$ 时 $a_1 = \frac{d}{4} = 1.5 \times 10^{-6}$ m,由式①知,此时缺级的明纹级次为 $4,8,12,\cdots$.

当 $k'=2$ 时,$a_2 = \frac{d}{2} = 3.0 \times 10^{-6}$ m,此时缺级的明纹级次为 $2,4,6,8,\cdots$,不合题意,应舍弃.

当 $k'=3$ 时,$a_3 = \frac{3d}{4} = 4.5 \times 10^{-6}$ m,此时缺级的明纹级次为 $4,8,12,\cdots$.

综上所述,狭缝的可能宽度为 $a_1 = 1.5 \times 10^{-6}$ m 和 $a_3 = 4.5 \times 10^{-6}$ m.

(3) 衍射角 $\theta = \pm\frac{\pi}{2}$ 对应观察屏上明纹的最高级次,由光栅方程有

$$\pm k_{max} = \frac{d}{\lambda}\sin\left(\pm\frac{\pi}{2}\right) = \pm\frac{6.0\times 10^{-6}\text{ m}}{600\times 10^{-9}\text{ m}} = \pm 10$$

由(2)的计算结果可见,在两种可能的狭缝宽度下,缺级情况都相同. 考虑到负级次明纹,缺级的明纹级次均为 $\pm 4, \pm 8$ 级,而 ± 10 级明纹实际看不见,所以观察屏上能出现的全部明纹共 15 条,即 $0, \pm 1, \pm 2, \pm 3, \pm 5, \pm 6, \pm 7, \pm 9$ 级.

(4) 狭缝宽度为 $a_1 = 1.5\times 10^{-6}$ m 时,第一次缺级发生在 $k' = 1$ 处,即单缝衍射的第一级暗纹正好和光栅衍射的第四级主极大重合. 同时考虑负级次条纹,在单缝衍射的中央明纹内应有光栅衍射主极大的个数为 $2\times 3 + 1 = 7$.

狭缝宽度为 $a_3 = 4.5\times 10^{-6}$ m 时,第一次缺级发生在 $k' = 3$ 处,即单缝衍射的第三级暗纹正好和光栅衍射的第四级主极大重合.

单缝衍射第一级暗纹的衍射角为 $\sin\theta = \lambda/a$,该处对应的光栅衍射主极大级次为

$$k = \frac{d\sin\theta}{\lambda} = \frac{d\lambda/a}{\lambda} = \frac{d}{a} = \frac{4}{3} = 1.3$$

所以最靠近单缝衍射第一级暗纹的光栅衍射主极大的级次为 1. 同时考虑负级次条纹,单缝衍射的中央明纹内应有光栅衍射主极大的个数为 $2\times 1 + 1 = 3$.

(5) 若单色光以与光栅平面法线成 30° 角斜入射,此时光栅方程为

$$d(\sin\theta \pm \sin\varphi) = k\lambda$$

单缝衍射暗纹条件为

$$a(\sin\theta \pm \sin\varphi) = k'\lambda$$

显然观察屏上明纹整体向光入射的方向移动,而条纹间距、缺级情况都保持不变,因此观察屏上能出现的全部明纹仍为 15 条.

例 17.3 有一平面光栅,每厘米有刻痕 5900 条. 波长在 $0.4\sim 0.7$ μm 范围内的光垂直入射到光栅平面上. 试求:(1)光栅衍射的第一级光谱的角宽度;(2)说明紫光的第三级谱线与红光的第二级谱线交叠.

解 (1) 光栅常量为

$$d = \frac{1}{5900}\text{ cm} = 1.69\times 10^{-4}\text{ cm}$$

光栅方程为

$$d\sin\theta = k\lambda$$

当 d 和 k 一定时,衍射角 $\theta\propto\lambda$. 对于同一级光谱,波长长的光衍射角大,波长短的光衍射角小. 因此用白光垂直入射,零级明纹仍为白光,而两侧呈现出由紫到红排列的彩色条纹.

第一级红光的衍射角为

$$\sin\theta_{1红} = \frac{\lambda_{红}}{d} = \frac{0.7\times 10^{-4}\text{ cm}}{1.69\times 10^{-4}\text{ cm}} = 0.414$$

$$\theta_{1红} = 24°28'$$

第一级紫光的衍射角为

$$\sin\theta_{1紫} = \frac{\lambda_{紫}}{d} = \frac{0.4\times 10^{-4}\text{ cm}}{1.69\times 10^{-4}\text{ cm}} = 0.237$$

$$\theta_{1紫} = 13°40'$$

所以第一级光谱的角宽度为

$$\theta_{1红} - \theta_{1紫} = 24°28' - 13°40' = 10°48'$$

(2) 第三级紫光的衍射角满足

$$\sin\theta_{3紫} = \frac{3\lambda_{紫}}{d} = \frac{3 \times 0.4 \times 10^{-4} \text{ cm}}{1.69 \times 10^{-4} \text{ cm}} = 0.711$$

第二级红光的衍射角满足

$$\sin\theta_{2红} = \frac{2\lambda_{红}}{d} = \frac{2 \times 0.7 \times 10^{-4} \text{ cm}}{1.69 \times 10^{-4} \text{ cm}} = 0.828$$

显然 $\sin\theta_{3紫} < \sin\theta_{2红}$，所以紫光的第三级谱线与红光的第二级谱线交叠.

例 17.4 用晶格常数 $d=0.275$ mm 的晶体，做伦琴射线的衍射实验(该射线包含从 0.095～0.130 nm 波带中的各种波长). 问：(1)若掠射角 $\varphi=15°$，是否可出现衍射极大？相应的射线波长是多少？(2)若掠射角为 $\varphi=45°$，情况又如何？

解 (1) 若掠射角 $\varphi=15°$，由布拉格公式 $2d\sin\varphi=k\lambda$ 可知，能产生衍射极大的光波长应满足

$$\lambda = \frac{2d\sin\varphi}{k}$$

当 $k=1,2$ 时，相应的射线波长分别为

$$\lambda_1 = \frac{2 \times 0.275 \text{ nm} \times \sin 15°}{1} = 0.142 \text{ nm}$$

$$\lambda_2 = \frac{2 \times 0.275 \text{ nm} \times \sin 15°}{2} = 0.071 \text{ nm}$$

可见，所用射线不能产生衍射主极大.

(2) 若掠射角 $\varphi=45°$，同理，当 $k=1,2,3,4$ 时，相应的射线波长分别为

$$\lambda_1 = 2 \times 0.275 \text{ nm} \times \sin 45° = 0.389 \text{ nm}$$

$$\lambda_2 = \frac{2 \times 0.275 \text{ nm} \times \sin 45°}{2} = 0.195 \text{ nm}$$

$$\lambda_3 = \frac{2 \times 0.275 \text{ nm} \times \sin 45°}{3} = 0.130 \text{ nm}$$

$$\lambda_4 = \frac{2 \times 0.275 \text{ nm} \times \sin 45°}{3} = 0.097 \text{ nm}$$

可见，所用射线中波长为 0.130 nm、0.097 nm 的射线可以产生强反射.

三、习题分析与解答

(一) 选择题和填空题

17.1 在如图所示的单缝夫琅禾费衍射装置中，将单缝宽度 a 稍稍变窄，同时使会聚透镜 L 沿 y 轴正方向做微小平移(单缝与屏幕位置不动)，则屏幕 C 上中央衍射条纹将 [　　]

(A) 变宽，同时向上移动.
(B) 变宽，同时向下移动.
(C) 变宽，不移动.
(D) 变窄，不移动.

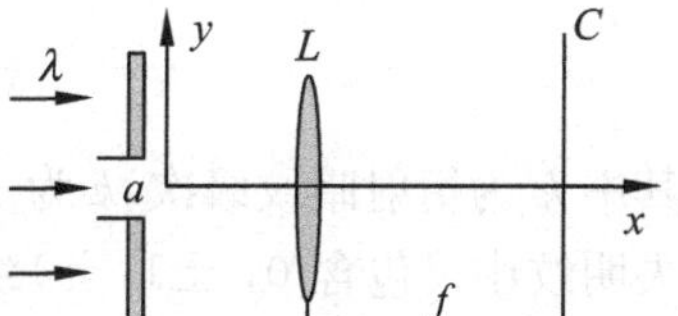

题 17.1 图

17.2 在光栅光谱中，假如所有偶数级次的主极大都恰好在单缝衍射的暗纹方向上，因而实

际上不出现,那么此光栅每个透光缝宽度 a 和相邻两缝间不透光部分宽度 b 的关系为 [　　]

(A) $a=b$.　　(B) $a=\frac{1}{2}b$.　　(C) $a=2b$.　　(D) $a=3b$.

17.3 某元素的特征光谱中含有波长分别为 $\lambda_1=450$ nm 和 $\lambda_2=750$ nm 的光谱线.在光栅光谱中,这两种波长的谱线有重叠现象,重叠处 λ_2 的谱线的级数将是 [　　]

(A) 2,3,4,5,…　　　　　　(B) 2,5,8,11,…
(C) 2,4,6,8,…　　　　　　(D) 3,6,9,12,…

17.4 若星光的波长按 550 nm 计算,孔径为 127 cm 的大型望远镜所能分辨的两颗星的最小角距离 θ(从地上一点看两星的视线间夹角)是 [　　]

(A) 3.2×10^{-3} rad.　　　　(B) 1.8×10^{-4} rad.
(C) 5.3×10^{-7} rad.　　　　(D) 5.3×10^{-5} rad.

17.5 在单缝夫琅禾费衍射实验中,屏上第三级暗纹对应的单缝处波面可划分为_____个半波带,若将缝宽缩小一半,原来第三级暗纹处将是_____纹.

17.6 在单缝夫琅禾费衍射示意图中,所画出的各条正入射光线间距相等,那么光线 1 与 2 在屏幕上 P 点相遇时的相位差为_____,P 点应为_____点.

17.7 用波长为 λ 的单色平行光垂直入射在一块多缝光栅上,其光栅常量 $d=3$ μm,缝宽 $a=1$ μm,则在单缝衍射的中央明纹中共有_____条谱线(主极大).

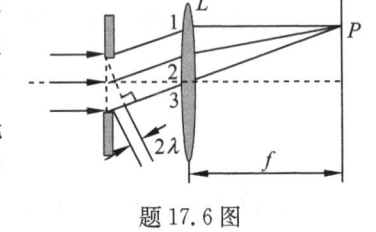

题 17.6 图

答案 17.1 (A);　17.2 (A);　17.3 (D);　17.4 (C).
17.5　6,第一级明;　17.6　2π,暗;　17.7　5.

参考解答

17.1 单缝衍射中央明纹宽度 $\Delta x_0=2f\lambda/a$,若缝宽 a 变窄,则中央明纹变宽.同时根据透镜特点,衍射角为零的光线通过透镜后会聚在通过光心的焦点上,若透镜沿 y 轴正方向做微小平移,则光心随之向上移动,所以答案选(A).

17.3 根据光栅方程,有 $d\sin\theta=k_1\lambda_1=k_2\lambda_2$,得 $k_1=\frac{\lambda_2}{\lambda_1}k_2=\frac{5}{3}k_2$.由于 k_1 和 k_2 只能取整数,所以 k_2 只能取 3,6,9,12,…,所以选答案(D).

17.4 最小分辨角
$$\theta=1.22\lambda/D=1.22\times550\times10^{-9}/(127\times10^{-2})=5.3\times10^{-7}\,(\text{rad})$$
所以选答案(C).

17.7 根据光栅缺级公式

$$k=\pm\frac{d}{a}k'=\pm3k',\quad k'=1,2,3,\cdots$$

其中 k' 为衍射暗纹级次,k 为干涉主极大明纹缺级级次. $k'=1$ 时,$k=\pm3$,所以单缝衍射的中央明纹中仅包含 0,±1,±2 级主极大明纹,共 5 条谱线.

(二) 问答题和计算题

17.8 在单缝夫琅禾费衍射中,为保证在衍射图样中至少出现衍射光强的第一级极小,单缝的宽度不能小于多少？为什么用 X 射线而不用可见光衍射作晶体结构分析？

答 (1) 由单缝衍射的暗纹公式

$$a\sin\theta = \pm k\lambda, \quad k=1,2,\cdots$$

可知，在衍射图样中至少出现衍射光强第一级极小时，单缝的最小宽度为

$$a = \frac{\lambda}{\sin(\pi/2)} = \lambda$$

(2) 用衍射方法作晶体结构分析时，至少要能观察到两级衍射条纹，即至少要出现衍射光强的第一级极小. 由布拉格公式

$$2d\sin\theta = k\lambda, \quad k=1,2,\cdots$$

取 $k \geq 2$，则能够看到至少两级衍射明纹的条件为

$$\lambda \leq d\sin\frac{\pi}{2} = d$$

由于晶格常数 d 很小，数量级一般为 Å，所以作晶体结构分析时，只能用波长很短的 X 射线，而可见光波长为 4000~7600 Å，远大于晶格常量，所以用可见光衍射观察不到晶体衍射条纹，也就无法进行晶体结构分析.

17.9 试讨论单缝夫琅禾费衍射实验装置有如下变动时衍射图样的变化：(1) 增大透镜 L 的焦距；(2) 将观察屏做垂直于透镜光轴的移动(不超出入射光束的照明范围)；(3) 将观察屏沿透镜光轴方向前后平移. 在以上哪些情形里，零级衍射明纹的中心发生移动？

答 (1) 由衍射条纹的间距公式 $\Delta x_k = f\frac{\lambda}{a}$ 可知，增大透镜 L 的焦距 f，将会使衍射条纹的间距增大. 结合零级明纹的位置公式可知，此时零级明纹的中心位置不变.

(2) 由单缝衍射的明暗纹条件可知，光强分布只与缝宽 a、衍射角 θ 和光波波长 λ 有关，所以将观察屏做垂直于光轴的移动时，不会产生衍射图样的变化，所以零级明纹的中心位置不变.

(3) 将观察屏沿透镜光轴方向前后平移时，由于观察屏不在透镜的焦平面上，使衍射图样变模糊，但零级明纹的中心位置不变.

17.10 假如人眼的可见光波段不是 0.55 μm 左右，而是移到毫米波段，眼的瞳孔仍保持 3 mm 左右的孔径，那么，人们所看到的外部世界将是一幅什么景象？

答 根据圆孔衍射的分辨本领公式 $\frac{1}{\theta_0} = \frac{D}{1.22\lambda}$ 可知，人眼的分辨本领与波长成反比，所以当人眼的可见光波段移到毫米波段时，其分辨本领将大大降低，人们所看到的原本清晰的外部世界将变得很模糊.

17.11 在光栅衍射中，衍射屏的缝宽 a、缝数 N 和光栅常量 d 是衍射屏的三个结构参数，试分别讨论每个参数的变化是如何影响主极大明纹的位置和宽度的.

解 由光栅方程 $d\sin\theta = \pm k\lambda$ 可知，光栅常量 d 越小，条纹间距越大，条纹分散得越开；反之，d 越大，条纹间距越小，条纹越紧密.

缝数 N 不影响明纹位置，但由于两条相邻主极大之间有 $N-1$ 条暗纹和 $N-2$ 条次极大，所以当 N 增大时，暗纹和次极大的条数都将增加，最终导致主极大的宽度变小；反之，若 N 减小，则主极大的宽度变大.

缝宽 a 不影响主极大明纹的位置和宽度，但会导致缺级级次的改变.

17.12 单色平行光垂直入射到一个宽度为 0.5 mm 的单缝上，缝后置一焦距为 1 m 的透镜，在焦平面上观察衍射条纹. 若中央明纹的线宽度为 2 mm，试求：(1) 该光的波长；(2) 中央

明纹与第三级暗纹之间的距离.

解 (1) 由 $\Delta x_0 = 2f\dfrac{\lambda}{a}$ 得

$$\lambda = \frac{a\Delta x_0}{2f} = \frac{0.5 \times 10^{-3} \times 2 \times 10^{-3}}{2} = 5 \times 10^{-7}(\text{m}) = 5000(\text{Å})$$

(2) 由 $a\sin\theta = k\lambda$,k 取 3 得

$$\sin\theta_3 = \frac{3\lambda}{a} = 3 \times 10^{-3} \approx \theta_3$$

$$x_3 = f\tan\theta_3 \approx f\theta_3 = 3 \times 10^{-3} \text{ m} = 3 \text{ mm}$$

17.13 已知单缝的宽度为 0.7 mm,会聚透镜的焦距为 40 cm. 光线垂直照射缝面,在屏上距中央明纹的中心 1.2 mm 处有一明纹极大,试求:(1)入射光的波长和该明纹的衍射级次;(2)与形成该明纹对应的缝面所能划分的半波带数.

解 (1)形成该级明纹的衍射光的衍射角满足

$$\tan\varphi = \frac{x}{f} = \frac{1.2 \times 0.1 \text{ cm}}{40 \text{ cm}} = 0.003$$

由单缝衍射的明纹条件 $a\sin\varphi = (2k+1)\dfrac{\lambda}{2}$,对正级次,$k=1,2,\cdots$ 可得

$$\lambda = \frac{2a\sin\varphi}{2k+1} \approx \frac{2a\tan\varphi}{2k+1} = \frac{2 \times 0.7 \text{ mm} \times 0.003}{2k+1} = \frac{0.00427 \text{ mm}}{2k+1}$$

$k=1$ 时,$\lambda_1 = 1.4 \times 10^3$ nm; $k=2$ 时,$\lambda_2 = 0.84 \times 10^3$ nm;
$k=3$ 时,$\lambda_3 = 0.6 \times 10^3$ nm; $k=4$ 时,$\lambda_4 = 0.47 \times 10^3$ nm;
$k=5$ 时,$\lambda_5 = 0.38 \times 10^3$ nm.

可以看出,在可见光范围内,只有两种可能波长的光:0.6×10^3 nm,衍射级次为第三级明纹;0.47×10^3 nm,衍射级次为第四级明纹.

(2)形成明纹的衍射光在狭缝处的波面所能分成的半波带数为 $2k+1$,因此第三级明纹对应的半波带数为 7,第四级明纹对应的半波带数为 9.

17.14 在白光形成的单缝夫琅禾费衍射图样中,某一波长的第二级明纹与波长为 500 nm 的第三级明纹重合,求该光的波长.

解 由单缝衍射明纹公式 $a\sin\theta = (2k+1)\dfrac{\lambda}{2}$ 可得

$$\frac{5}{2}\lambda_1 = \frac{7}{2}\lambda_2$$

$$\lambda_1 = \frac{7}{5}\lambda_2 = \frac{7}{5} \times 500 = 700 \text{ (nm)}$$

17.15 在单缝夫琅禾费衍射实验中,波长为 λ 的单色平行光垂直射到宽度为 10λ 的单缝上,在缝后放一焦距为 1 m 的凸透镜,在透镜的焦平面上放一观察屏,问观察屏上最多可出现第几级明纹?

解 由单缝衍射明纹公式

$$a\sin\theta = (2k+1)\frac{\lambda}{2}, \quad k=1,2,\cdots$$

因 $\sin\theta \leq 1$,$a = 10\lambda$,所以有

$$k \leq \frac{1}{2}\left(\frac{2a}{\lambda} - 1\right) = 9.5$$

观察屏上最多可出现第九级明纹,考虑正负级次,共出现 19 条明纹,分别为 $0,\pm1,\pm2,\pm3,\pm4,\pm5,\pm6,\pm7,\pm8,\pm9$ 级明纹.

17.16 用 $\lambda=480.0$ nm 的平行光,垂直照射到宽度为 0.4 mm 的狭缝上,会聚透镜的焦距为 60 cm,如图所示.试计算当狭缝的上下两边发出的光线 AP 和 BP 之间的相位差为 $\pi/2$ 时,P 点到焦点 O 的距离.

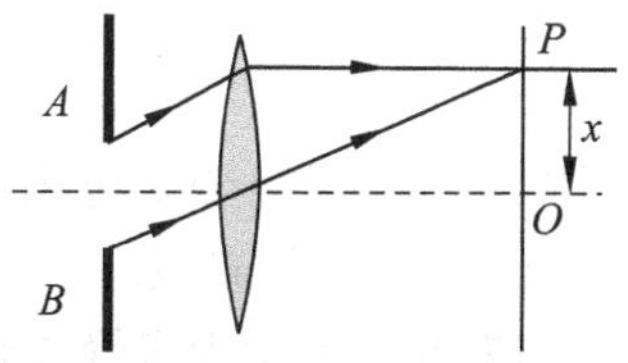

解 依题意,狭缝上下两边发出光线的光程差为 $a\sin\theta_P=\lambda/4$,所以

$$\theta_P = \arcsin\frac{\lambda}{4a} = \arcsin 3\times 10^{-4} \approx 3\times 10^{-4} \text{ rad}$$

$$OP = f\tan\theta_P \approx f\theta_P = 1.8\times 10^{-4} \text{ m} = 0.18 \text{ mm}$$

题 17.16 图

17.17 氦氖激光器($\lambda=632.8$ nm)的输出孔径为 2 mm,把激光射向月球,问在月球上得到的光斑直径有多大?若把望远镜颠倒过来,用作扩束装置,把激光束直径扩大为 5 m,再把光束射向月球,月球上的光斑直径又为多大?已知地面到月球的距离为 3.76×10^5 km.

解 (1) 由圆孔夫琅禾费衍射的艾里斑的角半径公式 $\theta_1=0.61\frac{\lambda}{R}=1.22\frac{\lambda}{D}$ 可得

$$\theta_1 = 1.22\times\frac{632.8\times10^{-9}}{2\times10^{-3}} = 3.86\times10^{-4} (\text{rad})$$

月球上的光斑直径 d 为

$$d = 2\times 3.76\times10^8\times 3.86\times10^{-4} = 2.90\times10^5 (\text{m})$$

(2) 同理有

$$\theta_1' = 1.22\frac{\lambda}{D'} = 1.22\times\frac{632.8\times10^{-9}}{5} = 1.544\times10^{-7} (\text{rad})$$

$$d' = 2\times 3.76\times10^8\times 1.544\times10^{-7} = 116 (\text{m})$$

17.18 已知天空中两颗星相对于望远镜的角距离为 4.84×10^{-6} rad,由它们发出的光波波长 $\lambda=5.50\times10^{-5}$ cm.问望远镜物镜的口径至少要多大,才能分辨出这两颗星?

解 由题意可知,望远镜的最小分辨角 θ 应该小于或等于 4.84×10^{-6} rad,而最小分辨角 $\theta=1.22\frac{\lambda}{D}$,所以望远镜物镜的口径至少为

$$D = \frac{1.22\lambda}{\theta} = \frac{1.22\times 5.50\times10^{-5}}{4.84\times10^{-6}} = 13.86 (\text{cm})$$

17.19 单色平行光垂直入射到光栅上,在下列方向产生衍射主极大:$6°40'$,$13°30'$,$20°20'$,$35°40'$. 在 $0°$ 与 $35°40'$ 之间无其他主极大出现,光栅中相邻两缝的中心距离为 5.04×10^{-4} cm. 求:(1) 入射光波长;(2) 光栅的最小缝宽;(3) 在 $90°>\theta>-90°$ 的范围内实际呈现的全部明纹级数.

解 (1) 由光栅方程 $d\sin\theta=k\lambda$ 可知,一级主极大满足

$$\lambda = d\sin\theta_1 = 5.04\times10^{-6}\sin6°40' = 5.851\times10^{-7} (\text{m}) = 5851 (\text{Å})$$

(2) 其他几个衍射主极大分别满足

$$5.04\times10^{-6}\sin13°30' = 2\lambda$$
$$5.04\times10^{-6}\sin20°20' = 3\lambda$$
$$5.04\times10^{-6}\sin35°40' = 5\lambda$$

所以在 $0°$ 与 $35°40'$ 之间有缺级现象,所缺级次 $k=4$,且为首个缺级.

由 $k_{缺}=\dfrac{d}{a}k'$，k' 取 1 得光栅的最小缝宽为

$$a=\dfrac{d}{k_{缺}}=\dfrac{5.04\times 10^{-6}}{4}=1.26\times 10^{-6}(\text{m})$$

(3) 由光栅方程 $d\sin\theta=k\lambda$ 得

$$k_{\max}=\left[\dfrac{d\sin(\pi/2)}{\lambda}\right]=\left[\dfrac{5.04\times 10^{-6}}{5.851\times 10^{-7}}\right]=[8.61]=8$$

所以，在 $-90°<\theta<90°$ 范围内实际呈现的全部级数为 $0,\pm 1,\pm 2,\pm 3,\pm 5,\pm 6,\pm 7$ 共 13 条明纹；$\pm 4,\pm 8$ 明纹缺级.

17.20 图示为多缝夫琅禾费衍射的光强随衍射角 θ 变化的图形. 已知入射光波长为 600 nm，试问：(1) 此为几条狭缝的衍射？(2) 每条狭缝的宽度为多少？(3) 相邻两缝的间距为多少？

解 (1) 由光栅衍射规律可知，狭缝总数

$N=$ 两相邻主极大间的次极大个数$+2=5$

(2) 由图可见，第三级主极大为首个缺级，按缺级公式 $k=\dfrac{d}{a}k'$，k' 取 1，k 取 3，可得缝宽为

$$a=\dfrac{d}{k}=2\times 10^{-6}\text{ m}$$

(3) 对第一级主极大，$k=1$. 由图可见，$\sin\theta_1=0.1$，则相邻两缝的间距为

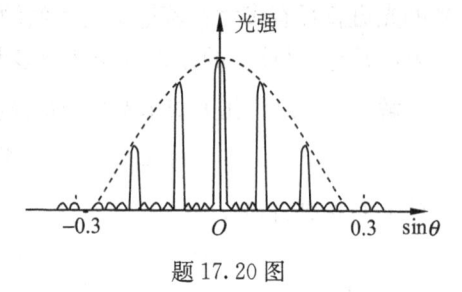

$$d=\dfrac{\lambda}{\sin\theta_1}=\dfrac{600.0\times 10^{-9}}{0.1}=6\times 10^{-6}(\text{m})$$

题 17.20 图

17.21 一双缝的缝间距 $d=0.1$ mm，缝宽 $a=0.02$ mm，用波长 $\lambda=480.0$ nm 的单色平行光垂直入射双缝，双缝后放一焦距为 50 cm 的透镜. 试求：(1) 透镜焦平面上干涉条纹的间距；(2) 单缝衍射中央明纹的宽度；(3) 单缝衍射的中央明纹包络线内包含的干涉主极大的数目.

解 (1) 由光栅方程 $d\sin\theta=k\lambda$ 可得 $\sin\theta=k\lambda/d$. 当 k 取不太大的数值时，$\tan\theta\approx\theta\approx\sin\theta$，所以透镜焦平面上的干涉条纹间距为

$$\Delta x=f(\tan\theta_{k+1}-\tan\theta_k)=f\dfrac{\lambda}{d}$$

$$=50\times 10^{-2}\times\dfrac{480.0\times 10^{-9}}{0.1\times 10^{-3}}=2.4\times 10^{-3}(\text{m})=2.4(\text{mm})$$

(2) 由单缝衍射的暗纹公式 $a\sin\theta=k\lambda$，可得单缝衍射中央明纹的宽度为

$$\Delta x_0=2f\tan\theta_1=2f\dfrac{\lambda}{a}=2.4\times 10^{-2}\text{ m}=24\text{ mm}$$

(3) 由缺级公式 $k=\dfrac{d}{a}k'=5k'$，当 $k'=1$ 时，$k=5$ 缺级，即双缝干涉的第五级主极大为首个缺级. 所以中央明纹的包络线内正负级次干涉主极大的数目为 $2\times 4+1=9$.

17.22 用白光(波长从 400 nm 到 760 nm)垂直照射每毫米有 50 条刻痕的光栅，在光栅后面放一焦距 $f=200$ cm 的凸透镜，试问：在位于透镜焦平面处的观察屏上，第一级和第二级衍射光谱的宽度各是多少？

解 由题意可知 $d=\dfrac{1}{50}$ mm $=2\times 10^{-5}$ m，由光栅方程 $d\sin\theta=k\lambda$ 可得

$$\sin\theta_1 = \frac{\lambda_1}{d} = \frac{400 \times 10^{-9}}{2 \times 10^{-5}} = 0.02$$

$$\sin\theta'_1 = \frac{\lambda_2}{d} = \frac{760 \times 10^{-9}}{2 \times 10^{-5}} = 0.038$$

因为 θ_1、θ'_1 均很小,$\tan\theta_1 \approx \theta_1 \approx \sin\theta_1$,$\tan\theta'_1 \approx \theta'_1 \approx \sin\theta'_1$,所以第一级衍射光谱的宽度为

$$\Delta x_1 = f(\tan\theta'_1 - \tan\theta_1)$$
$$= 200 \times 10^{-2} \times (0.038 - 0.02) = 3.6 \times 10^{-2} (\text{m})$$

同理可得第二级光谱的宽度为

$$\Delta x_2 = 7.2 \times 10^{-2} \text{ m}$$

17.23 如图所示,单色平行光以入射角 θ_0 投射于衍射光栅,在和光栅平面法线成 11°和 53°的方向上分别出现第一级光谱线,并且两谱线位于法线的两侧. 问:(1)入射角 θ_0 有多大? (2)此时能观察到哪几级谱线?

解 (1)光以 θ_0 的角度入射时的光栅方程为

$$d(\sin\theta \pm \sin\theta_0) = k\lambda, \quad k = 0, \pm 1, \pm 2, \cdots$$

依题意,在衍射角 $\theta = -11°, 53°$ 方向,满足

$$d(-\sin 11° - \sin\theta_0) = -\lambda \quad ①$$
$$d(\sin 53° - \sin\theta_0) = \lambda \quad ②$$

两式联立求解,得 $\sin\theta_0 = 0.304$,则 $\theta_0 = 17.7°$.

题 17.23 图

(2)由光栅方程可知,当衍射角 $\theta = \pm 90°$ 时,分别对应于 $k_{\pm\max}$,因此有

$$k_{\pm\max} = \left[\frac{d(\pm 1 - \sin\theta_0)}{\lambda}\right] \quad ③$$

由式①算出 d/λ,代入式③,可得

$$k_{+\max} = [1.4] = 1, \quad k_{-\max} = [-2.6] = -2$$

可见,此时能观察到第 1、0、-1 和 -2 级,共四条谱线.

17.24 波长为 600 nm 的平行单色光垂直入射在光栅上,第三级明纹出现在 $\sin\theta = 0.30$ 处,第四级为缺级.(1)问光栅上相邻两缝的间距为多少?(2)问光栅上狭缝的最小宽度为多少?(3)按以上算得的 a、b 值,求观察屏上实际呈现的全部明纹级次.

解 (1)由光栅方程 $d\sin\theta = k\lambda$ 可得

$$d = \frac{k\lambda}{\sin\theta} = \frac{3 \times 6000 \times 10^{-10}}{0.30} = 6 \times 10^{-6} (\text{m})$$

(2)由缺级公式 $k = k'\frac{d}{a}$,$k = 4$,取 $k' = 1$,得最小缝宽为

$$a = \frac{d}{4} = 1.5 \times 10^{-6} \text{ m}$$

(3) $$k_{\max} = \left[\frac{d\sin(\pi/2)}{\lambda}\right] = \left[\frac{6 \times 10^{-6}}{6000 \times 10^{-10}}\right] = 10$$

$k = 10$ 不可能呈现,而且 $4k'$ 级次缺级,所以观察屏上呈现的全部级次为

$$0, \pm 1, \pm 2, \pm 3, \pm 5, \pm 6, \pm 7, \pm 9$$

17.25 某一单色 X 射线在掠射角 30°处给出第一级衍射极大,另一波长为 0.097 nm 的 X 射线在同一族晶面上掠射角为 60°处给出第三级衍射极大,求该 X 射线的波长.

解 设晶面间距为 d，由布拉格公式 $2d\sin\varphi = k\lambda$ 可知对第二种 X 射线有

$$d = \frac{k_2\lambda_2}{2\sin\varphi_2} = \frac{3 \times 0.097 \times 10^{-9}}{2\sin 60°} = 1.68 \times 10^{-10} \,(\text{m})$$

则第一种 X 射线的波长为

$$\lambda_1 = \frac{2d\sin\varphi_1}{k_1} = \frac{2 \times 1.68 \times 10^{-10} \times \sin 30°}{1}$$
$$= 1.68 \times 10^{-10}\,(\text{m}) = 0.168\,(\text{nm})$$

17.26 已知波长为 0.296 nm 的 X 射线投射到一晶体上，所产生的第一级反射极大的方向偏离原射线方向 31.7°. 求相应于此反射极大的原子平面之间的间距.

解 由题意可知，掠射角 $\varphi = \dfrac{31.7°}{2} = 15.85°$.

根据布拉格方程 $2d\sin\varphi = k\lambda$，可得原子平面之间的间距为

$$d = \frac{k\lambda}{2\sin\varphi} = \frac{2.96 \times 10^{-10}}{2 \times \sin 15.85°} = 5.42 \times 10^{-10}\,(\text{m}) = 5.42\,(\text{Å})$$

17.27 用振幅矢量合成方法证明教材中的式(17.7)，即 $I = I_0 \dfrac{\sin^2\beta}{\beta^2}$，其中 $\dfrac{\pi a \sin\theta}{\lambda} = \beta$，表示单缝上、下边缘发出的两条衍射线(衍射角为 θ)之间相位差的一半，I_0 为单缝衍射中央明纹中心的光强.

证 波长为 λ 的平行单色光垂直照射缝宽为 a 的单缝. 将单缝上的波面分成 N 个宽度为 d 的微带. 根据惠更斯-菲涅尔原理，每个微带都是一个子波源，子波源向各个方向发出子波. 在衍射角 θ 比较小时，可假设由各子波源发出的子波到达屏上各点时有相同的振幅，但由于传播路径不同，相位依次相差一个相同的值 $\Delta\varphi = \dfrac{2\pi}{\lambda} \cdot d\sin\theta = \dfrac{2\pi}{\lambda} \dfrac{a\sin\theta}{N} = \dfrac{2\beta}{N}$，如图(a)所示. 因而单缝在 P 点引起的光振动可以看作是同方向、同频率、振幅相等(设其为 A_0)但相位依次相差 $\Delta\varphi$ 的 N 个子波在 P 点引起的光振动的叠加.

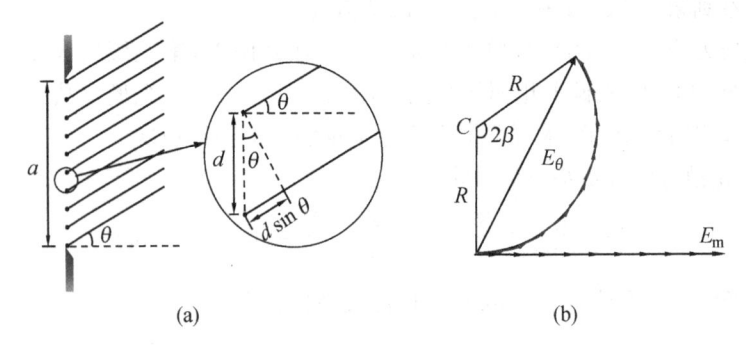

题 17.27 解图

简谐振动的叠加可借助旋转矢量图来进行. N 个子波在 P 点引起的光振动的叠加对应于旋转矢量图上 N 个振幅矢量的合成. 因此 N 个振幅矢量首尾相接，并依次转过 $\Delta\varphi$，最后的闭合矢量 E_θ 就是合成振动的振幅，如图(b)所示. 当 N 很大时，$\Delta\varphi$ 很小，各振幅矢量首尾相接组成的多边形近似为以 C 为圆心、R 为半径的一段圆弧，圆心角为 $N\Delta\varphi = 2\beta$. 合成振动的振幅 E_θ 为这段圆弧所对弦的长度，由图所示的几何关系可得

$$E_\theta = 2R\sin\beta$$

在衍射角 $\theta = 0°$ 时,各子波到达屏上时光振动相位相同,因而合振动的振幅最大,为 $E_\mathrm{m} = NA_0$,此即中央明纹中心光振动的振幅. 显然,由各振幅矢量叠加组成的圆弧,其长度应等于 E_m,因而有

$$R = E_\mathrm{m}/(2\beta)$$

所以可得

$$E_\theta = E_\mathrm{m} \frac{\sin\beta}{\beta}$$

相应的光强为

$$I = I_0 \frac{\sin^2\beta}{\beta^2}$$

其中 I_0 即单缝衍射中央明纹中心的光强.

结论得证.

17.28 雷达通过发射电磁波并接收其回波,能够实现对空中、海上、陆地乃至太空目标的远距离探测、跟踪和识别,为军事指挥系统提供实时、准确的情报信息,是现代战争中不可或缺的"电子眼".

雷达天线是雷达系统中用以辐射和接收电磁波并决定其探测方向的设备,在发射时,天线将电磁波能量集中辐射到需要照射的方向;在接收时,则尽可能只接收探测方向的回波,同时分辨出目标的方位和仰角. 雷达天线类型很多,按其结构形式,主要有反射面天线和阵列天线两大类. 雷达阵列天线由多个辐射单元(也称为阵元,可以是天线振子或其他辐射结构)组成,按照一定的规则排列在平面上. 这种排列方式有助于实现波束的定向和扫描.

设 N 根天线沿一水平直线等距离排列组成天线阵列,相邻阵元间距 $d = \lambda/2$,如图所示. 每根天线发射同一波长 λ 的球面波,从第 1 根天线到第 N 根天线,相位依次落后 $\pi/2$. 试问在什么方向(即与天线阵列法线的夹角 θ 为多少)上,天线阵列发射的电磁波最强?

解 将每根天线发射的球面波视为子波,则 N 根天线组成的阵列可类比光栅,光栅常量就是相邻阵元的间隔 $d = \lambda/2$. 相邻两天线发射球面波的相位差可等效为附加的波程差 δ'. 由题意,相邻两天线发射球面波的相位依次落后 $\pi/2$,可知 $\delta' = -\lambda/4$.

可写出相邻两波线之间的光程差为

$$\delta = d\sin\theta - \lambda/4$$

若 $\delta = \pm k\lambda (k = 0, 1, 2, \cdots)$,则在对应方向可获得干涉主极大. 即"光栅方程"可以写为

$$d\sin\theta - \lambda/4 = \pm k\lambda \quad (k = 0, 1, 2, \cdots)$$

将 k 的可能取值依次代入,仅 $k = 0$ 时有对应的 $\theta = \pi/6$. k 取其他整数时,θ 无解. 故在 $\theta = 30°$ 的方向上,天线阵列发射的电磁波最强.

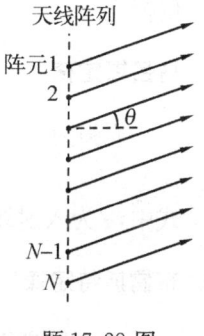

题 17.28 图

第18章 光的偏振

> **基本要求**
> 1. 了解光的五种偏振状态；了解线偏振光的获得方法和检验方法.
> 2. 掌握马吕斯定律和布儒斯特定律，能熟练分析和计算相关问题.
> 3. 了解光的双折射现象和旋光现象.

一、主要内容

1. 光的偏振

光矢量的振动相对于光的传播方向的不对称性称为光的偏振.

五种光： 自然光、线偏振光、部分偏振光、椭圆偏振光和圆偏振光.

2. 获得线偏振光的方法

利用二向色性物质的选择性吸收、光的反射和折射、光在晶体中的双折射等均可获得线偏振光.

3. 马吕斯定律

光强为 I_0 的线偏振光通过一个偏振片后，透射光强为

$$I = I_0 \cos^2 \alpha$$

式中，α 为入射线偏光的光矢量方向和偏振片的偏振化方向之间的夹角.

4. 布儒斯特定律

光以起偏角（布儒斯特角）i_0 入射到两种介质的分界面上时，反射光是垂直于入射面振动的线偏振光，并且折射光和反射光的传播方向相互垂直，i_0 满足

$$\tan i_0 = \frac{n_2}{n_1} \quad (n_1 \to n_2)$$

5. 双折射现象

o 光和 e 光： 一束自然光射入各向异性晶体后分成两束，其中遵从折射定律的称为 o 光，不遵从折射定律的称为 e 光. o 光和 e 光都是线偏振光.

波片： 波片是厚度均匀、光轴与表面平行的晶体薄片，它可以使 o 光和 e 光产生确定的相位差. 光垂直入射时，有

$\frac{1}{4}$波片： $\Delta\delta=(2k+1)\dfrac{\lambda}{4}$, $d_{\min}=\dfrac{\lambda}{4|n_o-n_e|}$.

半波片： $\Delta\delta=(2k+1)\dfrac{\lambda}{2}$, $d_{\min}=\dfrac{\lambda}{2|n_o-n_e|}$.

6. 旋光现象

线偏振光通过旋光物质时，振动面旋转一定角度的现象．

二、典型例题

例 18.1 有 $N+1$ 块偏振片叠放在一起（$N\gg1$），相邻两片的偏振化方向都沿顺时针方向转过一个很小的角度 α，则第一块与最后一块偏振化方向夹角为 $\theta=N\alpha$. 若入射自然光光强为 I_0，求出射光的光强．设光通过单片偏振片时，能量损失率为 η.

解 自然光通过第一块偏振片后，光强为

$$I_1=\frac{1}{2}(1-\eta)I_0$$

根据马吕斯定律，通过第二块偏振片后的光强为

$$I_2=(1-\eta)I_1\cos^2\alpha=\frac{1}{2}(1-\eta)^2 I_0\cos^2\alpha$$

通过第三块偏振片后的光强为

$$I_3=\frac{1}{2}(1-\eta)^3 I_0\cos^4\alpha$$

以此类推，通过第 N 块偏振片后的光强为

$$I_N=\frac{1}{2}(1-\eta)^N I_0\cos^{2(N-1)}\alpha$$

所以，通过第 $N+1$ 块偏振片后的光强为

$$I_{N+1}=\frac{1}{2}(1-\eta)^{N+1} I_0\cos^{2N}\alpha$$

例 18.2 如图所示，自然光射到平板玻璃上，反射光恰为线偏振光，且折射光的折射角为 32°．求：(1)自然光的入射角；(2)玻璃的折射率；(3)玻璃后表面的反射光和折射光的偏振状态．

解 (1)反射光恰为线偏振光意味着入射角是布儒斯特角，由布儒斯特定律可知，此时反射光与折射光垂直，即

$$i_b+\gamma=\frac{\pi}{2}$$

所以自然光的入射角为

$$i_b=\frac{\pi}{2}-\gamma=90°-32°=58°$$

(2)根据布儒斯特定律，有

$$\tan i_b=\frac{n_2}{n_1}$$

式中，$n_1=1$. 因此玻璃的折射率为

$$n_2=n_1\tan i_b=\tan i_b=\tan 58°=1.6$$

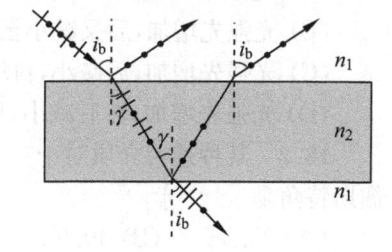

例 18.2 图

(3)自然光以布儒斯特角入射时，垂直入射面的光振动经过一次反射并不能完全被反射掉

(通常玻璃的反射率只有百分之几),所以折射光是部分偏振光.

在玻璃的后表面上,折射光以 γ 角由 n_2 射向 n_1(空气),由于

$$\tan\gamma = \cot i_b = \frac{n_1}{n_2}$$

所以 γ 正是由 n_2 介质射向 n_1 介质时的布儒斯特角,因此后表面的反射光也是线偏振光,其振动方向垂直于入射面,而玻璃片后表面的透射光还是部分偏振光,不过偏振度比在玻璃中要大一些.

例 18.3 如图所示,一束钠黄光以 $50°$ 的入射角入射到方解石晶片上.设晶片光轴与表面平行,且垂直于入射面.(1)求晶片中两折射光线之间夹角 γ;(2)若晶片厚度为 1.0 mm,求两出射光之间的垂直距离 $d(n_o = 1.658, n_e = 1.486)$.

解 (1)依题意,应有如图所示光路.设 o、e 光的折射角分别为 θ_1 和 θ_2,则

$$\sin\theta_1 = \frac{\sin i}{n_o} = \frac{\sin 50°}{1.658}$$

$$\sin\theta_2 = \frac{\sin i}{n_e} = \frac{\sin 50°}{1.486}$$

计算得

$$\theta_1 = 27°31', \quad \theta_2 = 31°2'$$

所以

$$\gamma = \theta_2 - \theta_1 = 3°31'$$

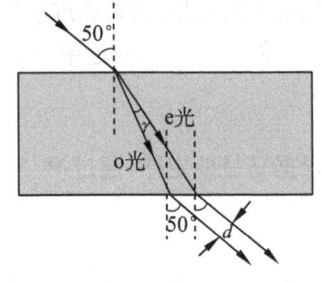

例 18.3 图

(2)设晶片厚度为 l.不论 o 光还是 e 光,从晶片另一面出射时,和晶片的夹角均为 $50°$,所以两出射光线之间的垂直距离 d 为

$$d = l(\tan\theta_2 - \tan\theta_1)\cos 50°$$
$$= 1.0 \times 10^{-3} \text{ m} \times (\tan 31°2' - \tan 27°31')\cos 50° = 5.2 \times 10^{-5} \text{ m}$$

三、习题分析与解答

(一)选择题和填空题

18.1 两偏振片堆叠在一起,一束自然光垂直入射时没有光线通过.当其中一偏振片慢慢转动 $180°$ 时,透射光强度的变化为 [ ]

(A) 光强单调增加.

(B) 光强先增加,后又减小至零.

(C) 光强先增加,后减小,再增加.

(D) 光强先增加,然后减小,再增加,再减小至零.

18.2 某种透明介质对于空气的临界角(指全反射)等于 $45°$,光从空气射向此介质时的布儒斯特角是 [ ]

(A) $35.3°$. (B) $40.9°$. (C) $45°$. (D) $54.7°$. (E) $57.3°$.

18.3 自然光以 $60°$ 的入射角照射到两介质界面时,反射光为完全线偏振光,则折射光为 [ ]

(A) 完全线偏振光,并且折射角是 $30°$.

(B) 部分偏振光,并且只是在该光由真空入射到折射率为 $\sqrt{3}$ 的介质时,折射角是 $30°$.

(C) 部分偏振光,但须知两种介质的折射率才能确定折射角.

(D) 部分偏振光,并且折射角是 30°.

18.4 波长为 600 nm 的单色光,垂直入射到某种双折射材料制成的 1/4 波片上.已知该材料对非寻常光的主折射率为 1.74,对寻常光的折射率为 1.71,则此波片的最小厚度为_____.

18.5 一束光垂直入射在偏振片 P 上,以入射光线为轴转动 P,观察通过 P 的光强的变化过程.若入射光是_____光,则将看到光强不变;若入射光是_____,则将看到明暗交替变化,有时出现全暗;若入射光是_____,则将看到明暗交替变化,但不出现全暗.

18.6 如图所示的杨氏双缝干涉装置,若用单色自然光照射狭缝 S,在屏幕上能看到干涉条纹.若在双缝 S_1 和 S_2 的一侧分别加一同质同厚的偏振片 P_1、P_2,则当 P_1 与 P_2 的偏振化方向相互_____时,在屏幕上仍能看到很清晰的干涉条纹.

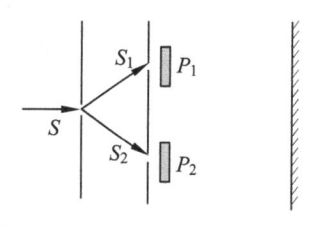

答案 18.1 (B); 18.2 (D); 18.3 (D). 18.4 5 μm;
18.5 自然光或圆偏振光,线偏振光,部分偏振光或椭圆偏振光;
18.6 平行或接近平行时.

题 18.6 图

参考解答

18.2 设空气和透明介质的折射率分别为 n_1、n_2,光从介质射向空气时,全反射条件为 $n_2\sin45° = n_1\sin90°$;光从空气射向介质时,根据布儒斯特定律 $\tan i_b = n_2/n_1$,可得 $i_b = \tan^{-1}(n_2/n_1) = \tan^{-1}(1/\sin45°) \approx 54.7°$,即选答案(D).

18.4 o 光遵守折射定律,是寻常光,e 光不遵守折射定律,是非寻常光,波片的最小厚度为

$$(d_{1/4})_{\min} = \frac{\lambda}{4|n_o - n_e|} = \frac{600 \text{ nm}}{4|1.71 - 1.74|} = 5000 \text{ nm} = 5.00 \text{ μm}$$

(二) 问答题和计算题

18.7 如图(a)所示,偏振片 M 作为起偏器,N 作为检偏器,使 M 和 N 的偏振化方向互相垂直.今以单色自然光垂直入射于 M,并在 M、N 中间平行地插入另一偏振片 C,C 的偏振化方向与 M、N 均不相同.(1) 求透过 N 后的透射光强度.(2) 若偏振片 C 以入射光线为轴转动一周,试定性画出透射光强随转角变化的函数曲线.设自然光强度为 I_0,并且不考虑偏振片对光的吸收.

解 (1) 设偏振片 C 的偏振化方向与偏振片 M 的偏振化方向夹角为 α,透过 C 的光强为 I_C,透过偏振片 N 的光强为 I_N,则根据马吕斯定律可得

$$I_C = \frac{1}{2}I_0 \cos^2\alpha$$

$$I_N = \frac{1}{2}I_0 \cos^2\alpha \sin^2\alpha = \frac{1}{8}I_0 \sin^2 2\alpha$$

(2) 透射光强 I_N 随转角变化的函数曲线如图(b)所示.

18.8 一束线偏振光投射到两块偏振片上,第一块的偏振化方向相对于入射光的偏振方向成 θ 角,第二块的偏振化方向相对于入射光的偏振方向成 90°,透射光强是入射光强的 1/10.试求 θ 角的大小.

解 设入射光强为 I_0,透射光强为 I,则

题 18.7 图

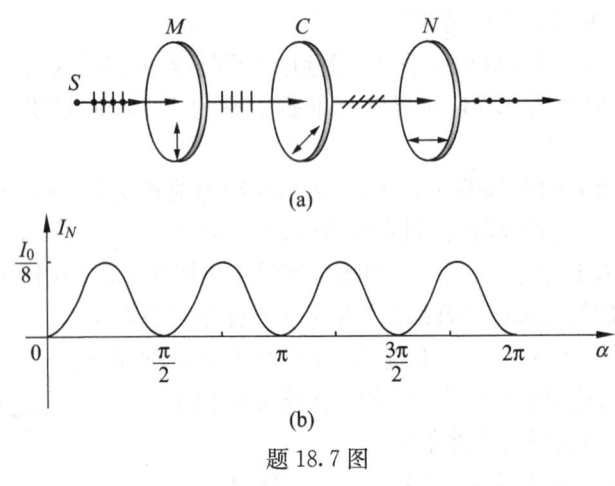

$$I = I_0\cos^2\theta\cos^2(90°-\theta) = \frac{I_0}{4}\sin^2 2\theta$$

$$\sin^2 2\theta = 4\frac{I}{I_0} = 4\times\frac{1}{10} = 0.4$$

解得
$$\theta = 19°37' \quad 或 \quad \theta = 70°23'$$

18.9 有一束线偏振光和自然光的混合光,通过一理想的偏振片.当偏振片转动时,发现最大透射光强是最小透射光强的 5 倍,求入射光束中线偏振光与自然光的强度之比.

解 设线偏振光的光强为 I_1,自然光的光强为 I_2,透射光强为 I,则

$$I = I_1\cos^2\alpha + \frac{1}{2}I_2$$

式中,α 为线偏振光的振动方向与偏振片的偏振化方向间的夹角.则

$$I_{\max} = I_1 + \frac{1}{2}I_2, \quad I_{\min} = \frac{1}{2}I_2, \quad \frac{I_{\max}}{I_{\min}} = 5$$

由以上三式解得 $I_1/I_2 = 2$.

18.10 两尼科耳棱镜的主截面间的夹角由 30°转到 45°.(1) 当入射光是自然光时,求转动前后透射光的强度之比;(2) 当入射光是线偏振光时,求转动前后透射光的强度之比.

解 (1) 由马吕斯定律得

$$I_1 = \frac{1}{2}I_0\cos^2 30° = \frac{3}{8}I_0$$

$$I_2 = \frac{1}{2}I_0\cos^2 45° = \frac{2}{8}I_0$$

式中,I_0 为入射光的强度,I_1 和 I_2 分别为转动前后透射光的强度.所以

$$\frac{I_1}{I_2} = \frac{3/8 I_0}{2/8 I_0} = \frac{3}{2}$$

(2) 设入射光的偏振方向与第一块尼科耳棱镜的主截面的夹角为 α,入射光的强度为 I_0,则由马吕斯定律可得

$$I_1 = I_0\cos^2\alpha\cos^2 30°$$

$$I_2 = I_0\cos^2\alpha\cos^2 45°$$

所以
$$\frac{I_1}{I_2} = \frac{\cos^2 30°}{\cos^2 45°} = \frac{3}{2}$$

18.11 两偏振片平行放置,它们的偏振化方向成 60°角,自然光垂直入射.(1)如果两偏振片对光振动平行于其偏振化方向的光线均无吸收,则透射光的光强与入射光的光强之比是多少?(2)如果两偏振片对光振动平行于其偏振化方向的光线分别吸收了 10%的能量,则上述比值又是多少?

解 (1)无吸收时,自然光通过第一个偏振片后光强为

$$I_1 = \frac{1}{2}I_0$$

通过第二个偏振片后光强为

$$I_2 = \frac{1}{2}I_0\cos^2\alpha = \frac{1}{2}I_0\cos^2 60°$$

透射光与入射光光强之比为

$$\frac{I_2}{I_0} = \frac{I_0\cos^2 60°/2}{I_0} = \frac{1}{2}\cos^2 60° = 0.125$$

(2)有吸收时,自然光通过第一个偏振片后光强为

$$I'_1 = \frac{1}{2}(1-10\%)I_0$$

通过第二个偏振片后光强为

$$I'_2 = \frac{(1-10\%)^2}{2}I_0\cos^2\alpha = \frac{(1-10\%)^2}{2}I_0\cos^2 60°$$

所以透射光与入射光光强之比为

$$\frac{I'_2}{I_0} = \frac{(1-10\%)^2}{2}\cos^2 60° \approx 0.10$$

18.12 如图所示,自然光由空气入射到水面上,折射光再投向在水中倾斜放置的玻璃片上.若使从水面与玻璃片上反射的光均为线偏振光,求玻璃片与水面的夹角 α($n_\text{水}=1.33, n_\text{玻}=1.50$).

解 设自然光进入水中的折射角为 γ,则由布儒斯特定律得

$$i_0 + \gamma = 90°$$

$$\tan i_0 = n_\text{水}$$

解得

$$\gamma = 36°56'$$

当从玻璃片反射的光也为线偏振光时,则射到玻璃片上的入射光的入射角 i'_0 为

$$i'_0 = \arctan\frac{n_\text{玻}}{n_\text{水}} = \arctan\frac{1.50}{1.33} = 48°26'$$

由图中的几何关系可得

$$\alpha = i'_0 - \gamma = 48°26' - 36°56' = 11°30'$$

题 18.12 图

18.13 一束太阳光以某一入射角入射到平面玻璃上时,反射光为线偏振光,透射光的折射角为 32°.试求:(1)太阳光的入射角;(2)玻璃的折射率.

解 (1)由布儒斯特定律可知,太阳光的入射角 i 为

$$i = 90° - 32° = 58°$$

(2)由折射定律可知,玻璃的折射率为

$$n = \sin 58°/\sin 32° = 1.60$$

18.14 自然光或线偏振光按如图所示的各种情况入射到两种介质的分界面上,折射光和反射

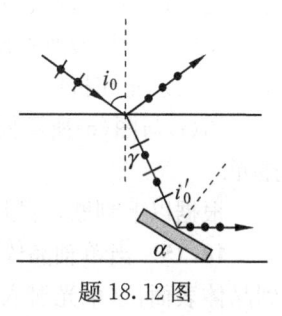

光各属于什么性质的光？在图中的折射线和反射线上标出光矢量的振动方向（$i_0 = \arctan\dfrac{n_2}{n_1}, i \neq i_0$）.

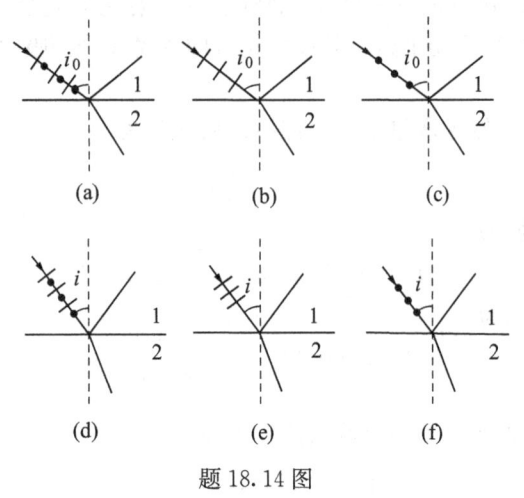

题 18.14 图

解 根据布儒斯特定律可知：

图(a)中入射光为自然光，入射角为布儒斯特角，所以其反射光为振动方向与入射面垂直的线偏振光，折射光为振动方向与入射面平行的光矢量占优势的部分偏振光.

图(b)中入射光为振动面平行于入射面的线偏振光，入射角为布儒斯特角，由于入射光中没有振动方向垂直于入射面的光振动，所以其反射光强为零，即无反射光，折射光为振动面平行于入射面的线偏振光.

图(c)中入射光为振动面垂直于入射面的线偏振光，入射角为布儒斯特角，其反射光和折射光均为振动面垂直于入射面的线偏振光.

图(d)中入射光为自然光，入射角为任意角的情况，所以其反射光为垂直振动较强的部分偏振光，折射光为平行振动较强的部分偏振光.

图(e)与图(b)所不同的只是入射角，由于入射光中没有振动方向垂直于入射面的光振动，所以其反射光和折射光均为振动面平行于入射面的线偏振光.

图(f)与图(c)所不同的也只是入射角，其反射光和折射光均为振动面垂直于入射面的线偏振光.

根据以上判断，可以在图中画出折射光线和反射光线的振动方向.

18.15 当单轴晶体的光轴方向与晶体表面成一定角度时，一束与光轴方向平行的光入射到晶体表面，这束光射入晶体后，是否会发生双折射？

解 若晶体的光轴方向与晶体的表面不垂直，则当一束与光轴方向平行的光入射到晶体表面后，由于在晶体内的 n_o 和 n_e 大小不同，所以 o 光和 e 光光路分开，并以不同的速度在晶体内传播，即产生双折射现象. 也可以根据惠更斯原理作图得出此结论.

18.16 如图所示，zz' 代表晶体的光轴方向. 试由折射情况判断晶体的正负.

解 由惠更斯作图法，不难发现，图(a)对应于 $n_e < n_o$ 的晶体，为负晶体. 图(b)对应于 $n_e > n_o$ 的晶体，

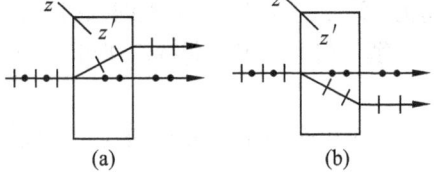

题 18.16 图

为正晶体.

18.17 如图所示,用方解石割成一个 60°的正三角形棱镜,光轴垂直于棱镜的正三角形截面.设自然光的入射角为 i,而 e 光在棱镜内的折射光线与棱镜底面平行,试求:(1) 入射角 i;(2) o 光的折射角,画出 o 光的光路图($n_o=1.658,n_e=1.486$).

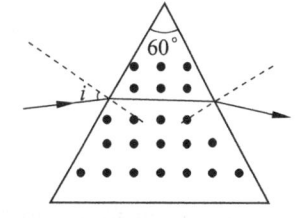

解 (1) 依题意,e 光的折射角 $r_1=30°$,所以入射角为
$$i = \arcsin(n_e \sin r_1)$$
$$= \arcsin(1.486\sin 30°) = 47°59'$$

(2) o 光的折射角为
$$r_2 = \arcsin\left(\frac{\sin i}{n_o}\right)$$
$$= \arcsin\left(\frac{\sin 47°59'}{1.658}\right) = 26°37'$$

题 18.17 图

所以 o 光的折射光线应在 e 光的光线下方,其光路可以根据计算的结果自己画出.

18.18 图(a)所示为一渥拉斯顿棱镜的截面,它是由两个锐角均为 45°的直角方解石棱镜黏合其斜面而构成的,并且棱镜 ABC 的光轴平行于 AB,棱镜 ADC 的光轴垂直于图中的截面.(1) 当自然光垂直于 AB 入射时,试在图中画出 o 光和 e 光在第一、第二块棱镜中的传播路径及振动方向;(2) 当入射光是波长为 589.3 nm 的钠光时,求 o、e 光线在第二个棱镜中的夹角 α(方解石中 $n_o=1.658,n_e=1.486$).

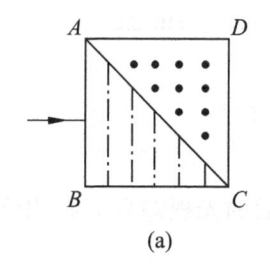

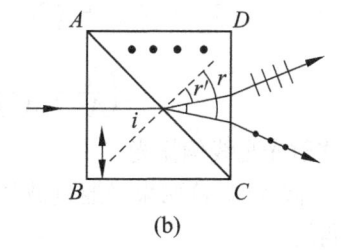

题 18.18 图

解 (1) 自然光垂直入射至 ABC 棱镜,因为光轴与 AB 面平行,所以在第一棱镜 ABC 内,o 光和 e 光的传播方向并不分开,但传播速度不一样.

因为棱镜是方解石制成,$n_e<n_o$,所以 $v_e>v_o$.

自然光射至 ADC 棱镜,由于 ADC 的光轴与 ABC 的光轴垂直,所以光矢量振动方向垂直(或平行)于第一棱镜光轴的 o 光(或 e 光),对于第二棱镜来说正是光矢量振动方向平行(或垂直)于其光轴的 e 光(或 o 光).

垂直于图面振动的偏振光,在 AC 面上发生折射,是由光密介质向光疏介质的折射(o 光转变为 e 光),折射角大于入射角,所以折射线远离法线;而平行于图面振动的偏振光在 AC 面上的折射,是由光疏介质向光密介质的折射(e 光转变为 o 光),所以折射线靠近法线,即两种偏振光的折射角不同(分别设为 r 和 r'),因此进入第二棱镜后,两束光线的光路分开,夹角为 α,如图(b)所示.

(2) α 角等于两种偏振光的折射角之差,即 $\alpha=r-r'$.

本题中 e 光和 o 光仍满足通常的折射定律,即

$$\frac{\sin i}{\sin r} = \frac{n_e}{n_o}, \quad \frac{\sin i}{\sin r'} = \frac{n_o}{n_e}$$

所以

$$r = \arcsin\left(\frac{n_e}{n_o}\sin i\right) = \arcsin\left(\frac{1}{\sqrt{2}}\frac{n_o}{n_e}\right) = 52°5'$$

$$r' = \arcsin\left(\frac{n_e}{n_o}\sin i\right) = \arcsin\left(\frac{1}{\sqrt{2}}\frac{n_e}{n_o}\right) = 39°20'$$

$$\alpha = r - r' = 52°5' - 39°20' = 12°45'$$

18.19 如果一个半波片或 1/4 波片的光轴与起偏器的偏振化方向成 π/6 角度,试判断用半波片还是 1/4 波片可获得:(1)透射光为线偏振光;(2)透射光为椭圆偏振光.

解 (1)从起偏器出来的偏振光的振动方向与该起偏器的偏振化方向相同,所以当起偏器的偏振化方向与波片的光轴成 π/6 角时,偏振光通过波片后分解为振动相互垂直的 o 光和 e 光,其相应的振幅分别为

$$A_o = A\sin 30° = \frac{1}{2}A, \quad A_e = A\cos 30° = \frac{\sqrt{3}}{2}A$$

这两束光虽沿同一方向传播,但速度不同,因此它们通过波片后存在光程差.

当波片为半波片时,通过波片后的光程差为 λ/2,相位差 Δφ=π. 根据垂直振动合成法则,可得

$$\frac{x^2}{A_o^2} + \frac{y^2}{A_e^2} - 2\frac{xy}{A_o A_e}\cos\Delta\varphi = \sin^2\Delta\varphi$$

代入 Δφ 值,有

$$\left(\frac{x}{A_o} + \frac{y}{A_e}\right)^2 = 0$$

可见,通过半波片的透射光是线偏振光.

(2)当波片为 1/4 波片时,这两束光通过波片后的光程差为 λ/4,相位差 Δφ=π/2. 根据垂直振动合成法则,可得

$$\frac{x^2}{A_o^2} + \frac{y^2}{A_e^2} = 1$$

表明通过 1/4 波片的透射光是椭圆偏振光.

18.20 在偏振光干涉实验装置中,一方解石晶片的光轴与晶面平行,放在两个正交尼科耳棱镜之间,方解石晶片的主截面与起偏棱镜的主截面成 35°角. 设入射光通过起偏棱镜后振幅为 A,光强为 I,试求:(1) 通过晶片后,o 光与 e 光的振幅及强度;(2) 经过检偏棱镜后两相干光的振幅.

解 (1)通过晶片后,o 光和 e 光的振幅与强度分别为

$$A_o = A\sin\alpha = A\sin 35° = 0.57A$$

$$A_e = A\cos\alpha = A\cos 35° = 0.82A$$

$$I_o = I\sin^2\alpha = I\sin^2 35° = 0.33I$$

$$I_e = I\cos^2\alpha = I\cos^2 35° = 0.67I$$

(2)经过检偏振棱镜后 o 光和 e 光的振幅分别为

$$A_{2o} = A_o\cos\alpha = A\sin\alpha\cos\alpha = A\sin 35°\cos 35° = 0.47A$$

$$A_{2e} = A_e\sin\alpha = A\cos\alpha\sin\alpha = A\cos 35°\sin 35° = 0.47A$$

18.21 厚度为 0.025 mm 的方解石晶片,其表面平行于光轴,放在两个正交偏振片之间,光轴与两个偏振片的偏振化方向成 45°角,如射入第一个偏振片的光是波长为 400~760 nm 的可见光,问透出第二个偏振片的光中,缺少哪些波长的光($n_o=1.658, n_e=1.486$)?

解 由偏振光干涉的相位差公式

$$\Delta\varphi = \frac{2\pi}{\lambda} d |n_o - n_e| + \pi$$

可知,当 $\Delta\varphi=(2k+1)\pi$,即当 $\lambda = \frac{|n_o - n_e|}{k} d$ 时,为相消干涉,且透射光强为零. k 分别取 $1, 2, \cdots$ 并代入 $d=0.025\times 10^{-3}$ m 以及 n_o 和 n_e 的值,可得

$$\lambda_1 = (1.658 - 1.486) \times 0.025 \times 10^{-3} = 4.3 \times 10^{-6} \text{(m)} = 4300 \text{(nm)}$$

$$\lambda_5 = \frac{1}{5}\lambda_1 = 860 \text{ nm}, \qquad \lambda_6 = \frac{1}{6}\lambda_1 = 716.7 \text{ nm}$$

$$\lambda_7 = \frac{1}{7}\lambda_1 = 614.3 \text{ nm}, \qquad \lambda_8 = \frac{1}{8}\lambda_1 = 537.5 \text{ nm}$$

$$\lambda_9 = \frac{1}{9}\lambda_1 = 477.8 \text{ nm}, \qquad \lambda_{10} = \frac{1}{10}\lambda_1 = 430 \text{ nm}$$

$$\lambda_{11} = \frac{1}{11}\lambda_1 = 390.9 \text{ nm}$$

考虑到入射光的波长为 400~760 nm,可知 k 取 6~10 时,即 λ 取 716.7 nm、614.3 nm、537.5 nm、477.8 nm 和 430 nm 时,产生相消干涉,且透射光强为零.

18.22 将厚度为 1 mm 且垂直于光轴切出的石英晶片,放在两平行的偏振片之间,对某一波长的光波,经过晶片后振动面旋转了 20°,问石英晶片的厚度变为多少时,该波长的光将完全不能通过?

解 对于晶体类的旋光物质,振动面的旋转角 $\varphi = \alpha l$,因此

$$\alpha = \varphi/l = 20°/(1 \text{ mm}) = 20° \text{ mm}^{-1}$$

对于两平行的偏振片来说,当 $\varphi=90°$ 时,光将完全不能通过. 此时石英晶片的厚度为

$$l = \frac{\varphi}{\alpha} = \frac{90}{20} = 4.5 \text{ (mm)}$$

18.23 自然光通过两正交偏振片后,在下列情况下,透射光的明暗将如何变化?并加以说明.(1) 在两偏振片之间放置一块玻璃片;(2) 以糖溶液代替玻璃片;(3) 以一偏振片代替玻璃片.

答 (1) 在两个正交偏振片之间放置一块玻璃片以后,仍然看不到透射光.

(2) 用糖溶液代替玻璃片以后,由于糖溶液的旋光作用,致使通过糖溶液的线偏振光的振动面发生偏转,只要偏振光的振动面旋转的角度不是 π 的整数倍,就可以看到透射光.

(3) 用偏振片代替玻璃片以后,若其偏振化方向与两正交偏振片中任意一个的偏振化方向垂直,则仍然看不到透射光;若所加偏振片的偏振化方向与两正交偏振片中任意一个的偏振化方向或锐角或钝角,则由马吕斯定律可知,此时透射光强不为零,即透射光由暗变明.

18.24 将 14.5 g 蔗糖溶于水得到 60 cm³ 的溶液,在 15 cm 长的糖量计中测得钠光的振动面旋转了 16.8°. 已知蔗糖溶液的旋光率为 66.5°/(dm·g·cm⁻³),求该蔗糖中所含非旋光性杂质的百分比.

解 对液体类的旋光物质，振动面旋转的角度 $\varphi = \alpha l C$，式中 C 为溶液浓度.

$$C = \frac{\varphi}{\alpha l} = \frac{16.8}{66.5 \times 15 \times 10^{-1}} = 0.168 \ (\text{g} \cdot \text{cm}^{-3})$$

因此溶液中所含蔗糖的质量 m 为

$$m = CV = 0.168 \times 60 = 10.1 \ (\text{g})$$

蔗糖中所含非旋光性杂质的百分比为

$$x = \frac{M-m}{M} = \frac{14.5 - 10.1}{14.5} = 30.3\%$$

第 19 章　相对论基础

> **基本要求**
>
> 1. 理解狭义相对论的两条基本假设.
> 2. 理解洛伦兹变换,并能将其正确用于坐标变换和速度变换;了解狭义相对论时空观与经典时空观的不同以及洛伦兹变换与伽利略变换的关系.
> 3. 理解同时的相对性、相对论长度收缩和时间延缓效应,能判断原时和非原时、原长和非原长,并能正确应用公式进行计算.
> 4. 理解相对论质量、动量和能量等概念,理解质速关系、质能关系,了解动量与能量的关系.
> 5. 了解广义相对论、宇宙的基础知识.

一、主要内容

1. 狭义相对论的基本假设

1) 爱因斯坦的相对性原理

   在所有的惯性系中,物理定律都具有相同的表达形式.

2) 光速不变原理

   在所有的惯性系中,光在真空中的速率都等于恒量 c,与光源或观察者的运动无关.

2. 洛伦兹变换(对约定系统)

$$\text{坐标变换} \qquad\qquad \text{速度变换}$$

$$\begin{cases} x' = \gamma(x - ut) \\ y' = y \\ z' = z \\ t' = \gamma\left(t - \dfrac{ux}{c^2}\right) \end{cases} \qquad \begin{cases} v'_x = \dfrac{v_x - u}{1 - \dfrac{u}{c^2}v_x} \\ v'_y = \dfrac{v_y\sqrt{1 - u^2/c^2}}{1 - \dfrac{u}{c^2}v_x} \\ v'_z = \dfrac{v_z\sqrt{1 - u^2/c^2}}{1 - \dfrac{u}{c^2}v_x} \end{cases}$$

$$\gamma = \frac{1}{\sqrt{1 - u^2/c^2}}$$

以上为正变换($S \to S'$).把 u 改为 $-u$,把带撇和不带撇的量作对应交换后,即为逆变换.

3. 狭义相对论时空观

1) "同时"的相对性

在一惯性系中同时同地的两个事件，在其他惯性系中也是同时的；在一惯性系中同时不同地的两个事件，在其他惯性系中是不同时的.

2) 时间延缓

$$\tau = \gamma \tau_0 \quad (\tau_0 \text{ 为原时，也称固有时})$$

3) 长度收缩

$$l = \frac{l_0}{\gamma} \quad (l_0 \text{ 为原长，也称固有长度})$$

4. 相对论质量、动量、能量和动力学方程

质量：$m = \dfrac{m_0}{\sqrt{1-v^2/c^2}} = \gamma m_0$. 动量：$\vec{p} = m\vec{v} = \dfrac{m_0 \vec{v}}{\sqrt{1-v^2/c^2}}$.

总能量：$E = mc^2$. 静能：$E_0 = m_0 c^2$. 动能：$E_k = mc^2 - m_0 c^2$.

动力学方程：$\vec{F} = \dfrac{d\vec{p}}{dt} = \dfrac{d}{dt}\left(\dfrac{m_0 \vec{v}}{\sqrt{1-v^2/c^2}}\right)$.

能量与动量的关系：$E^2 = p^2 c^2 + E_0^2$.

二、典型例题

例 19.1 如图所示，光子 A 和光子 B 相向而行.（1）求光子 A 相对光子 B 的速度；（2）问在地面实验室中测得光子 A 相对光子 B 的速度？

解 以实验室为 S 系，光子 B 为 S' 系，建立约定系统. 依题意，S' 系相对 S 系的速度 $u = c$.

(1) S' 系（光子 B）观测.

按光速不变原理，S' 系观测光子 A 的速度大小一定等于 c. 此结论也可由相对论速度变换得到. 已知光子 A 相对 S 系的速度 $v_x = -c$, $v_y = v_z = 0$. 根据速度变换，S' 系测得光子 A 的速度为

$$v'_x = \frac{v_x - u}{1 - \dfrac{u}{c^2} v_x} = \frac{-c - c}{1 - \dfrac{c}{c^2}(-c)} = -c$$

$$v'_y = v'_z = 0$$

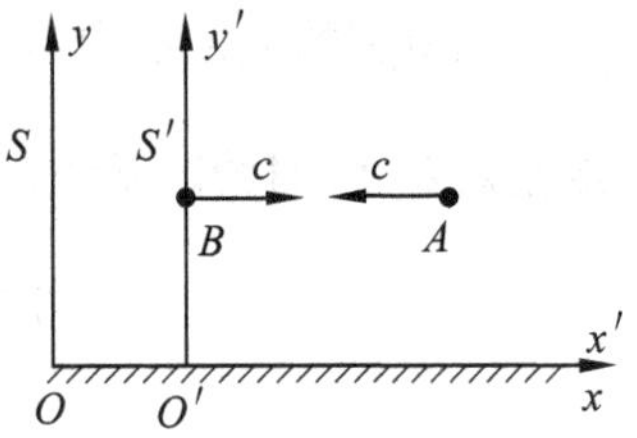

结果表明，光子 A 相对光子 B 的速度大小仍为 c，向 Ox 轴负方向运动.

例 19.1 图

(2) S 系（实验室）观测.

根据速度叠加原理，光子 A 相对光子 B 的速度为

$$\vec{v}_{AB} = \vec{v}_{AS} + \vec{v}_{SB} = \vec{v}_{AS} - \vec{v}_{BS}$$

$$v_{AB} = -c - c = -2c$$

可见实验室测得光子 A 相对光子 B 的速度大小为 $2c$，向 Ox 轴负方向运动.

> **说 明**

问题(1)是一个运动物体(光子A),两个参考系(光子B和实验室),是速度变换问题,无论相对哪个参考系,速度都不会超过光速.问题(2)是两个运动物体(光子A和光子B),一个参考系(实验室),是速度叠加问题,不受光速极限限制.

例 19.2 地面观测者测得甲乙两地相距$1.0×10^6$ m,设想一列高速火车由甲向乙匀速行驶,历时$7.2×10^3$ s.试求在相对地面以$0.6c$的速度与列车同向运行的飞船上观测时,(1)甲、乙两地的距离;(2)火车由甲到乙运行的路程、时间和速率.

解 (1) 如图所示,以地面作S系,飞船作S'系,建立约定系统.
依题意,$u=0.6c$,可得

$$\gamma = \frac{1}{\sqrt{1-u^2/c^2}} = \frac{1}{\sqrt{1-0.6^2}} = \frac{5}{4}$$

因甲、乙两地相对S系静止,故S系测得的两地距离为原长,即$l_0=1.0×10^6$ m,而S'系所测甲乙两地的距离收缩为

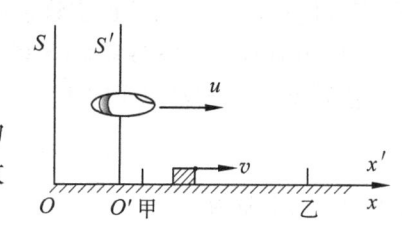

$$l = \frac{l_0}{\gamma} = \frac{4}{5} × 1.0×10^6 \text{ m} = 8.0×10^5 \text{ m}$$

例 19.2 图

(2) 在S系中,设火车由甲到乙两个事件的时空坐标分别为(x_1, t_1)和(x_2, t_2).依题意,火车运行的位移和时间分别为

$$\Delta x = x_2 - x_1 = 1.0×10^6 \text{ m}$$
$$\Delta t = t_2 - t_1 = 7.2×10^3 \text{ s}$$

在S'系中观测火车的运动,设这两个事件的时空坐标分别为(x'_1, t'_1)和(x'_2, t'_2),根据洛伦兹变换,有

$$x'_1 = \gamma(x_1 - ut_1), \quad t'_1 = \gamma\left(t_1 - \frac{ux_1}{c^2}\right)$$

$$x'_2 = \gamma(x_2 - ut_2), \quad t'_2 = \gamma\left(t_2 - \frac{ux_2}{c^2}\right)$$

由此可得火车由甲到乙运行的位移和时间分别为

$$\Delta x' = x'_2 - x'_1 = \gamma[(x_2-x_1) - u(t_2-t_1)] = \gamma(\Delta x - u\Delta t)$$
$$\Delta t' = t'_2 - t'_1 = \gamma\left[(t_2-t_1) - \frac{u(x_2-x_1)}{c^2}\right] = \gamma\left(\Delta t - \frac{u\Delta x}{c^2}\right)$$

代入$\Delta x=1.0×10^6$ m,$\Delta t=7.2×10^3$ s,$\gamma=5/4$,$u=0.6c$,可得

$$\Delta x' = -1.6×10^{12} \text{ m}, \quad \Delta t' = 9.0×10^3 \text{ s}$$

因此,火车的速度为

$$v' = \frac{\Delta x'}{\Delta t'} = \frac{-1.6×10^{12} \text{ m}}{9.0×10^3 \text{ s}} = -1.8×10^8 \text{ m·s}^{-1}$$

速度$v'<0$,表明火车相对飞船做退行运动,退行的路程为$1.6×10^{12}$ m,所用时间为$9.0×10^3$ s,速率为$1.8×10^8$ m·s^{-1}.

> **说 明**
>
> 在飞船上观测时,为何甲乙两地的距离和火车由甲到乙运行的路程不等?这是因为问题(1)中飞船测量两地坐标 x_1' 和 x_2' 是同时事件,这样的差值 $\Delta x'$ 才等于两地距离.而在问题(2)中,火车由甲到乙是两个非同时事件,$\Delta x'$ 表示的是在 $\Delta t'$ 时间内火车相对飞船的位移,所以与(1)结果不同.

例 19.3 μ 子是一种不稳定的粒子,它的平均固有寿命 $\tau_0 = 2.00 \times 10^{-6}$ s. 设宇宙射线在离地面 $h_0 = 9000$ m 的大气层产生一个 μ 子,以速度 $u = 0.998c$ 飞行. 试问 μ 子能否到达地面?

解 如按经典时空观计算,μ 子只能飞行 $l_0 = u\tau_0 = 600$ m $< h_0$,显然未到地面 μ 子就衰变了. 但近代实验结果是:地面实验室测到了这种 μ 子.

(1) 在地面实验室参考系(S 系)观测.

依题意,μ 子相对地面的速度 $u = 0.998c$,可得

$$\gamma = \frac{1}{\sqrt{1 - u^2/c^2}} = \frac{1}{\sqrt{1 - 0.998^2}} = 15.82$$

μ 子的平均寿命为

$$\Delta t = \gamma \tau_0 = 15.82 \times 2.00 \times 10^{-6} \text{ s} = 3.16 \times 10^{-5} \text{ s}$$

μ 子在其生存时间内相对地面飞行的平均距离为

$$h = u\Delta t = 0.998c \times 3.16 \times 10^{-5} \text{ s} = 9.46 \times 10^3 \text{ m} > h_0$$

所以 μ 子能够到达地面.

(2) 在 μ 子参考系(S' 系)观测.

因地面实验室相对 μ 子以速度 $-u$ 运动,所以距离 h_0 收缩为

$$h' = \frac{h_0}{\gamma} = \frac{9000 \text{ m}}{15.82} = 5.69 \times 10^2 \text{ m}$$

μ 子飞行 h' 距离所需时间为

$$\Delta t' = \frac{h'}{u} = \frac{5.69 \times 10^2 \text{ m}}{0.998c} = 1.90 \times 10^{-6} \text{ s} < \tau_0$$

所以 μ 子能够到达地面.

可见,S 系和 S' 系虽然描述不同,但结论是一致的:μ 子能够到达地面.

例 19.4 观测者甲以 $v = 4c/5$ 的速度相对于观测者乙运动,甲携带一长为 l_0、截面积为 S_0、质量为 m_0 的棒. 假设这根棒沿运动方向放置,那么甲乙测得棒的密度各为多少? 该棒具有的动能有多大?

解 棒相对观测者甲静止,测得的质量为静止质量 m_0,长度为原长 l_0,截面积为 S_0,所以甲测得棒的密度为

$$\rho_甲 = \frac{m_0}{l_0 S_0}$$

棒相对观测者乙运动,测得的质量为运动质量 γm_0,棒长收缩为 l_0/γ,因截面与运动方向垂直,故 S_0 保持不变. 依题意,收缩因子为

$$\gamma = \frac{1}{\sqrt{1 - v^2/c^2}} = \frac{1}{\sqrt{1 - (4/5)^2}} = \frac{5}{3}$$

所以,乙测得棒的密度为

$$\rho_\text{乙} = \frac{\gamma m_0}{(l_0/\gamma)S_0} = \gamma^2 \rho_\text{甲} = \frac{25}{9}\left(\frac{m_0}{l_0 S_0}\right)$$

该棒具有的动能为

$$E_\text{k} = mc^2 - m_0 c^2 = (\gamma - 1)m_0 c^2 = \frac{2}{3}m_0 c^2$$

三、习题分析与解答

(一) 选择题和填空题

19.1 在狭义相对论中,下列说法中哪些是正确的?(1)一切运动物体相对于观测者的速度都不能大于真空中的光速;(2)质量、长度、时间的测量结果都是随物体与观测者的相对运动状态而改变的;(3)在一惯性系中同时不同地发生的两个事件在其他一切惯性系中都是同时发生的;(4)惯性系中的观测者观测一个相对他做匀速直线运动的时钟时,会说该时钟比相对他静止的相同的时钟走得慢. [   ]

(A) (1)(3)(4).　　　　　　　(B) (1)(2)(4).
(C) (1)(2)(3).　　　　　　　(D) (2)(3)(4).

19.2 一宇宙飞船相对地球以 $0.8c$(c 为真空中光速)的速度飞行,一光脉冲从船尾传到船头. 已知飞船上的观测者测得飞船长为 90 m,则地球上的观察者测得光脉冲从船尾发出和到达船头两个事件的空间间隔为[   ]

(A) 90 m.　　(B) 54 m.　　(C) 270 m.　　(D) 150 m.

19.3 把一个静止质量为 m_0 的粒子,由静止加速到 $0.6c$ 需要做的功是[   ]

(A) $0.25 m_0 c^2$.　(B) $0.36 m_0 c^2$.　(C) $1.25 m_0 c^2$.　(D) $1.75 m_0 c^2$.

19.4 在约定系统的 S' 系中,两事件同时发生在 $O'x'y'$ 平面内的不同地点,那么 S 系的观测者对这两个事件同时性的判断结论是:若这两个不同地点有 $x'_1 = x'_2$,$y'_1 \neq y'_2$ 关系时,则为_____发生的;若这两个不同地点有 $x'_1 \neq x'_2$,$y'_1 = y'_2$ 关系时,则为_____发生的.

19.5 一长度为 5 m 的棒静止在 S 系中,棒与 Ox 轴成 30° 角. S' 系以 $c/2$ 相对 S 系运动,则 S' 系的观察者测得此棒的长度约为_____,与 Ox 轴的夹角约为_____.

19.6 在 S 系中的 Ox 轴上相距 Δx 的两处有两只同步的钟 A 和 B,读数相同. 在 S' 系的 Ox' 轴上也有一只同样的钟 A',若 S' 系相对于 S 系的运动速度为 v,沿 Ox 轴方向,且当 A' 与 A 相遇时,刚好两钟的读数均为零. 那么,当 A' 钟与 B 钟相遇时,S 系中 B 钟的读数是_____,此时 S' 系中 A' 钟的读数是_____.

19.7 在速度 $v =$ _____的情况下,粒子的动量等于非相对论动量的两倍;在速度 $v =$ _____情况下,粒子的动能等于它的静能.

答案 **19.1** (B); **19.2** (C); **19.3** (A). **19.4** 同时,不同时; **19.5** 4.5 m,33.7°; **19.6** $\Delta x/v$,$(\Delta x/v)\sqrt{1-(v/c)^2}$; **19.7** $\sqrt{3}c/2$,$\sqrt{3}c/2$.

参考解答

19.2 如图所示,以地球为 S 系,飞船为 S' 系,$u = 0.8c$. 设光脉冲从船尾出发为事件1,到达船头为事件2. 依题意 $\Delta x' = 90$ m,$\Delta t' = \Delta x'/c$. 根据洛伦兹变换,S 系测得的空间间隔为

$$\Delta x = \gamma(\Delta x' + u\Delta t') = \frac{5}{3}\Delta x'\left(1 + \frac{u}{c}\right) = 270 \text{ m}$$

所以选答案(C).

19.3 功 $A = \Delta E_k = E - E_0 = mc^2 - m_0c^2 = (\gamma - 1)m_0c^2$,式中 $\gamma = 1/\sqrt{1-u^2/c^2} = 1.25$,可得 $A = 0.25\, m_0c^2$,所以选答案(A).

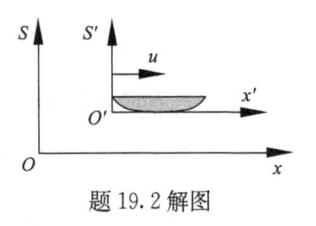

题 19.2 解图

19.5 设在 S 系中棒长为 l_0,在 S' 系中棒长为 l. 已知棒在 S 系中静止,在 S' 系中观测,棒仅在 x 方向长度缩短,而 y 方向长度不变. 即

$$l_y' = l_{0y} = l_0\sin30° = 2.5 \text{ m}$$
$$l_x' = l_{0x}/\gamma = l_0\cos30°\sqrt{1-u^2/c^2} = \sqrt{3}/2 \times l_0\cos30° = 3.75 \text{ m}$$
$$l = \sqrt{2.5^2 + 3.75^2} = 4.5 \text{ (m)}$$

由 $\tan\theta' = l_y'/l_x' = 2.5/3.75 = 0.667$,可得 $\theta' = 33.7°$.

19.6 如图所示,在 S 系中观测,A' 钟与 A 钟相遇后再与 B 钟相遇所需时间 $\Delta t = \Delta x/v$,即为 B 钟读数.

在 S' 系中观测,此时 A' 钟读数为

$$\Delta t' = \gamma\left(\Delta t - \frac{v}{c^2}\Delta x\right) = \left(\frac{\Delta x}{v} - \frac{v}{c^2}\Delta x\right)\Big/\sqrt{1-\left(\frac{v}{c}\right)^2}$$
$$= \frac{\Delta x}{v}\sqrt{1-\left(\frac{v}{c}\right)^2}$$

题 19.6 解图

19.7 依题意 $p = mv = \gamma m_0 v = 2m_0v$,可得

$$\gamma = \frac{1}{\sqrt{1-v^2/c^2}} = 2, \quad v = \sqrt{3}c/2$$

又 $E_k = (m-m_0)c^2 = m_0c^2$,得 $m = 2m_0$,所以 $\gamma = 2, v = \sqrt{3}c/2$.

(二) 问答题和计算题

19.8 回答下列问题:

(1) 一条大船平稳地沿直线行驶,船舱中用轻线吊一小球. 若船是匀速行驶的,你能否通过观察吊线球的情况判断出船速大小?若船是匀加速行驶的,你能否通过观察吊线球的情况判断出船的加速度的大小?

(2) 一光源不断发出光脉冲. 当观察者分别相对于光源静止、以速率 $v = c/3$ 向着光源和背离光源运动时,他测得的真空光速各是多少?

答 (1) 匀速行驶时,船是一个惯性系,它与地球这个惯性系对力学规律是等价的,不论船速有多大,船中吊线球的运动规律与在地面上是一样的,故不能通过观察吊线球的运动情况来判断出船速的大小. 大船匀加速向前行驶时,若吊线球相对大船静止,此时悬线对竖直方向向后偏过的角度 $\theta = \arctan\frac{a}{g}$, θ 会随大船加速度 a 的增大而增大,故可通过观察吊线球偏过的角度判断船的加速度大小和方向.

(2) 根据光速不变原理,光速均为 c.

19.9 回答问题并推导速度变换式. (1) 相对论指出,在垂直于两惯性系相对运动方向的长度与参考系无关. 那么,为什么该方向的速度分量却又与参考系有关? (2) 按问题(1)思路,

导出对约定系统 S 系速度分量 v_y 到 S' 系速度分量 v'_y 的变换式.

解 (1) 因为时间间隔具有相对性.

(2) 根据 $y'=y$ 有 $\mathrm{d}y'=\mathrm{d}y$, 由 $t'=\gamma\left(t-\dfrac{u}{c^2}x\right)$ 得 $\mathrm{d}t'=\gamma\left(\mathrm{d}t-\dfrac{u}{c^2}\mathrm{d}x\right)$, 所以

$$v'_y = \frac{\mathrm{d}y'}{\mathrm{d}t'} = \frac{\mathrm{d}y}{\gamma\left(\mathrm{d}t-\dfrac{u}{c^2}\mathrm{d}x\right)} = \frac{\mathrm{d}y/\mathrm{d}t}{\gamma\left(1-\dfrac{u}{c^2}\dfrac{\mathrm{d}x}{\mathrm{d}t}\right)} = \frac{v_y}{\gamma\left(1-\dfrac{u}{c^2}v_x\right)} = \frac{v_y\sqrt{1-\beta^2}}{1-\dfrac{u}{c^2}v_x}$$

19.10 在 S 系中,一闪光灯在 $x=100$ km, $y=10$ km, $z=1$ km 处,于 $t=5\times10^{-4}$ s 时刻发出闪光. S' 系相对于 S 系以 $0.80c$ 速率沿 Ox 轴负方向运动. 求这一闪光在 S' 系中发生的地点和发生的时刻.

解 已知闪光在 S 系中的时空坐标为

$$x=100 \text{ km}=1.00\times10^5 \text{ m}, \quad y=10 \text{ km}, \quad z=1 \text{ km}, \quad t=5\times10^{-4} \text{ s}$$

依题意, $u=-0.80c$, 得 $\gamma=1/\sqrt{1-u^2/c^2}=5/3$.

按洛伦兹变换,该闪光在 S' 系中时空坐标为

$$x'=\gamma(x-ut)=3.67\times10^5 \text{ m}=367 \text{ km}$$
$$y'=y=10 \text{ km}$$
$$z'=z=1 \text{ km}$$
$$t'=\gamma\left(t-\frac{u}{c^2}x\right)=12.8\times10^{-4} \text{ s}=1.28\times10^{-3} \text{ s}$$

19.11 惯性系 S 和 S' 为约定系统, $u=0.90c$. 在 S' 系的 $O'x'$ 轴上先后发生两个事件,其空间距离为 1.0×10^2 m,时间间隔为 1.0×10^{-6} s. 求在 S 系中观测到的空间间隔和时间间隔.

解 依题意, $\Delta x'=1.0\times10^2$ m, $\Delta t'=1.0\times10^{-6}$ s. 由 $u=0.90c$, 得

$$\gamma=1/\sqrt{1-u^2/c^2}=2.294$$

由变换式 $x=\gamma(x'+ut')$, 可得 S 系中观测到的空间间隔为

$$\Delta x=\gamma(\Delta x'+u\Delta t')=8.49\times10^2 \text{ m}$$

由变换式 $t=\gamma\left(t'+\dfrac{u}{c^2}x'\right)$, 可得时间间隔为

$$\Delta t=\gamma\left(\Delta t'+\frac{u}{c^2}\Delta x'\right)=2.98\times10^{-6} \text{ s}$$

19.12 在 S 系中的同一地点发生两个事件,事件 2 比事件 1 晚 2 s,在 S' 系中观测到事件 2 比事件 1 晚 3 s. 求这两个事件在 S' 系中的空间间隔.

解 依题意, $\Delta t=t_2-t_1=2$ s, $\Delta t'=t'_2-t'_1=3$ s, 而 $\Delta x=x_2-x_1=0$. 由变换式 $t'=\gamma\left(t-\dfrac{u}{c^2}x\right)$ 可得

$$\Delta t'=\gamma\left(\Delta t-\frac{u}{c^2}\Delta x\right)=\gamma\Delta t$$

所以

$$\gamma=\frac{1}{\sqrt{1-u^2/c^2}}=\frac{\Delta t'}{\Delta t}=\frac{3}{2}$$

解得

$$u=\pm\frac{\sqrt{5}}{3}c$$

由 $x'=\gamma(x-ut)$, 得 $\Delta x'=\gamma(\Delta x-u\Delta t)$. 当 S' 系相对于 S 系沿 x 轴正方向运动时, $u=\sqrt{5}c/3$,

代入 γ、Δx、Δt 值,可得
$$\Delta x' = x_2' - x_1' = -\gamma u \Delta t = -6.71 \times 10^8 \text{ m}$$
当 S' 系相对于 S 系沿 x 轴负方向运动时,$u = -\sqrt{5}c/3$,可得
$$\Delta x' = x_2' - x_1' = -\gamma u \Delta t = 6.71 \times 10^8 \text{ m}$$

19.13 飞船 A 中宇航员观测到飞船 B 正以 $0.40c$ 速度尾随而来. 已知地面测得飞船 A 的速度为 $0.50c$. 求:(1) 地面测得飞船 B 的速度;(2) 飞船 B 中测得飞船 A 的速度.

解 (1) 以地面为 S 系,飞船 A 为 S' 系,飞船 B 为运动物体,且以飞船 A 的飞行方向为 x 和 x' 轴正向. 依题意,$u = 0.50c$,$v_x' = 0.40c$,根据相对论速度变换,可得
$$v_x = \frac{v_x' + u}{1 + \frac{u}{c^2}v_x'} = 0.75c$$

(2) 因飞船 B 相对于飞船 A 的速度为 $0.40c$,根据运动的相对性,飞船 A 相对于飞船 B 的速度为 $-0.40c$,即大小相等,方向相反.

19.14 两飞船 A 和 B 相对于地面的速率分别为 $0.80c$ 和 $0.60c$. 求下列情况下,飞船 B 观测到飞船 A 的速度大小和方向:(1) 两飞船均向西飞行;(2) 飞船 A 向北飞行,飞船 B 向西飞行.

解 以地面为 S 系,飞船 B 为 S' 系,飞船 A 为运动物体.

(1) 如图(a)所示,取 x 和 x' 轴向东. 依题意,$v_x = -0.80c$,$v_y = v_z = 0$,$u = -0.60c$. 由相对论速度变换得 $v_y' = v_z' = 0$,所以飞船 A 对飞船 B 的速度为
$$v' = v_x' = \frac{v_x - u}{1 - \frac{u}{c^2}v_x} = -0.38c$$

表明飞船 A 相对飞船 B 以 $0.38c$ 的速率向西飞行.

(2) 如图(b)所示,取 y 和 y' 轴向北. 依题意,$v_y = 0.80c$,$v_x = v_z = 0$,$u = -0.60c$. 飞船 A 相对飞船 B 的速度分量为
$$v_x' = \frac{v_x - u}{1 - \frac{u}{c^2}v_x} = -u = 0.60c$$
$$v_y' = \frac{v_y\sqrt{1-\beta^2}}{1 - \frac{u}{c^2}v_x} = v_y\sqrt{1 - u^2/c^2} = 0.64c$$
$$v_z' = \frac{v_z\sqrt{1-\beta^2}}{1 - \frac{u}{c^2}v_x} = 0$$

所以有
$$v' = \sqrt{v_x'^2 + v_y'^2 + v_z'^2} = 0.88c$$
$$\theta' = \arctan\frac{v_y'}{v_x'} = 46°50'$$

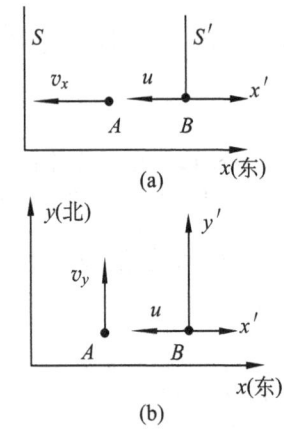

题 19.14 解图

表明飞船 A 相对飞船 B 以 $0.88c$ 的速率向着东偏北 $46°50'$ 方向飞行.

19.15 一块正方形板 $ABCD$ 的边长 $a = 20$ cm. 当飞船以 $0.60c$ 速度相对于板沿平行于 AB 边飞行时,求飞船上测得的板的面积、两对角线 AC 和 BD 的夹角.

解 如图所示,因为沿运动方向长度收缩,所以飞船上测得板为一长方形,边长分别为 a 和 b,$a=20$ cm;由 $u=0.60c$ 得 $\gamma=1/\sqrt{1-u^2/c^2}=1.25$,所以 $b=a/\gamma$,板的面积为

$$S = ab = \frac{a^2}{\gamma} = \frac{(20 \text{ cm})^2}{1.25} = 3.2 \times 10^2 \text{ cm}^2$$

设 θ 角为对角线 AC、BD 间较小的夹角,则

$$\tan\frac{\theta}{2} = \frac{b/2}{a/2} = \frac{b}{a}$$

$$\theta = 2\arctan\frac{b}{a} = 2\arctan\frac{1}{\gamma} = 77°19'$$

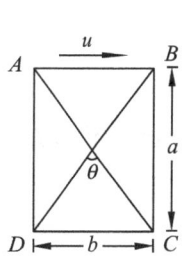

题 19.15 解图

较大的夹角则为 $102°41'$.

19.16 在约定系统中,一根米尺静止于 S' 系的 $O'x'y'$ 平面内,并与 $O'x'$ 轴成 $30°$ 角,而在 S 系中则测得该尺与 Ox 轴成 $45°$ 角.求:(1) S' 系相对于 S 系的速度;(2) S 系中测得的尺长.

解 (1) 米尺的固有长度 $l'=1$ m. 在 S' 系中米尺的投影长度为

$$l'_x = l'\cos30°, \qquad l'_y = l'\sin30°$$

因长度收缩只发生在运动方向上,所以该尺在 S 系中的投影长度为

$$l_x = l'_x\sqrt{1-u^2/c^2} = l'\cos30°\sqrt{1-u^2/c^2}$$

$$l_y = l'_y = l'\sin30°$$

依题意,在 S 系中有

$$\tan45° = \frac{l_y}{l_x} = \tan30°/\sqrt{1-u^2/c^2}$$

解得

$$u = \sqrt{\frac{2}{3}}c = 0.82c$$

(2) S 系测得的尺长为

$$l = \sqrt{l_x^2 + l_y^2} = l'\sqrt{1-u^2\cos^230°/c^2} = 0.71 \text{ m}$$

19.17 试问:(1) 一飞船以 $0.60c$ 速度水平匀速飞行.若飞船上的钟记录飞船飞了 5 s,则地面上的钟记录飞船飞了多长时间?(2) π 介子静止时平均寿命为 2.60×10^{-8} s,若实验室测得 π 介子在加速器中获得 $0.80c$ 的速度,那么实验室测得 π 介子的平均飞行距离有多大?

解 (1) 固有时 $\tau_0=\Delta t'=5$ s. 因 $u=0.6c$,所以地面记录到飞行时间为

$$\Delta t = \gamma\Delta t' = \frac{\Delta t'}{\sqrt{1-u^2/c^2}} = 6.25 \text{ s}$$

(2) π 介子的固有寿命为 $\Delta t'=2.60\times10^{-8}$ s.实验室测得 π 介子的生存时间为

$$\Delta t = \gamma\Delta t' = \frac{\Delta t'}{\sqrt{1-u^2/c^2}} = 4.33\times10^{-8} \text{ s}$$

平均飞行距离为

$$\Delta x = u\Delta t = 10.4 \text{ m}$$

19.18 两飞船 A 和 B 的固有长度均为 100 m. 当两飞船平行向前飞行时,飞船 A 中观察者测得自己通过飞船 B 的全长所用时间为 $(5/3)\times10^{-7}$ s. 求飞船 A 相对于飞船 B 的速度.

解 设飞船 A 相对于飞船 B 的速度为 v,则飞船 B 相对飞船 A 的速度为 $-v$,因飞船 B 的长度收缩为 $l=l_0\sqrt{1-v^2/c^2}$,故有

$$v\Delta t = l_0\sqrt{1-\frac{v^2}{c^2}}$$

解出 v,代入 $l_0=100$ m,$\Delta t=\frac{5}{3}\times10^{-7}$ s,可得

$$v = \frac{l_0}{\sqrt{\Delta t^2 + \frac{l_0^2}{c^2}}} = \frac{6}{\sqrt{5}}\times 10^8 \text{ m·s}^{-1} \approx 0.89c$$

19.19 一均匀细棒的固有长度为 l_0,静质量为 m_0,因而线密度的固有值为 $\rho_0 = m_0/l_0$. 当棒以速率 v 相对于观察者运动时,在下列情况下:(1) 棒沿着棒长方向运动;(2) 棒沿着与棒垂直的方向运动,观察者测得的线密度是多少?

解 (1) 沿棒长方向运动时,质量为 $m = \gamma m_0$,棒长收缩为 $l = l_0/\gamma$,式中 $\gamma = 1/\sqrt{1-v^2/c^2}$,因而线密度为

$$\rho = \frac{m}{l} = \frac{\gamma m_0}{l_0/\gamma} = \gamma^2 \rho_0 = \frac{\rho_0}{1-v^2/c^2}$$

(2) 沿与棒垂直方向运动时,质量 $m = \gamma m_0$,棒长 $l = l_0$,所以线密度为

$$\rho = \frac{m}{l} = \frac{\gamma m_0}{l_0} = \gamma \rho_0 = \frac{\rho_0}{\sqrt{1-v^2/c^2}}$$

19.20 质子的静质量为 1.673×10^{-27} kg. 求质子相对于实验室以 $0.995c$ 速度运动时,实验室测得质子的质量、能量、动量和动能.

解 依题意,$v = 0.995c$,所以 $\gamma = \frac{1}{\sqrt{1-v^2/c^2}} = 10.0$,于是有

质量 $m = \gamma m_0 = 1.673 \times 10^{-26}$ kg

能量 $E = mc^2 = 1.51 \times 10^{-9}$ J

动量 $p = mv = 4.99 \times 10^{-18}$ kg·m·s^{-1}

动能 $E_k = (m-m_0)c^2 = 9m_0c^2 = 1.36 \times 10^{-9}$ J

19.21 电子的静质量 $m_0 = 9.11\times 10^{-31}$ kg. 求:(1) 电子的静能;(2) 从静止开始加速到 $0.60c$ 的速度需做的功;(3) 动量为 0.60 MeV/c 时的能量.

解 (1) 静能 $E_0 = m_0 c^2 = 8.20 \times 10^{-14}$ J $= 0.512$ MeV.

(2) 功 $A = \Delta E_k = E_k = (m-m_0)c^2 = (\gamma - 1)m_0 c^2$,因

$$\gamma = \frac{1}{\sqrt{1-v^2/c^2}} = 1.25$$

所以

$$A = 0.25 m_0 c^2 = 0.25 E_0 = 2.05 \times 10^{-14} \text{ J}$$

(3) 当动量 $p = 0.60$ MeV/c 时,能量为

$$E = \sqrt{p^2c^2 + E_0^2} = \sqrt{0.60^2 + 0.512^2} = 0.789 \text{ (MeV)}$$

19.22 一列车在地面上以 $0.80c$ 速度行驶,车厢中沿运动方向放着一根细杆,车中观察者测得此杆的质量为 1 kg,长度为 1 m,求地面观察者测得此杆的质量、动量、能量和密度.

解 由 $v = 0.80c$ 得 $\gamma = 1/\sqrt{1-v^2/c^2} = \frac{5}{3}$. 静质量 $m_0 = 1$ kg,故

质量 $m = \gamma m_0 = \frac{5}{3}$ kg

动量　　$p = mv = \gamma m_0 v = 4 \times 10^8$ kg·m·s^{-1}

能量　　$E = mc^2 = \gamma m_0 c^2 = 1.5 \times 10^{17}$ J

杆的固有长度 $l_0 = 1$ m，运动时杆长收缩为

$$l = l_0 \sqrt{1 - v^2/c^2} = \frac{3}{5} \text{ m}$$

所以线密度为

$$\rho = \frac{m}{l} = \frac{25}{9} \text{ kg·m}^{-1}$$

19.23 已知质子、中子和氦核的质量分别为 $m_p = 1.00728\text{u}$，$m_n = 1.00865\text{u}$，$m_\alpha = 4.00150\text{u}$。求两个质子和两个中子形成氦核 ^4_2He 时释放的能量。

解　$1\text{u} = 1.660552 \times 10^{-27}$ kg。质量减少量为

$$\Delta m = 2(m_p + m_n) - m_\alpha = 0.03036\text{u} = 5.04 \times 10^{-29} \text{ kg}$$

所以释放的能量为

$$\Delta E = \Delta m c^2 = 4.54 \times 10^{-12} \text{ J}$$

19.24 静止的正负电子对湮没时产生两个光子，若其中一个光子再与一个静止的电子相撞，求它能给予这个电子的最大速度。

解　设电子的静止质量为 m_0，最大速度 v_m 时的相对论质量为 m，动量为 p。设光子刚产生时能量为 E_0，与电子相撞并使电子获得最大速度后其能量变为 E。

正负电子对湮没产生光子的过程动量守恒，故产生的两光子能量相等，又能量守恒，有

$$2m_0 c^2 = 2E_0 \qquad ①$$

光子与静止的电子相撞的过程应满足动量守恒及能量守恒，所以有

$$\frac{E_0}{c} = -\frac{E}{c} + p \qquad ②$$

$$E_0 + m_0 c^2 = E + mc^2 \qquad ③$$

式②中的"$-$"对应于电子能获得最大速度时光子的运动方向应与电子运动方向相反。对碰后电子而言，其质量与速度的关系为

$$m = \frac{m_0}{\sqrt{1 - \dfrac{v_m^2}{c^2}}} \qquad ④$$

同时其能量与动量应满足

$$(mc^2)^2 = p^2 c^2 + (m_0 c^2)^2 \qquad ⑤$$

联立式①②③④⑤可解得 $v_m = 0.8c$。

19.25 质量为 m_0 的一个受激原子，静止在参考系 S 中，因发射一个光子而反冲，原子的内能（静止内能）减少了 ΔE，而光子的能量为 $h\nu$。试证：

$$h\nu = \Delta E \left(1 - \frac{\Delta E}{2m_0 c^2}\right)$$

证　设反冲原子的静止质量为 m_{r0}，相对论质量为 m_r，反冲速度为 v。

原子的内能变化量（受激原子与反冲原子的静止能量之差）为

$$\Delta E = m_0 c^2 - m_{r0} c^2 \qquad ①$$

发射光子的过程中受激原子、反冲原子和光子的能量和动量均守恒，即

$$m_0 c^2 = h\nu + m_r c^2 \qquad ②$$

$$0 = -\frac{h\nu}{c} + m_r v \qquad ③$$

反冲原子的质量与速度的关系为

$$m_r = \frac{m_{r0}}{\sqrt{1 - \frac{v^2}{c^2}}} \qquad ④$$

由式①得

$$m_{r0} = m_0 - \frac{\Delta E}{c^2} \qquad ⑤$$

由式③得

$$m_r = \frac{h\nu}{cv} \qquad ⑥$$

将式⑤⑥代入式④得

$$\frac{v}{c} = \frac{h\nu}{\sqrt{(m_0 c^2 - \Delta E)^2 + h^2 \nu^2}}$$

将上式与式⑥一并代入式②得

$$m_0 c^2 = h\nu + \frac{h\nu}{cv} c^2$$

$$= h\nu + \frac{h\nu}{v} c = h\nu \left[1 + \frac{\sqrt{(m_0 c^2 - \Delta E)^2 + h^2 \nu^2}}{h\nu} \right]$$

整理后即得

$$h\nu = \Delta E \left(1 - \frac{\Delta E}{2 m_0 c^2}\right)$$

可见光子的能量小于原子内能的减少量,原因在于原子内能一部分转化为光子的能量,剩余部分转化为反冲动能 E_k.

由动能定义及式①②可得反冲原子动能为

$$E_k = m_r c^2 - m_{r0} c^2 = m_0 c^2 - h\nu - (m_0 c^2 - \Delta E) = \Delta E - h\nu$$

第 20 章 量子物理基础

基本要求

1. 了解黑体辐射规律;理解普朗克能量子假设.
2. 理解光电效应和康普顿效应的实验规律,理解光子概念及对这两个效应的解释;理解光的波粒二象性.
3. 理解德布罗意物质波假设及其实验验证;理解实物粒子的波粒二象性;理解概率波的统计意义.
4. 理解不确定关系,并能用其进行简单问题的估算.
5. 了解薛定谔方程.通过求解简单的一维定态问题,理解量子力学处理问题的一般方法和微观领域所特有的一些现象.
6. 理解氢原子光谱的形成及其理论解释.理解氢原子能量量子化、角动量量子化和角动量空间取向量子化的意义.
7. 理解描述原子中电子稳定运动状态的四个量子数.了解原子的壳层结构以及泡利不相容原理和能量最小原理.
8. 理解表象、算符、本征值、本征函数,理解力学量期望值的计算方法,理解希尔伯特空间中态函数对基矢的展开及观测概率的计算,了解对易关系.

一、主要内容

1. 黑体辐射

1) 黑体辐射的实验定律

斯特藩-玻尔兹曼定律: $M_b(T) = \sigma T^4$, $\sigma = 5.67 \times 10^{-8}$ W·m^{-2}·K^{-4}.

维恩位移律: $T\lambda_m = b$, $b = 2.897 \times 10^{-3}$ m·K.

2) 普朗克能量子假设和辐射公式

能量子: $\varepsilon = h\nu$, $h = 6.63 \times 10^{-34}$ J·s.

黑体辐射公式: $M_{b\lambda}(T) = \dfrac{2\pi hc^2 \lambda^{-5}}{e^{hc/(\lambda kT)} - 1}$.

2. 光的波粒二象性

1) 爱因斯坦光子理论

能量: $\varepsilon = m_\varphi c^2 = h\nu$; 动量: $p_\varphi = m_\varphi c = \dfrac{h}{\lambda}$; 静质量: $m_{\varphi 0} = 0$.

2) 爱因斯坦光电效应方程 $h\nu = \dfrac{1}{2}mv^2 + A$

截止频率：$\nu_0 = \dfrac{A}{h}$，　遏止电压：$U = \dfrac{1}{2}mv^2/e$.

3) 康普顿散射公式

$$\Delta\lambda = \lambda' - \lambda = \dfrac{2h}{m_0 c}\sin^2\dfrac{\varphi}{2}$$

3. 实物粒子的波粒二象性

1) 物质波（德布罗意波）

波长：$\lambda = \dfrac{h}{p}$，　频率：$\nu = \dfrac{E}{h}$.

2) 波函数的统计解释

物质波是概率波. $\Psi \cdot \Psi^* = |\Psi|^2$ 表示 t 时刻粒子在空间 $\vec{r}$ 处附近单位体积内出现的概率. $|\Psi|^2$ 又称概率密度.

4. 不确定关系

$$\Delta x \cdot \Delta p_x \geqslant \dfrac{\hbar}{2},\quad \Delta E \cdot \Delta t \geqslant \dfrac{\hbar}{2}$$

5. 薛定谔方程

1) 定态薛定谔方程

$$\nabla^2 \psi(\vec{r}) + \dfrac{2m}{\hbar^2}(E-V)\psi(\vec{r}) = 0$$

2) 薛定谔方程的解——波函数

波函数的标准条件：单值、有限、连续.

波函数的归一化条件：$\int_V |\Psi|^2 \mathrm{d}V = 1$.

6. 氢原子

1) 氢原子光谱

$$\tilde{\nu} = \dfrac{1}{\lambda} = R\left(\dfrac{1}{k^2} - \dfrac{1}{n^2}\right),\quad \begin{cases} k = 1,2,3,\cdots \\ n = k+1, k+2, k+3, \cdots \end{cases}$$

2) 氢原子的玻尔理论

定态假设；　量子化条件；　频率条件：$\nu_{kn} = \dfrac{|E_k - E_n|}{h}$.

3) 氢原子的量子特征

能量量子化：$E_n = \dfrac{E_1}{n^2} = -\dfrac{13.6}{n^2}$ eV，$n = 1,2,3,\cdots$.

轨道角动量量子化：$L = \sqrt{l(l+1)}\,\hbar$，　$l = 0,1,2,\cdots(n-1)$.

轨道角动量空间取向量子化：$L_z = m_l \hbar$，　$m_l = 0, \pm 1, \pm 2, \cdots, \pm l$.

自旋角动量空间取向量子化：$S=\frac{\sqrt{3}}{2}\hbar$，$S_z=m_s\hbar$，$m_s=\pm\frac{1}{2}$.

7. 原子中电子的分布

1) 四个量子数 (n,l,m_l,m_s)

主量子数 n： $n=1,2,3,\cdots$ 决定原子中电子的能量.

副量子数（轨道量子数）l： $l=0,1,2,\cdots,(n-1)$. 决定电子轨道角动量的大小，一般说来，n 相同而 l 不同的电子状态，其能量略有不同.

磁量子数 m_l： $m_l=0,\pm1,\pm2,\cdots,\pm l$. 决定电子轨道角动量在外磁场中的取向.

自旋磁量子数 m_s： $m_s=\pm\frac{1}{2}$. 决定电子自旋角动量在外磁场中的取向.

2) 原子的壳层结构

主量子数 n 相同的电子组成一个主壳层，n 越大的壳层，离原子核的平均距离越远. 在同一主壳层内，又按副量子数 l 分为 n 个次壳层.

泡利不相容原理： 在原子中不可能有两个或两个以上的电子具有完全相同的量子态.

能量最小原理： 原子处于正常状态时，原子中的电子尽可能地占据未被填充的最低能级.

8. 算符与量子力学中的力学量

表象、算符、本征值、本征函数、希尔伯特空间、对易关系.

在 ξ 表象中计算力学量 F 的期望值为 $\overline{F}=\int_{-\infty}^{+\infty}\Psi^*(\xi)\hat{F}\Psi(\xi)\mathrm{d}\xi$.

希尔伯特空间中的态函数 Ψ 对基矢展开 $\Psi=\sum_n a_n\psi_n$，观测概率为 $|a_n|^2=\left|\int\psi_n^*\Psi\mathrm{d}x\right|^2$.

坐标算符和动量算符的对易关系 $[\hat{x},\hat{p}]=\mathrm{i}\hbar$.

二、典 型 例 题

例 20.1 实验发现，波长为 350 nm 的光子照射某种材料的表面，从该表面发出的能量最大的光电子在 $B=1.5\times10^{-5}$ T 的磁场中偏转而成圆轨道的半径 $R=18$ cm，如图所示. 求：(1)该材料的逸出功；(2)该材料光电效应的截止频率（电子电量 $-e=-1.60\times10^{-19}$ C，电子质量 $m_e=9.1\times10^{-31}$ kg，普朗克常量 $h=6.63\times10^{-34}$ J·s，1 eV$=1.60\times10^{-19}$ J）.

解 (1)光电子在磁场中受洛伦兹力做圆周运动，洛伦兹力提供向心力，即

$$evB=\frac{m_e v^2}{R}$$

由光电效应方程，并代入 $\nu=c/\lambda$，有

$$h\nu=h\frac{c}{\lambda}=\frac{1}{2}m_e v^2+A$$

联立以上两式，可得

$$A=\frac{hc}{\lambda}-\frac{1}{2}m_e v^2=\frac{hc}{\lambda}-\frac{(eBR)^2}{2m_e}$$

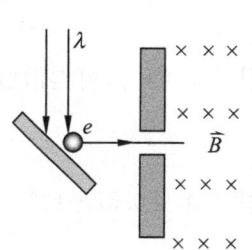

例 20.1 图

将 $\lambda=3.50\times10^{-7}$ m, $B=1.5\times10^{-5}$ T, $R=0.18$ m 及 e、m_e、h 的值代入,可得
$$A = 4.65\times10^{-19} \text{ J} = 2.91 \text{ eV}$$

(2) 该金属光电效应的截止频率为
$$\nu_0 = \frac{A}{h} = \frac{4.65\times10^{-19} \text{ J}}{6.63\times10^{-34} \text{ J·s}} = 7.0\times10^{14} \text{ Hz}$$

例 20.2 求下列电子的德布罗意波长:(1)经 $U=5.0\times10^{10}$ V 高压加速后的电子;(2)速度为 $0.5c$ 的电子;(3)总能量恰好等于其 2 倍静能量的电子.

解 (1)电子经高压加速后,获得动能 $E_k = eU = 5.0\times10^{10}$ eV,该动能远大于电子的静能 $m_ec^2 = 5.0\times10^5$ eV. 由相对论质能关系式,可得
$$E = E_k + m_ec^2 \approx E_k$$
再由相对论的动量、能量关系,可得
$$E = \sqrt{(pc)^2 + (m_ec^2)^2} \approx pc$$
该电子的德布罗意波长为
$$\lambda = \frac{h}{p} = \frac{hc}{E_k} = \frac{6.63\times10^{-34} \text{ J·s} \times 3.0\times10^8 \text{ m·s}^{-1}}{5.0\times10^{10}\times1.6\times10^{-19} \text{ J}} = 2.49\times10^{-17} \text{ m}$$

(2) 速度为 $0.5c$ 的电子的动量为
$$p = mv = \frac{m_ev}{\sqrt{1-\left(\frac{v}{c}\right)^2}} = \frac{m_e\times0.5c}{\sqrt{1-\left(\frac{0.5c}{c}\right)^2}} = 0.577m_ec$$

该电子的德布罗意波长为
$$\lambda = \frac{h}{p} = \frac{h}{0.577m_ec} = \frac{6.63\times10^{-34} \text{ J·s}}{0.577\times9.01\times10^{-31} \text{ kg}\times3.0\times10^8 \text{ m·s}^{-1}} = 4.3\times10^{-12} \text{ m}$$

(3) 将 $E = 2m_ec^2$ 代入相对论动量、能量关系式
$$E^2 = (pc)^2 + (m_ec^2)^2$$
可解得 $p = \sqrt{3}\, m_ec$. 该电子的德布罗意波长为
$$\lambda = \frac{h}{p} = \frac{h}{\sqrt{3}\,m_ec} = 1.4\times10^{-12} \text{ m}$$

例 20.3 设康普顿效应中入射 X 射线的波长 $\lambda_0 = 0.07$ nm,散射的 X 射线与入射的 X 射线垂直. 求:(1)反冲电子的动能 E_k;(2)反冲电子运动的方向与入射 X 射线之间的夹角 θ.

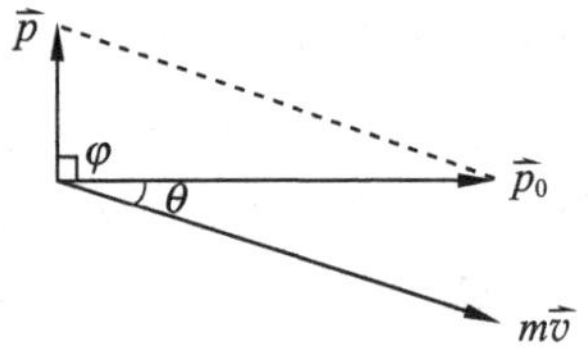

解 (1) 如图所示,设入射光子与散射光子的动量和频率分别为 $\vec{p}_0$、ν_0 和 $\vec{p}$、ν,反冲电子的动量为 $m\vec{v}$. 由康普顿散射公式
$$\Delta\lambda = \lambda - \lambda_0 = \frac{h}{m_ec}(1-\cos\varphi)$$

例 20.3 图

代入 $\varphi = \pi/2$,可得散射的 X 射线波长为
$$\lambda = \lambda_0 + \frac{h}{m_ec}\left(1-\cos\frac{\pi}{2}\right) = \lambda_0 + \frac{h}{m_ec}$$

代入 $\lambda_0 = 0.07\times10^{-9}$ m, $h = 6.63\times10^{-34}$ J, $m_e = 9.1\times10^{-31}$ kg, $c = 3\times10^8$ m·s^{-1},可得
$$\lambda = 7.24\times10^{-11} \text{ m}$$

根据能量守恒定律,有

$$m_e c^2 + h\nu_0 = mc^2 + h\nu$$

所以,反冲电子的动能为

$$E_k = mc^2 - m_e c^2 = h\nu_0 - h\nu = hc\left(\frac{1}{\lambda_0} - \frac{1}{\lambda}\right)$$

代入 h、c、λ_0、λ 的值,可得

$$E_k = 9.42 \times 10^{-17} \text{ J}$$

(2) 根据动量守恒定律 $\vec{p_0} = \vec{p} + m\vec{v}$,由图可见

$$\tan\theta = \frac{p}{p_0} = \frac{h/\lambda}{h/\lambda_0} = \frac{\lambda_0}{\lambda} = \frac{0.07 \times 10^{-9} \text{ m}}{7.24 \times 10^{-11} \text{ m}} = 0.967$$

则 $\theta = 44.03°$.

例 20.4 设一维运动粒子的波函数为

$$\psi(x) = \begin{cases} Axe^{-\lambda x}, & x \geqslant 0 \\ 0, & x < 0 \end{cases}$$

其中 λ 为大于零的常量. 求:(1)归一化因子 A;(2)粒子坐标的平均值;(3)在何处发现粒子的概率最大?

解 (1) 由波函数的归一化条件,有

$$\int_{-\infty}^{+\infty} |\psi(x)|^2 dx = \int_0^{+\infty} A^2 x^2 e^{-2\lambda x} dx = \frac{A^2}{4\lambda^3} = 1$$

可得

$$A = 2\lambda^{3/2}$$

(2) 因 $|\psi(x)|^2$ 是粒子在 x 处被发现的概率密度,所以粒子坐标 x 的平均值为

$$\bar{x} = \int_{-\infty}^{+\infty} x |\psi(x)|^2 dx = 4\lambda^3 \int_0^{+\infty} x^3 e^{-2\lambda x} dx = \frac{3}{2\lambda}$$

(3) 令 $\frac{d}{dx}|\psi(x)|^2 = 0$,可得

$$4\lambda^3 [2xe^{-2\lambda x} + x^2(-2\lambda)e^{-2\lambda x}] = 0$$

$$x(1 - \lambda x) = 0, \quad x = 0 \quad 或 \quad x = 1/\lambda$$

在 $x = 0$ 处,$|\psi(x)|^2 = 0$,概率最小.

在 $x = 1/\lambda$ 处,$|\psi(x)|^2 = 4\lambda e^{-2}$,此处发现粒子的概率最大.

例 20.5 电视机显像管中电子的加速电压为 9.0×10^3 V,电子枪枪口直径取 0.50 mm,枪口离荧光屏的距离为 0.30 m. 试求荧光屏上一电子亮斑的直径.

解 如图所示,D 为电子亮斑直径,l 为枪口到荧光屏的距离,d 为枪口直径. 依题意,电子离开枪口的速度 v 满足 $eU = mv^2/2$,可得

$$v = \sqrt{\frac{2eU}{m}} = \sqrt{\frac{2 \times 1.6 \times 10^{-19} \text{ C} \times 9.0 \times 10^3 \text{ V}}{9.11 \times 10^{-31} \text{ kg}}} = 5.6 \times 10^7 \text{ m·s}^{-1}$$

电子位置的不确定范围为枪口直径 d,即 $\Delta x = 0.50$ mm.

因 θ 角很小,所以

$$D \approx 2l\theta = 2l \frac{\Delta p_x}{p}$$

根据不确定关系 $\Delta x \Delta p_x \geqslant \frac{\hbar}{2}$,可得电子亮斑直径约为

$$D = 2l \frac{\Delta p_x}{p} \geqslant \frac{2l}{mv} \cdot \frac{\hbar/2}{\Delta x} = \frac{l\hbar}{mv \cdot \Delta x}$$

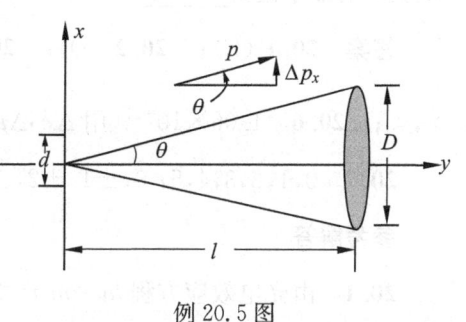

例 20.5 图

$$= \frac{0.30 \text{ m} \times 6.63 \times 10^{-34} \text{ J·S}/(2 \times 3.14)}{9.11 \times 10^{-31} \text{ kg} \times 5.6 \times 10^{7} \text{ m·s}^{-1} \times 0.50 \times 10^{-3} \text{ m}} = 1.2 \times 10^{-9} \text{ m}$$

三、习题分析与解答

(一) 选择题和填空题

20.1 某金属产生光电效应的红限波长为 λ_0，今以波长为 $\lambda(\lambda<\lambda_0)$ 的单色光照射该金属，金属释放出的电子(质量为 m_e)的动量大小为 [   ]

(A) $\frac{h}{\lambda}$. (B) $\frac{h}{\lambda_0}$. (C) $\sqrt{\frac{2m_e hc(\lambda_0+\lambda)}{\lambda\lambda_0}}$. (D) $\sqrt{\frac{2m_e hc}{\lambda_0}}$. (E) $\sqrt{\frac{2m_e hc(\lambda_0-\lambda)}{\lambda\lambda_0}}$.

20.2 一束动量为 p 的电子，通过缝宽为 a 的狭缝，在距离狭缝 R 处放置一个荧光屏，屏上衍射图样中央最大的宽度 d 等于 [   ]

(A) $\frac{2a^2}{R}$. (B) $\frac{2ha}{p}$. (C) $\frac{2ha}{Rp}$. (D) $\frac{2Rh}{ap}$.

20.3 设氢原子的动能等于处于温度为 T 的热平衡状态时的平均动能，其质量为 m，那么此氢原子的德布罗意波长为 [   ]

(A) $\lambda=\frac{h}{\sqrt{3mkT}}$. (B) $\lambda=\frac{h}{\sqrt{5mkT}}$. (C) $\lambda=\frac{\sqrt{3mkT}}{h}$. (D) $\lambda=\frac{\sqrt{5mkT}}{h}$.

20.4 如图所示，一频率为 ν 的光子与起始静止的自由电子发生碰撞和散射. 如果散射光子的频率为 ν'，反冲电子的动量为 $\vec{p}$，则在与入射光子平行的方向上，动量守恒定律的分量形式为 _____.

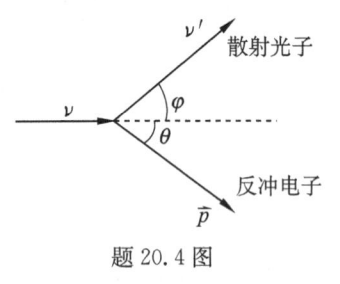

题 20.4 图

20.5 分别以频率 ν_1 和 ν_2 的单色光($\nu_1>\nu_2$，均大于截止频率 ν_0)照射某一光电管，则当两种频率的入射光的光强相同时，所产生的光电子的最大动能 E_1 _____ E_2；为阻止光电子到达阳极，所加的遏止电压 $|U_{a1}|$ _____ $|U_{a2}|$；所产生的饱和光电流 I_{s1} _____ I_{s2}(用 $>$ 或 $=$ 或 $<$ 填入).

20.6 如果电子被限制在边界 x 与 $x+\Delta x$ 之间，其中 $\Delta x=0.5$ Å，则电子动量 x 方向分量的不确定量近似为 _____ kg·m·s^{-1}(用 $\Delta x \cdot \Delta p \geq \frac{\hbar}{2}$ 估算).

20.7 试问：当主量子数 $n=6$ 时，角量子数 l 的可能取值为 _____；$l=6$ 时，磁量子数 m 的可能取值为 _____；若 $l=4$，则 n 的最小值是 _____；若使角动量在磁场方向的分量为 $4\hbar$，则 l 的最小值为 _____.

答案 **20.1**（E）； **20.2**（D）； **20.3**（A）. **20.4** $\frac{h\nu}{c}=\frac{h\nu'\cos\varphi}{c}+p\cos\theta$； **20.5** $>$, $>$, $<$； **20.6** 1.06×10^{-24}(用 $\Delta x \cdot \Delta p_x \geq \frac{\hbar}{2}$ 估算)； **20.7** $0,1,2,3,4,5$；$0,\pm1,\pm2,\pm3,\pm4,\pm5,\pm6$；$5$；$4$.

参考解答

20.1 由光电效应方程 $h\nu=m_e v^2/2+A$，其中 $A=h\nu_0$，可得

$$h\frac{c}{\lambda} = h\frac{c}{\lambda_0} + \frac{1}{2}m_e v^2$$

$$p = m_e v = \sqrt{2m_e\left(\frac{1}{2}m_e v^2\right)} = \sqrt{2m_e\left(h\frac{c}{\lambda} - h\frac{c}{\lambda_0}\right)} = \sqrt{\frac{2m_e hc(\lambda_0 - \lambda)}{\lambda\lambda_0}}$$

20.2 单缝衍射中央明纹的宽度 $d = 2R\tan\theta \approx 2R\theta$，其中 θ 为中央明纹的半角宽度，且 $\theta \approx \lambda/a$. 由于电子的德布罗意波长为 $\lambda = h/p$，故 $\theta = \dfrac{h}{ap}$，可得 $d = \dfrac{2Rh}{ap}$.

20.3 依题意，氢原子的动能为 $E_k = \dfrac{3}{2}kT$（k 为玻尔兹曼常量），其德布罗意波长为

$$\lambda = \frac{h}{p} = \frac{h}{\sqrt{2mE_k}} = \frac{h}{\sqrt{3mkT}}$$

20.5 由光电效应方程 $h\nu = E_k + A$. 依题意 $\nu_1 > \nu_2$，又因 $A_1 = A_2$，所以光电子的最大动能 $E_1 > E_2$.

遏止电压 $|U_a| = E_k/e$，故 $|U_{a1}| > |U_{a2}|$.

根据爱因斯坦光量子假设，光强 $I = Nh\nu$，因 $I_1 = I_2$，$\nu_1 > \nu_2$，所以单位时间照射到光电管内极板上的光子数 $N_1 < N_2$，从而饱和光电流 $I_{s1} < I_{s2}$.

20.6 由不确定关系 $\Delta x \cdot \Delta p_x \geq \hbar/2$ 可得

$$\Delta p_x \geq \frac{\hbar}{2\Delta x} = \frac{1.06 \times 10^{-34}}{2 \times 0.5 \times 10^{-10}} = 1.06 \times 10^{-24} \text{ (kg·m·s}^{-1})$$

(二) 问答题和计算题

20.8 把太阳看成黑体，测得太阳的最大单色辐出度对应波长是 0.49 μm，求太阳表面的温度. 如果太阳的平均直径为 1.39×10^9 m，太阳到地球的距离是 1.49×10^{11} m，求太阳垂直照射的地球表面单位面积上接收到的辐射功率.

解 设太阳表面温度为 T，由维恩位移律得

$$T = \frac{b}{\lambda_m} = \frac{2.897 \times 10^{-3}}{0.49 \times 10^{-6}} = 5.9 \times 10^3 \text{ (K)}$$

由斯特藩-玻尔兹曼定律得太阳表面单位面积上辐射的功率

$$M_s = \sigma T^4$$

太阳辐射的总功率为 $M_s \cdot 4\pi R_s^2$（R_s 是太阳的半径）. 设太阳与地球间的距离为 d，则太阳垂直照射的地球表面单位面积上接收的辐射功率为

$$M_e = \frac{M_s \cdot 4\pi R_s^2}{4\pi d^2} = \sigma T^4 \left(\frac{R_s}{d}\right)^2$$

$$= 5.67 \times 10^{-8} \times (5.9 \times 10^3)^4 \times \left(\frac{1.39/2 \times 10^9}{1.49 \times 10^{11}}\right)^2$$

$$= 1.5 \times 10^3 \text{ (W·m}^{-2})$$

20.9 测得从炉壁小孔辐射出来的能量为 20 W·cm², 求炉内温度及单色辐出度的极大值对应的波长.

解 已知小孔的辐出度

$$M = 20 \text{ W·cm}^{-2} = 20 \times 10^4 \text{ W·m}^{-2}$$

由斯特藩-玻尔兹曼定律得炉内温度

$$T = \sqrt[4]{\frac{M}{\sigma}} = \sqrt[4]{\frac{20 \times 10^4}{5.67 \times 10^{-8}}} = 1.37 \times 10^3 \text{ (K)}$$

由维恩位移律得单色辐出度的极大值对应的波长为

$$\lambda_m = \frac{b}{T} = \frac{2.897 \times 10^{-3}}{1.37 \times 10^3} = 2.11 \times 10^{-6} \text{ (m)}$$

20.10 在离金属板 $R=100$ m 处放置一个小灯泡，其功率 $P=1$ W. 为简单起见，设发出的光波波长为 589 nm，并且灯泡的功率均匀地向四周辐射，求每秒内到达金属板单位面积上的光子数.

解 每秒内灯泡的辐射能量等于以灯泡为中心、半径为 R 的球面上的接收能量，设球面上单位面积在单位时间内所接收的能量为 E，则有

$$P = E \cdot 4\pi R^2$$

由光量子论

$$E = Nh\nu = N\frac{hc}{\lambda}$$

故得每秒内达到金属板单位面积上的光子数为

$$N = \frac{P\lambda}{4\pi R^2 hc} = \frac{1 \times 589.0 \times 10^{-9}}{4\pi \times 100^2 \times 6.63 \times 10^{-34} \times 3.0 \times 10^8}$$
$$= 2.36 \times 10^{13} \text{ (个)}$$

20.11 用波长为 400 nm 的光照射金属铯，已知铯的逸出功为 1.94 eV，求所发出的光电子的最大速度.

解 由光电效应方程

$$h\nu = \frac{hc}{\lambda} = \frac{1}{2}mv^2 + A$$

得光电子的最大速度为

$$v = \sqrt{\frac{2(hc/\lambda - A)}{m}} = 6.41 \times 10^5 \text{ m} \cdot \text{s}^{-1}$$

20.12 康普顿散射中，设入射光子的波长为 0.003 nm，测得反冲电子速度为 $0.6c$（c 表示真空中的光速），求散射光子的波长及方向.

解 设电子的静止质量为 m_e，由能量守恒定律有

$$\frac{hc}{\lambda} + m_e c^2 = \frac{hc}{\lambda'} + \frac{m_e c^2}{\sqrt{1-v^2/c^2}}$$

将 $\lambda = 0.003$ nm $= 3 \times 10^{-12}$ m, $v = 0.6c$, $m_e = 9.1 \times 10^{-31}$ kg 代入上式，可得

$$\lambda' = 4.34 \times 10^{-12} \text{ m} = 0.0434 \text{ Å}$$

由康普顿散射公式 $\lambda' - \lambda = \frac{h}{m_e c}(1-\cos\varphi)$ 得散射角

$$\varphi = \arccos\left[1 - \frac{m_e c(\lambda' - \lambda)}{h}\right] = 63.3°$$

20.13 已知 X 射线光子的能量为 0.60 MeV，在康普顿散射后波长变化了 20%，求反冲电子的动能.

解 由能量守恒定律有

$$\frac{hc}{\lambda} + m_0 c^2 = \frac{hc}{\lambda'} + \frac{m_0 c^2}{\sqrt{1-v^2/c^2}}$$

反冲电子的动能为
$$E_k = \frac{m_0 c^2}{\sqrt{1-v^2/c^2}} - m_0 c^2 = \frac{hc}{\lambda} - \frac{hc}{\lambda'}$$

由于 $\lambda' = 1.2\lambda$, 而 $\frac{hc}{\lambda} = 0.6$ MeV, 所以
$$E_k = 0.6 - \frac{0.6}{1.2} = 0.1 \text{ (MeV)}$$

20.14 一对正负电子处于静止状态，当它们结合在一起时，正负电子消失而产生光子，这种现象叫作电子偶的湮没. 如果正负电子消失后产生两个光子，试求光子的波长及频率.

解 电子偶的湮没可由以下反应式表示：
$$e^+ - e^- \longrightarrow 2\gamma$$

正负电子对湮没时动量守恒，故产生的两光子能量相等. 又由能量守恒定律有
$$m_0 c^2 + m_0 c^2 = 2h\nu$$

得光子的频率
$$\nu = \frac{m_0 c^2}{h} = \frac{9.1 \times 10^{-31} \times (3.0 \times 10^8)^2}{6.63 \times 10^{-34}} = 1.24 \times 10^{20} \text{ (Hz)}$$

光子的波长
$$\lambda = \frac{c}{\nu} = \frac{3.0 \times 10^8}{1.24 \times 10^{20}} = 2.42 \times 10^{-12} \text{ (m)}$$

20.15 若一个光子的能量等于一个电子的静止能量，试问光子的频率和波长是多少？在电磁波谱中属于何种射线？

解 由光量子论，光子的能量为 $h\nu$, 故有
$$h\nu = m_e c^2$$

得光子的频率
$$\nu = \frac{m_e c^2}{h} = \frac{9.11 \times 10^{-31} \times (3.0 \times 10^8)^2}{6.63 \times 10^{-34}} = 1.24 \times 10^{20} \text{ (Hz)}$$

光子的波长为
$$\lambda = \frac{c}{\nu} = \frac{3.0 \times 10^8}{1.24 \times 10^{20}} = 2.4 \times 10^{-12} \text{ (m)} = 0.024 \text{ (Å)}$$

在电磁波谱中属于 X 射线.

20.16 用能量为 12.5 eV 的电子去激发基态氢原子，问受激发的氢原子向低能级跃迁时，会出现哪些波长的光谱线？在能级图上把跃迁过程表示出来.

解 已知氢原子的能级分布为
$$E_1 = -13.6 \text{ eV}, \quad E_n = -\frac{E_1}{n^2}$$

可得
$$E_2 = -3.4 \text{ eV}, \quad E_3 = -1.5 \text{ eV}, \quad E_4 = -0.85 \text{ eV}$$

则有
$$E_4 - E_1 = 12.75 \text{ eV}, \quad E_3 - E_1 = 12.10 \text{ eV}$$

可见
$$(E_4 - E_1) > 12.5 \text{ eV} > (E_3 - E_1)$$

题 20.16 解图

表示基态氢原子的电子，最多只能从基态跃迁到 $n=3$ 的激发态. 当它从激发态向低能级跃迁时，可能发出的谱线波长为

$$\lambda = \frac{1}{R}\left(\frac{n^2 k^2}{n^2 - k^2}\right), \quad \begin{cases} k = 1,2 \\ n = k+1, k+2, \cdots (n \leqslant 3) \end{cases}$$

得

$$\lambda_1 = \frac{1}{1.097 \times 10^7} \times \left(\frac{2^2 \times 1^2}{2^2 - 1^2}\right) = 1.2154 \times 10^{-7} \text{ (m)} = 1215.4 \text{ (Å)}$$

$$\lambda_2 = \frac{1}{1.097 \times 10^7} \times \left(\frac{3^2 \times 1^2}{3^2 - 1^2}\right) = 1.0255 \times 10^{-7} \text{ (m)} = 1025.5 \text{ (Å)}$$

$$\lambda_3 = \frac{1}{1.097 \times 10^7} \times \left(\frac{3^2 \times 2^2}{3^2 - 2^2}\right) = 6.5633 \times 10^{-7} \text{ (m)} = 6563.3 \text{ (Å)}$$

20.17 已知氢原子基态的能量为-13.6 eV,根据玻尔理论,要把氢原子由基态激发到第一激发态,所需的能量是多少电子伏特?

解 根据玻尔理论,$E_1 = -13.6$ eV,$E_2 = -\frac{13.6 \text{ eV}}{2^2} = -3.4$ eV,则

$$E_2 - E_1 = 10.2 \text{ eV}$$

即把氢原子由基态激发到第一激发态至少需要 10.2 eV 的能量.

20.18 试问氢原子中处于 $n=2$ 状态的电子在跃迁到 $n=1$ 状态之前要绕核旋转多少圈? 设激发态的平均寿命为 10^{-8} s.

解 电子做一次圆周运动所需时间(即周期)为 $T = 2\pi/\omega$,取激发态的平均寿命 $\tau = 10^{-8}$ s,故电子在 τ 时间内从激发态跃迁到基态前绕核旋转的圈数为

$$N = \frac{\tau}{T} = \frac{\omega \tau}{2\pi}$$

电子做圆周运动的圆频率可由下面两式求出:

$$\frac{e^2}{4\pi\varepsilon_0 r^2} = m r \omega^2, \quad m \omega r^2 = \frac{h}{2\pi} n$$

得到

$$\omega = \frac{\pi m e^4}{2\varepsilon_0^2 h^3} \cdot \frac{1}{n^3}$$

$$N = \frac{\omega \tau}{2\pi} = \frac{\tau m e^4}{4\varepsilon_0^2 h^3} \cdot \frac{1}{n^3} = \frac{6.54 \times 10^7}{n^3}$$

当 $n=2$ 时,$N = 8.175 \times 10^6$.

20.19 根据玻尔理论,求氢原子 $n=4$ 电子轨道上的轨道角动量及其与第一激发态轨道角动量之比.

解 根据玻尔理论有

$$L = n\frac{h}{2\pi}, \quad n = 1, 2, 3, \cdots$$

$$\frac{L_4}{L_2} = \frac{4}{2} = 2$$

20.20 如果电子的总能量恰好等于其静止能量的两倍,求电子的德布罗意波的频率及波长.

解 由德布罗意关系式

$$\nu = \frac{E}{h} = \frac{2m_e c^2}{h} = \frac{2 \times 9.11 \times 10^{-31} \times (3.0 \times 10^8)^2}{6.63 \times 10^{-34}}$$

$$= 2.47 \times 10^{20} \text{ (Hz)}$$

电子的动量为
$$p = \frac{1}{c}\sqrt{E^2 - m_e^2 c^4} = \sqrt{3}\, m_e c$$

由德布罗意关系得
$$\lambda = \frac{h}{p} = \frac{h}{\sqrt{3}\, m_e c} = \frac{6.63 \times 10^{-34}}{\sqrt{3} \times 9.1 \times 10^{-31} \times 3.0 \times 10^8} = 1.4 \times 10^{-12} \text{ (m)}$$

20.21 证明：一个电荷为 e、静质量为 m_0 的粒子，以高速运动（考虑相对论效应）时的德布罗意波长与加速电压 U 的函数关系为
$$\lambda = \frac{h}{\sqrt{2m_0 eU}}\left(1 + \frac{eU}{2m_0 c^2}\right)^{-\frac{1}{2}}$$

证 粒子在电压 U 的电场加速下获得的动能为 eU，其总能为 $m_0 c^2 + eU$，由相对论能量动量关系式有
$$(m_0 c^2 + eU)^2 = p^2 c^2 + m_0^2 c^4$$

得粒子的动量
$$p = \left(2m_0 eU + \frac{e^2 U^2}{c^2}\right)^{1/2} = \sqrt{2m_0 eU}\left(1 + \frac{eU}{2m_0 c^2}\right)^{1/2}$$

由德布罗意关系式 $\lambda = h/p$ 得
$$\lambda = \frac{h}{\sqrt{2m_0 eU}}\left(1 + \frac{eU}{2m_0 c^2}\right)^{-\frac{1}{2}}$$

显然，当粒子的动能 $eU \ll 2m_0 c^2$ 时，有
$$\lambda = \frac{h}{\sqrt{2m_0 eU}}$$

20.22 一光子的波长与一电子的德布罗意波长皆为 0.5 nm，试求此光子与电子动量之比 p_o/p_e 以及动能之比 E_{ko}/E_{ke}.

解 根据德布罗意关系式 $p = h/\lambda$，由于 $\lambda_o = \lambda_e$，所以 $p_o/p_e = 1$.

由相对论能量和动量关系式 $E^2 = (pc)^2 + (m_0 c^2)^2$ 和动能 $E_k = E - m_0 c^2$，对光子而言，静质量为零，所以光子的动能即为总能量，即
$$E_{ko} = E = p_o c$$

对电子而言，静质量为 m_e，其动能
$$E_{ke} = \sqrt{(p_e c)^2 + (m_e c^2)^2} - m_e c^2 \qquad ①$$

比较式①根号内的 $p_e c$ 与 $m_e c^2$，有
$$\frac{p_e c}{m_e c^2} = \frac{p_e}{m_e c} = \frac{h}{m_e c \lambda_e} \qquad ②$$

代入 $h = 6.63 \times 10^{-34}$ J·s，$m_e = 9.1 \times 10^{-31}$ kg，$c = 3 \times 10^8$ m·s^{-1}，$\lambda_e = 0.5$ nm $= 5 \times 10^{-10}$ m，可得式②的比值为 4.85×10^{-3}. 可见，电子的动能 E_{ke} 很小，相对论效应可略. 故有
$$E_{ke} = \frac{1}{2} m_e v^2 = \frac{p_e^2}{2m_e}$$

$$\frac{E_{ko}}{E_{ke}} = \frac{p_o c}{p_e^2/(2m_e)} = \frac{2m_e c}{p_e} = \frac{2m_e c \lambda_e}{h} = 4.12 \times 10^2$$

20.23 如果光子的波长不确定量是波长的 10^{-7} 倍，那么当 (1) $\lambda = 5.0 \times 10^{-5}$ nm（γ 射线）；(2) $\lambda = 0.50$ nm（X 射线）；(3) $\lambda = 500.0$ nm（可见光）时，光子位置的不确定量各是多少？

解 已知 $\Delta \lambda = 10^{-7} \lambda$，由 $p = \frac{h}{\lambda}$ 得 $\Delta p = \frac{\Delta \lambda}{\lambda^2} h$.

由不确定关系

$$\Delta x \Delta p = \frac{\Delta x \Delta \lambda}{\lambda^2} h \geqslant \frac{\hbar}{2}$$

得位置不确定量

$$\Delta x \geqslant \frac{\lambda^2}{4\pi \Delta \lambda} = \frac{\lambda}{4\pi \times 10^{-7}}$$

将 $\lambda = 5.0 \times 10^{-4}$ Å,5.0 Å,5000 Å 分别代入上式,可得光子的位置不确定量至少各为

$$\Delta x = 3.98 \times 10^2 \text{ Å}, \quad 3.98 \times 10^6 \text{ Å}, \quad 3.98 \times 10^9 \text{ Å}$$

20.24 一个质量为 m 的粒子被约束在长度为 L 的一维线段上,试由不确定关系估算这个粒子所具有的最小动能,并由此计算在直径为 10^{-14} m 的核内质子和中子的最小动能.

解 粒子位置的不确定量为 L,由不确定关系

$$\Delta x \Delta p = L \Delta p \geqslant \frac{\hbar}{2}$$

得动量的不确定量为

$$\Delta p \geqslant \frac{\hbar}{2L}$$

估算粒子的动能为

$$E_k = \frac{p^2}{2m} \sim \frac{\Delta p^2}{2m} \geqslant \frac{\hbar^2}{8mL^2}$$

故有

$$E_{k\min} = \frac{\hbar^2}{8mL^2}$$

将 $L = 10^{-14}$ m 代入上式,核内质子和中子的最小动能为

$$E_{k\min} = \frac{\hbar^2}{8mL^2} = \frac{(1.0546 \times 10^{-34})^2}{8 \times 1.67 \times 10^{-27} \times (10^{-14})^2} = 0.83 \times 10^{-14} \quad (\text{J})$$

20.25 设粒子沿 x 方向运动,波函数为

$$\psi(x) = \frac{A}{1 + \mathrm{i}x}$$

试求:(1)归一化常数 A;(2)粒子的概率密度按坐标的分布;(3)何处粒子出现的概率最大.

解 (1)由归一化条件

$$\int_{-\infty}^{+\infty} \psi(x) \psi^*(x) \mathrm{d}x = A^2 \int_{-\infty}^{+\infty} \frac{\mathrm{d}x}{1 + x^2} = 1$$

得归一化常数

$$A = \sqrt{\frac{1}{\pi}}$$

(2)粒子的概率密度为

$$W = \psi(x) \psi^*(x) = \frac{1}{\pi(1 + x^2)}$$

(3)由 $\dfrac{\mathrm{d}W}{\mathrm{d}x} = -\dfrac{2x}{\pi(1+x^2)^2} = 0$,解得 $x = 0$,此处概率密度最大,则此处粒子出现的概率最大.

20.26 一个被关闭在一维箱中的粒子的质量为 m_0,箱子的两个理想反射壁之间的距离为 L,若粒子波函数是

$$\psi(x) = A \sin \frac{n\pi}{L} x$$

试由薛定谔方程求出粒子能量的表达式.

解 粒子在箱中不受外力作用,势能为零,故其所满足的定态薛定谔方程为
$$\frac{d^2\psi}{dx^2}+\frac{2m}{\hbar^2}E\psi=0$$
故得粒子的能量
$$E=-\frac{\hbar^2}{2m}\frac{d^2\psi}{dx^2}\frac{1}{\psi}=\frac{\hbar^2}{2m}\left(\frac{n\pi}{L}\right)^2=n^2\left(\frac{\pi^2\hbar^2}{2mL^2}\right)$$

20.27 在一维无限深势阱中运动的粒子,由于边界条件的限制,势阱宽度 a 必须等于德布罗意波半波长的整数倍.试利用这一条件导出能量量子化公式
$$E_n=\frac{n^2h^2}{8ma^2}, \quad n=1,2,3,\cdots$$

提示 非相对论动能和动量的关系为 $E_k=p^2/(2m)$.

解 按题意
$$n\frac{\lambda}{2}=a, \quad n=1,2,\cdots$$
而由德布罗意公式
$$p=\frac{h}{\lambda}=n\frac{h}{2a}$$
粒子的能量
$$E=\frac{p^2}{2m}=n^2\frac{h^2}{8ma^2}, \quad n=1,2,\cdots$$

20.28 试描绘原子中 $l=3$ 时电子角动量在磁场中空间量子化示意图,并写出 $\vec{L}$ 在磁场方向上的分量 L_z 的可能值.

解 当 $l=3$ 时,角动量的大小为
$$L=\sqrt{l(l+1)}\hbar=\sqrt{12}\hbar$$
因 $m_l=0,\pm 1,\pm 2,\pm 3$,故角动量在外磁场方向的投影
$$L_z=m_l\hbar=0,\pm\hbar,\pm 2\hbar,\pm 3\hbar$$
其空间取向如图所示.

题 20.28 解图

20.29 计算能够占据一个 f 次壳层的最大电子数,并写出这些电子的 m_l 和 m_s 值.

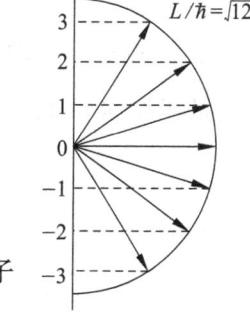

解 f 次壳层的角量子数 $l=3$,在次壳层上的最大电子数为 $N_l=2(2l+1)=14$.磁量子数可取值为 $m_l=0,\pm 1,\pm 2,\pm 3$.对于每一个 m_l、m_s 可取值为 $\pm\frac{1}{2}$.

20.30 试说明钾原子中电子的排列方式.

解 钾原子核外有 19 个电子,根据泡利不相容原理和能量最小原理,第一壳层最多只能容纳两个电子,余下电子填充第二壳层.第二壳层最多容纳 8 个电子,s 态仅容纳两个电子,余下 6 个填充在 2p 能级,剩余电子往 M 壳层填.3s 能填 2 个,6 个填 3p 能级,余一个填 4s 能级(因为 3d>4s 能级).所以钾原子的电子组态为 $1s^22s^22p^63s^23p^64s^1$.

20.31 已知 CdS 和 PbS 的禁带宽度分别为 2.43 eV 和 0.3 eV,试计算它们的本征光电导的吸收限,并由此说明为什么 CdS 可用在可见光到 X 射线的短波方面,而 PbS 却可有效地用在红外方面.

解 只有当照射到半导体上的光子的能量 $h\nu$ 大于禁带宽度 ΔE_g 时,才可能发生本征吸收现象,相应光波的波长必须满足 $h\nu=h\dfrac{c}{\lambda}\geqslant\Delta E_g$,即 $\lambda\leqslant\dfrac{hc}{\Delta E_g}$

对 CdS:
$$\lambda \leqslant \frac{hc}{\Delta E_g} = \frac{3\times 10^8 \times 6.63\times 10^{-34}}{2.43\times 1.6\times 10^{-19}} = 5.12\times 10^{-7} \text{ (m)} = 512 \text{ (nm)}$$

所以,仅当可见光中波长小于 512 nm 直至 X 射线才能对 CdS 产生本征光电导吸收.

对 PbS:
$$\lambda \leqslant \frac{hc}{\Delta E_g} = \frac{3\times 10^8 \times 6.63\times 10^{-34}}{0.3\times 1.6\times 10^{-19}} = 4.14\times 10^{-6} \text{ (m)} = 4140 \text{ (nm)}$$

由此可见,对 PbS 来说,红外线已满足 $\lambda \leqslant \frac{hc}{\Delta E_g}$ 的条件,故可有效地用于红外.

20.32 怎样从晶体的能带结构图区分绝缘体、半导体和导体?

答 绝缘体的价带已被电子填满,成为满带;在满带和空带之间的禁带的宽度很宽(约 3~6 eV),以致在一般情况下,满带中很少有电子能被激发到空带中去,因此在外电场的作用下,参与导电的电子极少,显示出很高的电阻率.

半导体的价带也已被填满,但禁带宽度较窄(约 0.1~1.5 eV),满带中的电子在不太强的外界影响下即可进入空带,参与导电,同时满带中留下的空穴也可参与导电.

导体的能带结构有三种类型:第一,晶体的价带未填满而成为导带;第二,价带虽已填满,但禁带宽度为零,即满带与空带紧密相接,甚至有部分重叠;第三,价带未满且又与空带部分重叠.

20.33 一维问题中,证明动量表象中的坐标算符为 $\hat{x} = i\hbar \frac{\partial}{\partial p}$,动量算符为 $\hat{p} = p$.

证 在坐标表象中计算 x 的平均值为 $\bar{x} = \int_{-\infty}^{+\infty} \psi^*(x) x \psi(x) dx$.

波函数 $\psi(x)$ 在动量表象中可表示为 $c(p)$,且有
$$\psi(x) = \frac{1}{\sqrt{2\pi\hbar}} \int_{-\infty}^{+\infty} c(p) e^{\frac{i}{\hbar}px} dp$$

故有
$$\bar{x} = \frac{1}{2\pi\hbar} \int_{-\infty}^{+\infty} dx \int_{-\infty}^{+\infty} dp \int_{-\infty}^{+\infty} c^*(p) e^{-\frac{i}{\hbar}px} x c(p') e^{\frac{i}{\hbar}p'x} dp'$$
$$= \frac{1}{2\pi\hbar} \int_{-\infty}^{+\infty} dx \int_{-\infty}^{+\infty} dp \int_{-\infty}^{+\infty} c^*(p) c(p') x e^{-\frac{i}{\hbar}px} e^{\frac{i}{\hbar}p'x} dp'$$
$$= \frac{1}{2\pi\hbar} \int_{-\infty}^{+\infty} dx \int_{-\infty}^{+\infty} dp \int_{-\infty}^{+\infty} c^*(p) c(p') \left(i\hbar \frac{\partial}{\partial p}\right) e^{-\frac{i}{\hbar}px} e^{\frac{i}{\hbar}p'x} dp'$$
$$= \frac{1}{2\pi\hbar} \int_{-\infty}^{+\infty} dx \int_{-\infty}^{+\infty} dp \int_{-\infty}^{+\infty} c^*(p) c(p') \left(i\hbar \frac{\partial}{\partial p}\right) e^{\frac{i}{\hbar}(p'-p)x} dp'$$
$$= \int_{-\infty}^{+\infty} dp \int_{-\infty}^{+\infty} dp' c^*(p) \left(i\hbar \frac{\partial}{\partial p}\right) c(p') \frac{1}{2\pi\hbar} \int_{-\infty}^{+\infty} e^{\frac{i}{\hbar}(p'-p)x} dx$$
$$= \int_{-\infty}^{+\infty} dp \int_{-\infty}^{+\infty} dp' c^*(p) \left(i\hbar \frac{\partial}{\partial p}\right) c(p') \delta(p'-p)$$
$$= \int_{-\infty}^{+\infty} dp\, c^*(p) \left(i\hbar \frac{\partial}{\partial p}\right) \int_{-\infty}^{+\infty} c(p') \delta(p'-p) dp'$$
$$= \int_{-\infty}^{+\infty} c^*(p) \left(i\hbar \frac{\partial}{\partial p}\right) c(p) dp$$
$$= \int_{-\infty}^{+\infty} c^*(p) \hat{x} c(p) dp$$

可见其中
$$\hat{x} = i\hbar \frac{\partial}{\partial p}$$
又
$$\bar{p} = \int_{-\infty}^{+\infty} c^*(p) p c(p) dp = \int_{-\infty}^{+\infty} c^*(p) \hat{p} c(p) dp$$
即
$$\hat{p} = p$$
证毕.

20.34 在球坐标系中,氢原子处在基态 $\psi(r) = \frac{1}{\sqrt{\pi a^3}} e^{-\frac{r}{a}}$,其中 $a = \frac{4\pi\varepsilon_0 \hbar^2}{m_e q_e^2}$ 为氢原子第一玻尔半径,m_e 为电子质量,q_e 为电子电量.求:(1)位置 r 的平均值;(2)势能 $-\frac{1}{4\pi\varepsilon_0} \frac{q_e^2}{r}$ 的平均值;(3)动能的平均值;(4)平均总能量.

提示 伽马函数(Γ 函数) $\int_0^{+\infty} x^n e^{-x} dx = n!$.

解 球坐标系中,$r \to r + dr$ 球壳体积为 $dV = 4\pi r^2 dr$.

(1)位置的平均值为
$$\bar{r} = \int_{\text{全空间}} \psi^* r \psi dV = \int_0^{+\infty} \psi^* r \psi \cdot 4\pi r^2 dr = \frac{4}{a^3} \int_0^{+\infty} r^3 e^{-\frac{2r}{a}} dr$$

令 $x = \frac{2r}{a}$,有
$$\bar{r} = \frac{a}{4} \int_0^{+\infty} x^3 e^{-x} dx = \frac{a}{4} \cdot 3! = \frac{3a}{2}$$

其中 $\int_0^{+\infty} x^n e^{-x} dx = n!$ 为伽马函数(Γ 函数).

(2)势能的平均值为
$$\bar{E}_p = \int_{\text{全空间}} \psi^* \left(-\frac{1}{4\pi\varepsilon_0} \frac{q_e^2}{r}\right) \psi dV = \int_0^{+\infty} \psi^* \left(-\frac{1}{4\pi\varepsilon_0} \frac{q_e^2}{r}\right) \psi \cdot 4\pi r^2 dr$$
$$= \frac{4}{a^3} \int_0^{+\infty} r^2 e^{-\frac{r}{a}} \left(-\frac{1}{4\pi\varepsilon_0} \frac{q_e^2}{r}\right) e^{-\frac{r}{a}} dr = -\frac{q_e^2}{\pi\varepsilon_0 a^3} \int_0^{+\infty} r e^{-\frac{r}{a}} e^{-\frac{r}{a}} dr$$
$$= -\frac{q_e^2}{\pi\varepsilon_0 a^3} \cdot \frac{a^2}{4} \int_0^{+\infty} x e^{-x} dx = -\frac{q_e^2}{4\pi\varepsilon_0 a} \cdot 1! = -\frac{q_e^2}{4\pi\varepsilon_0 a}$$

(3)球坐标系中,动能算符为
$$\hat{E}_k = \frac{\hat{p}^2}{2m} = -\frac{\hbar^2}{2m} \nabla^2$$
$$= -\frac{\hbar^2}{2m} \left\{ \frac{1}{r^2} \frac{\partial}{\partial r}\left(r^2 \frac{\partial}{\partial r}\right) + \frac{1}{r^2}\left[\frac{1}{\sin\theta} \frac{\partial}{\partial \theta}\left(\sin\theta \frac{\partial}{\partial \theta}\right) + \frac{1}{\sin^2\theta} \frac{\partial^2}{\partial \varphi^2}\right] \right\}$$

氢原子的基态波函数只与 r 有关,所以动能的平均值为
$$\bar{E}_k = \int_{\text{全空间}} \psi^* \frac{\hat{p}^2}{2m_e} \psi dV = \int_0^{+\infty} \psi^* \left[-\frac{\hbar^2}{2m_e} \frac{1}{r^2} \frac{\partial}{\partial r}\left(r^2 \frac{\partial}{\partial r}\right)\right] \psi \cdot 4\pi r^2 dr$$
$$= \frac{4}{a^3} \int_0^{+\infty} e^{-\frac{r}{a}} \left[-\frac{\hbar^2}{2m_e} \frac{1}{r^2} \frac{\partial}{\partial r}\left(r^2 \frac{\partial}{\partial r}\right)\right] e^{-\frac{r}{a}} r^2 dr = \frac{4}{a^3} \int_0^{+\infty} e^{-\frac{r}{a}} \left[-\frac{\hbar^2}{2m_e}\left(-\frac{2}{ar} + \frac{1}{a^2}\right)\right] e^{-\frac{r}{a}} r^2 dr$$

$$= \frac{2\hbar^2}{a^3 m_e} \int_0^{+\infty} \left[\left(\frac{2}{ar} - \frac{1}{a^2}\right)\right] e^{-\frac{2r}{a}} r^2 \mathrm{d}r = \frac{2\hbar^2}{a^3 m_e} \int_0^{+\infty} \frac{2}{ar} \cdot e^{-\frac{2r}{a}} r^2 \mathrm{d}r - \frac{2\hbar^2}{a^3 m_e} \int_0^{+\infty} \frac{1}{a^2} \cdot e^{-\frac{2r}{a}} r^2 \mathrm{d}r$$

$$= \frac{4\hbar^2}{a^4 m_e} \int_0^{+\infty} r \cdot e^{-\frac{2r}{a}} \mathrm{d}r - \frac{2\hbar^2}{a^5 m_e} \int_0^{+\infty} e^{-\frac{2r}{a}} r^2 \mathrm{d}r = \frac{\hbar^2}{a^2 m_e} \int_0^{+\infty} x e^{-x} \mathrm{d}x - \frac{\hbar^2}{4a^2 m_e} \int_0^{+\infty} x^2 e^{-x} \mathrm{d}x$$

$$= \frac{\hbar^2}{a^2 m_e} \cdot 1! - \frac{\hbar^2}{4a^2 m_e} \cdot 2! = \frac{\hbar^2}{2a^2 m_e} = \frac{\hbar^2}{2am_e} \cdot \frac{1}{a} = \frac{\hbar^2}{2am_e} \frac{m_e q_e^2}{4\pi\varepsilon_0 \hbar^2} = \frac{q_e^2}{8\pi\varepsilon_0 a}$$

(4) 由动能和势能平均值可得平均总能量为

$$\bar{E} = \bar{E}_p + \bar{E}_k = -\frac{q_e^2}{8\pi\varepsilon_0 a}$$

20.35 粒子被束缚在一维无限深势阱内,势阱宽度为 a,求:(1)粒子的本征值及本征函数;(2)粒子处于基态时的坐标分布概率密度及最概然位置;(3)若粒子波函数为 $\Psi(x) = \sqrt{\frac{3}{2a}}\sin\frac{\pi}{a}x + \sqrt{\frac{1}{2a}}\sin\frac{3\pi}{a}x$,求粒子能量的可能取值及相应的概率,并计算粒子的平均能量.

解 (1)粒子波函数 $\psi(x)$ 所满足的本征值方程为

$$\begin{cases} -\frac{\hbar^2}{2m} \cdot \frac{\mathrm{d}^2\psi}{\mathrm{d}x^2} = E\psi, & 0 < x < a \\ \psi|_{x=0} = \psi|_{x=a} = 0 \end{cases}$$

求解过程如教材 20.7.2 节所示,可得本征值为

$$E_n = n^2 \frac{\pi^2 \hbar^2}{2ma^2}, \quad n = 1, 2, 3, \cdots$$

本征函数为

$$\psi_n(x) = \sqrt{\frac{2}{a}} \sin\frac{n\pi}{a}x, \quad n = 1, 2, 3, \cdots$$

(2)本征函数即坐标表象中粒子的波函数,因此粒子处于基态时的坐标分布概率密度为

$$|\psi_1(x)|^2 = \frac{2}{a} \sin^2\frac{\pi}{a}x$$

最概然位置即坐标分布概率密度极大值对应的坐标,也就是 $\frac{\mathrm{d}|\psi_1(x)|^2}{\mathrm{d}x} = 0$ 对应的 x.由此可解得 $x = \frac{a}{2}$.

(3)粒子取本征态 ψ_n 的概率为

$$|a_n|^2 = \left|\int_0^a \psi_n^* \Psi(x) \mathrm{d}x\right|^2$$

$$= \left|\int_0^a \sqrt{\frac{2}{a}} \sin\frac{n\pi}{a}x \cdot \left(\sqrt{\frac{3}{2a}} \sin\frac{\pi}{a}x + \sqrt{\frac{1}{2a}} \sin\frac{3\pi}{a}x\right) \mathrm{d}x\right|^2$$

$$= \begin{cases} \frac{3}{4}, & n = 1, \text{对应于 } E_1 = \frac{\pi^2\hbar^2}{2ma^2}; \\ \frac{1}{4}, & n = 3, \text{对应于 } E_3 = \frac{9\pi^2\hbar^2}{2ma^2}; \\ 0, & n \neq 1, 3, \text{对应于 } E_n = n^2 \frac{\pi^2\hbar^2}{2ma^2}. \end{cases}$$

粒子的平均能量为

$$\bar{E} = |a_1|^2 E_1 + |a_3|^2 E_3 = \frac{3}{4} \cdot \frac{\pi^2\hbar^2}{2ma^2} + \frac{1}{4} \cdot \frac{9\pi^2\hbar^2}{2ma^2} = \frac{3\pi^2\hbar^2}{2ma^2}$$

综合测试和参考答案

力学综合测试

一、选择题

1. 一质点沿 x 轴做直线运动,其 v-t 曲线如图所示,如 $t=0$ 时,质点位于坐标原点,则 $t=4.5$ s 时,质点在 x 轴上的位置为 [　　]
(A) 5 m.　　(B) 2 m.　　(C) 0.
(D) -2 m.　　(E) -5 m.

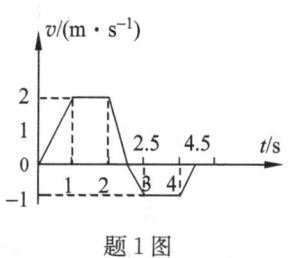

2. 一质点在平面上作一般曲线运动,其瞬时速度为 $\vec{v}$,瞬时速率为 v,某一时间内的平均速度为 $\vec{\bar{v}}$,平均速率为 $\bar{v}$,它们之间的关系必定有 [　　]

(A) $|\vec{v}|=v, |\vec{\bar{v}}|=\bar{v}$.　　(B) $|\vec{v}|\neq v, |\vec{\bar{v}}|=\bar{v}$.

(C) $|\vec{v}|\neq v, |\vec{\bar{v}}|\neq\bar{v}$.　　(D) $|\vec{v}|=v, |\vec{\bar{v}}|\neq\bar{v}$.

3. 在升降机天花板上拴有轻绳,其下端系一重物,如图所示.当升降机以加速度 a_1 上升时,绳中的张力正好等于绳子所能承受的最大张力的一半,问升降机以多大加速度上升时,绳子刚好被拉断? [　　]
(A) $2a_1$.　　(B) $2(a_1+g)$.
(C) $2a_1+g$.　　(D) a_1+g.

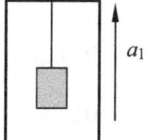

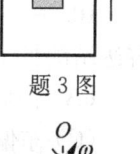

4. 如图所示,一光滑的内表面半径为 10 cm 的半球形碗,以匀角速度 ω 绕其对称 OC 旋转.已知放在碗内表面上的一个小球 P 相对于碗静止,其位置高于碗底 4 cm,则由此可推知碗旋转的角速度约为 [　　]
(A) 10 rad·s^{-1}.　　(B) 13 rad·s^{-1}.
(C) 17 rad·s^{-1}.　　(D) 18 rad·s^{-1}.

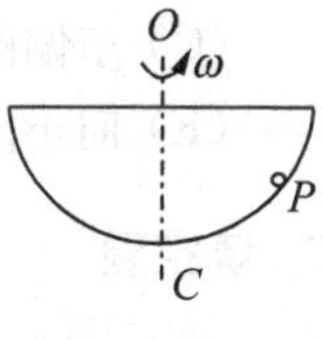

5. 质量为 m 的质点在外力作用下,其运动方程为 $\vec{r}=A\cos\omega t\vec{i}+B\sin\omega t\vec{j}$,式中 A、B、ω 都是正的常量.由此可知,外力在 $t=0$ 到 $t=\pi/(2\omega)$ 这段时间内所做的功为 [　　]

(A) $\dfrac{1}{2}m\omega^2(A^2+B^2)$.　　(B) $m\omega^2(A^2+B^2)$.

(C) $\dfrac{1}{2}m\omega^2(B^2-A^2)$.　　(D) $\dfrac{1}{2}m\omega^2(A^2-B^2)$.

6. 如图所示.一质量为 m 的小球.由高 H 处沿光滑轨道由静止开始滑入环形轨道.若 H 足够高,则小球在环最低点时环对它的作用力与小球在环最高点时环对它的作用力之差,恰为

小球重量的 [　　]

(A) 2 倍.　　　　　　　(B) 4 倍.
(C) 6 倍.　　　　　　　(D) 8 倍.

7. 关于机械能守恒条件和动量守恒条件有以下几种说法,其中正确的是 [　　]

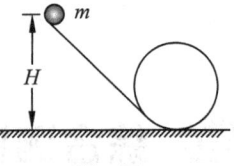

(A) 不受外力作用的系统,其动量和机械能必然同时守恒.
(B) 所受合外力为零,内力都是保守力的系统,其机械能必然守恒.
(C) 不受外力,而内力都是保守力的系统,其动量和机械能必然同时守恒.
(D) 外力对一个系统做的功为零,则该系统的机械能和动量必然同时守恒.

8. 一特殊的轻弹簧,弹性力大小 $F=kx^3$,k 为一常量系数,x 为伸长(或压缩)量. 现将弹簧水平放置于光滑的水平面上,一端固定,一端与质量为 m 的滑块相连而处于自然长度状态. 今沿弹簧长度方向给滑块一个冲量,使其获得一速度 v,压缩弹簧,则弹簧被压缩的最大长度为 [　　]

(A) $\sqrt{\dfrac{m}{k}}\,v$.　　　　　　(B) $\sqrt{\dfrac{k}{m}}\,v$.

(C) $\left(\dfrac{4mv}{k}\right)^{\frac{1}{4}}$.　　　　(D) $\left(\dfrac{2mv^2}{k}\right)^{\frac{1}{4}}$.

9. 质量为 m 的小孩站在半径为 R 的水平平台边缘上. 平台可以绕通过其中心的竖直光滑固定轴自由转动,转动惯量为 J. 平台和小孩开始时均静止. 当小孩突然以相对于地面为 v 的速率在台边缘沿逆时针转向走动时,则此平台相对地面旋转的角速度和旋转方向分别为 [　　]

(A) $\omega=\dfrac{mR^2}{J}\left(\dfrac{v}{R}\right)$,顺时针.　　(B) $\omega=\dfrac{mR^2}{J}\left(\dfrac{v}{R}\right)$,逆时针.

(C) $\omega=\dfrac{mR^2}{J+mR^2}\left(\dfrac{v}{R}\right)$,顺时针.　　(D) $\omega=\dfrac{mR^2}{J+mR^2}\left(\dfrac{v}{R}\right)$,逆时针.

10. 一飞机相对空气的速度大小为 200 km·h⁻¹,风速为 56 km·h⁻¹,方向从西向东. 地面雷达站测得飞机速度大小为 192 km·h⁻¹,方向是 [　　]

(A) 南偏西 16.3°.　　　　(B) 北偏东 16.3°.
(C) 东偏南 16.3°.　　　　(D) 西偏北 16.3°.
(E) 向正南或向正北.

二、填空题

11. 灯距地面高度为 h_1,一个人身高为 h_2,在灯下以匀速率 v 沿水平直线行走,如图所示. 他的头顶在地上的影子 M 点沿地面移动的速度为 $v_M=$ _____. 影子增长速度 $v_L=$ _____.

题 11 图

12. 质量为 0.25 kg 的质点,受力 $\vec{F}=t\vec{i}$ (SI) 的作用,式中 t 为时间. $t=0$ 时该质点以 $\vec{v}=2\vec{j}$ (SI) 的速度通过坐标原点,则该质点任意时刻的位置矢量是 _____ (SI).

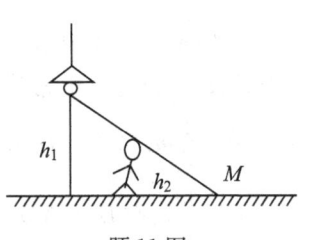

13. 一质点沿半径为 R 的圆周运动,在 $t=0$ 时经过 P 点,此后它的速率 v 按 $v=A+Bt$ (A、B 为正的已知常量)变化. 则质点沿圆周运动一周再经过 P 点时的切向加速度 $a_t=$

_____,法向加速度 $a_n=$ _____.

14. 地球的质量为 m,太阳的质量为 M,地心与日心的距离为 R,引力常量为 G,则地球绕太阳做圆周运动的轨道角动量为 $L=$ _____.

15. 质量为 m_1 和 m_2 的两个物体,具有相同的动量.欲使它们停下来,外力对它们做的功之比 $W_1:W_2=$ _____;若它们具有相同的动能,欲使它们停下来,外力的冲量之比 $I_1:I_2=$ _____.

16. 一个沿 X 轴正向以 $5\ \mathrm{m\cdot s^{-1}}$ 的速度匀速运动的物体,在 $x=0$ 至 $x=10\ \mathrm{m}$ 间受到一个如图所示的 Y 方向的力的作用.物体的质量为 $1\ \mathrm{kg}$,则它到达 $x=10\ \mathrm{m}$ 处的速率为 _____.

17. 一圆锥摆如图所示,摆线长度为 l,摆锤小球的质量为 m,在水平面内作匀速率圆周运动,摆线与铅直线夹角为 θ,则在小球转动一周的过程中小球所受绳子拉力的冲量大小为 _____.

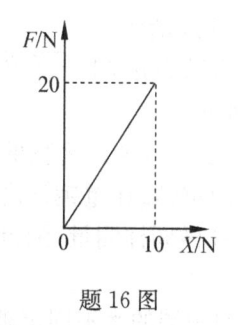

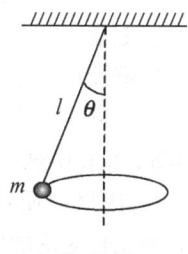

题 16 图   题 17 图

18. 一个质量为 m 的质点,仅受到力 $\vec{F}=k\vec{r}/r^3$ 的作用,式中 k 为常量,$\vec{r}$ 为从某一定点到质点的矢径.该质点在 $r=r_0$ 处被释放,由静止开始运动,则当它到达无穷远时的速率为 _____.

19. 如图所示,质量为 m 的小球系在刚度系数为 k 的轻弹簧一端,弹簧的另一端固定在 O 点.开始弹簧在水平位置 A,处于自然状态,原长为 l_0.小球由位置 A 释放,下落到 O 点正下方位置 B 时,弹簧的长度为 l,则小球到达 B 点时的速度大小为 $v_B=$ _____.

20. 如图所示,长为 L、质量为 m 的匀质细杆,可绕通过杆的端点 O 并与杆垂直的水平固定轴转动.杆的另一端连接一质量为 m 的小球.杆从水平位置由静止开始自由下摆,忽略轴处的摩擦,当杆转到与竖直方向成 θ 角时,小球与杆的角速度 $\omega=$ _____.

21. 一小球由绳子系着以角速度 ω_0 在无摩擦的水平面上作圆周运动,如图所示.如在绳子的另一端作用一个竖直向下的拉力,使小球的运动半径缓慢由 R_0 变为 $R_0/2$,则此时小球的动能与原有动能之比是 _____.

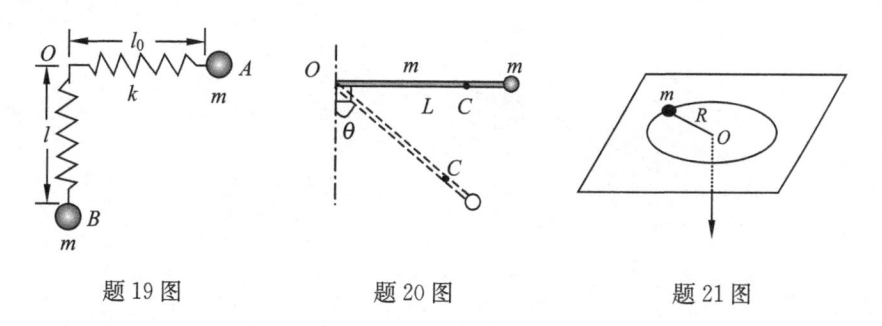

题 19 图   题 20 图   题 21 图

22. 一根质量为 m、长为 l 的均匀细杆,可在水平桌面上绕通过其一端的竖直固定轴转动. 已知细杆与桌面的滑动摩擦系数为 μ,则杆转动时受的摩擦力矩的大小为 _____.

三、计算题

23. 一潜水艇刚好隐蔽在水面下,充水后的总质量为 m,从静止开始向深海下潜. 设下潜所受浮力恒为 F_0,所受水的阻力 f 与下潜速度大小 v 成正比,比例系数为 k. 试完成下列问题:

(1) 明确研究对象,画出受力分析,并建立坐标系;

(2) 求解其下潜速度、加速度及深度随时间变化的规律;

(3) 若海水足够深,分析下潜最大速度是多少?

24. 如图所示,在光滑水平面上有一质量为 m_B 的静止物体 B,在 B 上又有一个质量为 m_A 的静止物体 A. 今有一小球从左边射到 A 上被弹回,此时 A 获得水平向右的速度 $\vec{v}_A$(对地),并逐渐带动 B,最后二者以相同速度一起运动. 设 A、B 之间的摩擦系数为 μ,问 A 从开始运动到相对于 B 静止时,在 B 上移动了多少距离?

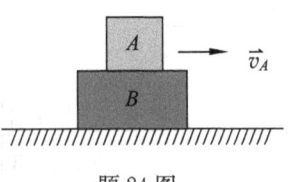

题 24 图

25. 为求一半径 $R=50$ cm 的飞轮对于通过其中心且与盘面垂直的固定转轴的转动惯量,在飞轮边缘绕以细绳,绳末端悬一质量 $m_1=8$ kg 的重锤. 让重锤从高 2 m 处由静止落下,测得下落时间 $t_1=16$ s. 再用另一质量 $m_2=4$ kg 的重锤做同样测量,测得下落时间 $t_2=25$ s. 假定摩擦力矩是一个常量,求飞轮的转动惯量.

26. 质量为 M、长为 l 的均匀直棒,可绕垂直于棒的一端的水平固定轴 O 无摩擦地转动. 它原来静止在平衡位置上,如图所示,图面垂直于 O 轴. 现有一质量为 m 的弹性小球在图面内飞来,正好在棒的下端与棒垂直相撞. 相撞后使棒从平衡位置摆动到最大角度 $\theta=60°$ 处,求:

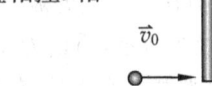

(1) 设碰撞为弹性的,试计算小球刚碰前速度的大小 v_0.

(2) 相撞时,小球受到多大的冲量?

题 26 图

力学综合测试参考参案

热学综合测试

一、选择题

1. 一定量的理想气体贮于某一容器中,温度为 T,气体分子的质量为 m. 根据理想气体的分子模型和统计假设,分子速度在 x 方向的分量平方的平均值 [　　]

(A) $\overline{v_x^2}=\sqrt{\dfrac{3kT}{m}}$.　　(B) $\overline{v_x^2}=\dfrac{1}{3}\sqrt{\dfrac{3kT}{m}}$.

(C) $\overline{v_x^2}=3kT/m$.　　(D) $\overline{v_x^2}=kT/m$.

2. 在标准状态下,若氧气(视为刚性双原子分子的理想气体)和氦气的体积比 $V_1/V_2=1/2$,则其内能之比 E_1/E_2 为 [　　]

(A) 3／10.　　(B) 1／2.
(C) 5／6.　　(D) 5／3.

3. 水蒸气分解成同温度的氢气和氧气,内能增加了百分之几(不计振动自由度和化学能)? [　　]

(A) 66.7%.　　(B) 50%.
(C) 25%.　　(D) 0.

4. 容积恒定的容器内盛有一定量某种理想气体,其分子热运动的平均自由程为 $\overline{\lambda_0}$,平均碰撞频率为 $\overline{Z_0}$,若气体的热力学温度降低为原来的 1/4 倍,则此时分子平均自由程 $\overline{\lambda}$ 和平均碰撞频率 $\overline{Z}$ 分别为 [　　]

(A) $\overline{\lambda}=\overline{\lambda_0}, \overline{Z}=\overline{Z_0}$.　　(B) $\overline{\lambda}=\overline{\lambda_0}, \overline{Z}=\dfrac{1}{2}\overline{Z_0}$.

(C) $\overline{\lambda}=2\overline{\lambda_0}, \overline{Z}=2\overline{Z_0}$.　　(D) $\overline{\lambda}=\sqrt{2}\overline{\lambda_0}, \overline{Z}=\dfrac{1}{2}\overline{Z_0}$.

5. 设有下列过程:
(1)用活塞缓慢地压缩绝热容器中的理想气体.(设活塞与器壁无摩擦)
(2)用缓慢地旋转的叶片使绝热容器中的水温上升.
(3)一滴墨水在水杯中缓慢弥散开.
(4)一个不受空气阻力及其他摩擦力作用的单摆的摆动.
其中是可逆过程的为 [　　]

(A) (1)(2)(4).　　(B) (1)(2)(3).
(C) (1)(3)(4).　　(D) (1)(4).

6. 一定量的理想气体,分别经历如图(a) 所示的 abc 过程(图中虚线 ac 为等温线)和图(b)所示的 def 过程(图中虚线 df 为绝热线).判断这两种过程是吸热还是放热. [　　]

(A) abc 过程吸热,def 过程放热.
(B) abc 过程放热,def 过程吸热.
(C) abc 过程和 def 过程都吸热.
(D) abc 过程和 def 过程都放热.

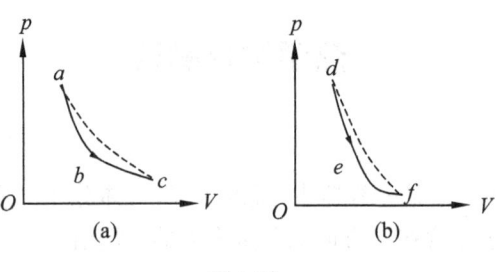

题 6 图

7. 一绝热容器被隔板分成两半,一半是真空,另一半是理想气体. 若把隔板抽出,气体将进行自由膨胀,达到平衡后 [　　]

(A) 温度不变,熵增加.　　(B) 温度升高,熵增加.
(C) 温度降低,熵增加.　　(D) 温度不变,熵不变.

8. 气缸中有一定量的氦气(视为理想气体),经过绝热压缩,体积变为原来的一半,则气体分子的平均速率变为原来的 [　　]

(A) $2^{4/5}$ 倍.　　(B) $2^{2/3}$ 倍.
(C) $2^{2/5}$ 倍.　　(D) $2^{1/3}$ 倍.

9. 如图所示,一定量的理想气体经历 acb 过程时吸热 500 J,则经历 $acbda$ 过程时,吸热为 [　　]

(A) −1200 J.　　(B) −700 J.
(C) −400 J.　　(D) 700 J.

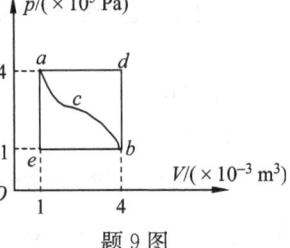

题 9 图

10. 有人设计一台卡诺热机(可逆的). 每循环一次可从 400 K 的高温热源吸热 1800 J,向 300 K 的低温热源放热 800 J,同时对外做功 1000 J,这样的设计是 [　　]

(A) 可以的,符合热力学第一定律.
(B) 可以的,符合热力学第二定律.
(C) 不行的,卡诺循环所做的功不能大于向低温热源放出的热量.
(D) 不行的,这个热机的效率超过理论值.

二、填空题

11. 若某种理想气体分子的方均根速率 $(\overline{v^2})^{1/2}$ = 450 m·s^{-1},气体压强为 $p = 7 \times 10^4$ Pa,则该气体的密度为 $\rho=$ ＿＿＿＿＿＿.

12. 2 g 氢气与 2 g 氦气分别装在两个容积相同的封闭容器内,温度也相同(氢气分子视为刚性双原子分子).

(1) 氢气分子与氦气分子的平均平动动能之比＝＿＿＿＿＿＿;
(2) 氢气与氦气压强之比＝＿＿＿＿＿＿;
(3) 氢气与氦气内能之比＝＿＿＿＿＿＿.

13. 某容器内分子数密度为 10^{26} m^{-3},每个分子的质量为 3×10^{-27} kg,设其中 1/6 分子数以速率 $v = 200$ m·s^{-1} 垂直地向容器的一壁运动,而其余 5/6 分子或者离开此壁,或者平行此壁方向运动,且分子与容器壁的碰撞为完全弹性的. 则

(1) 每个分子作用于器壁的冲量 $\Delta P=$ ＿＿＿＿＿＿;

(2) 每秒碰在器壁单位面积上的分子数 $n_0 =$ _____;

(3) 作用在器壁上的压强 $p =$ _____.

14. 如图所示的两条曲线分别表示氦、氧两种气体在相同温度 T 时分子按速率的分布,其中

(1) 曲线 I 表示_____气分子的速率分布曲线;

(2) 画有阴影的小长条面积表示_____;

(3) 速率大于 v_0 的那些分子的平均速率 = _____.

题 14 图

15. 一定量理想气体,从同一状态开始使其体积由 V_1 膨胀到 $2V_1$,分别经历以下三种过程:(1) 等压过程;(2) 等温过程;(3) 绝热过程. 其中:_____过程气体对外做功最多;_____过程气体内能增加最多;_____过程气体吸收的热量最多.

16. 有一卡诺热机,用 290 g 空气为工作物质,工作在 27 ℃的高温热源与 −73 ℃的低温热源之间. 其热机效率为_____. 若在等温膨胀的过程中气缸体积增大到 2.718 倍,则此热机每一循环所做的功为_____(空气的摩尔质量为 29×10^{-3} kg·mol^{-1},普适气体常量 $R = 8.31$ J·mol^{-1}·K^{-1}),该可逆卡诺循环的制冷系数为_____.

17. 将温度为 T_1 的 1 mol H_2 和温度为 T_2 的 1 mol He 相混合,在混合过程中与外界不发生任何能量交换,若这两种气体均可视为理想气体,则达到平衡后混合气体的温度为_____.

18. 设高温热源的绝对温度是低温热源的 n 倍,则在一个卡诺循环中,气体将把从高温热源吸收热量的_____倍放给低温热源.

19. 单原子分子理想气体热循环过程如图所示,其效率 $\eta =$ _____. 工作在该循环过程所经历的最高温度热源与最低温度热源之间的卡诺循环效率 $\eta_卡 =$ _____.

题 19 图

20. 热力学系统处于某一宏观态时,将它的熵记为 S,该宏观态包含的微观状态个数记为 ω. 玻尔兹曼假设两者间的关系为_____. 一个系统从平衡态 A 经绝热过程到达平衡态 B,状态 A 的熵为 S_A 与状态 B 的熵 S_B 之间大小关系_____.

三、计算题

21. 能量按自由度均分原理的内容是什么?试用分子热运动的特征来说明这一原理,并论证质量为 M 的理想气体,在温度为 T 的平衡态下,其内能为 $E = \dfrac{iRTM}{2M_{mol}}$(式中 i 是分子自由度,R 是普适气体常量).

22. 一气缸内盛有一定量的刚性双原子分子理想气体,气缸活塞的面积 $S = 0.05$ m^2,活塞与气缸壁间不漏气,摩擦忽略不计. 活塞右侧通大气,大气压强 $p_0 = 1.0 \times 10^5$ Pa. 刚度系数 $k = 5 \times 10^4$ N·m^{-1} 的一根弹簧的两端分别固定于活塞和一固定板上,如图所示. 开始时气缸内气体处于压强、体积分别为 $p_1 = p_0 = 1.0 \times 10^5$ Pa,

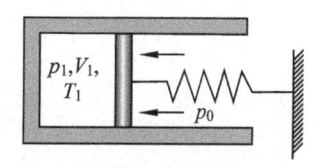

题 22 图

$V_1 = 0.015$ m^3 的初态,弹簧为原长. 今缓慢加热气缸,缸内气体缓慢地膨胀到 $V_2 = 0.02$ m^3. 求在此过程中气体对外做的功及从外界吸收的热量.

23. 1 mol 双原子分子理想气体作如图的可逆循环过程,其中 1→2 为直线,2→3 为绝热线,3→1 为等温线.已知 $T_2=2T_1$,$V_3=8V_1$ 试求:
(1) 各过程的功,内能增量和传递的热量(用 T_1 和已知常量表示);
(2) 此循环的效率 η.

24. 如图所示,一金属圆筒中盛有 1 mol 刚性双原子分子的理想气体,用可动活塞封住,圆筒浸在冰水混合物中. 迅速推动活塞,使气体从标准状态(活塞位置Ⅰ)压缩到体积为原来一半的状态(活塞位置Ⅱ),然后维持活塞不动,待气体温度下降至 0℃,再让活塞缓慢上升到位置Ⅰ,完成一次循环.
(1) 试在 p-V 图上画出相应的理想循环曲线;
(2) 若作 100 次循环放出的总热量全部用来融化冰,则有多少冰被融化(已知冰的熔化热 $\lambda=3.35\times10^5$ J·kg^{-1},普适气体常量 $R=8.31$ J·mol^{-1}·K^{-1})?

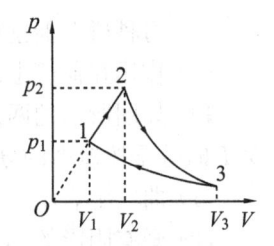

题 23 图

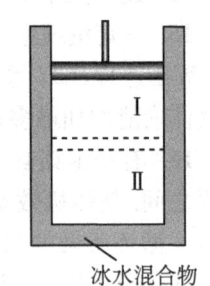

题 24 图

热学综合测试参考答案

电学综合测试

一、选择题

1. 下面列出的真空中静电场的场强公式,其中哪个是正确的?[　　]

(A) 点电荷 q 的电场: $\vec{E}=\dfrac{q}{4\pi\varepsilon_0 r^2}$($r$ 为点电荷到场点的距离).

(B) "无限长"均匀带电直线(电荷线密度 λ)的电场: $\vec{E}=\dfrac{\lambda}{2\pi\varepsilon_0 r^3}\vec{r}$($\vec{r}$ 为带电直线到场点的垂直于直线的矢量).

(C) "无限大"均匀带电平面(电荷面密度 σ)的电场: $\vec{E}=\dfrac{\sigma}{2\varepsilon_0}$.

(D) 半径为 R 的均匀带电球面(电荷面密度 σ)外的电场: $\vec{E}=\dfrac{\sigma R^2}{\varepsilon_0 r^3}\vec{r}$($\vec{r}$ 为球心到场点的矢量).

2. 一点电荷,放在球形高斯面的中心处.下列哪一种情况,通过高斯面的电场强度通量发生变化?[　　]

(A) 将另一点电荷放在高斯面外.
(B) 将另一点电荷放进高斯面内.
(C) 将球心处的点电荷移开,但仍在高斯面内.
(D) 将高斯面半径缩小.

3. 静电场中某点电势的数值等于[　　]
(A) 试验电荷 q_0 置于该点时具有的电势能.
(B) 单位试验电荷置于该点时具有的电势能.
(C) 单位正电荷置于该点时具有的电势能.
(D) 把单位正电荷从该点移到电势零点外力所做的功.

4. 如图所示,在真空中半径分别为 R 和 $2R$ 的两个同心球面,其上分别均匀地带有电荷 $+q$ 和 $-3q$.今将一电量为 $+Q$ 的带电粒子从内球面处由静止释放,则该粒子到达外球面时的动能为[　　]

(A) $\dfrac{Qq}{4\pi\varepsilon_0 R}$. 　　(B) $\dfrac{Qq}{2\pi\varepsilon_0 R}$.

(C) $\dfrac{Qq}{8\pi\varepsilon_0 R}$. 　　(D) $\dfrac{3Qq}{8\pi\varepsilon_0 R}$.

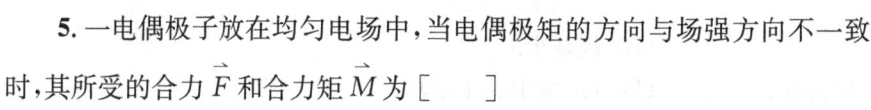

题 4 图

5. 一电偶极子放在均匀电场中,当电偶极矩的方向与场强方向不一致时,其所受的合力 $\vec{F}$ 和合力矩 $\vec{M}$ 为[　　]

(A) $\vec{F}=0,\vec{M}=0$. 　　(B) $\vec{F}=0,\vec{M}\neq 0$.
(C) $\vec{F}\neq 0,\vec{M}=0$. 　　(D) $\vec{F}\neq 0,\vec{M}\neq 0$.

6. 一"无限大"均匀带电平面 A,其附近放一与它平行的有一定厚度的"无限大"平面导体板 B,如图所示.已知 A 上的电荷面密度为 $+\sigma$,则在导体板 B 的两个表面 1 和 2 上的感生电荷面密度为[　　]

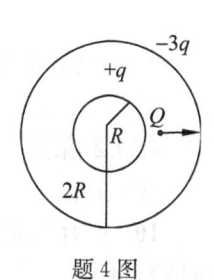

(A) $\sigma_1=-\sigma, \sigma_2=+\sigma$. (B) $\sigma_1=-\frac{1}{2}\sigma, \sigma_2=+\frac{1}{2}\sigma$.

(C) $\sigma_1=-\frac{1}{2}\sigma, \sigma_1=-\frac{1}{2}\sigma$. (D) $\sigma_1=-\sigma, \sigma_2=0$.

7. 一长直导线横截面半径为 a，导线外同轴地套一半径为 b 的薄圆筒，两者互相绝缘，并且外筒接地，如图所示. 设导线单位长度的电荷为 $+\lambda$，并设地的电势为零，则两导体之间的 P 点 ($\overline{OP}=r$) 的场强大小和电势分别为 [   ]

(A) $E=\dfrac{\lambda}{4\pi\varepsilon_0 r^2}, U=\dfrac{\lambda}{2\pi\varepsilon_0}\ln\dfrac{b}{a}$. (B) $E=\dfrac{\lambda}{4\pi\varepsilon_0 r^2}, U=\dfrac{\lambda}{2\pi\varepsilon_0}\ln\dfrac{b}{r}$.

(C) $E=\dfrac{\lambda}{2\pi\varepsilon_0 r}, U=\dfrac{\lambda}{2\pi\varepsilon_0}\ln\dfrac{a}{r}$. (D) $E=\dfrac{\lambda}{2\pi\varepsilon_0 r}, U=\dfrac{\lambda}{2\pi\varepsilon_0}\ln\dfrac{b}{r}$.

8. 一平行板电容器与电源相连，电源端电压为 U，电容器极板间距离为 d. 电容器中充满二块大小相同、介电常量（电容率）分别为 ε_1、ε_2 的均匀介质板，如图所示，则左、右两侧介质中的电位移矢量 $\vec{D}$ 的大小分别为 [   ]

(A) $\varepsilon_0 U/d, \varepsilon_0 U/d$. (B) $\varepsilon_1 U/d, \varepsilon_2 U/d$.

(C) $\varepsilon_0\varepsilon_1 U/d, \varepsilon_0\varepsilon_2 U/d$. (D) $U/(\varepsilon_1 d), U/(\varepsilon_2 d)$.

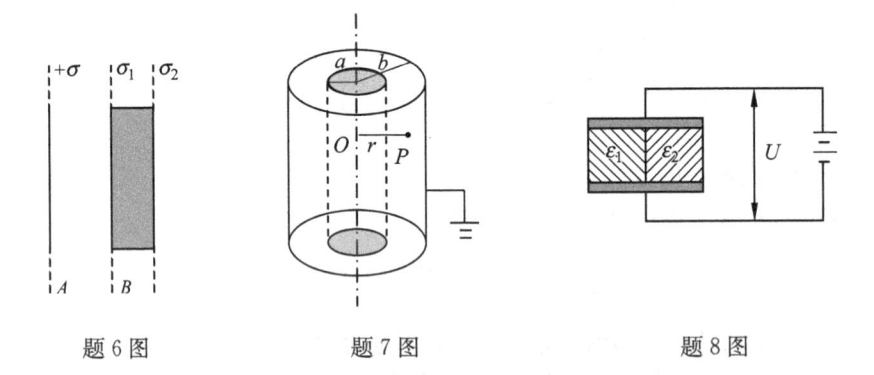

题 6 图   题 7 图   题 8 图

9. 如果某带电体其电荷分布的体密度 ρ 增大为原来的 2 倍，则其电场的能量变为原来的 [   ]

(A) 2 倍. (B) 1/2 倍.

(C) 4 倍. (D) 1/4 倍.

10. 用力 F 把电容器中的电介质板拉出，在图 (a) 和 (b) 的两种情况下，电容器中储存的静电能量将 [   ]

(A) 都增加. (B) 都减少.

(C) (a) 增加，(b) 减少. (D) (a) 减少，(b) 增加.

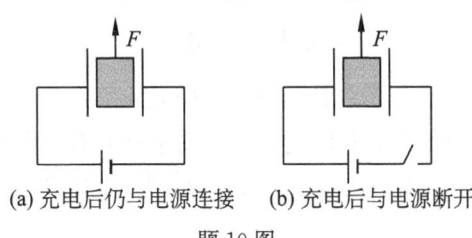

(a) 充电后仍与电源连接   (b) 充电后与电源断开

题 10 图

二、填空题

11. 真空中一半径为 R 的均匀带电球面带有电荷 $Q(Q>0)$. 今在球面上挖去非常小块的面积 ΔS(连同电荷),如图所示,假设不影响其他处原来的电荷分布,则挖去 ΔS 后球心处电场强度的大小 $E=$ _____,其方向为 _____.

12. 如图所示,两块"无限大"均匀带电平行平板的电荷面密度分别为 $+\sigma$ 和 $-\sigma$,两板间是真空. 在两板间取一立方体形的高斯面,设每一面面积是 S,立方体形的两个面 M、N 与平板平行. 则通过 M 面的电场强度通量 $\Phi_1=$ _____,通过 N 面的电场强度通量 $\Phi_2=$ _____.

13. 在静电场中,一质子(带电荷 $e=1.6\times10^{-19}$ C)沿四分之一的圆弧轨道从 A 点移到 B 点(如图所示),电场力做功 8.0×10^{-15} J. 则当质子沿四分之三的圆弧轨道从 B 点回到 A 点时,电场力做功 $A=$ _____. 设 A 点电势为零,则 B 点电势 $U=$ _____.

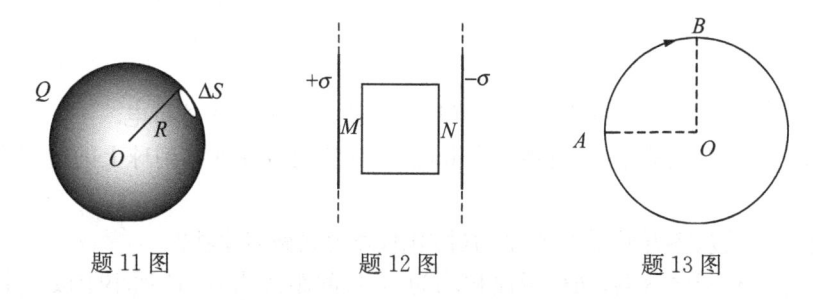

题 11 图　　　　　题 12 图　　　　　题 13 图

14. 一半径为 R 的均匀带电圆盘,电荷面密度为 σ,设无穷远处为电势零点,则圆盘中心 O 点的电势 $U=$ _____.

15. 一均匀静电场,电场强度 $\vec{E}=(400\vec{i}+600\vec{j})$ V·m^{-1},则点 $a(3,2)$ 和点 $b(1,0)$ 之间的电势差 $U_{ab}=$ _____(点的坐标 x、y 以米计).

16. 空气平行板电容器的两极板面积均为 S,两板相距很近,电荷在平板上的分布可以认为是均匀的. 设两极板分别带有电荷 $\pm Q$,则两板间相互吸引力为 _____.

17. 一电矩为 $\vec{p}$ 的电偶极子在场强为 $\vec{E}$ 的均匀电场中,$\vec{p}$ 与 $\vec{E}$ 间的夹角为 α,则它所受的电场力 $\vec{F}=$ _____,力矩的大小 $M=$ _____.

18. 一空气平行板电容器,两极板间距为 d,充电后板间电压为 U. 然后将电源断开,在两板间平行地插入一厚度为 $d/3$ 的金属板,则板间电压变成 $U'=$ _____.

19. 如图所示,将一负电荷从无穷远处移到一个不带电的导体附近,则导体内的电场强度 _____,导体的电势 _____.(填增大、不变、减小)

20. 在相对介电常量 $\varepsilon_r=4$ 的各向同性均匀电介质中,与电能密度 $w_e=2\times10^6$ J·cm^{-3} 相应的电场强度的大小 $E=$ _____.(真空介电常量 $\varepsilon_0=8.85\times10^{-12}$ C^2/(N·m^2))

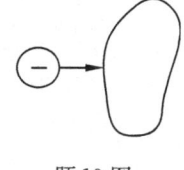

题 19 图

三、计算题

21. 真空中有一半径为 R 的圆平面. 在通过圆心 O 与平面垂直的轴线上一点 P 处,有一电荷为 q 的点电荷. O、P 间距离为 h,如图所示. 试求通过该圆平面的电场强度通量.

22. 一半径为 R 的"无限长"圆柱形带电体,其电荷体密度为 $\rho = Ar$ ($r \leq R$),式中 A 为常量. 试求:

(1) 圆柱体内、外各点场强大小分布;

(2) 选与圆柱轴线的距离为 l ($l > R$) 处为电势零点,计算圆柱体内、外各点的电势分布.

23. 如图所示,半径为 R 的均匀带电球面,带有电荷 q. 沿某一半径方向上有一均匀带电细线,电荷线密度为 λ,长度为 l,细线左端离球心距离为 r_0. 设球和线上的电荷分布不受相互作用影响,试求细线所受球面电荷的电场力和细线在该电场中的电势能(设无穷远处的电势为零).

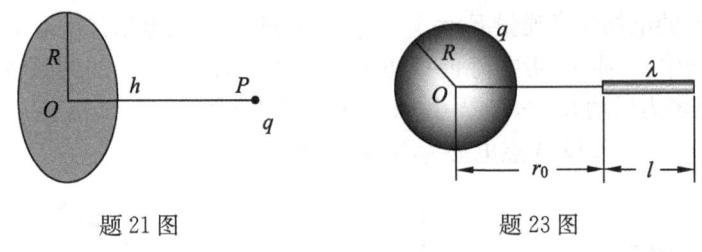

题 21 图

题 23 图

24. 假想从无穷远处陆续移来微量电荷使一半径为 R 的导体球带电.

(1) 当球上已带有电荷 q 时,再将一个电荷元 dq 从无穷远处移到球上的过程中,外力做多少功?

(2) 使球上电荷从零开始增加到 Q 的过程中,外力共做多少功?

25. 一空气平行板电容器,两极板面积均为 S,板间距离为 d (d 远小于极板线度),在两极板间平行地插入一面积也是 S、厚度为 t ($t < d$) 的金属片,如图所示. 试问:

(1) 电容 C 等于多少?

(2) 金属片放在两极板间的位置对电容值有无影响?

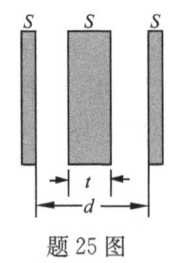

题 25 图

电学综合测试参考答案

磁学综合测试

一、选择题

1. 在磁感强度为 $\vec{B}$ 的均匀磁场中作一半径为 r 的半球面 S，S 边线所在平面的法线方向单位矢量 $\vec{n}$ 与 $\vec{B}$ 的夹角为 α，如图所示，则通过半球面 S 的磁通量（取弯面向外为正）为 [　　]

(A) $\pi r^2 B$.　　　　(B) $2\pi r^2 B$.
(C) $-\pi r^2 B \sin\alpha$.　　(D) $-\pi r^2 B \cos\alpha$.

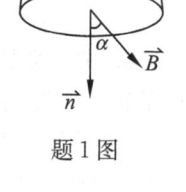

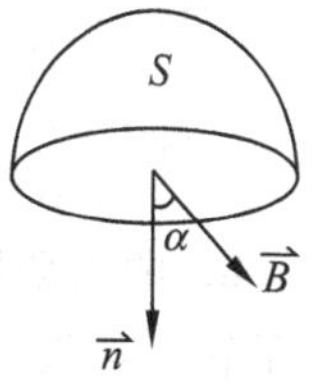

2. 如图所示，边长为 a 的正方形的四个角上固定有四个电荷均为 q 的点电荷. 此正方形以角速度 ω 绕 AC 轴旋转时，在中心 O 点产生的磁感强度大小为 B_1；此正方形同样以角速度 ω 绕过 O 点垂直于正方形平面的轴旋转时，在 O 点产生的磁感强度的大小为 B_2，则 B_1 与 B_2 间的关系为 [　　]

(A) $B_1 = B_2$.　　(B) $B_1 = 2B_2$.
(C) $B_1 = \frac{1}{2} B_2$.　　(D) $B_1 = B_2/4$.

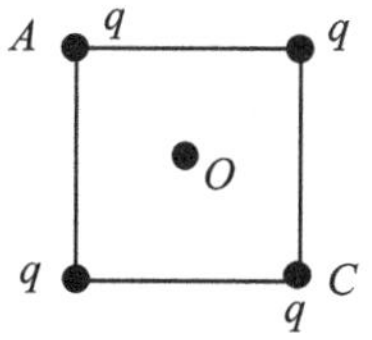

3. 无限长直圆柱体，半径为 R，沿轴向均匀流有电流. 设圆柱体内（$r < R$）的磁感强度为 B_i，圆柱体外（$r > R$）的磁感强度为 B_e，则有 [　　]

(A) B_i、B_e 均与 r 成正比.
(B) B_i、B_e 均与 r 成反比.
(C) B_i 与 r 成反比，B_e 与 r 成正比.
(D) B_i 与 r 成正比，B_e 与 r 成反比.

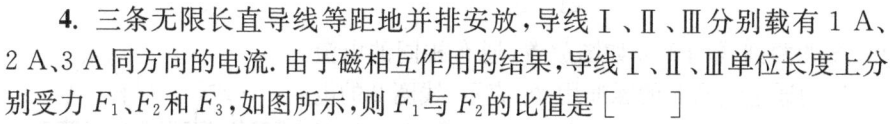

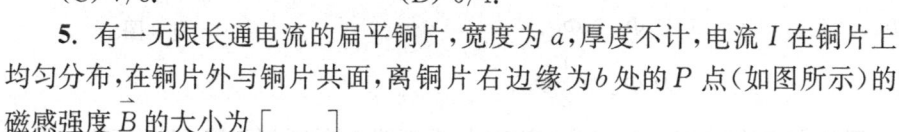

4. 三条无限长直导线等距地并排安放，导线Ⅰ、Ⅱ、Ⅲ分别载有 1 A、2 A、3 A 同方向的电流. 由于磁相互作用的结果，导线Ⅰ、Ⅱ、Ⅲ单位长度上分别受力 F_1、F_2 和 F_3，如图所示，则 F_1 与 F_2 的比值是 [　　]

(A) 7/16.　　(B) 5/8.
(C) 7/8.　　(D) 5/4.

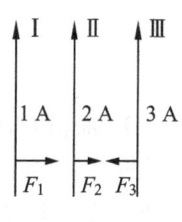

5. 有一无限长通电流的扁平铜片，宽度为 a，厚度不计，电流 I 在铜片上均匀分布，在铜片外与铜片共面，离铜片右边缘为 b 处的 P 点（如图所示）的磁感强度 $\vec{B}$ 的大小为 [　　]

(A) $\dfrac{\mu_0 I}{2\pi(a+b)}$.　　(B) $\dfrac{\mu_0 I}{2\pi a} \ln \dfrac{a+b}{b}$.
(C) $\dfrac{\mu_0 I}{2\pi b} \ln \dfrac{a+b}{b}$.　　(D) $\dfrac{\mu_0 I}{\pi(a+2b)}$.

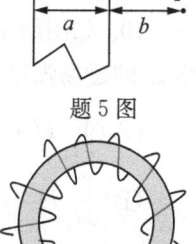

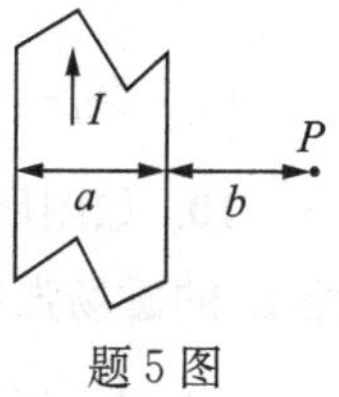

6. 如图所示的一细螺绕环，它由表面绝缘的导线在铁环上密绕而成，每厘米绕 10 匝. 当导线中的电流 I 为 2.0 A 时，测得铁环内的磁感应强度的大小 B 为 1.0 T，则可求得铁环的相对磁导率 μ_r 为（真空磁导率 $\mu_0 = 4\pi \times 10^{-7}$ T·m·A^{-1}） [　　]

(A) 7.96×10^2.　　(B) 3.98×10^2.

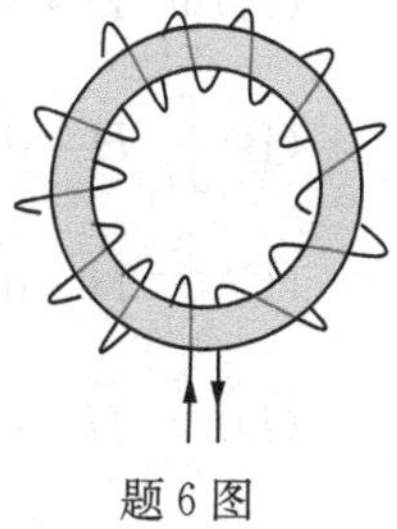

(C) 1.99×10^2. (D) 63.3.

7. 在一通有电流 I 的无限长直导线所在平面内,有一半径为 r、电阻为 R 的导线小环,环中心距直导线为 a,如图所示,且 $a\gg r$. 当直导线的电流被切断后,沿着导线环流过的电荷约为 [   ]

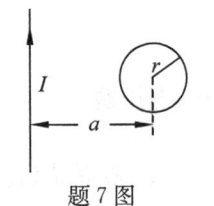

(A) $\dfrac{\mu_0 I r^2}{2\pi R}(\dfrac{1}{a}-\dfrac{1}{a+r})$.   (B) $\dfrac{\mu_0 I r}{2\pi R}\ln\dfrac{a+r}{a}$.

(C) $\dfrac{\mu_0 I r^2}{2aR}$.   (D) $\dfrac{\mu_0 I a^2}{2rR}$.

题 7 图

8. 两条金属轨道放在均匀磁场中. 磁场方向垂直纸面向里,如图所示. 在这两条轨道上垂直于轨道架设两条长而刚性的裸导线 P 与 Q. 金属线 P 中接入一个高阻伏特计. 令导线 Q 保持不动,而导线 P 以恒定速度平行于导轨向左移动. (A)～(E)各图中哪一个正确表示伏特计电压 V 与时间 t 的关系? [   ]

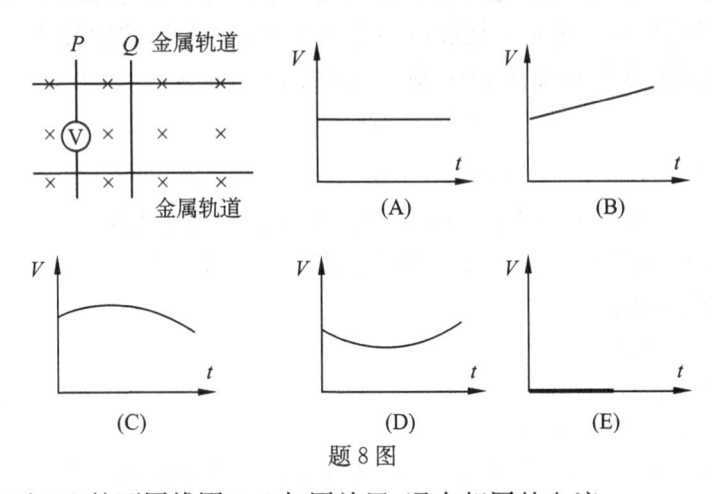

题 8 图

9. 面积为 S 和 $2S$ 的两圆线圈 1、2 如图放置,通有相同的电流 I. 线圈 1 的电流所产生的通过线圈 2 的磁通用 Φ_{21} 表示,线圈 2 的电流所产生的通过线圈 1 的磁通用 Φ_{12} 表示,则 Φ_{21} 和 Φ_{12} 的大小关系为 [   ]

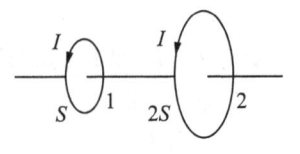

(A) $\Phi_{21}=2\Phi_{12}$.   (B) $\Phi_{21}>\Phi_{12}$.

(C) $\Phi_{21}=\Phi_{12}$.   (D) $\Phi_{21}=\dfrac{1}{2}\Phi_{12}$.

题 9 图

10. 如图所示,平板电容器(忽略边缘效应)充电时,沿环路 L_1 的磁场强度 $\vec{H}$ 的环流与沿环路 L_2 的磁场强度 $\vec{H}$ 的环流,两者必有 [   ]

(A) $\oint_{L_1}\vec{H}\cdot d\vec{l}'>\oint_{L_2}\vec{H}\cdot d\vec{l}'$.

(B) $\oint_{L_1}\vec{H}\cdot d\vec{l}'=\oint_{L_2}\vec{H}\cdot d\vec{l}'$.

(C) $\oint_{L_1}\vec{H}\cdot d\vec{l}'<\oint_{L_2}\vec{H}\cdot d\vec{l}'$.

(D) $\oint_{L_1}\vec{H}\cdot d\vec{l}'=0$.

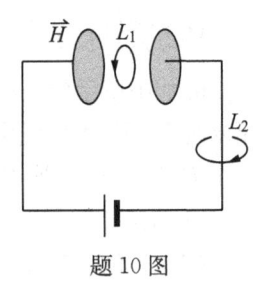

题 10 图

11. 在一个长直圆柱形导体外面套一个与它共轴的导体长圆筒,两导体的电导率可以认为是无限大. 在圆柱与圆筒之间充满电导率为 γ 的均匀导电物质,当在圆柱与圆筒间加上一定电压时,在长度为 l 的一段导体上总的径向电流为 I,如图所示. 则在柱与筒之间与轴线的距离为 r 的点的电场强度为 [   ]

(A) $\dfrac{2\pi rI}{l^2 \gamma}$.   (B) $\dfrac{I}{2\pi rl\gamma}$.

(C) $\dfrac{Il}{2\pi r^2 \gamma}$.   (D) $\dfrac{I\gamma}{2\pi rl}$.

题 11 图

二、填空题

12. 如图所示,边长为 $2a$ 的等边三角形线圈,通有电流 I,则线圈中心处的磁感强度的大小为_____.

13. 半径为 R 的空心载流无限长螺线管,单位长度有 n 匝线圈,导线中电流为 I. 今在螺线管中部以与轴成 α 角的方向发射一个质量为 m,电荷为 q 的粒子(如图所示). 则该粒子初速 v_0 必须小于或等于_____,才能保证它不与螺线管壁相撞.

14. 如图所示,均匀磁场中放一均匀带正电荷的圆环,其线电荷密度为 λ,圆环可绕通过环心 O 与环面垂直的转轴旋转. 当圆环以角速度 ω 转动时,圆环受到的磁力矩为_____,其方向_____.

15. 沿着图示的两条不共面而彼此垂直的无限长的直导线,流过电流强度 $I_1 = 3$ A 和 $I_2 = 4$ A 的电流. 在距离两导线皆为 $d = 20$ cm 处的 A 点处磁感强度的大小 $B =$ _____ (真空中的磁导率 $\mu_0 = 4\pi \times 10^{-7}$ T·m·A^{-1}).

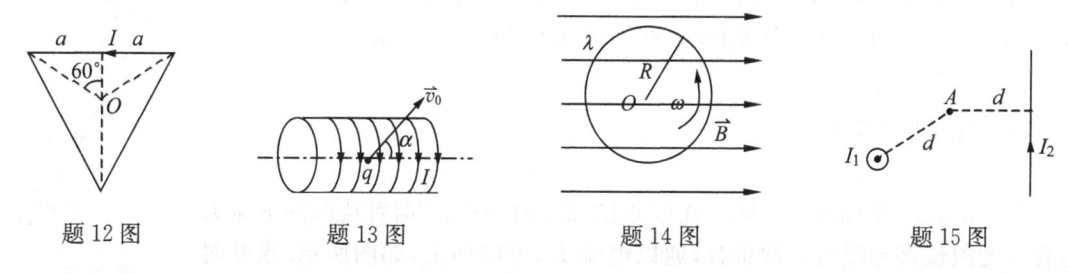

题 12 图   题 13 图   题 14 图   题 15 图

16. 一个绕有 500 匝导线的平均周长 50 cm 的细环,载有 0.3 A 电流时,铁芯的相对磁导率为 600.

(1) 铁芯中的磁感强度 B 为_____.

(2) 铁芯中的磁场强度 H 为_____.

($\mu_0 = 4\pi \times 10^{-7}$ T·m·A^{-1}.)

17. 如图所示为三种不同的磁介质的 B-H 关系曲线,其中虚线表示的是 $B = \mu_0 H$ 的关系. 说明 a、b、c 各代表哪一类磁介质的 B-H 关系曲线:

a 代表_____的 B-H 关系曲线.

b 代表_____的 B-H 关系曲线.

c 代表_____的 B-H 关系曲线.

18. 磁换能器常用来检测微小的振动. 如图所示,在振动杆的一

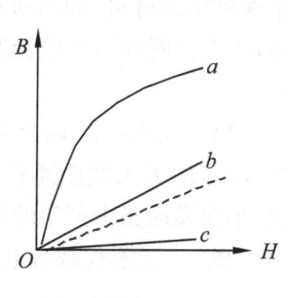

题 17 图

端固接一个 N 匝的矩形线圈,线圈的一部分在匀强磁场 $\vec{B}$ 中,设杆的微小振动规律为 $x = A\cos\omega t$,线圈随杆振动时,线圈中的感应电动势为_____.

19. 如图所示,aOc 为一折成"∠"形的金属导线($aO = Oc = L$),位于 xy 平面中;磁感强度为 $\vec{B}$ 的匀强磁场垂直于 xy 平面. 当 aOc 以速度 $\vec{v}$ 沿 x 轴正向运动时,导线上 a、c 两点间电势差 $U_{ac}=$_____;当 aOc 以速度 $\vec{v}$ 沿 y 轴正向运动时,a、c 两点的电势相比较,是_____点电势高.

20. 如图所示为一圆柱体的横截面,圆柱体内有一均匀电场 $\vec{E}$,其方向垂直纸面向内,$\vec{E}$ 的大小随时间 t 线性增加,P 为柱体内与轴线相距为 r 的一点则
(1) P 点的位移电流密度的方向为_____.
(2) P 点感生磁场的方向为_____.

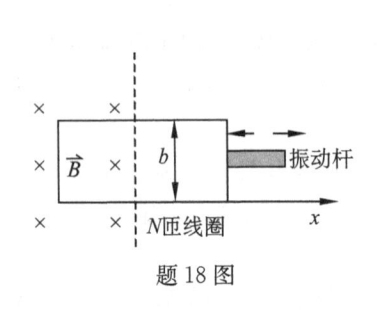

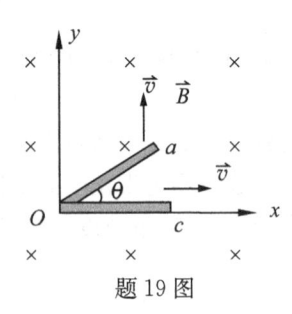

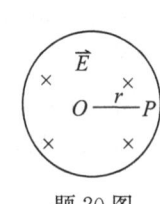

题 18 图　　题 19 图　　题 20 图

三、计算题

21. 已知如图所示,均匀带电刚性细杆 AB,线电荷密度为 λ,绕垂直于直线的轴 O 以 ω 角速度匀速转动(O 点在细杆 AB 延长线上). 求:
(1) O 点的磁感强度 $\vec{B}_O$;
(2) 系统的磁矩 $\vec{p}_m$;
(3) 若 $a \gg b$,求 B_O 及 p_m.

22. 在 xOy 平面内有一圆心在 O 点的圆线圈,通以顺时针绕向的电流 I_1 另有一无限长直导线与 y 轴重合,通以电流 I_2,方向向上,如图所示. 求此时圆线圈所受的磁力.

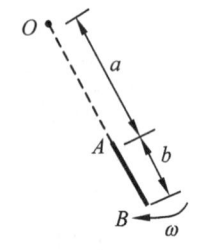

题 21 图

23. 一根同轴线由半径为 R_1 的长导线和套在它外面的内半径为 R_2、外半径为 R_3 的同轴导体圆筒组成. 中间充满磁导率为 μ 的各向同性均匀非铁磁绝缘材料,如图所示. 传导电流 I 沿导线向上流去,由圆筒向下流回,在它们的截面上电流都是均匀分布的. 求同轴线内外磁感强度大小分布.

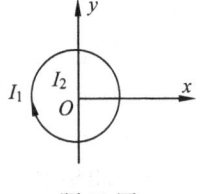

题 22 图

24. 如图所示,两个半径分别为 R 和 r 的同轴圆形线圈相距 x,且 $R \gg r$,$x \gg R$. 若大线圈通有电流 I 而小线圈沿 x 轴方向以速率 v 运动,试求 $x = NR$ 时(N 为正数)小线圈回路中产生的感应电动势的大小.

25. 一无限长载有电流 I 的直导线旁边有一与之共面的矩形线圈,线圈的边长分别为 l 和 b,l 边与长直导线平行. 线圈以速度 $\vec{v}$ 垂直离开直导线,如图所示. 求当矩形线圈与无限长直导

线间的互感系数 $M=\dfrac{\mu_0 l}{2\pi}$ 时,线圈的位置及此时线圈内的感应电动势的大小.

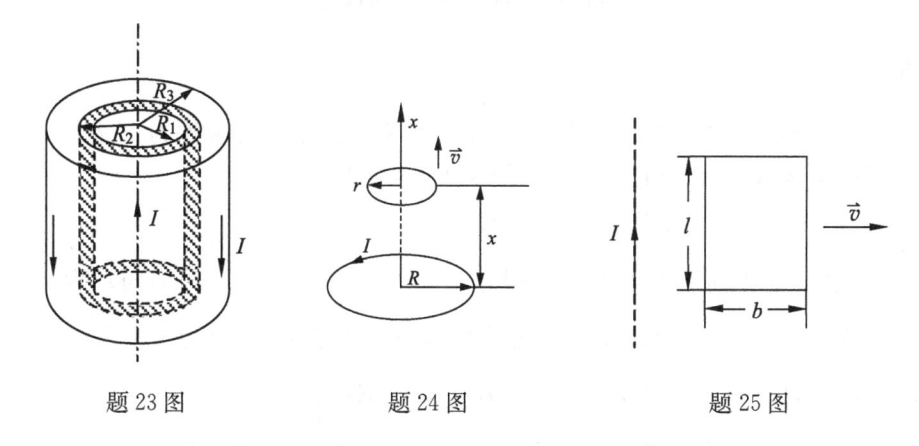

题 23 图　　　题 24 图　　　题 25 图

磁学综合测试参考答案

振动与波综合测试

一、选择题

1. 一质量为 m 的物体挂在刚度系数为 k 的轻弹簧下面,振动角频率为 ω. 若把此弹簧分割成二等份,将物体 m 挂在分割后的一根弹簧上,则振动角频率是 [   ]

   (A) 2ω.　　(B) $\sqrt{2}\omega$.　　(C) $\omega/\sqrt{2}$.　　(D) $\omega/2$.

2. 一质点沿 x 轴做简谐振动,振动方程为 $x=4\times 10^{-2}\cos(2\pi t+\dfrac{1}{3}\pi)$ (SI). 从 $t=0$ 时刻起,到质点位置 $x=-2$ cm 处,且向 x 轴正方向运动的最短时间间隔为 [   ]

   (A) $\dfrac{1}{8}$ s.　　(B) $\dfrac{1}{6}$ s.　　(C) $\dfrac{1}{4}$ s.　　(D) $\dfrac{1}{3}$ s.　　(E) $\dfrac{1}{2}$ s.

3. 已知某简谐振动的振动曲线如图所示,位移的单位为厘米,时间单位为秒. 则此简谐振动的振动方程为 [   ]

   (A) $x=2\cos(\dfrac{2}{3}\pi t+\dfrac{2}{3}\pi)$.

   (B) $x=2\cos(\dfrac{2}{3}\pi t-\dfrac{2}{3}\pi)$.

   (C) $x=2\cos(\dfrac{4}{3}\pi t+\dfrac{2}{3}\pi)$.

   (D) $x=2\cos(\dfrac{4}{3}\pi t-\dfrac{2}{3}\pi)$.

   (E) $x=2\cos(\dfrac{4}{3}\pi t-\dfrac{1}{4}\pi)$.

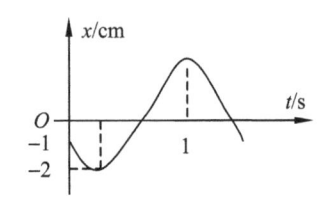

   题 3 图

4. 一物体做简谐振动,振动方程为 $x=A\cos(\omega t+\dfrac{1}{2}\pi)$. 则该物体在 $t=0$ 时刻的动能与 $t=T/8$(T 为振动周期)时刻的动能之比为 [   ]

   (A) 1∶4.　　(B) 1∶2.　　(C) 1∶1.

   (D) 2∶1.　　(E) 4∶1.

5. 图中所画的是两个简谐振动的振动曲线. 若这两个简谐振动可叠加,则合成的余弦振动的初相位为 [   ]

   (A) $\dfrac{3}{2}\pi$.　　(B) π.

   (C) $\dfrac{1}{2}\pi$.　　(D) 0.

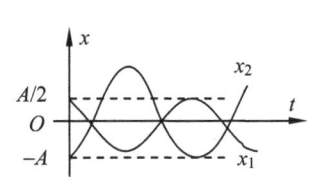

   题 5 图

6. 如图所示,一平面简谐波以波速 u 沿 x 轴正方向传播,O 为坐标原点. 已知 P 点的振动方程为 $y=A\cos\omega t$,则 [   ]

   (A) O 点的振动方程为 $y=A\cos\omega(t-l/u)$.

   (B) 波的表达式为 $y=A\cos\omega[t-(l/u)-(l/u)]$.

   (C) 波的表达式为 $y=A\cos\omega[t+(l/u)-(x/u)]$.

   (D) C 点的振动方程为 $y=A\cos\omega(t-3l/u)$.

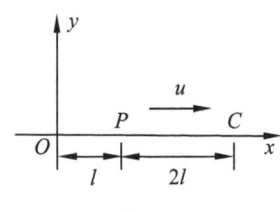

   题 6 图

7. 图中画出的是一平面简谐波在 $t=2$ s 时刻的波形图,则平衡位置在 P 点的质点的振动方程是 [ ]

(A) $y_P=0.01\cos[\pi(t-2)+\frac{1}{3}\pi]$ (SI).

(B) $y_P=0.01\cos[\pi(t+2)+\frac{1}{3}\pi]$ (SI).

(C) $y_P=0.01\cos[2\pi(t-2)+\frac{1}{3}\pi]$ (SI).

(D) $y_P=0.01\cos[2\pi(t-2)-\frac{1}{3}\pi]$ (SI).

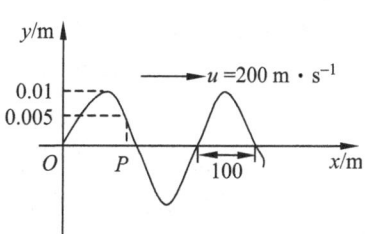

题 7 图

8. 一平面简谐波在弹性介质中传播,在介质质元从最大位移处回到平衡位置的过程中,[ ]

(A) 它的势能转换成动能.

(B) 它的动能转换成势能.

(C) 它从相邻的一段介质质元获得能量,其能量逐渐增加.

(D) 它把自己的能量传给相邻的一段介质质元,其能量逐渐减小.

9. 沿着相反方向传播的两列相干波,其表达式为 $y_1=A\cos2\pi(vt-x/\lambda)$ 和 $y_2=A\cos2\pi(vt+x/\lambda)$. 在叠加后形成的驻波中,各处简谐振动的振幅是 [ ]

(A) A. (B) $2A$.

(C) $2A\cos(2\pi x/\lambda)$. (D) $|2A\cos(2\pi x/\lambda)|$.

10. 机车汽笛频率为 750 Hz,机车以时速 90 公里远离静止的观察者. 观察者听到的声音的频率是(设空气中声速为 340 m·s^{-1}) [ ]

(A) 810 Hz. (B) 699 Hz. (C) 805 Hz. (D) 695 Hz.

二、填空题

11. 质点沿 x 轴以 $x=0$ 为平衡位置做简谐振动,频率为 0.25 Hz. $t=0$ 时,$x=-0.37$ cm 而速度等于零,则振幅是_____,振动方程为_____.

12. 两质点沿水平 x 轴线作相同频率和相同振幅的简谐振动,平衡位置都在坐标原点. 它们总是沿相反方向经过同一个点,其位移 x 的绝对值为振幅的一半,则它们之间的相位差为_____.

13. 如图所示,用旋转矢量法表示了一个简谐振动. 旋转矢量的长度为 0.04 m,旋转角速度 $\omega=4\pi$ rad·s^{-1}. 此简谐振动以余弦函数表示的振动方程为 $x=$ _____(SI).

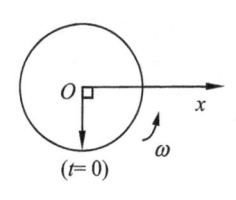

14. 一物块悬挂在弹簧下方做简谐振动,当这物块的位移等于振幅的一半时,其动能是总能量的_____(设平衡位置处势能为零). 当这物块在平衡位置时,弹簧的长度比原长长 Δl,这一振动系统的周期为_____.

题 13 图

15. 两个同方向同频率的简谐振动,其合振动的振幅为 20 cm,与第一个简谐振动的相位差为 $\varphi-\varphi_1=\pi/6$. 若第一个简谐振动的振幅为 $10\sqrt{3}$ cm $= 17.3$ cm,则第二个简谐振动的振幅为_____ cm,第一、二两个简谐振动的相位差 $\varphi_1-\varphi_2$ 为_____.

16. 一平面简谐波,波速为 6.0 m·s^{-1},振动周期为 0.1 s,则波长为_____. 在波的传播方向上,有两质点(其间距离小于波长)的振动相位差为 $5\pi/6$,则此两质点相距_____.

17. 沿 Ox 轴负方向传播简谐波,x 轴上 P_1 点振动方程为 $y_{P_1} = 0.04\cos(\pi t - \pi/2)$ (SI). x 轴上 P_2 点的坐标减去 P_1 点的坐标等于 $3\lambda/4$(λ 为波长),则 P_2 点的振动方程为_____.

18. 一平面简谐波在截面积 S 圆管中传播,其波的表达式为 $y = A\cos[\omega t - 2\pi(x/\lambda)]$,管中波的平均能量密度是 w,则通过截面积 S 的平均能流是_____.

19. 两相干波源 S_1 和 S_2 的振动方程分别是 $y_1 = A\cos(\omega t + \varphi)$ 和 $y_2 = A\cos(\omega t + \varphi)$,$S_1$ 距 P 点 3 个波长,S_2 距 P 点 4.5 个波长. 设波传播过程中振幅不变,则两波同时传到 P 点时的合振幅是_____.

20. 电磁波的能流密度称为_____,与电场、磁场的关系为_____.

三、计算题

21. 如图所示,有一水平弹簧振子,弹簧的刚度系数 $k = 24 \text{ N·m}^{-1}$,重物的质量 $m = 6 \text{ kg}$,重物静止在平衡位置上. 设以一水平恒力 $F = 10 \text{ N}$ 向左作用于物体(不计摩擦),使之由平衡位置向左运动了 0.05 m 时撤去力 F. 当重物运动到左方最远位置时开始计时,求物体的运动方程.

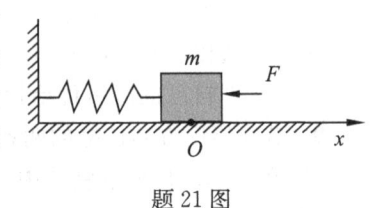

题 21 图

22. 在竖直悬挂的轻弹簧下端系一质量为 100 g 的物体,当物体处于平衡状态时,再对物体加一拉力使弹簧伸长,然后从静止状态将物体释放. 已知物体在 32 s 内完成 48 次振动,振幅为 5 cm.(1)上述的外加拉力是多大?(2)当物体在平衡位置以下 1 cm 处时,此振动系统的动能和势能各是多少?

23. 如图所示,一平面简谐波沿 x 轴正方向传播,BC 为波密介质的反射面. 波由 P 点反射,$\overline{OP} = 3\lambda/4$,$\overline{DP} = \lambda/6$. 在 $t = 0$ 时,O 处质点的合振动是经过平衡位置向负方向运动. 求 D 点处入射波与反射波的合振动方程(设入射波和反射波的振幅皆为 A,频率为 ν).

24. 如图所示,两相干波源在 x 轴上的位置为 S_1 和 S_2,其间距离为 $d = 30 \text{ m}$,S_1 位于坐标原点 O. 设波只沿 x 轴正负方向传播,单独传播时强度保持不变. $x_1 = 9 \text{ m}$ 和 $x_2 = 12 \text{ m}$ 处的两点是相邻的两个因干涉而静止的点. 求两波的波长和两波源间最小相位差.

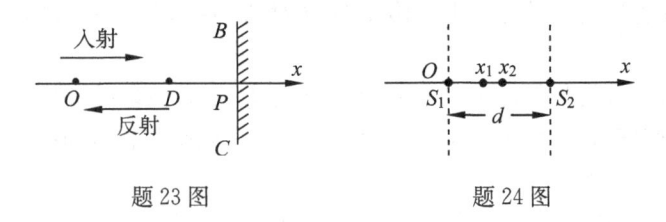

题 23 图　　　题 24 图

振动与波综合测试参考答案

光学综合测试

一、选择题

1. 如图所示,S_1、S_2 是两个相干光源,它们到 P 点的距离分别为 r_1 和 r_2. 路径 S_1P 垂直穿过一块厚度为 t_1,折射率为 n_1 的介质板,路径 S_2P 垂直穿过厚度为 t_2,折射率为 n_2 的另一介质板,其余部分可看作真空,这两条路径的光程差等于 [　　]

(A) $(r_2+n_2t_2)-(r_1+n_1t_1)$.
(B) $[r_2+(n_2-1)t_2]-[r_1+(n_1-1)t_1]$.
(C) $(r_2-n_2t_2)-(r_1-n_1t_1)$.
(D) $n_2t_2-n_1t_1$.

2. 在迈克耳孙干涉仪的一条光路中,放入一折射率为 n,厚度为 d 的透明薄片,放入后,这条光路的光程改变了 [　　]

(A) $2(n-1)d$.　　(B) $2nd$.　　(C) $2(n-1)d+\lambda/2$.
(D) nd.　　(E) $(n-1)d$.

3. 在如图所示三种透明材料构成的牛顿环装置中(图中数字为各处折射率),用单色光垂直照射,在反射光中看到干涉条纹,则在接触点 P 处形成的圆斑为 [　　]

(A) 全明.
(B) 全暗.
(C) 右半部明,左半部暗.
(D) 右半部暗,左半部明.

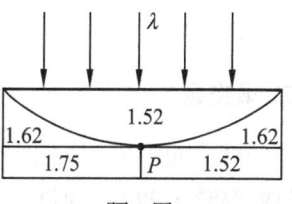

4. 在单缝夫琅禾费衍射装置中,设中央明纹的衍射角范围很小. 若使单缝宽度 a 变为原来的 $3/2$,同时使入射的单色光的波长 λ 变为原来的 $3/4$,则屏幕 C 上单缝衍射条纹中央明纹的宽度 Δx 将变为原来的 [　　]

(A) $3/4$ 倍.　　(B) $2/3$ 倍.　　(C) $1/2$ 倍.
(D) $9/8$ 倍.　　(E) 2 倍.

5. 在光栅光谱中,假如所有偶数级次的主极大都恰好在单缝衍射的暗纹方向上,因而实际上不出现,那么此光栅每个透光缝宽度 a 和相邻两缝间不透光部分宽度 b 的关系为 [　　]

(A) $a=b$.　　(B) $a=b/2$.
(C) $a=2b$.　　(D) $a=3b$.

6. 若星光的波长按 550 nm (1 nm $= 10^{-9}$ m) 计算,孔径为 127 cm 的大型望远镜所能分辨的两颗星的最小角距离 θ(从地上一点看两星的视线间夹角)是 [　　]

(A) 3.2×10^{-3} rad.　　(B) 1.8×10^{-4} rad.
(C) 5.3×10^{-7} rad.　　(D) 5.3×10^{-5} rad.

7. 某元素的特征光谱中含有波长分别为 $\lambda_1=450$ nm 和 $\lambda_2=750$ nm (1 nm$=10^{-9}$ m)的光谱线. 在光栅光谱中,这两种波长的谱线有重叠现象,重叠处 λ_2 的谱线的级数将是 [　　]

(A) $2,3,4,5,\cdots$　　(B) $2,5,8,11,\cdots$
(C) $2,4,6,8,\cdots$　　(D) $3,6,9,12,\cdots$

8. 一束光强为 I_0 的自然光,相继通过三个偏振片 P_1、P_2、P_3 后,出射光的光强为 $I = I_0/8$. 已知 P_1 和 P_3 的偏振化方向相互垂直,若以入射光线为轴,旋转 P_2,要使出射光的光强为零,P_2 最少要转过的角度是 [　　]

(A) 30°.　　　　　　(B) 45°.
(C) 60°.　　　　　　(D) 90°.

9. $ABCD$ 为一块方解石的一个截面,AB 为垂直于纸面的晶体平面与纸面的交线. 光轴方向在纸面内且与 AB 成一锐角 θ,如图所示. 一束平行的单色自然光垂直于 AB 端面入射. 在方解石内折射光分解为 o 光和 e 光,o 光和 e 光的 [　　]

(A) 传播方向相同,电场强度的振动方向互相垂直.
(B) 传播方向相同,电场强度的振动方向不互相垂直.
(C) 传播方向不同,电场强度的振动方向互相垂直.
(D) 传播方向不同,电场强度的振动方向不互相垂直.

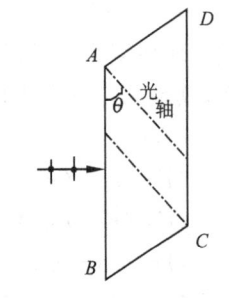

题9图

10. 某种透明介质对于空气的临界角(指全反射)等于 45°,光从空气射向此介质时的布儒斯特角是 [　　]

(A) 35.3°.　　　　　　(B) 40.9°.
(C) 45°.　　　　　　　(D) 54.7°.

二、填空题

11. 如图所示,在双缝干涉实验中 $\overline{SS_1} = \overline{SS_2}$,用波长为 λ 的光照射双缝 S_1 和 S_2,通过空气后在屏幕 E 上形成干涉条纹. 已知 P 点处为第三级明条纹,则 S_1 和 S_2 到 P 点的光程差为 _____. 若将整个装置放于某种透明液体中,P 点为第四级明条纹,则该液体的折射率 $n = $ _____.

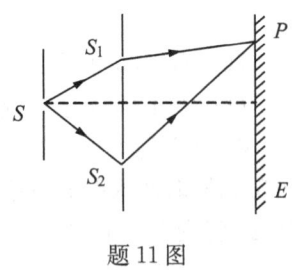

题11图

12. 波长为 λ_2 与 λ_1(设 $\lambda_1 > \lambda_2$)的两种平行单色光垂直照射到劈形膜上,已知劈形膜的折射率为 $n(n>1)$,劈形膜放在空气中,在反射光形成的干涉条纹中,这两种单色光的从棱边数起第五级暗条纹所对应的薄膜厚度之差是 _____.

13. 一平凸透镜,凸面朝下放在一平玻璃板上. 透镜刚好与玻璃板接触. 波长分别为 $\lambda_1 = 600$ nm 和 $\lambda_2 = 500$ nm 的两种单色光垂直入射,观察反射光形成的牛顿环. 从中心向外数的两种光的第五个明环所对应的空气膜厚度之差为 _____ nm.

14. 在折射率 $n = 1.50$ 的玻璃上,镀上 $n' = 1.35$ 的透明介质薄膜. 入射光波垂直于介质膜表面照射,观察反射光的干涉,发现对 $\lambda_1 = 600$ nm 的光波干涉相消,对 $\lambda_2 = 700$ nm 的光波干涉相长. 且在 600~700 nm 之间没有别的波长是最大限度相消或相长的情形. 则所镀介质膜的厚度为 _____.

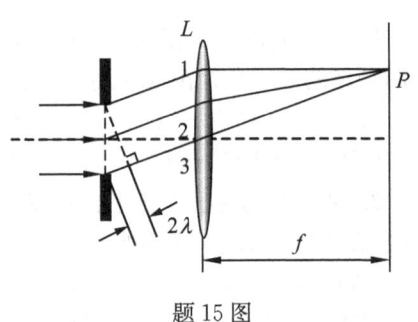

15. 在单缝夫琅禾费衍射示意图中,所画出的各条正入射光线间距相等,那么光线1与2在幕上 P 点上相

题15图

遇时的相位差为_____,P 点应为_____点.

16. 现有一会聚透镜,直径为 3 cm,焦距为 20 cm. 照射光波长 550 nm. 为了可以分辨,两个远处的点状物体对透镜中心的张角必须不小于_____ rad. 这时在透镜焦平面上两个衍射图样的中心间的距离不小于_____ μm(1 nm = 10^{-9} m).

17. 用波长为 λ 的单色平行光垂直入射在一块多缝光栅上,其光栅常量 $d=3$ μm,缝宽 $a=1$ μm,则在单缝衍射的中央明条纹中共有_____条谱线(主极大).

18. 两个偏振片叠放在一起,强度为 I_0 的自然光垂直入射其上,若通过两个偏振片后的光强为 $I_0/8$,则此两偏振片的偏振化方向间的夹角(取锐角)是_____,若在两片之间再插入一片偏振片,其偏振化方向与前后两片的偏振化方向的夹角(取锐角)相等,则通过三个偏振片后的透射光强度为_____.

19. 一束光垂直入射在偏振片 P 上,以入射光线为轴转动 P,观察通过 P 的光强的变化过程. 若入射光是_____光,则将看到光强不变;若入射光是_____,则将看到明暗交替变化,有时出现全暗;若入射光是_____,则将看到明暗交替变化,但不出现全暗.

20. 如图所示,P_1、P_2 为偏振化方向间夹角为 α 的两个偏振片. 光强为 I_0 的平行自然光垂直入射到 P_1 表面上,则通过 P_2 的光强 $I=$_____. 若在 P_1、P_2 之间插入第三个偏振片 P_3,则通过 P_2 的光强发生了变化. 实验发现,以光线为轴旋转 P_2,使其偏振化方向旋转一角度 θ 后,发生消光现象,从而可以推算出 P_3 的偏振化方向与 P_1 的偏振化方向之间的夹角 $\alpha'=$_____.
(假设题中所涉及的角均为锐角,且设 $\alpha'<\alpha$).

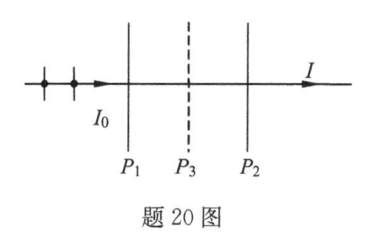

题 20 图

三、计算题

21. 薄钢片上有两条紧靠的平行细缝,用波长 $\lambda=546.1$ nm (1 nm = 10^{-9} m)的平面光波正入射到钢片上. 屏幕距双缝的距离为 $D=2.00$ m,测得中央明条纹两侧的第五级明条纹间的距离为 $\Delta x=12.0$ mm.

(1) 求两缝间的距离.
(2) 从任一明条纹(记作 0)向一边数到第 20 条明条纹,共经过多大距离?
(3) 如果使光波斜入射到钢片上,条纹间距将如何改变?

22. 用波长为 500 nm (1 nm = 10^{-9} m)的单色光垂直照射到由两块光学平玻璃构成的空气劈形膜上. 在观察反射光的干涉现象中,距劈形膜棱边 $l=1.56$ cm 的 A 处是从棱边算起的第四条暗条纹中心.

(1) 求此空气劈形膜的劈尖角 θ;
(2) 改用 600 nm 的单色光垂直照射到此劈尖上仍观察反射光的干涉条纹,A 处是明条纹还是暗条纹?
(3) 在第(2)问的情形从棱边到 A 处的范围内共有几条明纹?几条暗纹?

23. 曲率半径为 R 的平凸透镜和平玻璃板之间形成劈形空气薄层,如图所示. 用波长为 λ 的单色平行光垂直入射,观察反射光形成的牛顿环. 设凸透镜和平玻璃板在中心点 O 恰好接触,试导出确定第 k 个暗环

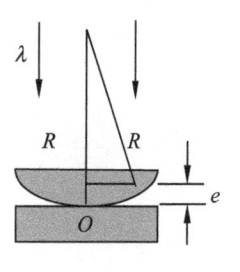

题 23 图

的半径 r 的公式(从中心向外数 k 的数目,中心暗斑不算).

24. 将一束波长 $\lambda = 589$ nm (1 nm $= 10^{-9}$ m)的平行钠光垂直入射在 1 cm 内有 5000 条刻痕的平面衍射光栅上,光栅的透光缝宽度 a 与其间距 b 相等,问:

(1) 光线垂直入射时,能看到几条谱线?是哪几级?

(2) 若光线以与光栅平面法线的夹角 $\varphi = 30°$ 的方向入射时,能看到几条谱线?是哪几级?

25. (1) 在单缝夫琅禾费衍射实验中,垂直入射的光有两种波长,$\lambda_1 = 400$ nm,$\lambda_2 = 760$ nm (1 nm $= 10^{-9}$ m).已知单缝宽度 $a = 1.0 \times 10^{-2}$ cm,透镜焦距 $f = 50$ cm.求两种光第一级衍射明纹中心之间的距离.

(2) 若用光栅常量 $d = 1.0 \times 10^{-3}$ cm 的光栅替换单缝,其他条件和上一问相同,求两种光第一级主极大之间的距离.

光学综合测试参考答案

近代物理基础综合测试

一、选择题

1. 在狭义相对论中,下列说法中哪些是正确的? [ ]

(1) 一切运动物体相对于观察者的速度都不能大于真空中的光速.

(2) 质量、长度、时间的测量结果都是随物体与观察者的相对运动状态而改变的.

(3) 在一惯性系中发生于同一时刻,不同地点的两个事件在其他一切惯性系中也是同时发生的.

(4) 惯性系中的观察者观察一个与他作匀速相对运动的时钟时,会看到这时钟比他相对静止的相同的时钟走得慢些.

(A) (1)(3)(4).   (B) (1)(2)(4).
(C) (1)(2)(3).   (D) (2)(3)(4).

2. 在某地发生的两件事,与该处相对静止的甲测得时间间隔为 4 s,若相对甲做匀速直线运动的乙测得时间间隔为 5 s,则乙相对于甲的运动速度是(c 表示真空中的光速) [ ]

(A) $(1/5)c$.   (B) $(2/5)c$.   (C) $(3/5)c$.   (D) $(4/5)c$.

3. 静止时边长为 1 m 的立方体,当它沿与一边平行的方向以 $\sqrt{3}c/2$ 的速度相对观察者运动时,观察者测得它的体积为 [ ]

(A) 0.75 m³.   (B) 0.5 m³.   (C) 0.25 m³.   (D) 0.125 m³.

4. 把一个静止质量为 m_0 的粒子,由静止加速到 $0.6c$ 需要做的功是 [ ]

(A) $0.25m_0c^2$.   (B) $0.36m_0c^2$.   (C) $1.25m_0c^2$.   (D) $1.75m_0c^2$.

5. 某金属产生光电效应的红限波长为 λ_0,今以波长为 $\lambda(\lambda<\lambda_0)$ 的单色光照射该金属,金属释放出的电子(质量为 m_e)的动量大小为 [ ]

(A) $\dfrac{h}{\lambda}$.   (B) $\dfrac{h}{\lambda_0}$.   (C) $\sqrt{\dfrac{2m_e hc(\lambda_0+\lambda)}{\lambda\lambda_0}}$.

(D) $\sqrt{\dfrac{2m_e hc}{\lambda_0}}$.   (E) $\sqrt{\dfrac{2m_e hc(\lambda_0-\lambda)}{\lambda\lambda_0}}$.

6. 在均匀磁场 B 内放置一极薄的金属片,其红限波长为 λ_0.今用单色光照射,发现有光电子放出,放出的电子(质量为 m,电量的绝对值为 e)在垂直于磁场的平面内作半径为 R 的圆周运动,那么此照射光光子的能量是 [ ]

(A) $\dfrac{hc}{\lambda_0}$.   (B) $\dfrac{hc}{\lambda_0}+\dfrac{eRB}{m}$.   (C) $\dfrac{hc}{\lambda_0}+\dfrac{(eRB)^2}{2m}$.   (D) $\dfrac{hc}{\lambda_0}+2eRB$.

7. 一束动量为 p 的电子,通过缝宽为 a 的狭缝,在距离狭缝为 R 处放置一个荧光屏,屏上衍射图样中央最大的宽度 d 等于 [ ]

(A) $\dfrac{2a^2}{R}$.   (B) $\dfrac{2ha}{p}$.   (C) $\dfrac{2ha}{Rp}$.   (D) $\dfrac{2Rh}{ap}$.

8. 光电效应和康普顿效应都包含有电子与光子的相互作用过程,对此,在以下几种理解中,正确的是 [ ]

(A) 两种效应都属于电子吸收光子的过程.

(B) 两种效应都相当于电子与光子的弹性碰撞过程.
(C) 两种效应中电子与光子两者组成的系统都服从动量守恒和能量守恒定律.
(D) 光电效应是吸收光子的过程,而康普顿效应则相当于光子和电子的弹性碰撞过程.

9. 若 α 粒子在磁感应强度为 B 的均匀磁场中沿半径为 R 的圆形轨道运动,则 α 粒子的德布罗意波长是 [　　]

(A) $\dfrac{h}{2eRB}$.　　(B) $\dfrac{h}{eRB}$.　　(C) $\dfrac{1}{2eRBh}$.　　(D) $\dfrac{1}{eRBh}$.

10. 当大量氢原子处于 $n=4$ 的激发态时,可以发射不同波长谱线的数量是 [　　]

(A) 3.　　(B) 4.　　(C) 6.　　(D) 9.

二、填空题

11. 光子波长为 λ,则能量 $E=$_____,动量 $p=$_____,质量 $m=$_____.

12. π^+ 介子的静止质量是 2.49×10^{-28} kg,固有寿命是 2.6×10^{-8} s.速度为光速的 60% 的 π^+ 介子质量是_____,寿命是_____.

13. 静止长度为 l_0 的飞船以恒定速度 v 相对某惯性系 S 高速运动.从飞船头部沿前进的反方向向尾部发出一光信号,光速用 c 表示.则相对飞船静止观察者测得到光信号达尾部所经历的时间为_____;S 系中的观察者测得光信号从发出到达尾部经历的时间为_____.

14. 一长度为 5 m 的棒静止在 S 系中,棒与 x 轴成 30° 角.S' 系以 $c/2$ 相对 K 系运动,则在 S' 系的观察者测得此棒的长度约为_____,与 x 轴的夹角约为_____.

15. 匀质细棒静止时的质量为 m_0,长度为 L_0.当它沿棒长度方向作高速运动时,测得它的长度为 L,那么该棒的运动速度 $v=$_____,该棒所具有的动能 $E_k=$_____.

16. 在 S 系中的 x 轴上相隔为 Δx 处有两只同步的钟 A 和 B,读数相同,在 S' 系的 x' 轴上也有一只同样的钟 A′,若 S' 系相对于 S 系的运动速度为 v,沿 x 轴方向且当 A′ 与 A 相遇时,刚好两钟的读数均为零.那么,当 A′ 钟与 B 钟相遇时,在 S 系中 B 钟的读数是_____;此时在 S' 系中的读数是_____.

17. 如图所示,一频率为 ν 的光子与起始静止的自由电子发生碰撞和散射.如果散射光子的频率为 ν',反冲电子的动量为 $\vec{p}$,则在与入射光子平行的方向上的动量守恒定律的分量形式为_____.

18. 静质量为 m_e 的电子,经电势差为 U_{12} 的静电场加速后,若不考虑相对论效应,电子的德布罗意波长 $\lambda=$_____.若考虑相对论效应,德布罗意波长为 $\lambda'=$_____.

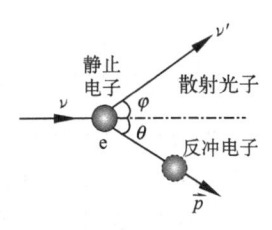

题 17 图

19. 如果电子被限制在边界 x 与 $x+\Delta x$ 之间,$\Delta x=0.5$ Å,则电子动量 x 分量的不确定量近似为_____ kg·m·s^{-1}.

20. 根据量子力学理论,当主量子数 $n=3$ 时,电子角动量的可能取值为_____.

三、计算题

21. 在实验室中测得电子的速度是 $0.8c$,c 为真空中的光速.假设一观察者相对实验室以 $0.6c$ 的速率运动,其方向与电子运动方向相同,试问该观察者测出的电子的动能和动量是多少(电子的静止质量 $m_e=9.11\times10^{-31}$ kg)?

22. 在惯性系 S 中发生两个事件,它们的位置和时间的坐标分别为 (x_1,t_1) 及 (x_2,t_2),且 $\Delta x > c\Delta t$,c 为真空中的光速.若在相对于 S 系沿正 x 方向匀速率运动的 S' 系中发现这两个事件是同时发生的,试计算在 S' 系中发生这两个事件的位置间的距离是多少?

23. 一共轴系统的截面如图所示,外面为石英圆筒,内壁敷上半透明的铝薄膜,内径为 $r_2 = 1$ cm,长为 $l=20$ cm,中间为一圆柱形钠棒,半径为 $r_1=0.6$ cm,长亦为 l,整个系统置于真空中,已知钠的红限波长为 $\lambda_m = 5400$ Å,铝的红限波长为 $\lambda'_m = 2960$ Å,今用波长 $\lambda = 3000$ Å 的单色光照射系统,忽略边缘效应,求平衡时钠棒所带的电量(电子电量 $e = 1.6 \times 10^{-19}$ C,普朗克常量 $h = 6.63 \times 10^{-34}$ J·s,真空电容率 $\varepsilon_0 = 8.85 \times 10^{-12}$ F·m^{-1}).

24. 一粒子被限制在相距为 l 的两个不可穿透的壁之间,如图所示.描写粒子状态的波函数为 $\psi = cs(l-x)$,其中 c 为待定常量,求在 $0 \sim l/3$ 区间发现该粒子的概率.

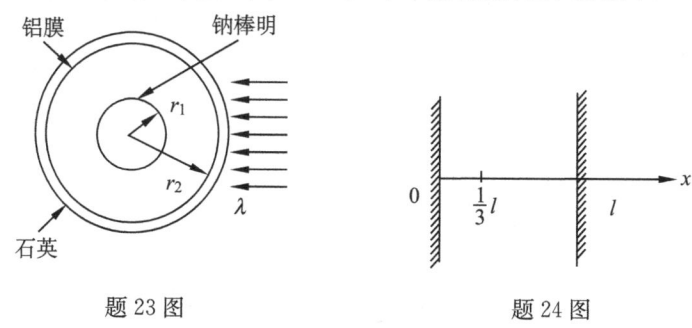

题 23 图

题 24 图

近代物理基础综合测试参考答案